临床医学专业"十三五"规划教材/多媒体融合创新教材

供临床医学类、护理学类、相关医学技术类等专业使用

生物化学

SHENGWUHUAXUE

主编 ⊙ 马永超

郑州大学出版社

图书在版编目(CIP)数据

生物化学/马永超主编. —郑州:郑州大学出版社,
2018.7

ISBN 978-7-5645-5502-3

Ⅰ.①生… Ⅱ.①马… Ⅲ.①生物化学-教材 Ⅳ.①Q5

中国版本图书馆 CIP 数据核字(2018)第 107133 号

郑州大学出版社出版发行
郑州市大学路40号　　　　　　　邮政编码:450052
出版人:张功员　　　　　　　　　发行电话:0371-66966070
全国新华书店经销
郑州龙洋印务有限公司印制
开本:850 mm×1 168 mm　1/16
印张:22
字数:531 千字
版次:2018 年 7 月第 1 版　　　　印次:2018 年 7 月第 1 次印刷

书号:ISBN 978-7-5645-5502-3　　　定价:49.00 元
本书如有印装质量问题,由本社负责调换

作者名单

主　　编　马永超
副主编　李先佳　黄川锋　雷　呈
　　　　　　杜秀红　左秀凤
编　　委（按姓氏笔画排序）
　　　　　　马永超　左秀凤　朱宝安
　　　　　　刘晓宁　杜秀红　李先佳
　　　　　　李晓坤　张军要　黄川锋
　　　　　　梁树才　雷　呈

临床医学专业"十三五"规划教材／多媒体融合创新教材

建设单位

（以单位名称首字拼音排序）

安徽医学高等专科学校	漯河医学高等专科学校
安徽中医药高等专科学校	南阳医学高等专科学校
安阳职业技术学院	平顶山学院
达州职业技术学院	濮阳医学高等专科学校
汉中职业技术学院	商丘医学高等专科学校
河南大学	三门峡职业技术学院
河南护理职业学院	山东医学高等专科学校
河南医学高等专科学校	邵阳学院
河南科技大学	襄阳职业技术学院
湖南医药学院	新乡医学院
黄河科技学院	新乡医学院三全学院
嘉应学院	信阳职业技术学院
金华职业技术学院	邢台医学高等专科学校
开封大学	永州职业技术学院
临汾职业技术学院	郑州澍青医学高等专科学校
洛阳职业技术学院	郑州大学

前言

为创新高等职业教育人才培养模式，探索职业岗位与专业教学的有机结合，根据高技能应用型人才培养的实际需要，我们组织全国优秀高等职业院校教学和实践经验丰富的教师和药品检验机构人员编写了本书，供高职高专护理、助产、临床医学、口腔医学、药学、医疗美容、康复治疗技术等医药及相关专业学生学习和教师教学使用。

本教材分17章，第1~4章为大分子的结构与功能，介绍了机体内主要大分子的构成、结构特点及性质；第5~9章为物质代谢，介绍糖、脂类、氨基酸、核苷酸的代谢过程及能量代谢相关内容；第10~14章为基因信息传递及调控，主要介绍DNA的复制、RNA的合成、蛋白质的翻译过程、基因信息调控、基因与疾病的关系以及常用分子生物学技术；第15~17章为肝的生化、水盐代谢及酸碱平衡，主要介绍肝脏在代谢中的作用、生物转化功能、水及重要无机盐的代谢、酸碱平衡等相关内容。为了方便师生使用，每章前设置学习目标，章后设有同步练习，方便师生把握重点，并随时可以进行自我测验。

本书具有以下几个特点：在内容选取上，深入分析高职高专医学生的培养目标及执考内容，删除了部分生物化学纯理论研究相关知识，着重选取与今后医护工作中紧密联系的知识点进行编写。在内容的表述上，尽量避免了使用复杂的化学反应式，而是使用示意图等简单直观的形式，在语言表述上更注重直观明了。当今世界科学技术突飞猛进，研究成果日新月异，本教材也特别注重内容的先进性，更新部分陈旧内容，适当穿插部分最新的研究成果。在编写过程中，参考、借鉴了一些同行最新的研究成果和文献资料，在此，对各位前辈表示崇高的敬意和衷心的感谢。在编写前期，我们征求和收集了多所院校的教学经验与建议，确定了编写的指导思想和教材特色，经过全体编委伏案创作、互相审读，现如期出版，在此一并致谢各参编院校的大力支持和各位编者的无私奉献。

由于编者水平有限，书中难免有疏漏和错误之处，恳请同行专家和广大师生提出宝贵的建议，以便进行修订，使之不断完善。

编者
2018年1月

目 录

第一章　绪论 ······ 1
第一节　生物化学的发展简史 ······ 1
第二节　生物化学研究的主要内容 ······ 3
第三节　生物化学与医药学的关系 ······ 3

第二章　蛋白质的结构与功能 ······ 5
第一节　蛋白质的分子组成 ······ 5
一、蛋白质的元素组成 ······ 5
二、组成蛋白质的基本单位——氨基酸 ······ 5
第二节　蛋白质的分子结构 ······ 11
一、蛋白质的一级结构 ······ 11
二、蛋白质的二级结构 ······ 12
三、蛋白质的三级结构 ······ 14
四、蛋白质的四级结构 ······ 15
第三节　蛋白质结构与功能的关系 ······ 16
一、蛋白质一级结构与功能的关系 ······ 16
二、蛋白质空间结构与功能的关系 ······ 17
第四节　蛋白质的理化性质 ······ 17
一、蛋白质的两性解离和等电点 ······ 17
二、蛋白质的高分子性质 ······ 18
三、蛋白质的沉淀 ······ 19
四、蛋白质的变性及凝固 ······ 20
五、蛋白质的紫外吸收和呈色反应 ······ 21
第五节　蛋白质的分类 ······ 22
一、按分子组成分类 ······ 22
二、按分子形状分类 ······ 22

第三章　维生素 ······ 25
第一节　维生素概述 ······ 25
一、维生素的命名与分类 ······ 25
二、维生素的缺乏与中毒 ······ 26

第二节 脂溶性维生素 …… 26
一、维生素 A …… 27
二、维生素 D …… 29
三、维生素 E …… 30
四、维生素 K …… 31

第三节 水溶性维生素 …… 32
一、维生素 B_1 …… 32
二、维生素 B_2 …… 33
三、维生素 PP …… 35
四、维生素 B_6 …… 36
五、泛酸 …… 37
六、生物素 …… 38
七、叶酸 …… 39
八、维生素 B_{12} …… 40
九、硫辛酸 …… 41
十、维生素 C …… 41

第四章 酶 …… 44
第一节 酶的概述 …… 44
一、酶的化学组成 …… 44
二、酶的分类和命名 …… 45

第二节 酶促反应的特点 …… 46

第三节 酶的作用机制与调节 …… 48
一、酶的活性中心 …… 48
二、酶原与酶原的激活 …… 49
三、同工酶 …… 49
四、酶的作用机制 …… 51
五、酶活性的调节 …… 52

第四节 影响酶促反应速率的因素 …… 53
一、底物浓度对酶反应速率的影响 …… 53
二、酶浓度对酶反应速率的影响 …… 54
三、温度对酶促反应速率的影响 …… 55
四、pH 值对酶促反应速率的影响 …… 56
五、激活剂对反应速率的影响 …… 56
六、抑制剂对反应速率的影响 …… 56

第五节 酶与医学的关系 …… 58

第五章 糖代谢 …… 63
第一节 糖的概述 …… 63
第二节 糖的分解代谢 …… 65
一、糖酵解 …… 65
二、糖的有氧氧化 …… 70

三、磷酸戊糖途径 …………………………………………… 76
第三节 糖原的合成与分解 ………………………………………… 78
一、糖原的合成 ……………………………………………… 79
二、糖原的分解 ……………………………………………… 81
三、糖原合成与分解的生理意义 …………………………… 83
四、糖原合成与分解的调节 ………………………………… 83
五、糖原累积症 ……………………………………………… 84
第四节 糖异生作用 ………………………………………………… 84
一、糖异生的作用途径 ……………………………………… 84
二、糖异生作用的生理意义 ………………………………… 86
第五节 血糖及其调节 ……………………………………………… 86
一、血糖的来源与去路 ……………………………………… 86
二、血糖水平的调节 ………………………………………… 87
三、糖代谢异常 ……………………………………………… 88

第六章 脂类代谢 …………………………………………………… 91
第一节 脂类的概述 ………………………………………………… 91
第二节 三酰甘油的代谢 …………………………………………… 94
一、三酰甘油的分解代谢 …………………………………… 94
二、三酰甘油的合成代谢 …………………………………… 102
第三节 类脂的代谢 ………………………………………………… 105
一、胆固醇的代谢 …………………………………………… 105
二、磷脂的代谢 ……………………………………………… 109
第四节 血脂与血浆脂蛋白代谢 …………………………………… 113
一、血脂 ……………………………………………………… 113
二、血浆脂蛋白的分类、组成及结构 ……………………… 114
三、血浆脂蛋白代谢 ………………………………………… 116
四、临床常见的血浆脂蛋白代谢异常 ……………………… 119

第七章 生物氧化 …………………………………………………… 123
第一节 生物氧化的概述 …………………………………………… 124
第二节 线粒体氧化体系 …………………………………………… 124
一、呼吸链的组成与种类 …………………………………… 125
二、氧化磷酸化的机制 ……………………………………… 129
三、影响氧化磷酸化的因素 ………………………………… 131
四、线粒体外NADH的氧化 ………………………………… 133
五、高能化合物的储存与利用 ……………………………… 135
第三节 非线粒体氧化体系 ………………………………………… 136

第八章 氨基酸代谢 ………………………………………………… 140
第一节 蛋白质的营养作用 ………………………………………… 140
第二节 蛋白质的消化、吸收与腐败作用 ………………………… 142
第三节 氨基酸的一般代谢 ………………………………………… 145

一、体内蛋白质的转换更新 …………………………………………………… 145
　　二、氨基酸的脱氨基作用 ……………………………………………………… 148
　　三、α-酮酸的代谢 ……………………………………………………………… 151
　第四节　氨的代谢 …………………………………………………………………… 152
　　一、体内氨的来源与去路 ……………………………………………………… 152
　　二、氨在血中的转运 …………………………………………………………… 153
　　三、尿素的生成 ………………………………………………………………… 155
　　四、高血氨症与肝性脑病 ……………………………………………………… 158
　第五节　个别氨基酸的代谢 ………………………………………………………… 159
　　一、氨基酸的脱羧基作用 ……………………………………………………… 159
　　二、一碳单位的代谢 …………………………………………………………… 161
　　三、含硫氨基酸的代谢 ………………………………………………………… 162
　　四、芳香族氨基酸的代谢 ……………………………………………………… 166
　　五、支链氨基酸的代谢 ………………………………………………………… 168

第九章　核酸的结构、功能与核苷酸代谢 …………………………………………… 173
　第一节　核酸的化学组成 …………………………………………………………… 173
　第二节　DNA 的结构与功能 ……………………………………………………… 177
　第三节　RNA 的结构与功能 ……………………………………………………… 181
　第四节　核酸的理化性质 …………………………………………………………… 185
　第五节　核苷酸代谢 ………………………………………………………………… 187
　　一、嘌呤核苷酸的合成代谢 …………………………………………………… 187
　　二、嘌呤核苷酸的分解代谢 …………………………………………………… 193
　　三、嘧啶核苷酸的合成代谢 …………………………………………………… 194
　　四、嘧啶核苷酸的分解代谢 …………………………………………………… 198

第十章　DNA 的生物合成 …………………………………………………………… 201
　第一节　DNA 复制的基本规律与体系 …………………………………………… 202
　　一、DNA 复制的基本规律 ……………………………………………………… 202
　　二、DNA 复制体系 ……………………………………………………………… 205
　第二节　DNA 复制过程 …………………………………………………………… 209
　第三节　反转录 ……………………………………………………………………… 211
　第四节　DNA 损伤与修复 ………………………………………………………… 213
　　一、DNA 损伤的概念与类型 …………………………………………………… 213
　　二、引发 DNA 损伤的因素和后果 …………………………………………… 214
　　三、DNA 损伤的修复 …………………………………………………………… 215

第十一章　RNA 的生物合成 ………………………………………………………… 220
　第一节　RNA 转录的基本规律与体系 …………………………………………… 221
　　一、不对称转录 ………………………………………………………………… 221
　　二、RNA 转录体系 ……………………………………………………………… 221
　第二节　原核生物 RNA 转录的过程 ……………………………………………… 225
　第三节　真核生物 RNA 转录过程及转录后加工修饰 …………………………… 229

一、真核生物 RNA 转录过程 ………………………………………… 229
　　　二、转录后的加工修饰 …………………………………………… 231

第十二章　蛋白质的生物合成 …………………………………………… 236
第一节　蛋白质生物合成的体系 ………………………………………… 236
　　　一、参与蛋白质生物合成的原料和酶类 ……………………………… 236
　　　二、mRNA 与遗传密码 …………………………………………… 238
　　　三、rRNA 与核糖体 ………………………………………………… 240
　　　四、tRNA 与氨基酸活化 …………………………………………… 241
第二节　蛋白质生物合成的过程 ………………………………………… 242
　　　一、原核生物蛋白质合成过程 ……………………………………… 242
　　　二、真核生物蛋白质合成过程 ……………………………………… 246
第三节　蛋白质合成后加工和靶向输送 ………………………………… 246
第四节　蛋白质生物合成和医学 ………………………………………… 249

第十三章　基因表达调控与癌基因 ……………………………………… 252
第一节　基因表达调控 …………………………………………………… 252
　　　一、原核生物基因表达调控 ………………………………………… 254
　　　二、真核生物基因表达调控 ………………………………………… 258
第二节　癌基因与抑癌基因 ……………………………………………… 264
　　　一、癌基因 ………………………………………………………… 264
　　　二、抑癌基因 ……………………………………………………… 266
　　　三、癌基因和抑癌基因与肿瘤发生 ………………………………… 266

第十四章　基因工程 ………………………………………………………… 270
第一节　基因工程概述 …………………………………………………… 270
　　　一、基因工程的概念与工具酶 ……………………………………… 270
　　　二、基因工程的主要步骤 …………………………………………… 275
　　　三、基因诊断与基因治疗 …………………………………………… 278
第二节　常用分子生物学技术 …………………………………………… 278
　　　一、核酸分子杂交 …………………………………………………… 279
　　　二、聚合酶链反应 …………………………………………………… 280
　　　三、基因文库 ……………………………………………………… 281
　　　四、DNA 芯片技术 ………………………………………………… 282

第十五章　肝的生物化学 …………………………………………………… 285
第一节　肝在物质代谢中的作用 ………………………………………… 285
第二节　肝的生物转化作用 ……………………………………………… 288
　　　一、生物转化的概念 ………………………………………………… 288
　　　二、生物转化的类型 ………………………………………………… 289
　　　三、影响生物转化的因素 …………………………………………… 292
第三节　胆汁与胆汁酸代谢 ……………………………………………… 292
　　　一、胆汁 …………………………………………………………… 293

二、胆汁酸代谢 …………………………………………………………………………… 294
第四节 胆色素代谢与黄疸 ………………………………………………………………… 296
一、胆红素的生成与运输 ………………………………………………………………… 296
二、胆红素在肝中的代谢 ………………………………………………………………… 298
三、胆红素在肠中的转变 ………………………………………………………………… 299
四、血清胆红素与黄疸 …………………………………………………………………… 300

第十六章 水和电解质代谢 …………………………………………………………… 304
第一节 正常人体的体液 …………………………………………………………………… 304
一、体液的分布与含量 …………………………………………………………………… 304
二、体液中电解质分布与含量 …………………………………………………………… 305
三、体液交换 ……………………………………………………………………………… 306
第二节 水和无机盐的功能 ………………………………………………………………… 308
第三节 水、钠、钾、氯的代谢 …………………………………………………………… 309
第四节 钙磷代谢 …………………………………………………………………………… 312
第五节 镁与微量元素的代谢 ……………………………………………………………… 316
一、镁的代谢 ……………………………………………………………………………… 316
二、微量元素的代谢 ……………………………………………………………………… 317

第十七章 酸碱平衡 …………………………………………………………………… 323
第一节 体内酸碱物质的来源 ……………………………………………………………… 323
第二节 酸碱平衡的调节 …………………………………………………………………… 324
一、血液的缓冲作用 ……………………………………………………………………… 324
二、肺对酸碱平衡的调节作用 …………………………………………………………… 327
三、肾对酸碱平衡的调节作用 …………………………………………………………… 327
四、其他组织细胞对酸碱平衡的调节 …………………………………………………… 330
第三节 酸碱平衡失调 ……………………………………………………………………… 331

参考文献 ………………………………………………………………………………… 335

第一章 绪 论

生物化学是研究生物体的化学组成及化学变化规律的科学。它运用化学、物理学、生物学的原理和方法,从分子水平上探讨生命现象的本质,故又称生命化学。生物化学研究的对象是生物体。

第一节 生物化学的发展简史

生物化学是一门既古老又年轻的科学,它的起始研究可追溯至18世纪,而在20世纪初才成为一门独立学科。此后,随着科学技术的进步,生物化学已有长足的发展,在此期间,确定了物质代谢途径;阐明了核酸结构与功能;确立了遗传信息的中心法则;建立了核酸重组技术,揭示了人类基因组图谱等。这些研究成果必将加深人们对生命本质的认识,极大地推动医药学的发展。1903年,德国Neuberg提出"Biochemistry"而使生物化学成为一门独立的学科。

(一)叙述生物学阶段(18世纪中期—19世纪末期)

此阶段主要研究生物体化学组成。

1. 研究了脂类、糖类及氨基酸的性质、肽键、化学合成多肽 1780—1789年法国Lavoisier研究"生物体内的燃烧",指出此类"燃烧"耗氧并排出二氧化碳。后人称他是生物化学之父。1830—1842年德国李比希(Liebig)将食物分为糖、脂、蛋白质类,提出"代谢"一词,证明动物体温形成是食物在体内"燃烧"的缘故,并最先写出两本生物化学相关专著。

2. 发现了核酸、酶 德国科学家Fischer首次证明了蛋白质是多肽;发现酶的专一性,提出并验证了酶催化作用的"锁-匙"学说;合成了糖及嘌呤。Fischer 1902年获诺贝尔奖。

(二)蓬勃发展阶段(20世纪初—20世纪中叶)

此阶段发现多种维生素、激素、酶等;确定主要物质代谢途径。

1937年,英国Krebs提出三羧酸循环和鸟氨酸循环学说,基本确定生物体内主要物质的代谢途径。Krebs于1953年获诺贝尔奖。

(三)分子生物学阶段(20世纪后半叶至今)

标志:1953年,Watson和Crick提出DNA双螺旋结构模型。

20世纪70年代:建立了重组DNA技术→获得了多种基因工程产品;改造生命→基因诊断、基因治疗。例:"克隆羊"的诞生,克隆羊多莉是世界上第一只用已经分化成熟的体细胞(乳腺细胞)克隆出的羊。克隆羊多莉的诞生实际上属于无性繁殖,但是绵羊、猴子和牛等动物没有人工操作是不能进行无性繁殖的。科学家把人工遗传操作动物繁殖的过程叫作克隆,这门生物技术叫作克隆技术(图1-1)。

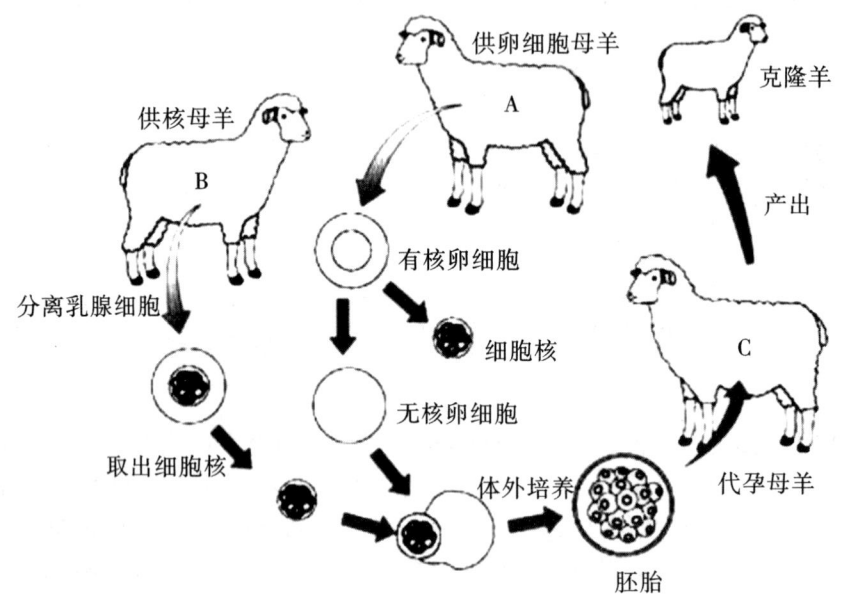

图1-1 克隆羊多莉

20世纪80年代:聚合酶链式反应(PCR)技术的发明等。例如,人类基因组计划(HPG)——重要里程碑,1986年提出,1990年启动,2001年完成,中国参与了1%。目的是把人体内约10万个基因的密码全部解开,同时绘制出人类基因的谱图。换句话说,就是要揭开组成人体4万个基因的30亿个碱基对的秘密。人类基因组计划、曼哈顿原子弹计划和阿波罗计划并称为三大科学计划。

解码生命、了解生命的起源、了解生命体生长发育的规律、认识种属之间和个体之间存在差异的起因、认识疾病产生的机制及长寿与衰老等生命现象为疾病的诊治提供科学依据。

一个关键应用是通过位置克隆寻找未知生物化学功能的疾病基因。通过人类的全部基因和蛋白质极大的扩展、并寻找合适药物靶,研究开发新药物。

目前阶段:后基因组时代(功能基因组学、蛋白质组学)。

(四)我国科学家对生物化学发展的贡献

古代:酿酒、制酱和制醋;猪肝治疗雀目(夜盲症)等。

近代:血滤液的制备和血糖测定法——吴宪;蛋白质变性学说。

新中国成立后:1965年,首先采用人工方法合成了具有生物学活性的蛋白质即胰岛素。1981年又成功合成了酵母丙氨酰即tRNA。

第二节 生物化学研究的主要内容

生物化学研究的内容十分广泛,但可归纳为以下几个方面。

(一)人体的物质组成

人体是以细胞为基本单位构成的组织器官所组成,而细胞又是由成千上万种化学物质所组成。人体的物质组成包括蛋白质、核酸、脂类、糖类、维生素、激素等有机物和水、无机盐等无机物。由于蛋白质、核酸、多糖、蛋白聚糖、复合脂类等是体内的大分子有机化合物,故又称生物分子。通常将分子量大于10^4的生物分子称为生物大分子。生物大分子是目前生物化学研究的热点之一。

(二)生物分子的结构与功能

体内的生物分子种类繁多、结构复杂,对生物分子的研究,除了确定其一级结构外,更重要的是研究其空间结构及其与功能的关系。结构是功能的基础,而功能则是结构的体现。蛋白质和核酸复杂而多样的结构,决定其复杂而多样的功能。如生物体的生长、繁殖、遗传、新陈代谢等生命现象都与蛋白质和核酸的分子结构密切相关;酶的催化作用也是其分子结构在功能上的体现。因此学习生物化学,必须熟悉生物分子的化学组成和分子结构,以阐明结构与功能的相互关系。

(三)物质代谢

生物体的基本特征是新陈代谢,即生物体与外环境的物质交换及维持其内环境的相对稳定。据估计,一个人在一生中(以60岁计算)与外环境进行的物质交换,水约60 000 kg、糖类10 000 kg、蛋白质1 600 kg、脂类1 000 kg。物质代谢为生命活动提供能量,更新体内物质的化学组成。体内各种物质代谢途径都能按一定的规律有条不紊地进行,这与体内神经、激素、酶等各种精确调节有关。研究物质代谢在体内的变化规律及其调节是生物化学的重要内容。

(四)基因信息的传递及调节

生物体在繁衍个体的过程中,其遗传信息代代相传,是生命现象的又一重要特征。现已明确,遗传的主要物质基础是DNA,基因是DNA分子的功能片段。基因分子生物学除进一步研究DNA的结构与功能外,更重要的是研究DNA复制、RNA转录、蛋白质生物合成等基因信息传递过程的机制及基因表达时调控的规律。此过程涉及遗传、变异、生长、分化等生命过程,也与遗传性疾病、肿瘤、心血管病等多种疾病的发病机制有关。所以基因信息传递的研究目前在医药学中的作用越来越重要。

第三节 生物化学与医药学的关系

生物化学与医学的发展密切相关、相互促进。其理论和技术已渗透至基础医学和临床医学的各个领域,使之产生许多新兴的交叉学科,如分子遗传学、分子免疫学、分子微生物学、分子药理学、分子病理学等。随着近代医学的发展,许多疾病的诊断、治疗和预防也都运用生物化学的理论和技术,并从分子水平上探讨疾病的发生机制。因此,掌握生物化学知识,可为其他医学各学科的学习打下坚实的基础。

生物化学与药学的关系也是十分密切的。了解药物在体内的代谢转化和代谢动力学,在分子水平上探讨药物的作用机制,研究开发和生产生化药物用于疾病的治疗,都需要运用生物化学的理论和技术。

由此可见,生物化学是重要的基础医学学科之一,医药卫生各学科无不运用生物化学的理论和技术,因此掌握生物化学这门基础学科是非常必要的。

同步练习

1. 何谓生物化学?
2. 生物化学研究的对象和内容是什么?
3. 生物化学与医药卫生各学科的关系如何?

(漯河医学高等专科学校　马永超)

第二章 蛋白质的结构与功能

学习目标

- ◆ 掌握 蛋白质的基本组成单位L-α-氨基酸的特点、分类,蛋白质一、二、三、四级结构的概念和特点,蛋白质一、二、三、四级结构的化学键。
- ◆ 熟悉 蛋白质结构与功能的关系及氨基酸、蛋白质的理化性质。
- ◆ 了解 体蛋白质的分离、纯化与一级结构的测定。

蛋白质是生物体的基本组成成分。人体内蛋白质的含量很多,约占人体固体成分的45%,它的分布很广,几乎所有的器官组织都含有蛋白质,并且它又与所有的生命活动密切联系。例如,机体新陈代谢过程中的一系列化学反应几乎都依赖于生物催化剂酶的作用,而酶的本质就是蛋白质;调节物质代谢的激素有许多也是蛋白质或它的衍生物;其他诸如肌肉的收缩,血液的凝固,免疫功能,组织修复及生长、繁殖等主要功能无一不与蛋白质相关。近代分子生物学的研究表明,蛋白质在遗传信息的控制、细胞膜的通透性、神经冲动的发生和传导及高等动物的记忆等方面都起着重要的作用。

第一节 蛋白质的分子组成

一、蛋白质的元素组成

所有蛋白质都含有碳、氢、氧、氮元素,大多数蛋白质含有硫,有些蛋白质含有磷、铁、铜、锰、锌,个别蛋白质含有碘。各种蛋白质的含氮量很接近,平均为16%,即1 g氮相当于6.25 g蛋白质。由于体内的含氮物质主要是蛋白质,因此,只要测定生物样品中的含氮量,就可以按下式推算出该样品中蛋白质的大约含量。

每克样品中含氮克数×6.25×100 = 100 g样品中蛋白质的含量(g)。

二、组成蛋白质的基本单位——氨基酸

蛋白质经酸、碱或蛋白水解酶作用后,最终产物是氨基酸,所以氨基酸是组成蛋白质的基本单位。

(一)氨基酸的结构特点

组成天然蛋白质的氨基酸有20种,它们在结构上有以下特点。

1. 分子中的氨基和羧基都连接在 α-C 原子上,因此称为 α-氨基酸。
2. 不同的氨基酸侧链不同,它对氨基酸的理化性质和蛋白质的空间结构有重要影响。

例如:甘氨酸的侧链是—H,而丙氨酸的侧链是—CH_3。

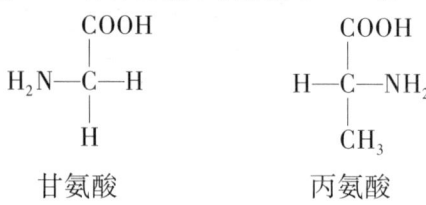

甘氨酸　　　　　丙氨酸

3. 除甘氨酸外,氨基酸可以形成两种构型:L-型和 D-型。

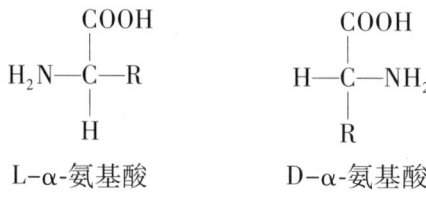

L-α-氨基酸　　　　　D-α-氨基酸

氨基酸的结构

(二)氨基酸的分类

存在于自然界的氨基酸有数百种,但造成人体蛋白质的氨基酸仅有20种。

这20种氨基酸都具有特异的遗传密码,故称为编码氨基酸。在蛋白质分子中,氨基酸的 R 侧链基团决定了蛋白质的结构、性质和功能。根据 R 基团结构和性质分为非极性疏水性氨基酸、极性中性氨基酸、酸性氨基酸、碱性氨基酸4类(表2-1)。

1. **非极性疏水性氨基酸**　侧链上为烃基、吲哚环等非极性基团,具有疏水性质。
2. **极性中性氨基酸**　侧链含有羟基、硫基、酰胺基等极性基团,具有亲水性质。
3. **酸性氨基酸**　侧链上有羧基,在水溶液中能释放出 H^+,在生理条件下带负电荷。如谷氨酸和天冬氨酸。
4. **碱性氨基酸**　侧链上有氨基、胍基或咪唑基,在水溶液中能结合 H^+,在生理条件下带正电荷。如赖氨酸、精氨酸、组氨酸。

表2-1　20种编码氨基酸的分类及其侧链结构

结构式	中文名	英文名	三字符号	一字符号	等电点(pI)
非极性侧链氨基酸					
H—CHCOO$^-$ 　｜ 　NH$_3^+$	甘氨酸	Glycine	Gly	G	5.97
CH_3—CHCOO$^-$ 　　　｜ 　　　NH$_3^+$	丙氨酸	Alanine	Ala	A	6.00

续表2-1

结构式	中文名	英文名	三字符号	一字符号	等电点(pI)
$CH_3-CH-CHCOO^-$ 下 CH_3 NH_3^+	缬氨酸	Valine	Val	V	5.96
$CH_3-CH-CH_2-CHCOO^-$ CH_3 NH_3^+	亮氨酸	Leucine	Leu	L	5.98
$CH_3-CH_2-CH-CHCOO^-$ CH_3 NH_3^+	异亮氨酸	Isoleucine	Ile	I	6.02
苯环$-CH_2-CHCOO^-$ NH_3^+	苯丙氨酸	Phenylalanine	Phe	F	5.48
吡咯环 Pro结构	脯氨酸	Proline	Pro	P	6.30

极性中性氨基酸

结构式	中文名	英文名	三字符号	一字符号	等电点(pI)
$CH_3SCH_2CH_2-CHCOO^-$ NH_3^+	蛋氨酸	Methionine	Met	M	5.74
吲哚环$-CH_2-CHCOO^-$ NH_3^+	色氨酸	Tryptophan	Trp	W	5.89
$HO-$苯环$-CH_2-CHCOO^-$ NH_3^+	酪氨酸	Tyrosine	Tyr	Y	5.66
$HS-CH_2-CHCOO^-$ NH_3^+	半胱氨酸	Cysteine	Cys	C	5.07
$HO-CH_2-CHCOO^-$ NH_3^+	丝氨酸	Serine	Ser	S	5.89
$\begin{array}{c}O\\\parallel\\H_2N-C-CH_2-CHCOO^-\\NH_3^+\end{array}$	天冬酰胺	Asparagine	Asn	N	5.41
$\begin{array}{c}O\\\parallel\\H_2N-C-CH_2-CH_2-CHCOO^-\\NH_3^+\end{array}$	谷氨酰胺	Glutamine	Gln	Q	5.65
$HO-CH-CHCOO^-$ CH_3 NH_3^+	苏氨酸	Threonine	Thr	T	5.60

续表 2-1

结构式	中文名	英文名	三字符号	一字符号	等电点(pI)
酸性侧链氨基酸					
HOOCCH$_2$—CHCOO$^-$ 　　　　　　| 　　　　　　NH$_3^+$	天冬氨酸	Aspartic acid	Asp	D	2.97
HOOCCH$_2$CH$_2$—CHCOO$^-$ 　　　　　　　　| 　　　　　　　　NH$_3^+$	谷氨酸	Glutamic acid	Glu	E	3.22
碱性侧链氨基酸					
NH$_2$CH$_2$CH$_2$CH$_2$CH$_2$—CHCOO$^-$ 　　　　　　　　　　| 　　　　　　　　　　NH$_3^+$	赖氨酸	Lysine	Lys	K	9.74
NH 　　‖ NH$_2$CNHCH$_2$CH$_2$CH$_2$—CHCOO$^-$ 　　　　　　　　　　| 　　　　　　　　　　NH$_3^+$	精氨酸	Arginine	Arg	R	10.76
HC═C—CH$_2$—CHCOO$^-$ 　|　|　　　　| 　N　NH　　　NH$_3^+$ 　　\\ ╱ 　　 C	组氨酸	Histidine	His	H	7.59

(三) 氨基酸的理化性质

1. 物理性质 无色晶体,熔点极高,一般在 200 ℃ 以上。不同的氨基酸其味不同,有的无味,有的味甜,有的味苦,谷氨酸的单钠盐有鲜味,是味精的主要成分。各种氨基酸在水中的溶解度差别很大,并能溶解于稀酸或稀碱中,但不能溶于有机溶剂。通常乙醇能把氨基酸从其溶液中沉淀析出。

2. 两性电解质与等电点 氨基酸在水溶液或结晶内基本上均以兼性离子的形式存在。所谓两性离子,是指在同一个氨基酸分子上带有能释放出质子的 NH_3^+ 离子和能接受质子的 COO$^-$ 负离子,因此氨基酸是两性电解质。

$$\begin{array}{c} \text{COOH} \\ | \\ \text{H—C—NH}_2 \\ | \\ \text{R} \end{array} \rightleftharpoons \begin{array}{c} \text{COO}^- \\ | \\ \text{H—C—NH}_3^+ \\ | \\ \text{R} \end{array}$$

两性离子

氨基酸在溶液中的存在形式取决于溶液的 pH 值。如在氨基酸溶液中的滴加酸,则 COO$^-$ 负离子接受 H$^+$,氨基酸变为正离子;若滴加碱,NH_3^+ 则解离出一个 H$^+$ 与 OH$^-$ 结合生成水,氨基酸变为负离子。氨基酸在水溶液中所带的电荷随溶液的酸碱性的变化而变化,可表示如下(图 2-1)。

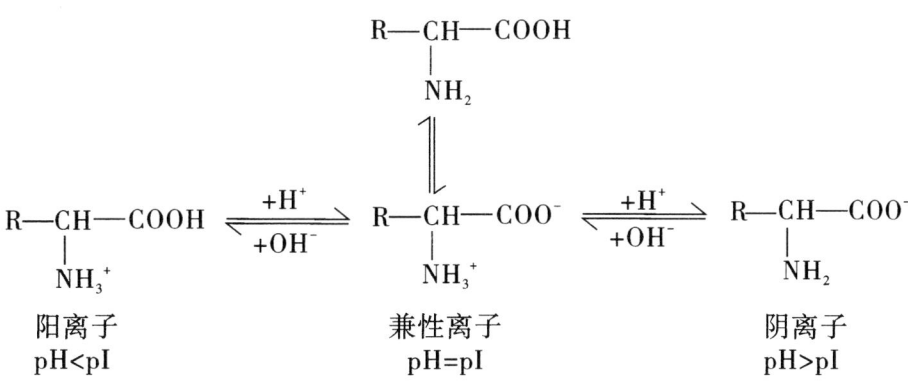

图 2-1　氨基酸的两性解离

氨基酸的解离方式取决于其所处溶液的 pH 值。在某一 pH 值溶液中,氨基酸解离成阳离子和阴离子的程度和趋势相等,成为兼性离子,呈电中性,此时溶液的 pH 值称为该氨基酸的等电点(isoelectric point,pI)。

3. 紫外吸收性质　色氨酸、酪氨酸和苯丙氨酸在 280 nm 波长附近有最大的光吸收峰(图 2-2)。由于大多数蛋白质含有酪氨酸、色氨酸残基,所以此特性可用于蛋白质的定量分析。

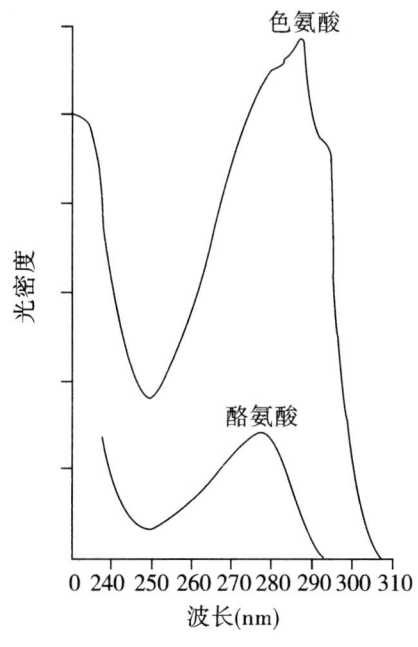

图 2-2　芳香族氨基酸的紫外吸收

4. 茚三酮反应　氨基酸与茚三酮水合物共热,茚三酮水合物被还原,还原型茚三酮可与氨基酸加热分解产生的氨结合,再与另一分子茚三酮缩合成为蓝紫色的化合物,此化合物在 570 nm 波长处有最大吸收峰。由于此吸收峰值的大小与氨基酸释放出的氨量成正比,因此可作为氨基酸定量分析方法。

(三)蛋白质中氨基酸的连接方式

氨基酸是蛋白质的基本组成单位,氨基酸之间通过肽键相连接。

1. 肽键 一个氨基酸的 α-氨基与另一个氨基酸的 α-羧基脱水、缩合而形成的酰胺键。

$$H_2N-\underset{H}{\underset{|}{C}}-\underset{}{\overset{R_1}{\overset{|}{C}}}-OH + H-\underset{H}{\underset{|}{N}}-\underset{H}{\underset{|}{\overset{R_2}{\overset{|}{C}}}}-COOH \xrightarrow{-H_2O} H_2N-\underset{H}{\underset{|}{\overset{R_1}{\overset{|}{C}}}}-\underset{}{\overset{O}{\overset{\|}{C}}}-\underset{H}{\underset{|}{N}}-\underset{H}{\underset{|}{\overset{R_2}{\overset{|}{C}}}}-COOH$$

2. 肽键平面 肽键中 C、O、N、H 四个原子和相邻的两个 α-C 原子形成一个平面,称为肽键平面(图2-3)。

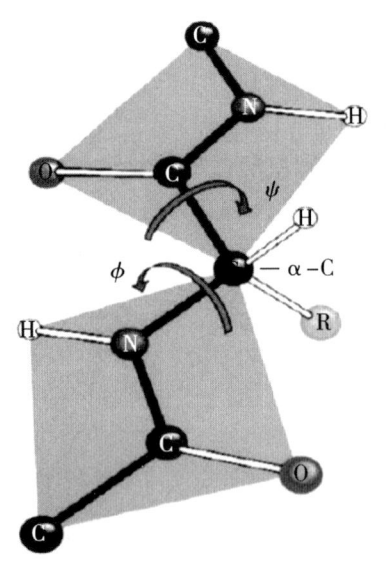

图 2-3 肽平面

3. 肽及多肽链

(1) 肽 氨基酸通过肽键连接形成的化合物称为肽。两个氨基酸通过一个肽键连接形成的化合物称二肽;三个氨基酸通过两个肽键连接形成的化合物称三肽;多个氨基酸通过多个肽键连接形成的化合物称多肽。十肽以下称寡肽,十肽以上称多肽。在生物体内存在一些具有生物活性的寡肽,如谷胱甘肽、促甲状腺素释放激素等。

(2) 多肽链 许多个氨基酸通过多个肽键连接而形成的一条长链状化合物称为多肽链。肽链中每个不完整的氨基酸单位称为氨基酸残基。多肽链中由肽键连接成的长链骨架称为主链,各氨基酸残基的侧链基团统称为侧链。多肽链有两个末端,有自由氨基的一端称为氨基末端(N-端),通常写在左侧;有自由羧基的一端称为羧基末端(C-端),通常写在右侧。

$$H_2N-\underset{|}{\overset{R_1}{\overset{|}{C}H}}-CO-NH-\underset{|}{\overset{R_2}{\overset{|}{C}H}}-CO-NH-\underset{|}{\overset{R_3}{\overset{|}{C}H}}-CO-NH-\underset{|}{\overset{R_{n-1}}{\overset{|}{C}H}}-CO-NH-\underset{|}{\overset{R_n}{\overset{|}{C}H}}-COOH$$

N-端   C-端

4. 生物活性肽　人体内存在许多具有生物活性的小分子肽,称为生物活性肽。生物活性肽是传递细胞之间信息的重要信息分子,在调节代谢、生长、发育、繁殖等生命活动中起重要作用。

(1) 谷胱甘肽(glutathione,GSH)　GSH 是由谷氨酸、半胱氨酸和甘氨酸缩合成的三肽。第一个肽键与一般不同,由谷氨酸 γ 羧基与半胱氨酸的氨基组成。分子中半胱氨酸的巯基是该化合物的主要功能基团,GSH 的巯基具有还原性,可作为体内重要的还原剂,保护体内蛋白质或酶分子中巯基免遭氧化,使蛋白质或酶处在活性状态。在谷胱甘肽过氧化物酶的催化下,GSH 可还原细胞内产生的 H_2O_2,使其变成 H_2O,与此同时 GSH 被氧化成氧化型 GSH,后者在谷胱甘肽还原酶催化下,再生成还原型 GSH。

(2) 多肽类激素及神经肽　体内有许多激素属于寡肽或多肽,如属于下丘脑-垂体-肾上腺皮质轴分泌的促甲状腺素释放激素(3 肽)、催产素(9 肽)、血管升压素(抗利尿激素)(9 肽)、促肾上腺皮质激素(39 肽)。有的在神经传导过程中起信号转导作用,被称为神经肽,较早发现的有脑啡肽(5 肽)、内啡肽(31 肽)和强啡肽(17 肽)等。

第二节　蛋白质的分子结构

蛋白质分子是由许多氨基酸通过肽键相连形成的生物大分子。体内任何一种蛋白质都是由 20 种氨基酸以不同的种类、数量、排列顺序组合而成的复杂结构,蛋白质的分子结构包括基本结构和空间结构,基本结构也称一级结构,蛋白质的空间结构是指蛋白质分子中的每一原子在三维空间的相对位置,可以分为二级、三级、四级结构。并非所有的蛋白质都有四级结构,由一条肽链形成的蛋白质只有一级、二级和三级结构,由两条或两条以上多肽链形成的蛋白才可能有四级结构。

一、蛋白质的一级结构

蛋白质的一级结构(primary structure)是指蛋白质分子中氨基酸的排列顺序,包括所含氨基酸的种类、数量、比例及特定的排序。一级结构的主要化学键是肽键,有些蛋白质还含有二硫键。

图 2-4 为牛胰岛素的一级结构,由英国生物化学家 Frederick Sanger 于 1953 年测定,牛胰岛素是世界上第一个被测定一级结构的蛋白质分子。牛胰岛素有 A 和 B 两条多肽链组成,其中 A 和 B 链分别含有 21 和 30 个氨基酸残基。胰岛素分子中有 3 个二硫键,即 A 链第 6 位和第 11 位的半胱氨酸残基之间形成 1 个链内二硫键,A 链的第 6 位和第 20 位半胱氨酸残基分别与 B 链第 7 位和第 19 位半胱氨酸残基之间形成 2 个链间二硫键。

体内蛋白质的种类繁多,其一级结构各不相同。一级结构决定空间构象及蛋白质的理化性质和生物学功能。随着蛋白质结构研究的深入,已认识到蛋白质一级结构并不是决定蛋白质空间构象的唯一因素。

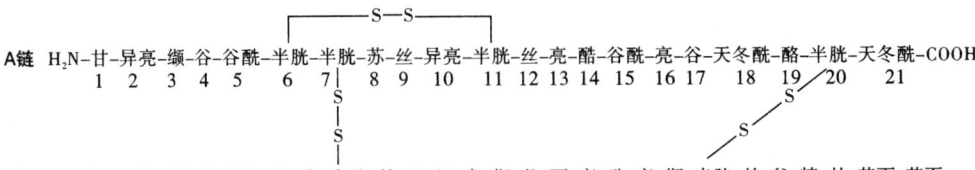

图2-4 牛胰岛素的一级结构

二、蛋白质的二级结构

(一) 蛋白质的二级结构

蛋白质的二级结构(secondary structure)是指多肽主链原子的局部空间排列,一般不涉及氨基酸残基侧链的构象。所以,蛋白质的二级结构是蛋白质分子中多肽主链的空间构象。主要包括α-螺旋、β-折叠、β-转角和无规卷曲。一个蛋白质分子可含有多种二级结构或多个同种二级结构。维持键为氢键。

1. 肽单元 构成蛋白质一级结构的基本单位是氨基酸,而构成蛋白质主链空间构象的基本单位是肽单元。肽键的4个原子C、H、O、N和与其相邻的两个α碳原子($C_α$)位于同一平面,构成一个肽单元,又称为肽平面(图2-5)。在肽单元中只有$C_α$—C和$C_α$—N之间的单键能够自由旋转,旋转角度的大小决定了两个相邻肽单元平面的相对空间位置,因此,肽单元是多肽链盘曲折叠的基本单位。

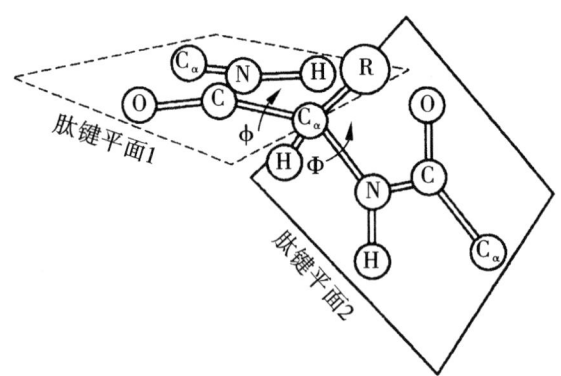

图2-5 肽单元(肽平面)

2. 蛋白质二级结构的基本形式 1951年Linus Pauling和Robert Corey根据X射线衍射图提出了两种多肽链中主链原子的周期性结构,称为α-螺旋和β-折叠,它们是二级结构的主要形式。

(1) α-螺旋 α-螺旋是指多肽链中肽单元通过围绕$C_α$的旋转,沿长轴方向有规律地盘绕形成的一种紧密螺旋构象(图2-6)。α-螺旋结构有以下特点:①多肽链以肽单元为单位,以 C_α 为转折点,围绕中心轴形成稳固的右手螺旋;②螺旋每上升一圈包含 3.6 个氨基酸残基,每个氨基酸残基向上平移 0.15 nm,螺距为 0.15 nm×3.6 = 0.54 nm;③相邻螺旋之间通过肽键上的羧基氧与亚氨基氢间形成若干氢键以保持螺旋结构稳定,氢键的方向与螺旋长轴基本平行。肽链中的全部肽键都可形成氢键,以稳固 α-螺旋结构,氨基酸残基的 R 基团可直接影响 α-螺旋的形成和稳定性。

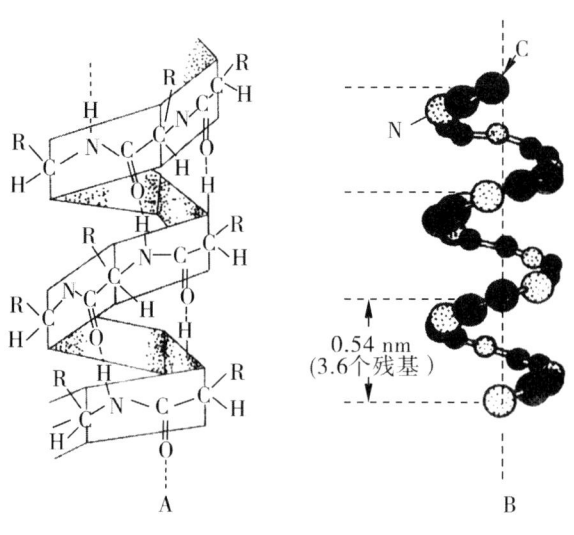

图 2-6 α-螺旋

(2) β-折叠 β-折叠呈伸展的折纸状,又称 β 片层结构(图 2-7),具有以下特点:①多肽链的每个肽单元以 C_α 为旋转点,依次折叠成锯齿状伸展结构,氨基酸残基侧链交替地位于锯齿状结构的上下方;②相邻肽链之间通过肽键羧基氧和亚氨基氢相互交替形成许多氢键,是维持 β-折叠结构的主要次级键,氢键的方向与折叠长轴垂直;③两条以上肽链或一条肽链内若干肽段的锯齿状结构可平行排列,两条肽链走向可相同(顺向平行),也可相反(反向平行)。

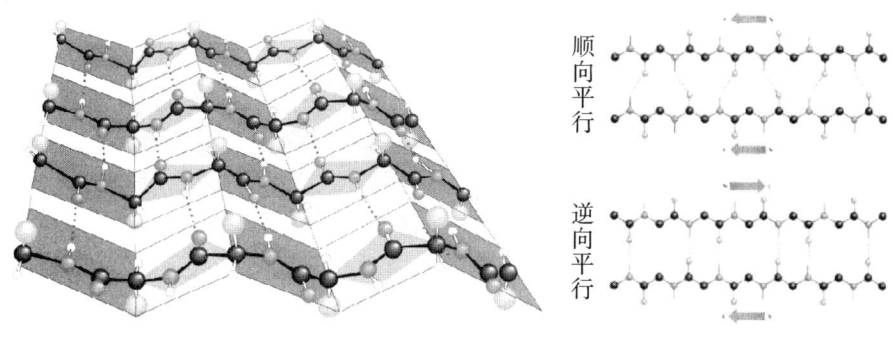

图 2-7 β-折叠转角

形成 β-折叠的肽段要求氨基酸残基的侧链较小,才能允许两条肽段彼此靠近。蚕丝蛋白几乎都是 β-折叠结构,许多蛋白质既有 α-螺旋又有 β-折叠。

(3) β-转角 多肽链中肽段出现180°回折,即"U"形转角结构(图 2-8)。它是由

四个连续的氨基酸残基组成,第一个氨基酸残基的羰基氧(O)与第四个氨基酸残基的氨基氢(H)之间形成氢键以维持其构象。β-转角可使肽链的走向发生改变。脯氨酸由于其环状结构,常出现在β-转角中,很难出现在α-螺旋和β-折叠中。

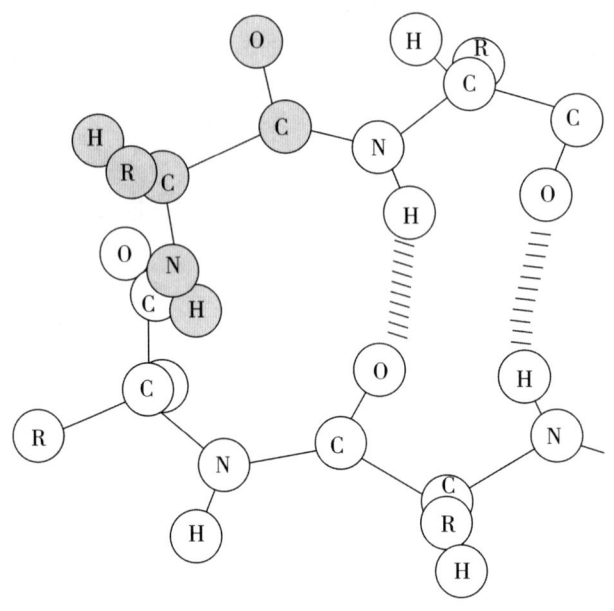

图2-8　β-转角

(4)无规卷曲　无规卷曲是指肽链中没有确定规律性的那部分结构,也是蛋白分子中不可缺少的构象。

三、蛋白质的三级结构

1.三级结构　蛋白质的三级结构(tertiary structure)是指每一条多肽链内所有原子的空间排布,包括主链、侧链构象,是在主链构象二级结构的基础上,由于侧链R基团相互作用,进一步折叠盘曲构成的。

维系蛋白质三级结构的作用力主要是氨基酸侧链间的非共价键,如氢键、盐键(离子键)、疏水作用、范德华力等,这些非共价键统称次级键。其中疏水作用力是维持蛋白质三级结构最主要的稳定力,疏水基团因疏水作用力而聚向分子的内部,而亲水基团则多分布在分子表面,因此具有三级结构的天然蛋白质分子多是亲水的,有些蛋白质分子中还有两个半胱氨酸巯基共价结合而形成的二硫键参与三级结构的稳定(图2-9)。只有一条肽链的蛋白质必须具备三级结构才有生物学功能,如肌红蛋白(图2-10)。

2.结构域　蛋白质形成三级结构时,肽链中某些局部的二级结构汇集在一起,形成发挥生物学功能的特定区域称为结构域。大多呈"口袋""洞穴"或"裂缝"状,结合蛋白质的辅基常镶嵌于其中,形成功能活性部位,或者是酶的活性中心,受体分子的配体结合部位等,成为功能活性部位。

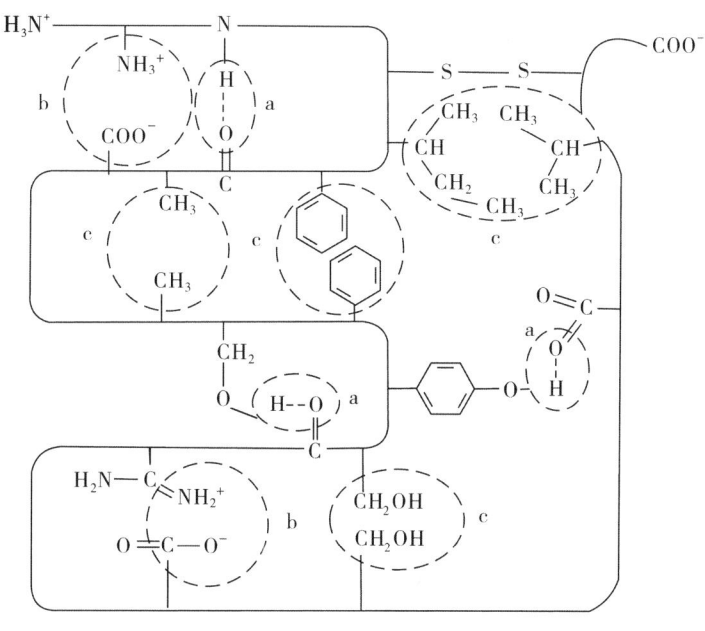

图 2-9 维持蛋白质三级结构的化学键
a.氢键 b.离子键 c.疏水键

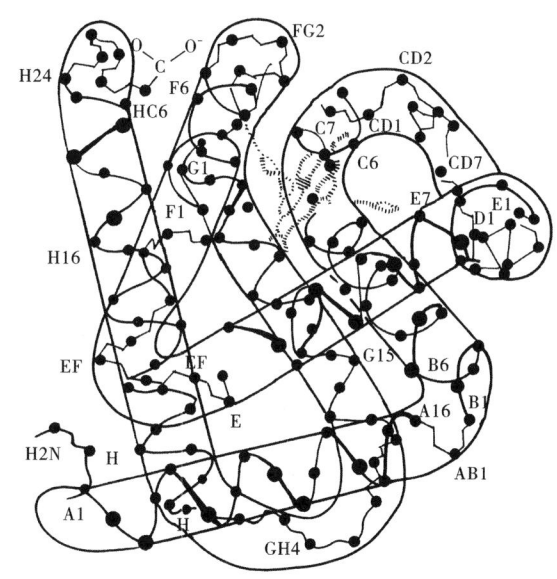

图 2-10 肌红蛋白的三级结构

四、蛋白质的四级结构

许多蛋白质含有两条或两条以上具有独立三级结构的多肽链,这些多肽链通过非共价键相互连接形成的多聚体结构称为蛋白质的四级结构(quaternary structure)。每一条多肽具有独立三级结构的多肽链,称为蛋白质的亚基。维持蛋白质四级结构的作用力是非共价键,主要是氢键、离子键、疏水作用及范德华力。

在含有四级结构的蛋白质分子中,亚基可以相同也可以不同。单独的亚基一般没有生物学功能,只有完整的四级结构寡聚体才有生物学功能。如血红蛋白为 $\alpha_2\beta_2$ 四聚体,即含两个 α 亚基和两个 β 亚基(图2-11)。

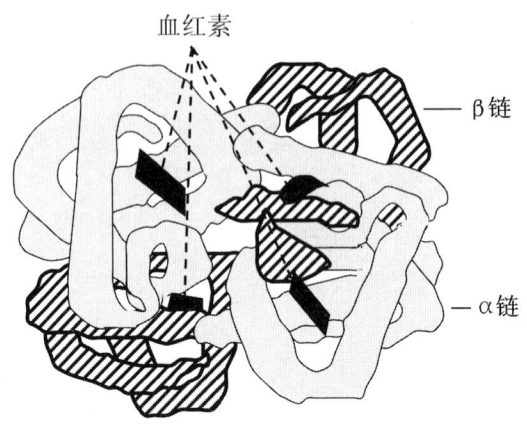

图2-11 血红蛋白的四级结构

第三节 蛋白质结构与功能的关系

一、蛋白质一级结构与功能的关系

蛋白质特定的构象和功能是由其一级结构所决定的。多肽链中氨基酸的排列顺序决定了该肽链的折叠、盘曲方式,即决定了蛋白质的空间结构,进而显示特定的功能。一级结构主要从两个方面影响蛋白质的功能活性。一部分氨基酸残基直接参与构成蛋白质的功能活性区,它们的特殊侧链基团即为蛋白质的功能基团,这种氨基酸残基如被置换将影响该蛋白质的功能,另一部分氨基酸残基虽然不直接作为功能基团,但它们在蛋白质的构象中处于关键位置。

不同哺乳动物来源的胰岛素,它们的一级结构虽不完全一样,但肽链中与胰岛素特定空间结构形成有关的氨基酸残基却完全一致,51 个氨基酸残基中有 24 个恒定不变,分子中半胱氨酸残基的数量(6 个)及其排列位置恒定不变,它们在决定胰岛素空间结构中起关键作用。如将胰岛素分子中 A 链 N 端的第一个氨基酸残基切去,其活性只剩下 2%~10%,如再将紧邻的第 2~4 位氨基酸残基切去,其活性完全丧失,说明这些氨基酸残基属于胰岛素活性部位的功能基团。如将胰岛素 A、B 两链间二硫键还原,A、B 两链即分离,此时胰岛素的功能也完全消失,说明二硫键是必不可少的。如将胰岛素分子 B 链第 28~30 位氨基酸残基切去,其活性仍能维持原活性的 100%,说明这些位置的残基与功能活性及整体构象关系不大密切。

二、蛋白质空间结构与功能的关系

如前所述,空间结构决定蛋白质的生物学功能。空间结构一旦改变,就会影响蛋白质的生物活性。如在牛胰核糖核酸酶中加入尿素或β-巯基乙醇后,尿素使非共价键破坏,β-巯基乙醇使二硫键变成—SH基团,于是酶的空间结构破坏,酶的活性也就丧失(图2-12)。又如血红蛋白运输氧的功能与其四级结构有关,血红蛋白分子由四个亚基构成,每个亚基携带一个氧分子,当其中一个亚基与氧结合后,便引起血红蛋白的空间结构发生变化,而使其他亚基与氧的亲和力依次增强。

核糖核酸酶的
变性和复性

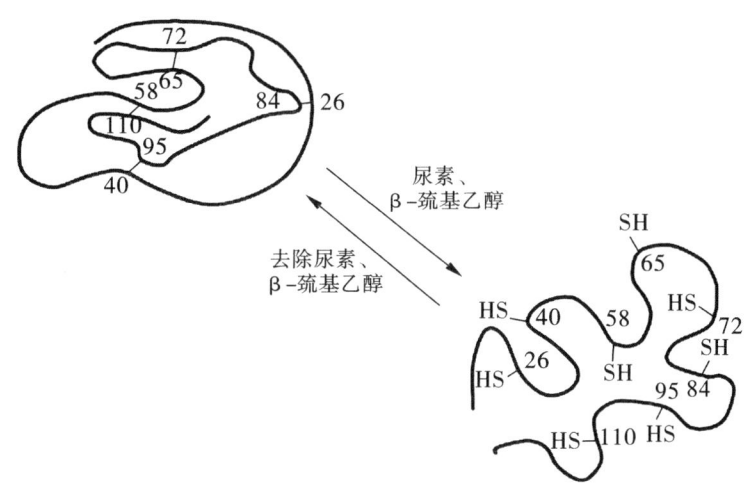

图2-12 牛胰核糖核酸酶变性和复性

第四节 蛋白质的理化性质

一、蛋白质的两性解离和等电点

蛋白质是由氨基酸组成的高分子化合物,其理化性质必然与氨基酸相同或相关,例如,两性电离及等电点、紫外吸收性质、呈色反应等。但蛋白质又不同于氨基酸,表现为高分子性质、胶体性质、变性、沉淀和凝固及某些呈色反应等。

蛋白质是由氨基酸组成的,其分子中除多肽链两端的游离α-氨基和α-羧基外,侧链上尚有一些可解离的R基团,如谷氨酸及天冬氨酸残基中的非α-羧基、赖氨酸中的非α-氨基、精氨酸的胍基、组氨酸的咪唑基、酪氨酸的酚羟基和半胱氨酸的巯基等。由于蛋白质分子中既含有能解离出H^+的酸性基团(R—COOH、R—SH),又含有能结合H^+的碱性基团(R—NH_2),因此蛋白质分子为两性电解质。它们在溶液中的解离状态受溶液pH值的影响。当蛋白质溶液处于某一pH值,蛋白质解离成正、负离子的趋势相等,即静电荷为零、呈兼性离子状态,此时溶液的pH值称为该蛋白质的等电点(pI)。蛋白质分子的解离状态可见图2-13。

人体绝大部分蛋白质的等电点在 5.0 左右,所以在生理条件下(pH=7.35~7.45)大多数蛋白质解离成阴离子。

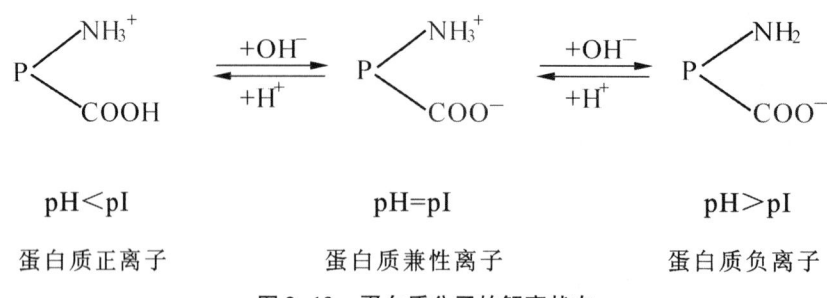

图 2-13 蛋白质分子的解离状态

人体蛋白质的等电点多在 5.0 左右,而人体体液的 pH 值在 7.35~7.45,所以体液中的蛋白质多以负离子存在。由于各种蛋白质所含酸性、碱性基团的数目不同及解离程度不同,所以其等电点不同,因此,在同一 pH 值溶液中,各种蛋白质所带的静电荷及电荷量不同,利用这一性质,可以将混合蛋白通过电泳加以分离。

调节蛋白质溶液的 pH 值使其偏离 pI,蛋白质带相同电荷,将其置于电场中,则向相反电极方向移动,此现象称为电泳。蛋白质分子电泳速度与分子大小、电荷多少及电场强度有关,带电荷少、分子量大的泳动速度慢,反之,则泳动速度快。在一定 pH 值条件下,混合蛋白质溶液中,各蛋白质分子所带电荷数目不同,分子量大小不同,故在电场中泳动速度不同,从而将混合蛋白质溶液中各蛋白质组分彼此分开。临床上常用醋酸纤维素薄膜电泳方法将血清蛋白质分离为清蛋白、α_1-球蛋白、α_2-球蛋白、β-球蛋白和 γ-球蛋白 5 个组分,从而帮助诊断疾病和判断病情变化。

二、蛋白质的高分子性质

(一)可形成亲水胶体

蛋白质是生物大分子,分子量在 1 万~100 万,其分子直径为 1~100 nm,相当于胶体颗粒的大小。水溶性蛋白质分子大多呈球状,分子中疏水性的 R 基团借疏水作用聚合并掩藏在分子内部,亲水性的 R 基团多位于分子表面,与周围水分子产生水合作用,使蛋白质分子表面有多层水分子包围,形成一个比较稳定的水化膜,将蛋白质颗粒彼此隔开,从而阻止蛋白质颗粒的相互聚集,防止溶液中蛋白质的沉淀析出。此外,蛋白质溶液在等电点以外的任何 pH 值时,表面都带有相同电荷,同性电荷的斥力作用也阻止胶粒的相互聚集。由于上述两种稳定因素的存在,使蛋白质形成稳定的胶体溶液。若去除蛋白质胶粒表面的水化膜,中和其电荷时,蛋白质便从溶液中沉淀析出(图 2-14)。

(二)不易透过半透膜

蛋白质分子大,不能透过半透膜。当蛋白质溶液中混有小分子杂质时,可将此溶液放入半透膜做成的袋内,将袋置于蒸馏水或适宜的缓冲液中,小分子杂质即从袋中逸出,大分子蛋白质则留于袋内,使蛋白质得以纯化,这种用半透膜来分离纯化蛋白质的方法称为透析。透析是生化实验室中用于纯化大分子物质的一种常用方法。人体的细胞膜、线粒体膜、微血管壁等都有半透膜性质,使各种蛋白质分布于细胞内外的不同部位。

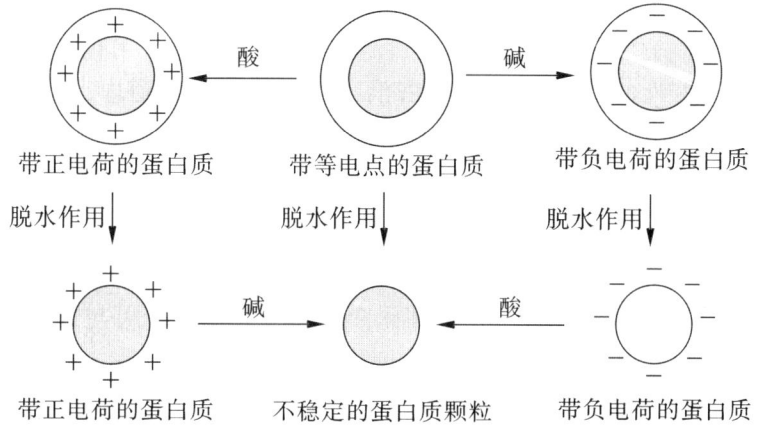

图2-14 蛋白质胶体颗粒的沉淀

蛋白质和其他生物高分子物质一样,在一定的溶剂中,经超速离心,可以发生沉降。单位力场中的沉降速度即为沉降系数(S)。沉降系数与蛋白质分子量的大小、分子形状、密度及溶剂密度的高低有关,通常情况下,分子量大、颗粒紧密,沉降系数也大,故利用超速离心法可以分离纯化蛋白质,也可以测定蛋白质的分子量。

人体毛细血管壁为半透膜,由于血浆蛋白质不易透过半透膜,因此血浆蛋白质在毛细血管内形成胶体渗透压,这对维持血管内外水的平衡有重大意义。

(三)蛋白质分子经过超速离心可以发生沉降

蛋白质和其他生物高分子一样,在一定溶液中经过超速离心可以发生沉降,单位力场中的沉降速度即为沉降系数(S),蛋白质分子量越大,其沉降系数越大。超速离心可用于蛋白质的分离和分子量的测定,在生化中,某些高分子化合物即以沉降系数命名,如30S核糖体小亚基、5S rRNA等。

三、蛋白质的沉淀

蛋白质从溶液中析出的现象称为蛋白质的沉淀。沉淀方法有以下几种。

(一)盐析

向蛋白质溶液中加入中性盐,破坏蛋白质的两个稳定因素,使蛋白质从溶液中析出,称为盐析。常用的中性盐有 Na_2SO_4、$NaCl$、$(NH_4)_2SO_4$。

盐析沉淀蛋白质主要通过两方面作用:一方面破坏水化膜(盐离子亲水性比蛋白质强),高浓度的盐离子能夺去蛋白质表面的水化膜,另一方面,盐是强电解质,抑制蛋白质电离,即中和蛋白质表面的电荷。盐析时,溶液的pH值越接近等电点,沉淀效果越好。由于蛋白质颗粒大小、亲水程度及等电点不同,因此盐析时,所需要盐的浓度不同。盐析时逐渐加大盐浓度即可使蛋白质分段沉淀析出,此法称为分段盐析法。血清清蛋白在饱和的$(NH_4)_2SO_4$溶液中可沉淀析出,而血清球蛋白在半饱和的

$(NH_4)_2SO_4$ 溶液中就可沉淀析出。盐析沉淀蛋白质，不易引起蛋白质变性，所以常用于分离各种蛋白质。

(二) 有机溶剂沉淀蛋白质

向蛋白质溶液中加入乙醇、甲醇、丙酮等脱水剂，破坏水化膜，从而使蛋白质发生沉淀。如果同时调节溶液的 pH 值至 pI，沉淀才完全。在常温下用有机溶剂沉淀蛋白质易引起蛋白质变性，例如：常温下用乙醇消毒，就是根据这个道理，乙醇在常温下可使菌体蛋白变性而失去致病力。在低温条件下，蛋白质变性速度变慢，可用于分离制备蛋白质制剂。

(三) 重金属盐沉淀蛋白质

重金属离子，如 Hg^{2+}、Pb^{2+}、Cu^{2+}、Ag^+ 能与蛋白质结合生成不溶性蛋白质盐而沉淀。沉淀条件是 pH>pI，因为在碱性条件下，带负电荷的蛋白质可与带正电荷的重金属离子结合生成不溶性蛋白质盐而沉淀。

$$P\begin{cases}COO^-\\NH_2\end{cases} \xrightarrow{Ag^+} P\begin{cases}COOAg\\NH_2\end{cases} \downarrow$$

临床上利用这一性质抢救误服重金属中毒的患者，临床上对重金属中毒的患者采用口服鲜牛奶、鸡蛋清的方法，使蛋白质在胃肠道内与未被吸收的重金属结合成不溶性沉淀物，然后利用洗胃、导泻的方法，将胃肠道内的沉淀物洗净，达到治疗目的。

(四) 某些酸类沉淀蛋白质

蛋白质可与某些酸(苦味酸、钨酸、鞣酸、三氯醋酸、磺酰水杨酸)结合生成不溶性蛋白质盐而沉淀，沉淀条件是 pH<pI，因为在酸性条件下，带正电的蛋白质可与带负电的酸根结合生成不溶性蛋白质盐而沉淀。

$$P\begin{cases}COOH\\NH_3^+\end{cases} \xrightarrow{CCl_3COO^-} P\begin{cases}COOH\\NH_3OOCCCl_3\end{cases} \downarrow$$

临床上常用钨酸、三氯醋酸制备无蛋白血滤液，以进行非蛋白成分测定(血糖、血脂)，同时用磺基水杨酸检查尿蛋白。

四、蛋白质的变性及凝固

(一) 蛋白质的变性

1. **变性概念** 在某些物理和化学因素作用下，蛋白质的空间构象被破坏，从而导致其一些理化性质的改变和生物活性的丧失，称为蛋白质的变性。引起蛋白质变性的因素有多种，物理因素有高温、紫外线、X 射线、超声波和剧烈振荡等，化学因素有强酸、强碱、有机溶剂(如乙醇等)、尿素、重金属离子及生物碱试剂等。

2. **变性蛋白质的特征** 一般认为蛋白质的变性主要是二硫键和非共价键的破坏，不涉及一级结构的改变。蛋白质变性后，其溶解度降低，黏度增加，结晶能力消失，生物活性丧失,易被蛋白酶水解。

3. 变性的应用　蛋白质变性在医学上具有重要的实际应用价值。例如,利用75%的乙醇、紫外线、高温等方法进行消毒灭菌,使病原生物的蛋白质发生变性而失去致病性。在保存生物制品时则应防止蛋白质的变性,如低温保存疫苗、血清等。

4. 复性　蛋白质变性程度较轻,去除变性因素后仍可恢复原有的构象和功能,称为蛋白质的复性,如图2-15所示。在核糖核酸酶溶液中加入尿素和β-巯基乙醇,使空间构象遭到破坏,丧失生物学活性,如经透析去除尿素和β-巯基乙醇,核糖核酸酶又可恢复其原有的构象和活性。但许多蛋白质变性后不能复性,称为不可逆性变性。

蛋白质的变性

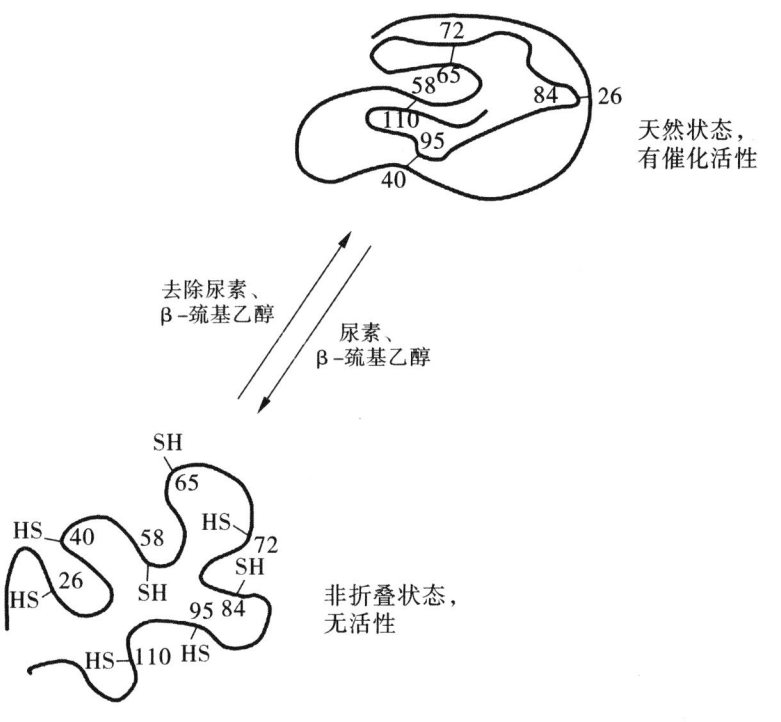

图2-15　核糖核酸酶变性和复性

(二) 蛋白质的凝固

蛋白质经强酸、强碱作用发生变性后,仍能溶解于强酸或强碱中,若将pH值调至等电点,则蛋白质立即结成絮状的不溶解物,此絮状物仍可溶解于强酸或强碱中。如再加热则絮状物可变成比较坚固的凝块,此凝块不再溶于强酸或强碱中,这种现象称为蛋白质的凝固作用。鸡蛋煮熟后变为固体状就是蛋白质凝固的典型例子。蛋白质的变性和凝固常常是相继发生的,凝固是蛋白质变性后进一步发展的结果。

五、蛋白质的紫外吸收和呈色反应

蛋白质分子含有酪氨酸、色氨酸和苯丙氨酸残基,它们含有共轭双键,因此在280 nm波长处有最大吸收峰。可利用此性质定性、定量测定蛋白质。

蛋白质还可与某些化学试剂反应而呈现多种颜色反应,称为蛋白质的呈色反应。

利用此性质可对蛋白质进行定性、定量测定。如双缩脲反应,即蛋白质在稀碱溶液中与稀 $CuSO_4$ 溶液共热生成紫红色化合物。

第五节 蛋白质的分类

一、按分子组成分类

根据蛋白质的分子组成可将其分为单纯蛋白质和结合蛋白质两大类。

1. 单纯蛋白质 仅由氨基酸组成的蛋白质称为单纯蛋白质。单纯蛋白质按溶解度的不同又可分为多种,如清蛋白、球蛋白、精蛋白、组蛋白和硬蛋白等。

2. 结合蛋白质 由蛋白质部分和非蛋白质部分(辅基)结合而成的蛋白质称为结合蛋白质。常见的辅基有色素、寡糖、脂类、磷酸、金属离子和核酸等。按辅基的不同,又可分为糖蛋白、核蛋白等(表2-2)。

表2-2 结合蛋白质的类别

类别	辅基	举例
单纯蛋白质		清蛋白、球蛋白、谷蛋白、醇溶谷蛋白、硬蛋白、组蛋白、精蛋白
结合蛋白质		
糖蛋白	糖类	黏蛋白、血型糖蛋白、免疫球蛋白
核蛋白	核酸	病毒核蛋白、染色体核蛋白
脂蛋白	脂质	乳糜微粒、高密度脂蛋白
磷蛋白	磷酸	酪蛋白、卵黄磷蛋白
金属蛋白	金属离子	铁蛋白、铜蓝蛋白
色蛋白	色素	血红蛋白、肌红蛋白、细胞色素

二、按分子形状分类

根据分子形状不同,可将蛋白质分为纤维状蛋白质和球状蛋白质两大类。

(一)纤维状蛋白质

纤维状蛋白质分子长轴与短轴之比大于10,分子的构象呈长纤维状,多由几条多肽链绞合成麻花状,具有较好的韧性,大多难溶于水,多为生物体组织的结构蛋白质,如结缔组织中胶原蛋白、弹性蛋白及毛发、指甲中的角蛋白等。

(二)球状蛋白质

球状蛋白质分子的长轴和短轴之比小于10,其分子形状近似于球形或椭球形,多数溶于水,生物界绝大部分蛋白质属于球状蛋白质,有特异的生理活性,如酶、转运蛋白、蛋白类激素、免疫球蛋白等都属于此类。

第二章 蛋白质的结构与功能

同步练习

(一)选择题

1. 蛋白质分子的元素组成特点是 ( )
   A. 含氮量约16%
   B. 含碳量固定
   C. 含少量的硫
   D. 含大量的磷
   E. 含少量的金属离子

2. 测得某一蛋白样品的含氮量为0.40 g,此样品约含蛋白质 ( )
   A. 2.00 g
   B. 2.50 g
   C. 6.40 g
   D. 3.00 g
   E. 6.25 g

3. 在pH值6.0的缓冲液中电泳,哪种氨基酸基本不动 ( )
   A. 精氨酸
   B. 丙氨酸
   C. 谷氨酸
   D. 天冬氨酸
   E. 赖氨酸

4. 维持蛋白质二级结构的主要化学键是 ( )
   A. 盐键
   B. 疏水键
   C. 肽键
   D. 氢键
   E. 二硫键

5. 关于肽键的特点,哪项叙述是不正确的 ( )
   A. 肽键中的C—N键比相邻的N—C_α键短
   B. 肽键的C—N键具有部分双键性质
   C. 与α碳原子相连的N和C所形成的化学键可以自由旋转
   D. 肽键的C—N键可以自由旋转
   E. 肽键中C—N键所相连的四个原子在同一平面上

6. 蛋白质中的α-螺旋和β-折叠都属于 ( )
   A. 一级结构
   B. 二级结构
   C. 三级结构
   D. 四级结构
   E. 侧链结构

7. 具有四级结构的蛋白质特征是 ( )
   A. 分子中一定含有辅基
   B. 是由两条或两条以上具有三级结构的多肽链进一步折叠盘绕而成
   C. 其中每条多肽链都有独立的生物学活性
   D. 其稳定性依赖肽键的维系
   E. 靠亚基的聚合和解聚改变生物学活性

8. 关于蛋白质结构的论述,哪项是正确的 ( )
   A. 一级结构决定二、三级结构
   B. 二、三级结构决定四级结构
   C. 三级结构具有生物学活性
   D. 四级结构才具有生物学活性
   E. 无规卷曲是在二级结构的基础上盘曲而成

9. 蛋白质变性是由于 ( )

A. 一级结构改变 B. 辅基的脱落
C. 亚基解聚 D. 蛋白质水解
E. 空间构象改变

10. 对蛋白质沉淀、变性和凝固的关系的叙述,哪项是正确的 (　　)
A. 变性蛋白质一定要凝固 B. 变性蛋白质一定要沉淀
C. 沉淀的蛋白质必然变性 D. 凝固的蛋白质一定变性
E. 沉淀的蛋白质一定凝固

(二)思考题
1. 用凯氏微量定氮法测得 0.2 mL 血清中含氮 2.1 mg,100 mL 血清中含蛋白质多少克?
2. 蛋白质的基本组成单位是什么? 在结构上有何特点?
3. 氨基酸是怎样分类的? 各分为哪些种类?
4. 何谓蛋白质的一、二、三、四级结构? 维持各级结构的键是什么?
5. 蛋白质的二级结构分为哪些类型? α-螺旋结构有哪些特点?
6. 维持蛋白质溶液稳定的因素是什么? 何谓蛋白质的沉淀? 沉淀蛋白质的方法有哪些?
7. 何谓蛋白质的变性? 引起变性的因素有哪些? 有何应用价值?

(漯河医学高等专科学校　马永超)

第三章 维生素

> **学习目标**
> ◆ 掌握 脂溶性和水溶性维生素的主要生理功能及缺乏症。
> ◆ 熟悉 维生素的概念及引起维生素缺乏症的原因。
> ◆ 了解 维生素的食物来源。

第一节 维生素概述

维生素(vitamin)是一类维持人体正常功能所必需的营养素,其化学本质为小分子有机化合物,它们不能在体内合成,或者合成量难以满足机体的需要,必须由食物供给。

维生素的需要量甚少(常以毫克或微克计),它们既不是构成机体组织的成分,也不是体内供能的物质,然而在调节物质代谢、促进生长发育和维持生理功能等方面却发挥重要作用。如果长期缺乏,就会导致维生素缺乏症,如果过量也有可能造成中毒症。

一、维生素的命名与分类

(一)命名

维生素有三种命名系统,一是按其被发现的先后顺序,以拉丁字母命名,如维生素A、B族维生素、维生素C、维生素D、维生素E、维生素K等。二是根据其化学结构特点命名,如视黄醇、硫胺素、核黄素等。三是根据其功能和治疗作用命名,如抗干眼病维生素、抗癞皮病维生素、抗坏血酸等。有些维生素在最初发现时认为是一种,后经证明是多种维生素混合存在,命名时便在其原拉丁字母下方标注1、2、3等数字加以区别,如维生素B_1、维生素B_2、维生素B_6、维生素B_{12}等。

(二)分类

维生素通常按其溶解性分为脂溶性维生素和水溶性维生素两大类(表3-1)。
脂溶性维生素包括维生素A、维生素D、维生素E、维生素K四种,水溶性维生素包括 B 族维生素和维生素 C 两类。B 族维生素又包括维生素 B_1、维生素 B_2、维生素 B_6、维生素 B_{12}、维生素 PP、泛酸、叶酸、生物素等。

表 3-1 两类维生素的区别

分类	维生素名称	溶解性	储存性	若过量	对摄入要求
脂溶性	A、D、E、K 等	溶于脂质、脂溶剂	储存脂库与肝	可储存，中毒	定期补充
水溶性	B 族、C 等	溶于水	很少储存	排出体外	经常适量补充

二、维生素的缺乏与中毒

水溶性维生素易随尿排出体外，在人体内只有少量储存。因此，每天必须通过膳食提供足够的数量以满足机体的需求。当膳食供给不足时，易导致人体出现相应的缺乏症；当摄入过多时，多以原形从尿中排出体外，不易引起机体中毒。

脂溶性维生素在人体内大部分储存于肝及脂肪组织，可通过胆汁代谢并排出体外。但如果大剂量摄入，有可能干扰其他营养素的代谢并导致体内积存过多而引起中毒。

引起维生素缺乏病的常见原因如下。

1. 维生素的摄入量不足　膳食构成或膳食调配不合理、严重的偏食、食物的烹调方法和储存不当均可造成机体某些维生素的摄入不足。如做饭时淘米过度、煮稀饭时加碱、米面加工过细等都可造成维生素 B_1 缺乏，新鲜蔬菜、水果储存过久或炒菜时先切后洗，可造成维生素 C 的丢失和破坏。

2. 机体的吸收利用率降低　某些原因造成的消化系统吸收功能障碍，如长期腹泻、消化道或胆道梗阻、胃酸分泌减少等均可造成维生素的吸收、利用减少。胆汁分泌受限可影响脂类的消化吸收，使脂溶性维生素的吸收大大降低。

3. 维生素的需要量相对增加　不同的人群，维生素的需要量也有所不同。在某些条件下，机体对维生素的需要量会相对增加。如孕妇、哺乳期妇女、生长发育期的儿童、某些疾病（长期高热、慢性消耗性疾病等）等均可使机体对维生素的需要量相对增加。

4. 食物以外的维生素供给不足　长期服用抗生素可抑制肠道正常菌群的生长，从而影响某些维生素（如维生素 K、维生素 B_6、叶酸、维生素 PP、生物素、泛酸、维生素 B_{12} 等）的产生。日光照射不足，可使皮肤内维生素 D_3 产生不足，易造成小儿佝偻病或成人软骨病。

第二节　脂溶性维生素

维生素 A、维生素 D、维生素 E、维生素 K 是疏水性化合物，溶于脂溶剂，不溶于水。它们常随脂类物质吸收，在血液中与脂蛋白或特异的结合蛋白相结合而被运输，并在体内有一定的储量。

一、维生素 A

(一)化学性质、来源及体内转变

维生素 A 通常是由 β-白芷酮环和两分子 2-甲基丁二烯构成的多烯醇。有 A_1(视黄醇,retinal)、A_2(3-脱氢视黄醇)两种形式,并以 A_1 为主(图 3-1)。其实,视黄醇的可逆性氧化产物——视黄醛及不可逆性氧化产物——视黄酸也具有活性。

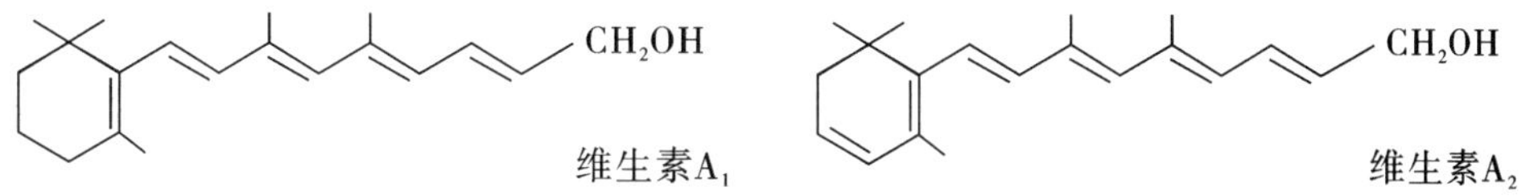

图 3-1 维生素 A_1、维生素 A_2 的结构

视黄醇的侧链含有 4 个双键,故可形成多种顺反异构体,其中较重要的有全反型(A-trans)和 11-顺型(11-cis)(图 3-2)。

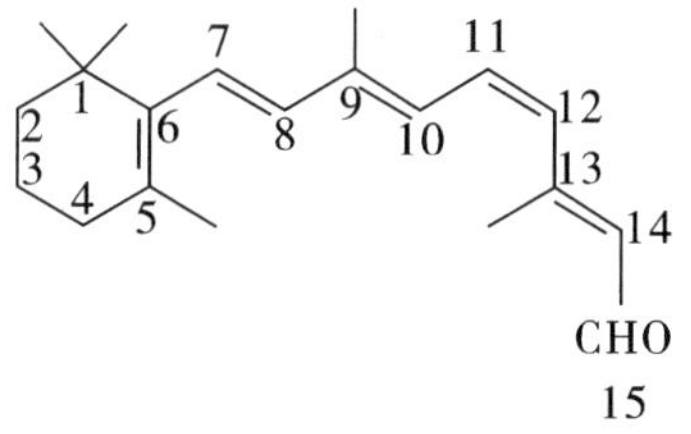

图 3-2 11-顺型视黄醛的结构

维生素 A 的化学性质活泼,易被空气氧化或紫外线照射破坏而失去生理作用,故维生素 A 的制剂应在棕色瓶内避光储存。

维生素 A 主要存在于动物肝、蛋、肉中,但是很多有色植物(如胡萝卜、红辣椒等)也富含具有维生素 A 效能的被称为类胡萝卜素的物质,其中最重要者为 β-胡萝卜素(图 3-3)。β-胡萝卜素可被小肠黏膜或肝中的加氧酶转化为视黄醇,所以它又被称作维生素 A 原。尽管理论上 1 分子 β-胡萝卜素可以生成 2 分子维生素 A,但由于胡萝卜素的吸收率仅为 1/3,而在体内的转化率仅为 1/2,所以实际上 β-胡萝卜素转化为维生素 A 的转化当量为 1/6。

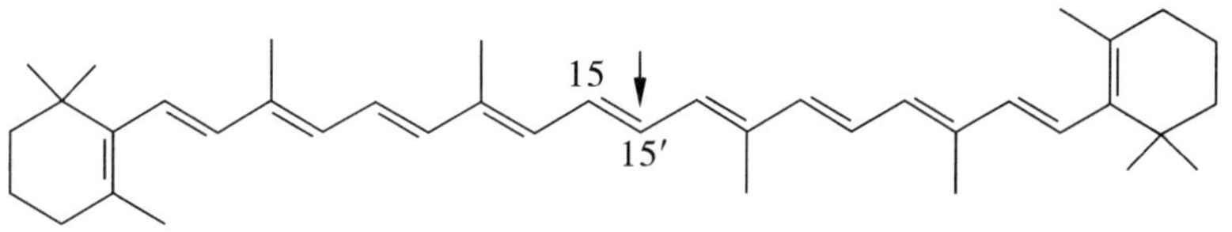

图 3-3 β-胡萝卜素的结构

食物中的视黄醇多以脂肪酸酯的形式存在,它在小肠受酯酶的作用而水解,所产生的脂肪酸和维生素 A 进入小肠上皮细胞后又重新合成视黄醇酯,并掺入乳糜微粒,通过淋巴转运,储存于肝,机体需要时向血液释放。血浆中的维生素 A 是非酯化型

的。它与视黄醇结合蛋白结合而被转运,后者又与已结合甲状腺激素的前清蛋白(proalbumin,PA)结合,形成维生素 A-RBP-A 复合物,当运输至靶组织后,视黄醇与细胞的特异受体结合而再被利用。

(二) 生化作用及缺乏症

1. **构成视觉细胞内感光物质视色素** 人体视网膜的杆状细胞是感受暗光与弱光的视觉细胞。其主要感光物质是视紫红质。它是由视黄醛与视蛋白结合生成的,这种结合只有在11-顺视黄醛构型时才能进行。视紫红质对弱光非常敏感,一个光量子即可诱发它的光化学反应。当视紫红质感光时,11-顺型视黄醛发生光异构反应,转变为全反型的视黄醛。因在感光过程中,视紫红质分解而褪色,又被称为"漂白"。在这一光异构反应的同时,可引起杆状细胞膜的 Ca^{2+} 通道开放,Ca^{2+} 迅速流入细胞,并引发神经冲动,传递至脑引起视觉。而全反型视黄醛可在肝中经还原、异构、氧化,又再生为11-顺型视黄醛(图3-4)。正是这种再生补充的过程,造成了所谓的"暗适应"。

从图3-4可以看出,当维生素 A 缺乏时,11-顺型视黄醛得不到足够的补充,杆状细胞内视紫红质的合成减弱,暗适应的能力下降,严重者可致"夜盲症"。

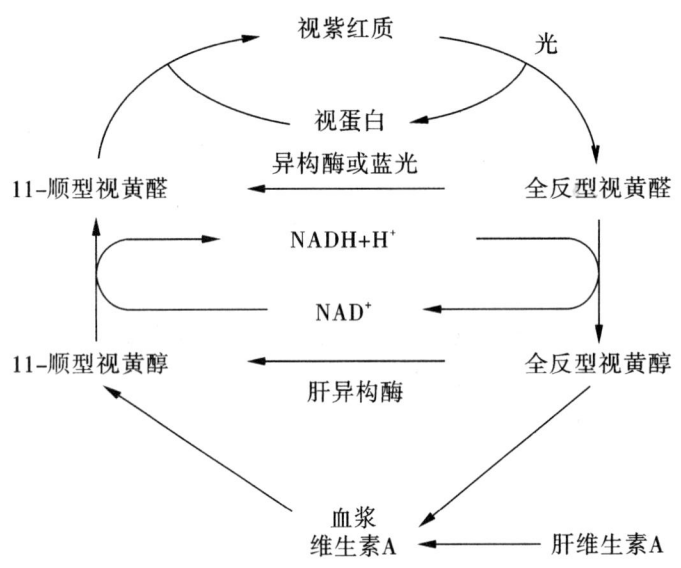

图 3-4 视紫红质的合成、分解与维生素 A 的关系

2. **维持上皮组织的功能和促进生长发育** 维生素 A 可影响上皮细胞的分化过程,是维持一切上皮组织健全所必需的物质。实验证实缺乏维生素 A,培养中的上皮细胞趋向于复层鳞状上皮分化。其中对眼、呼吸道、消化道、泌尿道及生殖系统等的上皮影响最为显著。缺乏维生素 A 时,在眼部由于泪腺上皮角化,泪液分泌受阻,以致角膜、结膜干燥而发生干眼病。所以维生素 A 又称为抗干眼病维生素。如果上皮组织不健全,机体抵抗微生物侵袭的能力降低,那么就容易感染。

3. **增加细胞表面的上皮生长因子受体数目而促进生长、发育** 缺乏维生素 A 时,儿童可出现生长停顿、骨骼成长不良和发育受阻。

4. **维生素 A 的摄入与癌症的发生呈负相关** 维生素 A 可促进糖蛋白的合成,特别是作为细胞表面受体的糖蛋白和纤连蛋白的合成。癌变细胞其表面因缺乏纤连蛋白而丧失正常黏附能力,此缺陷可被维生素 A 逆转。

5. 维生素 A 具有抗衰老作用 维生素 A 和胡萝卜素在氧分压较低的条件下,能直接消灭自由基,有助于控制细胞膜和富含脂质组织的脂质过氧化,是有效的抗氧化剂。

6. 维生素 A 摄入过多可引起中毒 维生素 A 中毒目前多见于 1~2 岁的婴幼儿,主要表现有毛发易脱、皮肤干燥、瘙痒、烦躁、厌食、肝大及易出血等症状。引起维生素 A 中毒的原因一般是鱼肝油服用过多。

二、维生素 D

(一)化学性质、来源及体内转变

维生素 D 系固醇类衍生物,在动物的肝、蛋黄中含量丰富,但人体内维生素 D 主要是由皮肤细胞的 7-脱氢胆固醇(维生素 D_3 原)经紫外线照射转变而来,称为维生素 D_3 或胆钙化醇。植物中的麦角固醇(维生素 D_2 原)经紫外线照射后生成维生素 D_2 或麦角钙化醇(图 3-5)。不论是维生素 D_2 或维生素 D_3,本身都没有生理活性,它们必须在体内进行一定的代谢转化,包括在肝线粒体中的 25-羟化酶和在肾微粒体中的 1-羟化酶的作用下才能生成强活性的化合物——活性维生素 D_3,即 $1,25-(OH)_2-D_3$,再经血液运输到小肠、骨骼及肾等靶器官才能发挥其生理作用。

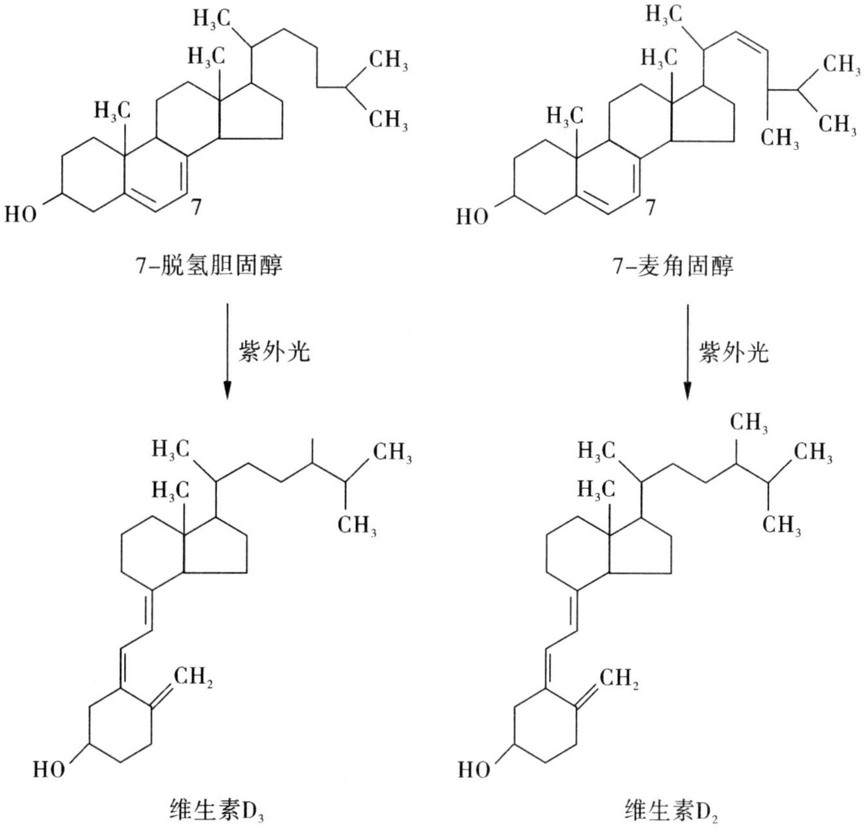

图 3-5 维生素 D_2、维生素 D_3 的生成

维生素 D_2 及维生素 D_3 均为无色针状结晶,易溶于脂肪和有机溶剂,除对光敏感外,化学性质一般较稳定。

(二)生化作用及缺乏症

维生素 D 能促进小肠对食物中钙和磷的吸收,促进肾对钙和磷的重吸收,还可影响骨组织的钙代谢,从而维持血中钙和磷的正常浓度,促进骨和牙的钙化作用。当缺乏维生素 D 时,儿童可发生佝偻病,成人易患软骨病。

三、维生素 E

(一)化学性质、来源及体内转变

维生素 E 又称生育酚,已经发现的生育酚有 α、β、γ 和 δ 四种,其中以 α-生育酚的生理效应最强。它们都是苯骈二氢吡喃的衍生物(图3-6)。主要存在于麦胚油、豆油、深海鱼油及蔬菜中。

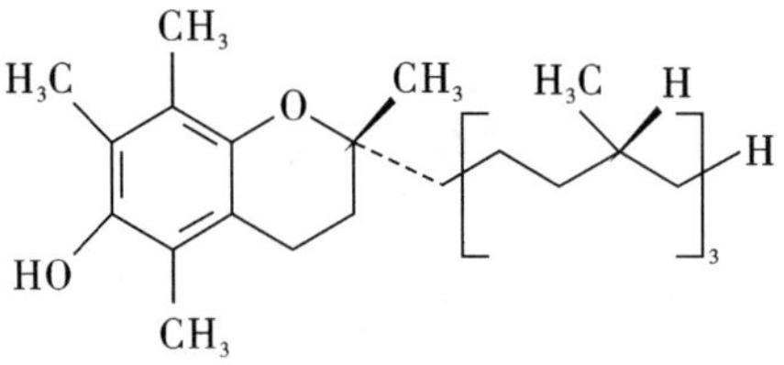

图 3-6 维生素 E 的结构

维生素 E 为油状物,在无氧状况下能耐高热,并对酸和碱有一定抗耐力,但对氧却十分敏感,是一种有效的抗氧化剂。

(二)生化作用及缺乏症

1. 维生素 E 与动物生殖功能有关　雌性动物缺少维生素 E 就会失去正常生育能力,或虽能受孕,却易流产,所以俗称生育酚。人类由于单纯缺少维生素 E 而发生的病尚属罕见,但在临床上它作为药物,治疗某些习惯性流产能收到一定效果。

2. 维生素 E 是体内重要的抗氧化剂　20 世纪 60 年代初,美英几个研究机构在对正常人体细胞进行体外培养实验时,发现在培养基中加入维生素 E,细胞分裂次数由 20 世纪 60~70 代增加到 120~140 代,这一实验轰动了全球。这是因为维生素 E 是一种强还原性物质,能阻止不饱和脂肪酸和类脂等在体内被氧化破坏。正是它的强还原性,还可以保护维生素 C、辅酶 Q 等,可以抑制含硒蛋白、含铁蛋白的氧化,保护红细胞膜免遭溶血的厄运。更重要的是,它可阻止代谢过程中产生的过氧化物,尤其是氧自由基[如超氧阴离子自由基(O_2^-)、过氧化物自由基(ROO·)、羟基自由基(OH·)等]对遗传大分子物质的破坏。维生素 E 可以捕捉自由基生成生育酚自由基,再与另一自由基反应生成非自由基产物——生育醌。所以维生素 E 被认为是抗衰老物质。

维生素 E 可降低血浆低密度脂蛋白的浓度,可防止动脉硬化等心脑血管系统疾病的发生。硒作为谷胱甘肽过氧化酶的必需因子,通常被认为是对抗过氧化作用的第二道防线,维生素 E 还可与硒在此抗氧化过程中协同发挥作用。

3. 维生素 E 能促进血红素的合成　维生素 E 提高血红素合成过程中的关键酶 δ

氨基-γ 酮戊酸(δ-aminolevulinic acid,ALA)合酶和 ALA 脱水酶的活性,从而促进血红素的合成。新生儿缺乏维生素 E 可引起贫血。

4. 维生素 E 具有抗炎、维持正常免疫功能和抑制细胞增殖的作用,并可降低血浆低密度脂蛋白的浓度。维生素 E 在预防和治疗冠状动脉粥样硬化性心脏病、肿瘤和延缓衰老方面具有一定的作用。

5. 人类尚未发现维生素 E 缺乏病　维生素 E 与维生素 A、维生素 D 不同,即使一次服用高出常用量 50 倍的剂量,也尚未见到中毒现象。

四、维生素 K

(一)化学性质、来源及体内转变

维生素 K 又称凝血维生素,是 2-甲基 1,4-萘醌的衍生物,自然界已发现的有两种,存在于绿叶植物中者为维生素 K_1,肠道细菌合成者为维生素 K_2(图 3-7)。人体内的维生素 K 约有 1/2 来自肠道细菌的合成。人工合成的 2-甲基 1,4-萘醌又称维生素 K_3,因水溶性便于临床使用,药用维生素 K 多为其还原性衍生物或亚硫酸钠盐。

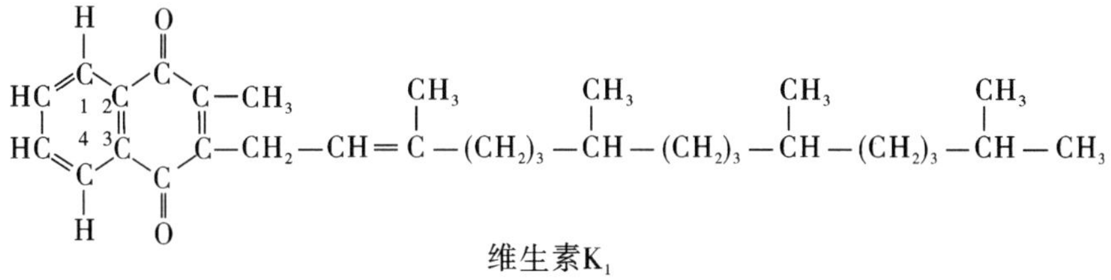

维生素K_1

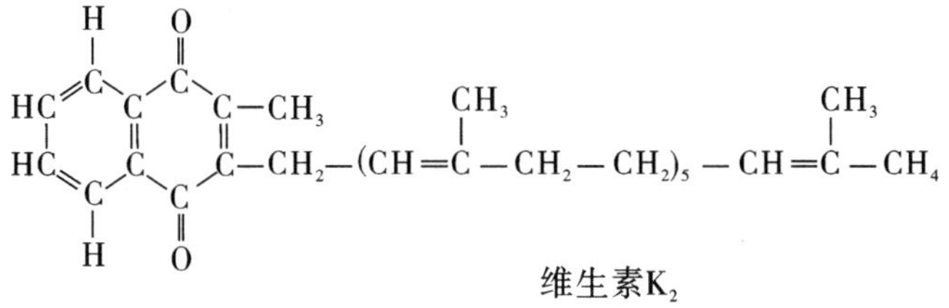

维生素K_2

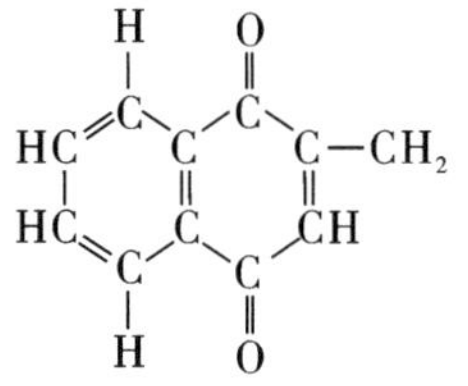

维生素K_3

图 3-7　维生素 K 的结构

(二)生化作用及缺乏症

1. 维生素 K 具有促进凝血因子转化的作用　凝血因子Ⅱ、Ⅶ、Ⅸ、Ⅹ及抗凝血因子蛋白 C 和蛋白 S 在肝中初合成时是无活性的前体,这些前体激活过程中需要将其分子中的 4~6 个谷氨酸残基经羧化变为 γ-羧基谷氨酸(Gla)。Gla 具有很强的螯合 Ca^{2+} 能力。催化这一反应的酶是 γ-羧化酶,而维生素 K 为该酶的辅助因子。

2. 维生素 K 可维持骨盐含量,减少动脉钙化　骨中骨钙蛋白和骨基质 Gla 蛋白均是维生素 K 依赖蛋白。研究表明,服用低剂量维生素 K 的妇女,其股骨颈和脊柱的骨盐密度明显低于服用大剂量维生素K时的骨盐密度。此外，维生素K对减少动脉钙化也具有重要作用，大剂量的维生素K可以降低患动脉硬化的危险。

3. 维生素K在绿色植物中含量丰富，且体内肠菌也能合成，一般不易缺乏　因维生素K不能通过胎盘，新生儿出生后肠道内又无细菌，故易发生维生素K的缺乏。胰腺、胆管疾病、小肠黏膜萎缩及脂肪便等均可引发维生素K缺乏症。长期应用广谱抗生素也可引起维生素K缺乏。维生素K缺乏的主要症状是凝血障碍，皮下、肌肉及胃肠道出血。

双香豆素的结构与维生素K相似，作用相拮抗，在临床上可用于治疗血栓病，过量则易造成内出血。

第三节　水溶性维生素

水溶性维生素包括B族维生素和维生素C。B族维生素是一个大家族，至少包括十余种维生素。B族维生素往往作为酶的辅基或辅酶而发挥其参与和调节物质代谢的作用。从性质上看，水溶性维生素多易溶于水，对酸稳定，易被碱破坏。体内过剩的水溶性维生素可随尿排出体外，体内很少蓄积，因此必须由膳食中不断供应，很少出现中毒现象。

一、维生素B_1

(一) 化学本质及性质

1. 维生素B_1又称抗神经炎或抗脚气病维生素。由于它由含硫的噻唑环和含氨基的嘧啶环通过甲烯基连接而成，故又称硫胺素。其纯品大多以盐酸盐或硫酸盐的形式存在，为白色结晶，极易溶于水，在酸性环境中稳定，在中性或碱性溶液中不稳定。盐酸硫胺素有微弱的类似米糠的气味，它在紫外光下呈荧光蓝色，可用于维生素B_1的检测。

2. 谷类、豆类的种皮、酵母、坚果、蔬菜中维生素B_1含量高。动物的肝、肾、脑、瘦肉及蛋类中维生素B_1含量也较多。精白米和精白面粉中维生素B_1含量远不及标准米、标准面粉的含量高。在烹调食物时不宜加碱，因碱会使维生素B_1水解破坏。维生素B_1极易溶于水，故淘米时不宜多洗，以免损失维生素B_1。

(二) 生化作用及缺乏症

1. 维生素B_1易被小肠吸收，在肝中维生素B_1被磷酸化成为焦磷酸硫胺素(thiamine pyrophosphate，TPP)(图3-8)，TPP是α-酮酸(丙酮酸、α-酮戊二酸)氧化脱羧酶的辅酶，又称脱羧辅酶。当维生素B_1缺乏时，糖代谢受阻，能量供应不足，血中丙酮酸和乳酸堆积，影响组织细胞的功能。特别是以糖有氧氧化分解供能的神经组织，由于供能不足，可影响神经细胞膜髓鞘磷脂合成，导致慢性末梢神经炎及其他神经病变，即脚气病。严重者可出现水肿、心力衰竭。

2. TPP也是转酮醇酶的辅酶，参与磷酸戊糖途径。磷酸戊糖途径可生成磷酸戊糖和NADPH，核糖是核苷酸合成原料，而NADPH是脂肪酸、胆固醇等物质合成的重要供氢体。

3.合成乙酰胆碱所需的乙酰辅酶A主要来自丙酮酸的氧化脱羧反应。维生素B_1缺乏时,一方面乙酰辅酶A的生成减少,影响乙酰胆碱的合成;另一方面对胆碱酯酶活性的抑制减弱,乙酰胆碱分解加强。结果可影响正常的神经传导,主要表现为消化液分泌减少、胃蠕动变慢、食欲不振、消化不良等。

此外,慢性酒精中毒时也可发生维生素B_1的缺乏。

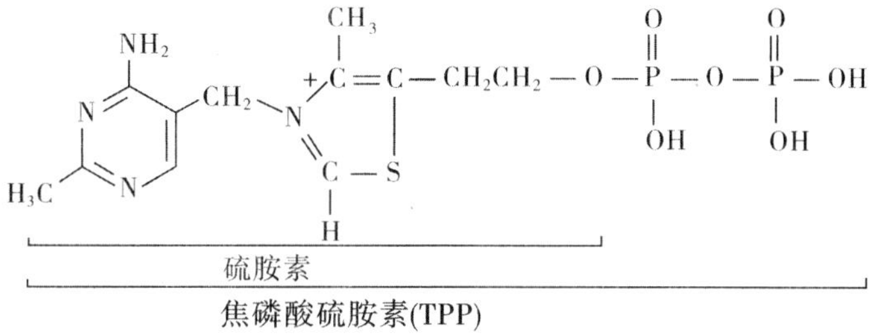

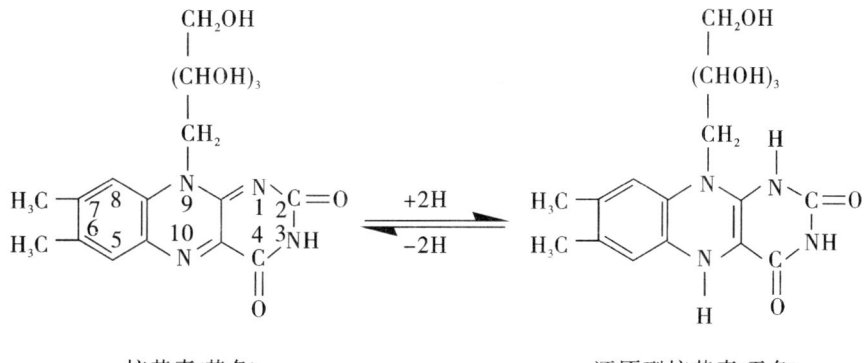

图3-8 维生素B_1和焦磷酸硫胺素的结构

二、维生素B_2

(一)化学本质及性质

1.维生素B_2又称核黄素,是核糖醇与6,7-二甲基异咯嗪的缩合物。维生素B_2分子的异咯嗪的第1和第10位氮原子可反复接受和释放氢,因而具有可逆的氧化还原性(图3-9)。

图3-9 核黄素的结构与递氢作用

2.维生素B_2为橘黄色针状结晶,在酸性环境中较稳定,且不受空气中氧的影响,碱性条件下或暴露于光照下均不稳定,故在烹调时不宜加碱。维生素B_2的水溶液具有黄绿色荧光,利用这一性质可做定性或定量分析。

3.维生素B_2广泛存在于动植物中。奶与奶制品、肝、蛋类和肉类等是维生素B_2的丰富来源。

(二)生化作用及缺乏症

1. 维生素 B_2 的活性形式是黄素单核苷酸(flavin mononucleotide,FMN)(图3-10)和黄素腺嘌呤二核苷酸(flavin adenine dinucleotide,FAD)(图3-11)。被人体吸收后的核黄素在小肠黏膜黄素激酶催化下转变成FMN,FMN在焦磷酸化酶催化下进一步生成FAD。

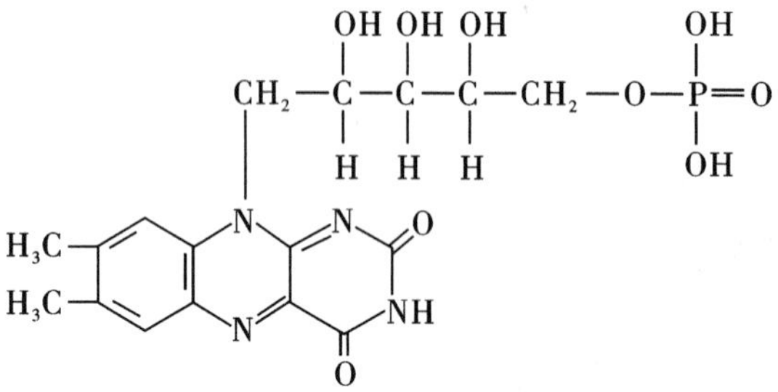

图3-10 FMN的结构

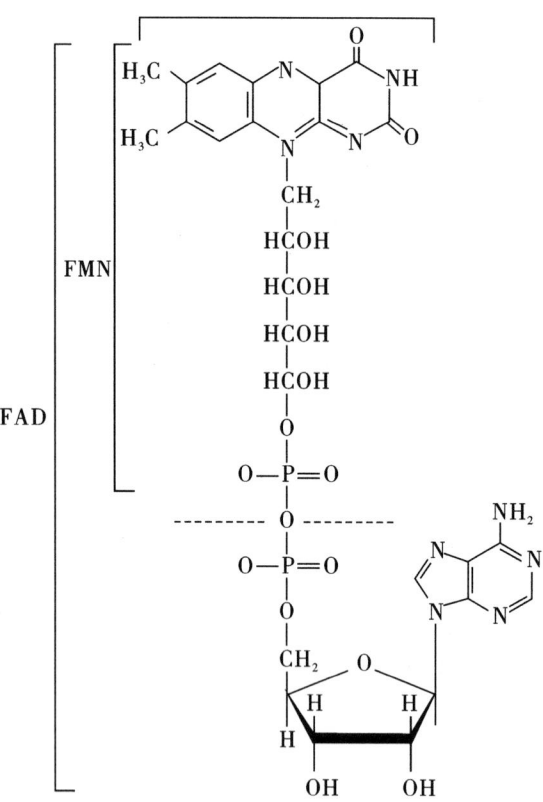

图3-11 FAD的结构

2. FMN和FAD是体内氧化还原酶的辅基,起递氢作用,以FMN或FAD为辅基的酶称为黄素蛋白或黄素酶,如琥珀酸脱氢酶、脂酰辅酶A脱氢酶、L-氨基酸氧化酶及黄嘌呤氧化酶等。

3. 维生素 B_2 广泛参与体内的各种氧化还原反应,能促进糖、脂肪和蛋白质的代谢。维生素 B_2 对维持皮肤、黏膜的正常功能有重要作用。缺乏维生素 B_2 可引起阴囊炎、舌炎、唇炎、口角炎、脂溢性皮炎等。维生素 B_2 对维持正常的视觉功能也起重要作用。缺乏维生素 B_2 可以引起眼干燥、畏光、视力下降、白内障等疾病。用光照疗法治疗新生儿黄疸时,在破坏皮肤胆红素的同时,核黄素也可同时受到破坏,引起新生儿维生素 B_2 缺乏。

三、维生素PP

(一)化学本质、性质及来源

1. 维生素 PP 又称抗癞皮病维生素,包括尼克酸(烟酸)和尼克酰胺(烟酰胺),二者均为吡啶衍生物,在体内可相互转化。维生素 PP 性质稳定,不易被酸、碱和加热破坏。

2. 维生素 PP 广泛存在于动、植物组织中,尤以肉、鱼、酵母、谷类及花生中含量丰富。人体可以利用色氨酸合成少量的维生素 PP,但转化效率低,不能满足人体的需要。

(二)生化作用及缺乏症

1. 维生素 PP 的活性形式是尼克酰胺腺嘌呤二核苷酸(nicotinamide adenine dinucleotide, NAD^+,辅酶Ⅰ)(图 3-12)和尼克酰胺腺嘌呤二核苷酸磷酸(nicotinamide adenine dinucleotide phosphate, $NADP^+$,辅酶Ⅱ)(图 3-13)。在尼克酰胺的吡啶结构中,1 位的 N^+ 可以接受一个电子从 5 价变为 3 价,吡啶环的共轭双键经过分子重排,4 位的碳原子被活化可接受一个 H 原子。这样,尼克酰胺所组成的辅酶可以在加氢的过程中接受一个氢原子和一个电子,将一个 H^+ 游离出来,反应可逆(图 3-14),在代谢过程中起着传递氢的作用。

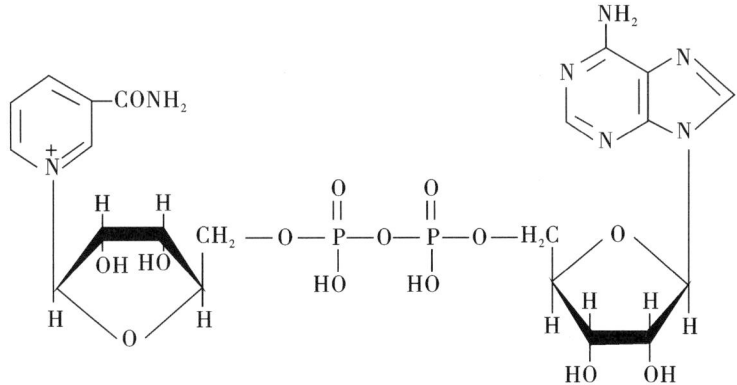

图 3-12 NAD^+ 的结构

2. NAD^+ 和 $NADP^+$ 都是体内多种不需氧脱氢酶的辅酶,起递氢作用,广泛参与体内多种代谢。维生素 PP 缺乏时主要表现为癞皮病,其特征是体表暴露部分出现对称性皮炎。此外还有消化不良、精神不安等症状,严重时可出现顽固性腹泻、痴呆和精神失常等。

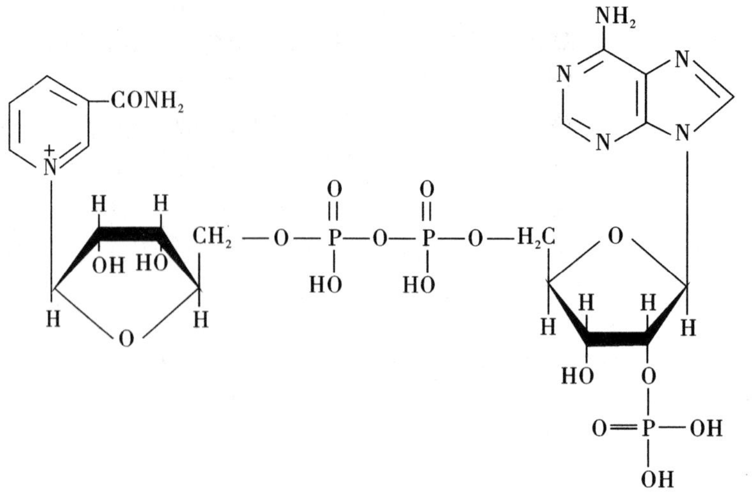

图 3-13　NADP$^+$的结构

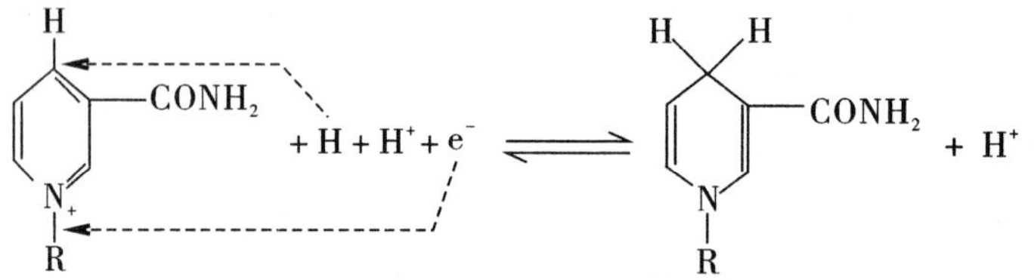

图 3-14　尼克酰胺的递氢过程

3. 一般饮食条件下,人体很少缺乏维生素 PP。但玉米中色氨酸含量较低,长期以玉米为主食时则有可能引起缺乏。若将各种杂粮合理搭配,可防止缺乏症的发生。另外,抗结核药物异烟肼的结构与维生素 PP 相似,两者有拮抗作用,长期使用异烟肼时可能引起维生素 PP 的缺乏。

4. 尼克酸作为药物可用来治疗高脂血症,因尼克酸能抑制脂肪组织的脂肪分解,抑制游离脂肪酸的动员,使肝中极低密度脂蛋白(VLDL)的合成下降,从而起到降低血清胆固醇的作用。但大量服用尼克酸会引发血管扩张、脸颊潮红、痤疮及胃肠不适等症状。

四、维生素 B_6

(一)化学本质、性质及来源

1. 维生素 B_6 是吡啶的衍生物,包括吡哆醇、吡哆醛和吡哆胺,在体内它们可以相互转变,其活性形式是三种化合物的磷酸酯(图 3-15)。

2. 维生素 B_6 在酸性环境中较为稳定,易被碱破坏,中性环境中易被光破坏,吡哆醛和吡哆胺在高温下迅速分解。

3. 维生素 B_6 的食物来源很广泛,动植物中均有分布,但一般含量不高。麦胚芽、米糠、酵母、大豆、蛋黄、肝、鸡肉、鱼等食物中含量丰富。肠道细菌可合成维生素 B_6,但只有少量被吸收、利用。

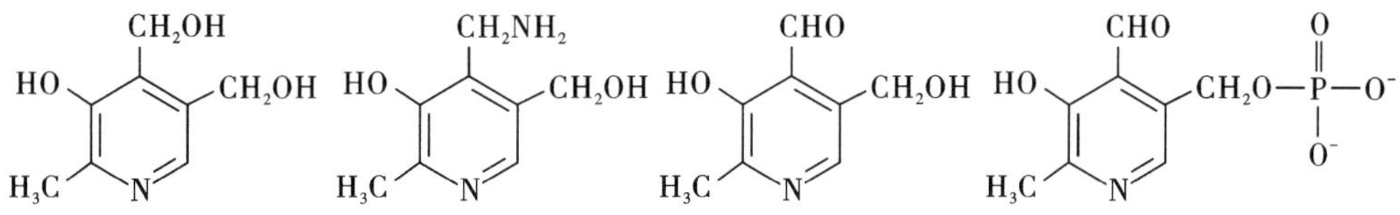

图 3-15 吡哆醇、吡哆胺、吡哆醛及磷酸吡哆醛的结构

（二）生化作用及缺乏症

1. 维生素 B_6 的活性形式磷酸吡哆醛和磷酸吡哆胺，是转氨酶的辅酶，二者之间通过相互转化，在氨基酸转氨基过程中起转移氨基的作用。

2. 磷酸吡哆醛是脱羧酶的辅酶，氨基酸及其衍生物通过脱羧反应可生成重要的胺类（多为神经递质）。谷氨酸脱羧生成的 γ-氨基丁酸是抑制性神经递质，临床上常用维生素 B_6 治疗婴儿惊厥、妊娠呕吐和精神焦虑等。

3. 磷酸吡哆醛是血红素合成的关键酶——ALA 合酶的辅酶。维生素 B_6 缺乏时，血红素合成发生障碍，会造成小红细胞低色素性贫血和血清铁含量增高，称为维生素反应性贫血。

4. 磷酸吡哆醛是同型半胱氨酸分解代谢酶的辅酶，同型半胱氨酸除了甲基化生成蛋氨酸外，还可分解生成半胱氨酸。维生素 B_6 缺乏时，同型半胱氨酸分解受阻，引起高同型半胱氨酸血症，可导致心脑血管疾病，如血栓生成、高血压、动脉硬化等。

5. 抗结核药异烟肼可与吡哆醛结合形成腙从尿中排出，引起维生素 B_6 缺乏症，故维生素 B_6 也可用于防治因大剂量服用异烟肼导致的中枢兴奋、周围神经炎和小红细胞低色素性贫血等。过量服用维生素 B_6 会导致中毒，每天摄入量超过 200 mg 可引起神经损伤，表现为周围感觉神经病。

五、泛酸

（一）化学本质、性质及来源

1. 泛酸是由 β-丙氨酸与二羟基二甲基丁酸通过酰胺键缩合形成的有机酸，因其广泛存在于动植物组织，故称泛酸或遍多酸（图 3-16）。泛酸在中性溶液中对热稳定，对氧化剂和还原剂也非常稳定，但易被酸、碱破坏。

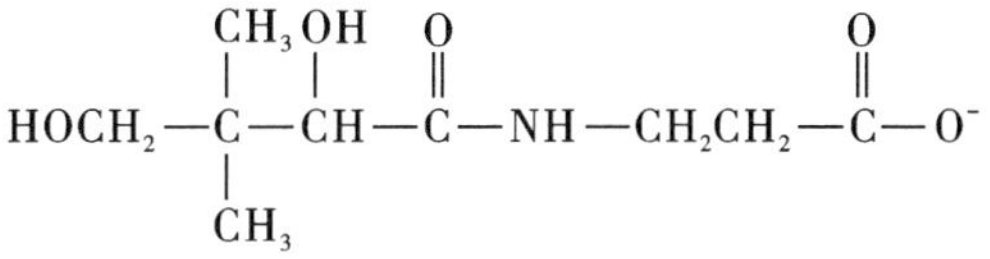

图 3-16 泛酸

2. 泛酸在自然界中分布广泛，只有在极端营养不良时才造成缺乏，肠道细菌也可以合成泛酸。

（二）生化作用及缺乏症

1. 泛酸是构成辅酶 A（coenzyme A，CoA）（图 3-17）和酰基载体蛋白（acyl carrier

笔记栏

protein,ACP)的成分,泛酸吸收后经磷酸化并获得巯基乙胺而成为4-磷酸泛酰巯基乙胺,后者是CoA和ACP的组成成分。

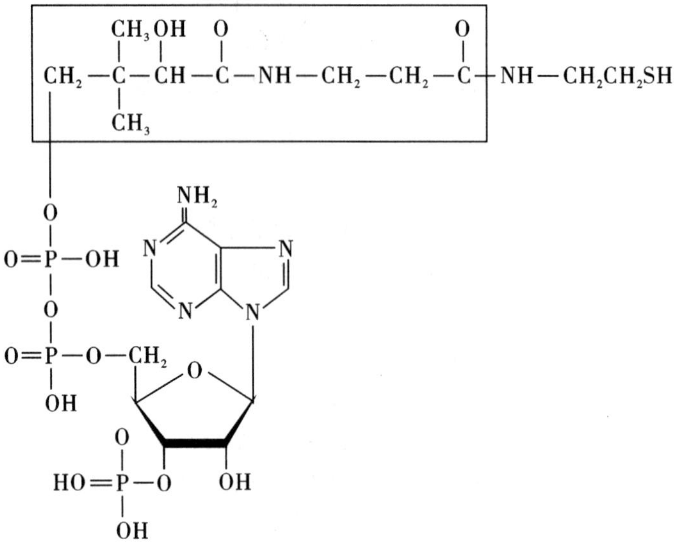

图3-17 CoA的结构

2. CoA和ACP是体内70多种酶的辅酶,广泛参与糖、脂类、蛋白质代谢及肝的生物转化作用。CoA携带酰基的部位在—SH上,故常以HSCoA表示。如果携带乙酰基,写成$CH_3CO\sim CoA$的形式,称为乙酰辅酶A。

六、生物素

(一)化学本质、性质及来源

1. 生物素是由噻吩环和尿素结合形成的双环化合物,侧链是戊酸。自然界存在的生物素至少有两种:α-生物素和β-生物素(图3-18)。生物素为无色针状结晶,耐酸而不耐碱,常温稳定,高温或氧化剂可使其失活。

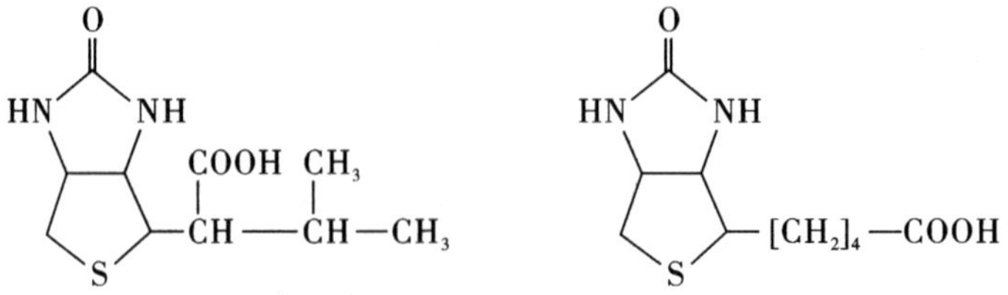

α-生物素　　β-生物素

图3-18 生物素的结构

2. 生物素在动植物中分布广泛,如蛋黄、酵母、蔬菜、谷类、肝中含量丰富。

(二)生化作用及缺乏症

1. 生物素是体内多种羧化酶的辅基,参与体内二氧化碳固定过程,与糖、脂肪、蛋白质和核酸的代谢有密切关系。体内主要的羧化酶有丙酮酸羧化酶、乙酰辅酶A羧化酶、丙酰辅酶A羧化酶等,在反应中羧基结合在生物素的氮原子上。

2. 近年研究证明,生物素还参与细胞信号转导和基因表达,影响细胞周期、转录和DNA损伤的修复。

3. 生物素来源广泛,人体肠道细菌也能合成,很少出现缺乏症。新鲜鸡蛋清中有一种抗生物素蛋白,它能与生物素结合而不能被吸收,蛋清加热后这种蛋白遭破坏而失去作用。长期吃生鸡蛋或使用抗生素可造成生物素的缺乏,主要症状是疲乏、恶心、呕吐、食欲缺乏、皮炎及脱屑性红皮病等。

七、叶酸

(一) 化学本质、性质及来源

1. 叶酸(图3-19)又称蝶酰谷氨酸(PGA),由2-氨基-4-羟基-6-甲基蝶呤啶(pteridine)、对氨基苯甲酸(paminobenzoic acid,PABA)和L-谷氨酸三部分组成,叶酸为黄色结晶,在酸性溶液中不稳定,在中性和碱性溶液中耐热,对光照敏感。

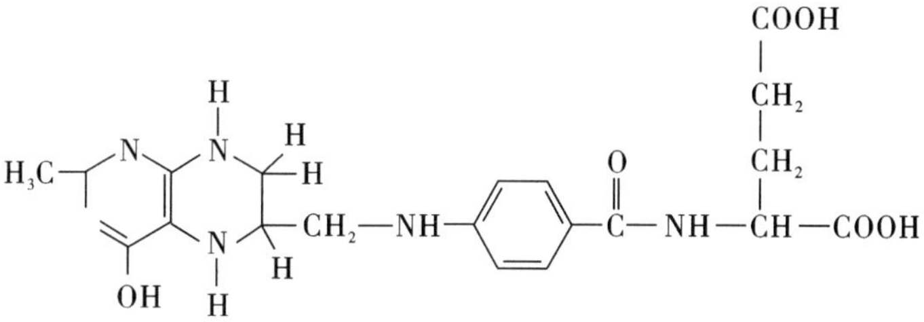

图3-19 叶酸的结构

2. 叶酸因在绿叶中含量丰富而得名,肝、酵母、水果中含量也丰富,肠道细菌也可以合成,一般不易患缺乏症。

(二) 生化作用及缺乏症

1. 叶酸的活性形式是四氢叶酸(tetrahydrofolic acid,THFA 或 FH_4),在体内叶酸被二氢叶酸还原酶还原为 FH_2,再进一步还原为 $5,6,7,8-FH_4$,反应过程需要 $NADPH^+ + H^+$ 和维生素C参与。

2. FH_4 是体内一碳单位转移酶的辅酶,FH_4 分子中 N_5 和 N_{10} 是结合、携带一碳单位的部位,一碳单位由某些氨基酸分解产生,参加嘌呤、嘧啶的合成及蛋氨酸循环等,与蛋白质和核酸代谢、红细胞和白细胞成熟有关。

叶酸缺乏时,骨髓幼红细胞DNA合成减少,细胞分裂速度降低,细胞体积增大,造成巨幼细胞贫血。

叶酸缺乏影响同型半胱氨酸甲基化生成蛋氨酸,引起高同型半胱氨酸血症,加速动脉粥样硬化、血栓生成和增加高血压的危险性。

3. 叶酸结构中有与磺胺药物结构相似的对氨基苯甲酸,故磺胺药物在细菌体内合成叶酸的反应中起竞争性作用,从而抑制细菌的生长、繁殖。

4. 叶酸在食物中含量丰富,肠道细菌也能合成,一般不发生缺乏症。孕妇及哺乳期妇女因代谢较旺盛,应适量补充叶酸。孕妇在妊娠期间缺乏叶酸可引起胎儿神经管不完全闭合,从而导致以脊柱裂和无脑畸形为主的神经管畸形。口服避孕药或抗惊厥药能干扰叶酸的吸收及代谢,故长期服用时应考虑补充叶酸。

八、维生素 B_{12}

(一)化学本质、性质及来源

1. 维生素 B_{12} 因其分子中含有金属钴和许多酰氨基,故又称为钴胺素(图3-20),是唯一含金属的维生素,而且是分子量最大、结构最复杂的维生素。从细菌发酵中制备的氰钴胺素性质最稳定;羟钴胺素的性质比较稳定,是药用维生素 B_{12} 的常见形式,疗效强于氰钴胺素。

2. 维生素 B_{12} 广泛存在于动物性食品中,在动物内脏、肉类、蛋类中含量丰富,肠道细菌也能合成,一般情况下人体不会缺乏维生素 B_{12},但维生素 B_{12} 的吸收需要一种由胃壁细胞分泌的高度特异的糖蛋白(内因子)和胰腺分泌的胰蛋白酶参与,故胃和胰腺功能障碍时可引起维生素 B_{12} 的缺乏。

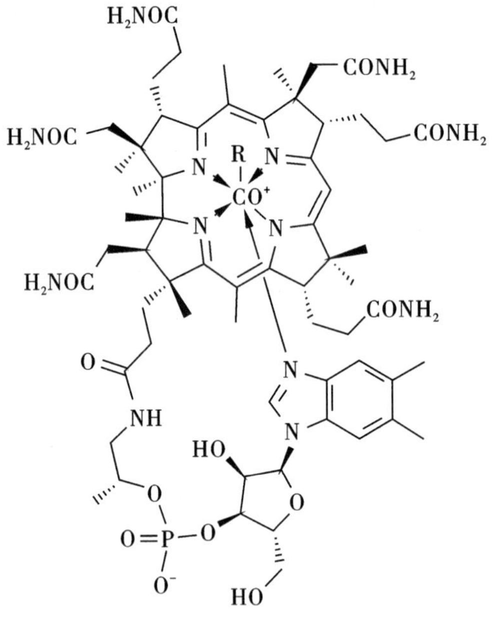

R=5′-deoxyadenosyl,Me,OH,CN

图3-20 钴胺素的结构

(二)生化作用及缺乏症

1. 维生素 B_{12} 在体内因结合的基团不同,可有多种存在形式,如氰钴胺素、羟钴胺素、甲钴胺素、5′-脱氧腺苷钴胺素(5′-deoxyadenosylcobalamin)等,后两者是维生素 B_{12} 的活性形式,也是血液中存在的主要形式。甲钴胺素和5′-脱氧腺苷钴胺素具有辅酶的功能,又称辅酶 B_{12}(Co B_{12})。

2. 甲钴胺素是 N_5—CH_3—FH_4 转甲基酶(蛋氨酸合成酶)的辅酶,参与甲基的转移,同型半胱氨酸在蛋氨酸合成酶的催化下甲基化生成蛋氨酸,维生素 B_{12} 缺乏时,N_5—CH_3—FH_4 的甲基不能转移出去,一是引起蛋氨酸合成减少,同型半胱氨酸堆积,可造成高同型半胱氨酸血症,加速动脉硬化、血栓生成和增加高血压的危险性。二是影响 FH_4 的再生,组织中游离的 FH_4 含量减少,一碳单位的代谢受阻,造成核酸合成障碍。因此,缺乏维生素 B_{12} 同缺乏叶酸一样,也将造成巨幼细胞贫血。蛋氨酸经活化后可作为甲基供体促进胆碱和磷脂等有机物的合成,防止脂肪肝的发生,有利于肝的代谢。所以临床上也把叶酸和维生素 B_{12} 作为治疗肝病的辅助药物。

3. 5′-脱氧腺苷钴胺素是 L-甲基丙二酰 CoA 变位酶的辅酶,该酶催化 L-甲基丙二酰 CoA 转变为琥珀酰 CoA。维生素 B_{12} 缺乏时,L-甲基丙二酰 CoA 大量堆积。因 L-甲基丙二酰 CoA 的结构与脂肪酸合成的中间产物丙二酰 CoA 相似,因而影响脂肪酸的正常合成。脂肪酸合成的异常可以影响神经髓鞘的转换,造成髓鞘质变性退化,引发进行性脱髓鞘。所以维生素 B_{12} 具有营养神经的作用。

4. 正常膳食者很少发生维生素 B_{12} 缺乏症,但偶见于有严重吸收障碍疾患的患者及长期素食者。

九、硫辛酸

(一) 化学本质、性质及来源

1. 硫辛酸(图 3-21)的化学结构是一个含硫的八碳酸,以氧化型和还原型两种形式存在,氧化型在 6,8 位上由二硫键相连,又称为 6,8-二硫辛酸。

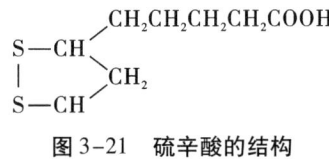

图 3-21 硫辛酸的结构

2. 硫辛酸不溶于水,而溶于脂溶剂,故有人将其归为脂溶性维生素。在食物中常和维生素 B_1 同时存在。

(二) 生化作用及缺乏症

1. 二氢硫辛酸是二氢硫辛酸乙酰转移酶的辅酶,参与糖代谢中酮酸的氧化脱羧作用。

2. 硫辛酸还具有抗脂肪肝和降低血胆固醇的作用;此外,它很容易进行氧化还原反应,故可保护巯基酶免受金属离子的损害。

目前尚未发现人类有硫辛酸的缺乏症。

十、维生素 C

(一) 化学本质、性质及来源

1. 维生素 C 又称 L-抗坏血酸,它是含有内酯结构的多元醇类,其特点是具有可解离出 H^+ 的烯醇式羟基,因而其水溶液有较强的酸性。维生素 C 有很强的还原性,可被脱氢而氧化,但在供氢体存在时仍可被可逆性还原(图 3-22)。维生素 C 的氧化产物是草酸和苏阿糖酸。

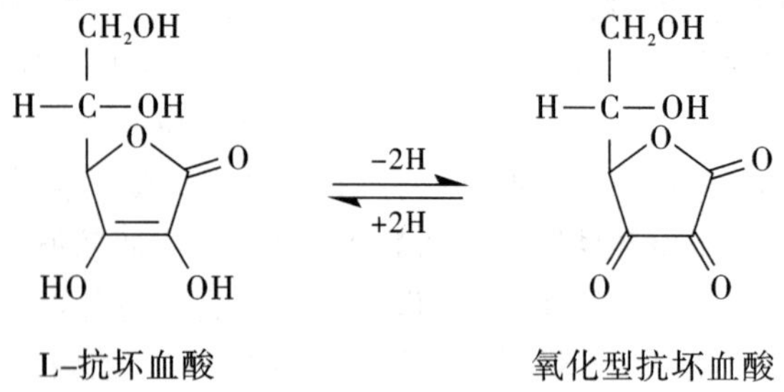

图 3-22 维生素 C 的氧化还原

2. 维生素 C 为无色片状结晶，在酸性（pH<4）水溶液中较为稳定，在中性和遇碱溶液中易被破坏，有微量金属离子（如 Cu^{2+}、Fe^{3+} 等）存在时，更易被氧化分解；加热或受光照射也可使维生素 C 分解。烹饪不当可引起维生素 C 大量损失。

3. 维生素 C 主要存在于新鲜蔬菜和水果中，尤其是刺梨、酸枣、猕猴桃、鲜枣、辣椒、山楂等含量丰富。植物中的抗坏血酸氧化酶能将维生素 C 氧化为二酮古洛糖酸，所以蔬菜和水果储存越久，其中的维生素 C 损失越多。

（二）生化作用及缺乏症

1. 促进胶原蛋白的成熟。胶原脯氨酸羟化酶和赖氨酸羟化酶分别催化前胶原分子中脯氨酸和赖氨酸残基的羟化，促进成熟的胶原分子的形成。维生素 C 是维持这些酶活性所必需的辅助因子。胶原是组成细胞间质的重要成分，是骨、毛细血管和结缔组织的重要构成成分，维生素 C 缺乏可导致坏血病，表现为毛细血管脆性增加易破裂、牙龈腐烂、牙齿松动、骨折及创伤不易愈合等症状。由于机体可储存一定量的维生素 C，坏血病的症状常在维生素 C 缺乏 3~4 个月后出现。

2. 参与胆固醇转化成胆汁酸的过程。胆固醇转变为胆汁酸时，首先羟化生成 7α-羟胆固醇，维生素 C 是催化此反应的 7α-羟化酶的辅酶。故维生素 C 缺乏时可影响胆固醇的羟化，胆固醇难以转变成胆汁酸，在肝中堆积，造成血中胆固醇浓度增高，成为动脉粥样硬化的危险因素。

3. 参与芳香族氨基酸的代谢。酪氨酸羟化、脱羧生成对羟苯丙酮酸的反应及形成黑尿酸的反应，均需要维生素 C 的参与。维生素 C 缺乏时，尿中出现大量对羟苯丙酮酸。维生素 C 还参与酪氨酸转变为儿茶酚胺及色氨酸转变为 5-羟色胺的反应。

4. 参与肉碱合成。体内肉碱合成过程需要两个依赖维生素 C 的羟化酶，维生素 C 缺乏时，由于脂肪酸 β-氧化减弱，患者出现的倦怠、乏力，也是坏血病的症状之一。

5. 保护细胞膜及酶的巯基。铅等重金属离子能与体内巯基酶的-SH 结合，使其失活以致代谢发生障碍而中毒。维生素 C 可使氧化型 GSH 还原为还原型 GSH，后者与金属离子结合排出体外。故维生素 C 常用于防治铅、汞、砷、苯等的慢性中毒。此外，GSH 可使脂质过氧化物还原，从而起到保护细胞膜的作用。

6. 维生素 C 能使红细胞中的高铁血红蛋白（MHb）还原为血红蛋白（Hb），恢复其运输氧的能力。维生素 C 还能使 Fe^{3+} 还原为易被肠黏膜细胞吸收的 Fe^{2+}，有利于食物中铁的吸收。

7. 维生素 C 能增加淋巴细胞的生成,提高吞噬细胞的吞噬能力,促进免疫球蛋白的合成,故能提高机体免疫力。

同步练习

(一)选择题

1. 维生素 B_2 以哪种形式参与氧化还原反应 ( )
   A. HSCoA　　　　　　　　B. NAD^+ 或 $NADP^+$
   C. TPP　　　　　　　　　D. FH_4
   E. FMN 或 FAD

2. 维生素 PP 参与下列哪种辅基的构成 ( )
   A. FMN　　　　　　　　　B. NAD^+
   C. HSCoA　　　　　　　　D. TPP
   E. FAD

3. 缺乏时,引起巨幼红细胞性贫血的维生素是 ( )
   A. 维生素 B_2　　　　　　B. 维生素 B_1
   C. 维生素 PP　　　　　　　D. 叶酸
   E. 维生素 K

4. 儿童缺乏维生素 D 时,可导致 ( )
   A. 佝偻病　　　　　　　　B. 骨质软化症
   C. 坏血病　　　　　　　　D. 恶性贫血
   E. 癞皮病

5. 临床上常用哪种维生素辅助治疗婴儿惊厥和妊娠呕吐 ( )
   A. 维生素 B_{12}　　　　　　B. 维生素 B_2
   C. 维生素 B_6　　　　　　　D. 维生素 D
   E. 维生素 E

6. 坏血病是由哪种维生素缺乏所导致的 ( )
   A. 核黄素　　　　　　　　B. 维生素 B_1
   C. 维生素 C　　　　　　　D. 维生素 PP
   E. 硫辛酸

7. 泛酸构成下列哪种辅酶 ( )
   A. FMN　　　　　　　　　B. NAD^+
   C. $NADP^+$　　　　　　　D. HSCoA
   E. TPP

(二)思考题

1. 举例说明 B 族维生素与辅酶的关系。
2. 临床上在给禁食患者静脉输入葡萄糖的同时,为什么要补充维生素 B_1?
3. 简要阐述人体缺乏维生素 A 为何易得夜盲症和干眼病。
4. 简述维生素 C 的来源、作用及其缺乏症。

(漯河医学高等专科学校　梁树才)

第四章 酶

> **学习目标**
>
> ◆ **掌握** 酶的分子组成；酶的活性中心，必需基团的分类及其作用；酶促反应的特点；中间产物学说；底物浓度对酶促反应的影响：米-曼氏方程，Km 与 $Vmax$ 值的意义；抑制剂对酶促反应的影响：不可逆性抑制的作用，可逆性抑制包括竞争性抑制、非竞争性抑制、反竞争性抑制的动力学特征及其生理学意义；酶原与酶原激活的过程与生理意义；别构酶和别构调节的概念、机制和动力学特征；同工酶的概念和生理意义。
>
> ◆ **熟悉** 酶促反应的机制，诱导契合学说、邻近效应及定向排列、多元催化、表面效应；酶浓度、温度、pH值、激活剂对酶促反应的影响；酶活性的测定与酶活性单位概念。
>
> ◆ **了解** 酶在疾病发生、疾病诊断、疾病治疗中的应用。

第一节 酶的概述

生物体内各种化学反应几乎都是在生物催化剂的催化下完成的。酶作为最主要的生物催化剂，是由活细胞产生的对其特异底物起高效催化作用的蛋白质。人体的许多疾病与酶的异常都有密切的关系，许多酶还被用于疾病的诊断和治疗。对酶的研究在医学领域和科学实践中都具有重要意义。

一、酶的化学组成

依据酶的分子组成可将酶分为单纯酶和结合酶两类。仅含有蛋白质的酶称为单纯酶，如脲酶、淀粉酶、脂酶及核糖核酸酶等。此类酶的催化活性仅由酶蛋白的结构所决定。既有蛋白质部分，又有非蛋白质部分组成的酶称为结合酶，其中蛋白质部分称为酶蛋白，非蛋白质部分称为辅助因子。酶蛋白与辅助因子结合形成的复合物称为全酶，只有全酶形式才具有催化活性。

结合酶的辅助因子包括金属离子和小分子有机化合物。常见的金属离子有 K^+、Na^+、Mg^{2+}、Zn^{2+} 等,金属离子的作用:①作为酶活性中心的催化基团参与催化反应,传递电子;②作为连接酶和底物的桥梁,便于酶对底物起作用;③稳定酶的构象;④中和阴离子,减少静电斥力。辅助因子还可以是一些化学性质稳定的小分子物质,其中多数是 B 族维生素的衍生物和卟啉化合物,它们的作用是参与酶的催化过程,并在反应中传递电子、质子或化学基团(表4-1)。由于酶蛋白的结构决定了它所结合的底物类型,所以酶蛋白决定反应的特异性;而辅助因子在酶促反应中起着传递电子、质子或某些化学基团等作用,决定反应的种类和性质。

依据辅助因子与酶蛋白结合的紧密程度不同,可将辅助因子分为辅酶和辅基。辅酶与酶蛋白结合疏松,可以用透析或超滤方法除去。如尼克酰胺腺嘌呤二核苷酸(NAD^+)、尼克酰胺腺嘌呤二核苷磷酸($NADP^+$);辅基则与酶蛋白结合紧密,不能通过透析或超滤将其除去。如黄素腺嘌呤二核苷酸(FAD)、黄素腺嘌呤单核苷酸(FMN)。

表 4-1 小分子有机化合物的种类和作用

辅酶或辅基	所含的维生素	转移的基团
NAD^+	维生素 PP	质子、电子
$NADP^+$	维生素 PP	质子、电子
FMN	维生素 B_2	氢原子
FAD	维生素 B_2	氢原子
TPP	维生素 B_1	羧基
辅酶 A	泛酸	酰基
硫辛酸	硫辛酸	酰基
钴胺素	维生素 B_{12}	烷基
生物素	生物素	二氧化碳
磷酸吡哆醛	维生素 B_6	氨基
四氢叶酸	叶酸	一碳单位

二、酶的分类和命名

每一种酶都具有其系统名称和推荐名称。1961 年,国际生物化学与分子生物学学会以酶的分类为依据提出系统命名法,将酶共区分为六大类。

1. 氧化还原酶类 指催化底物进行氧化还原反应的酶类。例如,乳酸脱氢酶、琥珀酸脱氢酶、细胞色素氧化酶、过氧化氢酶等。

2. 转移酶类 指催化底物之间进行某些基团的转移或交换的酶类。例如,转甲基酶、转氨酸、己糖激酶、磷酸化酶等。

3. 水解酶类 指催化底物发生水解反应的酶类。例如,淀粉酶、蛋白酶、脂肪酶、磷酸酶等。

4. 裂解酶类 指催化一个底物分解为两个化合物或两个化合物合成为一个化合物的酶类。例如,柠檬酸合成酶、醛缩酶等。

5. 异构酶类 指催化各种同分异构体之间相互转化的酶类。例如,磷酸丙糖异构酶、消旋酶等。

6. 合成酶类(连接酶类) 指催化两分子底物合成为一分子化合物,同时还必须偶联有 ATP 的磷酸键断裂的酶类。例如,谷氨酰胺合成酶、氨基酸:tRNA 连接酶等。

系统命名法规定每一个酶都有一个系统名称,它标明了酶的所有底物与反应性质。底物名称之间以":"隔开。但是许多酶促反应不止有一种底物,且许多底物的化学名称太长,这使得许多酶的系统名称过于复杂,为了应用方便,国际酶学委员会又从每种酶的数个习惯名称中选定一个简便实用的推荐名称,见表4-2。

表 4-2 酶的分类与命名举例

酶的分类	催化的化学反应举例	系统名称	EC 编号	推荐名称
氧化还原酶类	乙醛+NADH+H$^+$	乙醇:NAD$^+$氧化还原酶	EC 1.1.1.1	乙醇脱氢酶
转移酶类	草酰乙酸+L-谷氨酸	L-天冬氨酸:α-酮戊二酸氨基转移酶	EC 2.6.1.1	天冬氨酸氨基转氨酶
水解酶类	D-葡萄糖+H$_3$PO$_4$	D-葡萄糖-6-磷酸水解酶	EC 3.1.3.9	葡萄糖6-磷酸酶
裂解酶类	磷酸二羟丙酮+醛	酮糖-1-磷酸裂解酶	EC 4.1.2.7	醛缩酶
异构酶类	D-果糖-6-磷酸	D-6-磷酸酮-醇异构酶	EC 5.3.1.9	磷酸果糖异构酶
连接酶类	L-谷氨酰胺+ADP+磷酸	L-谷氨酸:氨连接酶	EC 6.3.1.2	谷氨酰胺合成酶

第二节 酶促反应的特点

酶所催化的化学反应中,被酶催化的物质称为底物(substrate,S),反应生成的物质称为产物(product,P)。酶催化特定化学反应的能力称为酶活性,酶失去催化能力称为酶失活。

酶作为生物催化剂,与一般催化剂一样,在化学反应前后没有质和量的改变;只能催化热力学上允许进行的反应;只能加速可逆反应的进程,不能改变反应的平衡点,即不改变反应的平衡常数。酶和一般催化剂都是通过降低反应活化能而使反应速率加快的。但因为酶的化学本质是蛋白质,又具有不同于一般催化剂的特点,因此酶促反应具有特殊的性质和反应机制。

(一)高度的催化效率

酶的催化效率通常比非催化反应的高 $10^8 \sim 10^{20}$ 倍,比一般催化剂的高 $10^7 \sim 10^{13}$ 倍。例如,在 H$_2$O$_2$ 分解成 H$_2$O 和 O$_2$ 的反应中,过氧化氢酶对 H$_2$O$_2$ 的催化效率比 Fe^{2+} 的催化效率高 10^9 倍。

在任何一种热力学允许的反应体系中底物分子平均能量都较低,很难发生化学反应。只有那些能量较高,达到或超过一定能量水平的分子才有可能发生化学反应,这样的分子称为活化分子。在一定温度下,将 1 mol 底物分子转变为活化分子所需的能量为活化能,单位为 kJ/mol。活化能是决定化学反应速率的内因,化学反应中活化分子占底物的比例愈大,反应速率愈快。要使反应加速进行,或给予能量(如加热)使分子活化提高活化分子所占比例;或降低反应活化能(如使用催化剂)。催化剂和酶都能通过降低反应的活化能加快化学反应速度,使底物只需较少的能量便可进入活化状态,但酶与一般催化剂相比能更有效地降低反应的活化能(图 4-1),因而具有极高的催化效率。

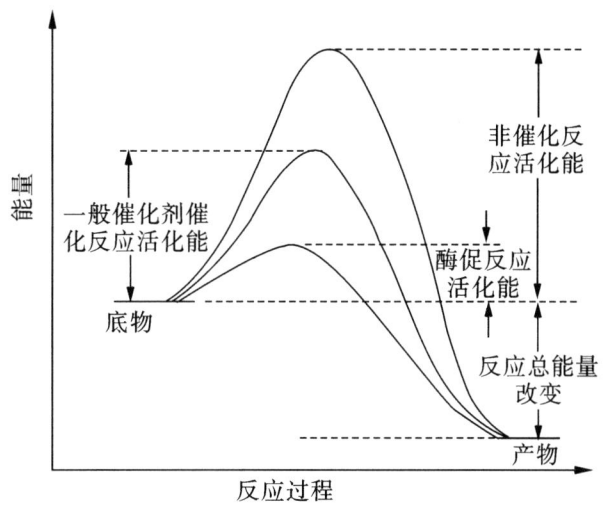

图 4-1 酶促反应活化能的改变

(二)高度的特异性

对于一般催化剂来说,一种催化剂可催化不同类型的多种物质反应,如盐酸既可催化蛋白质水解,又可催化脂肪水解,还可催化淀粉水解,对底物分子没有严格的选择性。而酶对所催化的底物具有严格的选择性,即一种酶只作用于一种或一类化合物,或一种化学键,催化一定类型的化学反应并产生一定的产物,这种现象称为酶的特异性或专一性。根据酶对其底物选择的严格程度不同,可将酶的特异性分为以下三种类型。

1. 绝对专一性 有些酶只能作用于特定结构的底物,进行一种专一的反应,生成一种特定结构的产物,这种酶对底物严格的选择性称为酶的绝对专一性。如脲酶只能催化尿素水解成 NH_3 和 CO_2,而不能催化与尿素结构非常相似的甲基尿素水解;琥珀酸脱氢酶仅催化琥珀酸与延胡索酸之间的氧化还原反应。

2. 立体异构特异性 有些底物具有立体异构体或光学异构体,有些具有绝对专一性的酶只能作用于其中的一种异构体,对其他的异构体不起催化作用,这种酶对立体异构体的选择性称为立体异构特异性。如乳酸脱氢酶仅催化 L-乳酸脱氢生成丙酮酸,而对于 D-乳酸不起作用;L-谷氨酸脱氢酶只能催化 L-谷氨酸脱氢,而对 D-谷氨酸却无催化作用。

3. 相对专一性 一些酶能作用于一类化合物或一种化学键,因而这种酶可以作用于含有相同化学键或化学基团的一类化合物,这种酶对底物不太严格的选择性称为相对专一性。例如,磷酸酶可作用于所有含磷酸酯键的化合物,蔗糖酶不仅水解蔗糖,也可水解棉子糖中的同一种糖苷键(图4-2);消化系统中的蛋白酶仅对蛋白质中肽键的氨基酸残基种类具有选择性,而对具体的底物蛋白质种类没有严格要求。

$$\text{果糖-葡萄糖} \xrightarrow{\text{蔗糖酶}} \text{果糖+葡萄糖}$$
$$\text{蔗糖}$$

$$\text{果糖-葡萄糖-半乳糖} \xrightarrow{\text{蔗糖酶}} \text{果糖+葡萄糖-半乳糖}$$
$$\text{棉子糖} \qquad\qquad\qquad\qquad \text{蜜二糖}$$

图4-2 蔗糖酶的水解作用

(三)酶活性的可调节性

生物体内的许多酶促反应受到多种因素的调节,以适应内外环境和生命活动对物质和能量的需求,包括对酶(酶活性和酶含量的调节)及其他因素的调节(体内代谢物或激素等)。例如,磷酸果糖激酶-1的活性受AMP的别构激活,而受ATP的别构抑制;胰岛素诱导HMG-CoA还原酶的合成,而胆固醇抑制该酶的合成。

(四)酶活性的不稳定性

酶的化学本质是蛋白质。某些理化因素(高温、紫外线、剧烈震荡、重金属盐、强酸、强碱、有机溶剂等)能改变蛋白质的空间构象而使蛋白质变性,导致酶失活。因此,酶促反应在常温、常压和接近中性的条件下才能进行。

第三节 酶的作用机制与调节

一、酶的活性中心

酶的活性中心或活性部位是酶分子中能与底物特异地结合并将底物转化为产物的具有特定三维结构的区域。在酶分子中,氨基酸残基的侧链有不同的化学基团,那些与酶活性密切相关的化学基团,称为必需基团。常见的必需基团有咪唑基、羟基、巯基、羧基等。

依据功能不同,酶活性中心的必需基团分为结合基团和催化基团。结合基团的作用是识别并与底物相结合,形成酶底物复合物,决定反应的特异性或专一性;催化基团的作用则是催化化学键的断裂和再生,促使底物转变成产物。有些必需基团兼有这两种作用,称为结合兼催化基团。还有些必需基团位于活性中心外,不参与活性中心的组成,既没有结合作用,也没有催化作用,但对维持酶活性中心的正常空间结构是必需的,这些基团称为活性中心外的必需基团(图4-3)。从酶的结构可以看出,酶活性中心的结构决定了它与什么样的底物结合,其决定了酶催化作用的专一性,是酶发挥催

酶的活性中心

化作用的关键部位。

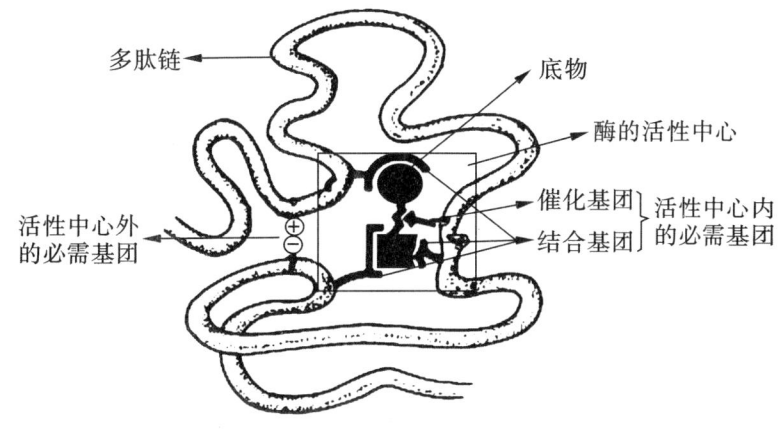

图 4-3　酶的活性中心

二、酶原与酶原的激活

有些酶在细胞内合成或初分泌时只是酶的无活性前体,此前体物质称为酶原。酶原无催化活性是因为酶原分子中没有活性中心或活性中心被掩盖。例如,人体内与血液凝固、肠道消化、免疫系统补体等作用相关的酶在初分泌时都是以酶原形式存在的。在一定的条件下,酶原水解开一个或者几个特定的肽键致使构象发生改变从而使无活性的酶原转变成有活性的酶,该过程称为酶原的激活。酶原激活的实质是酶的活性中心形成或暴露。

胰蛋白酶原进入小肠后,在 Ca^{2+} 存在的条件下受肠液中的肠激酶作用第 6 位赖氨酸残基与第 7 位异亮氨酸残基之间的肽键断裂,水解下一个六肽,而剩余部分的分子构象发生改变,卷曲后形成酶的活性中心,最终使无活性的胰蛋白酶原变成有活性的胰蛋白酶。胰蛋白酶原被激活后,生成的胰蛋白酶除了对胰蛋白酶原有自身激活作用外,还可激活胰凝乳蛋白酶原、羧基肽酶原和弹性蛋白酶原等,从而加速肠道对食物的消化过程。

胰蛋白酶的激活过程

酶原和酶原激活有着重要的生理意义:①蛋白酶以酶原的形式合成和分泌,保证酶在特定的部位或环境中发挥作用,避免活性的蛋白酶对分泌它的细胞进行自身消化。例如,胰蛋白酶原和糜蛋白酶原被胰腺分泌后,需排入肠道内被激活后才具有催化蛋白质水解的活性,从而避免其对分泌它们的胰腺组织的破坏。②有些酶原可以视为酶的储存形式,在需要时酶原适时地转变成有活性的酶,发挥其催化作用。正常情况下,血液中的凝血酶大多以酶原的形式存在,当组织损伤血管破裂需要凝血时,凝血酶原就会被大量激活,从而促进血液凝固,防止大量出血。

三、同工酶

同工酶是指催化相同的化学反应,但酶蛋白的分子结构、理化性质及免疫学性质等各不相同的一组酶。同工酶是长期进化过程中基因趋异的产物,其一级结构不同但活性中心的三维结构相同或相似的。同工酶可以存在于同一种属或同一个体的不同组织或同一细胞的不同亚细胞结构中,它使不同的组织、器官和不同的亚细胞结构具有不同的代谢特征,这为同工酶诊断不同器官的疾病提供了理论依据。

现已发现几百种酶都有同工酶,如乳酸脱氢酶(lactate dehydrogenase,LDH)、6-磷酸葡萄糖脱氢酶、碱性磷酸酶、酸性磷酸酶等,其中发现最早、研究最多的是LDH,它是一种含锌四聚体酶,由两种亚基构成:骨骼肌型(M)和心肌型(H)。两种亚基以不同的比例组成5种同工酶:LDH1(H_4)、LDH2(H_3M)、LDH3(H_2M_2)、LDH4(HM_3)、LDH5(M_4)(图4-4)。由于5种同工酶在结构上的差异,因而具有不同的电泳速率,在常规条件下由$LDH_1 \sim LDH_5$电泳速率递减。

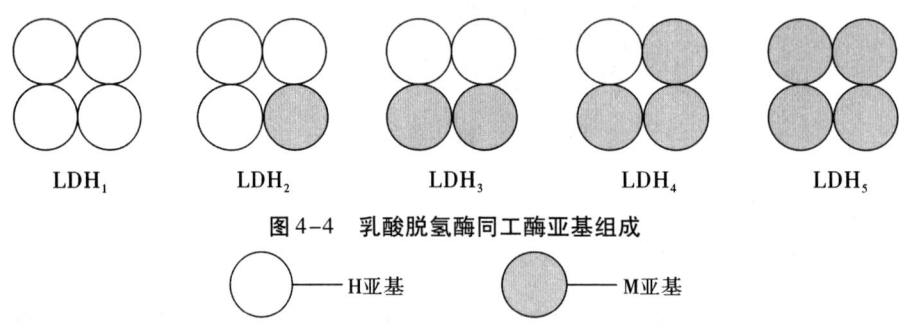

图4-4 乳酸脱氢酶同工酶亚基组成

同一个体在不同的发育阶段,不同的组织器官中,编码不同亚基的基因表达程度不同,合成的亚基数目和种类也不同,因此某种同工酶在不同组织中的含量和比例不同,使各器官组织有各自特定的分布酶谱。

同工酶分布的组织细胞特异性,使不同组织细胞具有不同的代谢特征,决定了同工酶的测定对疾病诊断及预后有重要意义。当特定的组织细胞病变时,其含有的某种同工酶即释放入血浆,使血浆同工酶总活性及同工酶谱发生改变,有助于疾病的诊断及预后的判断。例如:对于心肌梗死患者来说,发病后LDH_1活性会异常升高,而且LDH_1活性高于LDH_2(正常情况下血浆中LDH_2活性高于LDH_1);同样,急性肝炎时LDH_5活性会明显升高(图4-5)。

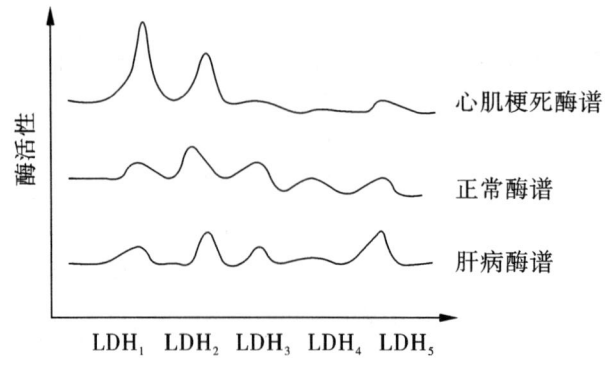

图4-5 心肌梗死与肝病患者血清同工酶谱变化

四、酶的作用机制

酶具有极高的催化效率是由于酶能大幅度地降低反应的活化能而使反应沿着活化能较低的途径进行。酶的作用机制如下。

(一)酶-底物复合物的形成与诱导契合假说

酶催化底物反应时,必须先与底物结合形成酶-底物复合物。酶与底物结合的过程会释放能量,释放的结合量是降低反应活化能的主要能量来源。在酶促反应中,酶首先与底物形成不稳定的酶-底物复合物(enzyme-substrate complex,ES),然后再分解成酶和产物,这一过程称为中间产物学说。

$$E + S \rightleftharpoons ES \rightleftharpoons E + P$$

1958年,D. E. Koshland 提出酶-底物结合的诱导契合假说,认为酶在发挥催化作用前须先与底物结合,酶与底物相互接近时,其结构相互诱导、相互变形、相互适应,进而相互结合(图4-6)。该假说认为酶分子的构象与底物的结构并不是完全吻合的,酶在底物的诱导下会发生构象改变,并与底物的催化部位靠近。底物在酶诱导下也发生变形,最终与酶结合形成不稳定的过渡态,易受酶的催化攻击而转变成产物。例如,羧肽酶与底物的结合过程即存在诱导契合效应。

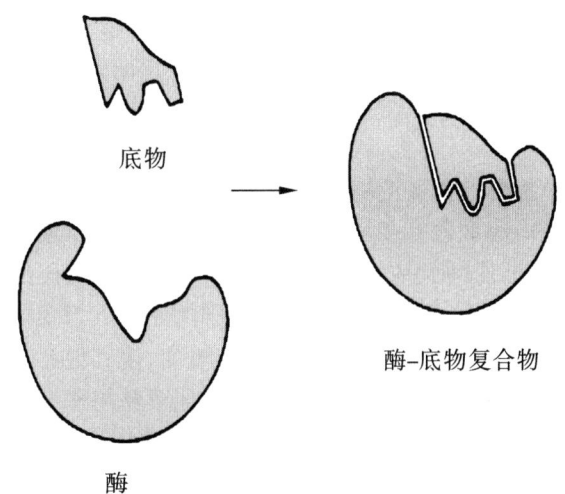

图4-6 诱导契合效应

(二)邻近效应与定向排布

有两个以上底物参加的酶促反应中,底物分子之间只有以足够的速度、正确的方向相互碰撞才能发生反应。反应过程中,酶将各底物结合到其活性中心,使之相互接近,将分子间的反应变成类似于分子内的反应,并使底物形成利于反应的正确定向关系。同时底物与酶活性中心结合时,也可诱导酶蛋白发生一定的构象变化,使其催化基团和结合基团正确排列定位,利于底物和酶更好地互补。这种酶在反应中将诸底物结合到酶的活性中心,使它们相互接近并形成有利于反应的正确定向关系。这种现象称为邻近效应和定向排列。

(三) 表面效应

酶的活性中心多形成疏水"口袋",酶促反应在此疏水环境中进行,排除周围大量水分子对酶和底物分子中功能基团的干扰性吸引和排斥,防止水化膜的形成,利于底物与酶分子的密切接触和结合。这种现象称为表面效应。

(四) 多元催化作用

一般催化剂发挥催化作用时仅有一种解离状态,只能酸催化或碱催化,很少兼具酸、碱催化功能。酶是两性电解质,即酶活性中心上有些基团是质子供体(酸),有些是质子受体(碱),也就是说既可起亲核催化作用,又可起亲电催化作用。可见,酶具有多元催化作用,大大提高了催化效率。

五、酶活性的调节

机体为了满足自身对内外环境的适应以及对物质和能量的需求,需要对体内的各种代谢进行调节,而各种代谢途径的调节主要是对代谢途径中关键酶的调节来实现的。关键酶的调节又包含了酶含量的调节和酶活性的调节。下面主要介绍酶活性的调节。

(一) 酶的变构调节

细胞内一些中间代谢物能与某些酶分子活性中心外的必需基团以非共价键可逆结合,使酶构象发生改变并影响其催化活性,进而调节代谢反应速率,这种调节方式称为变构调节。导致变构效应的代谢物称为变构效应剂,能使酶活性增加并提高反应速率的效应剂称为变构激活剂;反之,能降低酶活性及减慢反应速率的效应剂称为变构抑制剂。受变构调节的酶称为变构酶。酶分子中与变构效应剂结合的部位称为变构部位或调节部位。变构酶常含有多个亚基,含催化部位(属于酶的活性中心)的亚基称为催化亚基;含调节部位的亚基称为调节亚基。含有变构部位的调节亚基与含有活性中心的催化亚基可以是同一亚基,也可以是不同的亚基。当变构效应剂与变构酶的第一个亚基结合后可引起寡聚酶的其他亚基构象改变,使其他亚基与此种效应剂结合的速率加快,这种效应称为正协同效应;反之,使其他亚基与酶结合速率下降则称为负协同效应。如果效应剂是底物本身,则正协同效应的底物浓度曲线为"S"形曲线(图4-7)。生物体内许多酶有类似的变构现象,如蛋白质结构与功能一章所述血红蛋白的变构调节。

(二) 酶的共价修饰调节

在其他酶的催化下,某些酶蛋白肽链上的一些基团可与某种化学基团发生可逆的共价结合,从而改变酶的活性,此过程称为酶的化学修饰或共价修饰。常见的酶的可逆性共价修饰包括磷酸化和去磷酸化、甲基化和去甲基化、腺苷化和去腺苷化、尿苷化和去尿苷化、乙酰化和去乙酰化等,其中磷酸化和去磷酸化是最常见的共价修饰方式(图4-8)。

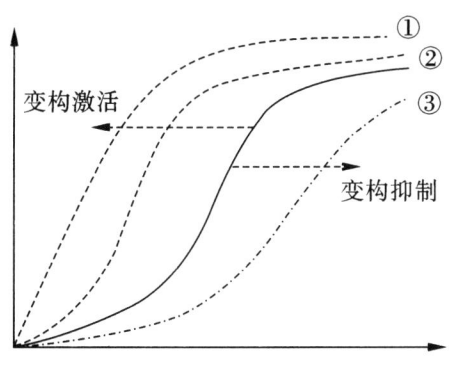

图 4-7 变构酶的"S"形曲线
①②代表变构激活作用使变构酶的"S"形曲线左移;③代表变构抑制作用使"S"形曲线右移

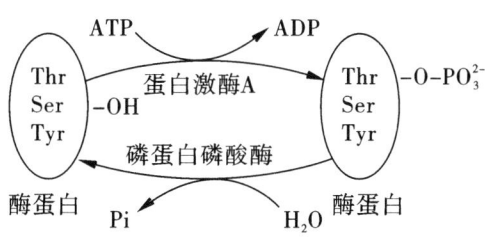

图 4-8 酶的磷酸化和去磷酸化

第四节 影响酶促反应速率的因素

酶促反应动力学是研究各种因素对酶促反应速率影响机制的一门学科,影响酶促反应速率的因素包括pH值、温度、酶浓度、底物浓度、抑制剂和激活剂等。

通常在研究酶促反应动力学时,必须遵循单一变量原则并保证以下两个前提:一是研究中所谓的速率应采用反应的初速率(底物消耗量<5%),因为随着反应时间延长底物浓度下降或产物浓度升高,会使逆向反应速率增加、正向反应速率逐渐降低最终引起酶促反应速率逐渐下降。采用初速率可避免反应进行过程中上述因素的影响。当采用初速率时,底物的减少量一般仅占底物的很小比例,不易测定;而产物则是从无到有,易于测定,所以一般情况下酶活性采用单位时间内产物的生成量来表示;二是底物浓度必须远大于酶浓度,即[S]≫[E]。这样可以使酶完全被底物饱和,便于对酶促反应动力学进行研究。

一、底物浓度对酶反应速率的影响

酶促反应中,在其他因素不变的情况下,底物浓度对反应速率的影响呈矩形双曲线(如图4-9)。当底物浓度很低时,反应速率随底物浓度的增加呈直线上升(在底物浓度-反应速率的曲线上,任何一点都代表底物浓度与速率的关系),这种反应速率与底物浓度成正比的反应为一级反应(曲线的a段);当底物浓度继续增加,反应体系中一部分酶分子被底物结合,反应速率继续增加但增加的趋势逐渐变缓,即反应的第二阶段是介于一级反应与零级反应之间的混合级反应(曲线的b段);如果底物浓度持续增加,一直增加到所有酶分子被底物饱和时,底物浓度继续增加反应速率不再增加,曲线平坦。此时反应速率与底物浓度的增加无关,反应为零级反应(曲线c段)。

底物浓度对酶促反应速度的影响

(一)米-曼氏方程式

解释酶促反应中底物浓度和反应速率关系最合理的学说是中间产物学说。该学说认为酶促反应中酶首先与底物结合形成酶底物复合物,即中间产物,此复合物再分解为产物和游离的酶。依据中间产物学说,1913年Michaelis和Menten经过大量实验提出了酶促反应速率与底物浓度关系的数学方程式,即著名的米-曼氏方程式,简称米氏方程式(Michaelis equation):

$$V=\frac{V\max[S]}{Km+[S]}$$

方程式中$V\max$为最大反应速率,$[S]$为底物浓度,Km为米氏常数,V是在不同$[S]$时的反应速率

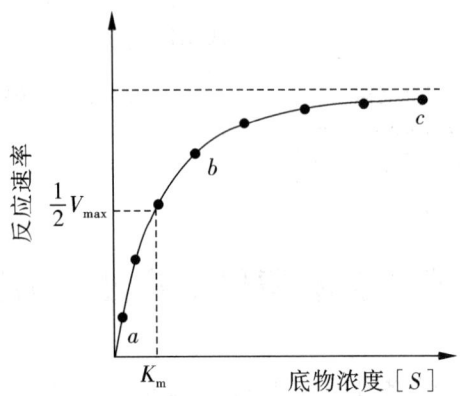

图4-9 底物浓度对酶促反应速率的影响

(二)Km和$V\max$的意义

1. 如果令$V=1/2\ V\max$代入米氏方程式,即

$$\frac{V\max}{2}=\frac{V\max[S]}{Km+[S]}$$

可得$Km=[S]$,Km单位为mol/L。因此,Km值是酶促反应速率为最大反应速率一半时的底物浓度。

2. 在一定条件下,Km可用来表示酶对底物的亲和力,与亲和力成反比。Km值愈小,酶与底物亲和力愈大,这表示不需要很高的底物浓度便可以很容易达到最大反应速率,相反Km值愈大,酶与底物亲和力愈小。

3. Km值是酶的特征性常数,它与酶的结构、酶所催化的底物和反应环境(如温度、pH值、离子强度)等有关,而与酶浓度无关。各种酶的Km值范围很广,大致在$10^{-6}\sim10^{-2}$ mol/L。一种酶对不同的底物Km值不同,不同的酶对同一底物Km值也不同,如同工酶。

4. $V\max$是所有的酶完全被底物饱和时的反应速率,与酶浓度成正比。

二、酶浓度对酶反应速率的影响

在酶促反应中,当底物浓度远远大于酶浓度,使酶完全被底物饱和时,则反应速率与酶浓度成正比(图4-10)。

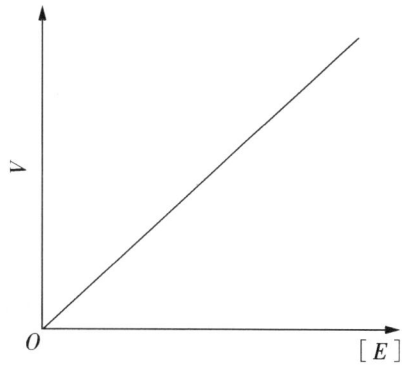

图 4-10　酶浓度对酶促反应速率的影响

三、温度对酶促反应速率的影响

在一般化学反应中,升高温度可使反应速率加快。研究发现,在酶促反应体系中温度对酶促反应速度呈"双重影响",即当反应体系的温度低于特定温度时,升高温度可使反应速率加快,温度每升高 10 ℃ 反应速率增加 1~2 倍。当反应温度高于特定温度时,酶促反应则因升高温度酶受热变性而活性降低甚至失活,从而使反应速率降低(图 4-11)。这是因为酶的化学本质是蛋白质,一方面升高温度可增加活化分子数加速反应的进行,另一方面高温可使酶逐渐变性而降低酶活性、使反应速率降低,最终完全变性而失活。大多数酶在 60 ℃ 时开始变性,80 ℃ 时酶的变性已不可逆。酶促反应速率达到最大时的反应体系温度称为酶促反应的最适温度。哺乳类动物组织中酶的最适温度多在 35~40 ℃。

温度对酶促反应速度的影响

酶的最适温度不是酶的特征性常数,它与反应时间有关。若酶促反应进行的时间短暂,则最适温度要高些;反之,反应时间延长,则最适温度要低些。一般低温可使酶活性降低,但并不使酶的结构破坏,当温度回升后,酶活性又得以恢复。因此医学上可用低温保持生物制品,如疫苗、菌种等。临床上也可用低温麻醉,使机体酶活性降低,减慢机体的代谢速率,以增强患者在手术时对氧和物质缺乏的耐受能力。

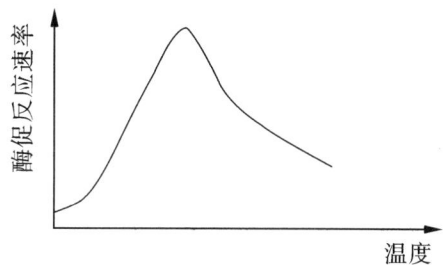

图 4-11　温度对酶促反应速率的影响

四、pH 值对酶促反应速率的影响

酶促反应介质的 pH 值可影响酶蛋白、底物、辅助因子的解离及带电荷状态,通常只有在某一 pH 值时,才会最有利于酶、底物和辅助因子形成正确的空间构象,酶催化活性达到最大,此时环境的 pH 值称为酶促反应的最适 pH 值。各种酶的最适 pH 值不同,动物体内酶的最适 pH 值在 6.5~8,接近中性。但也有少数酶例外,如人体内胃蛋白酶的最适 pH 值为 1.8,精氨酸酶的最适 pH 值为 9.8。当介质的 pH 值高于或低于酶的最适 pH 值时,酶活性就会降低,距离最适 pH 值越远酶活性则越低,在极端 pH 值条件下酶甚至变性失活(图 4-12)。

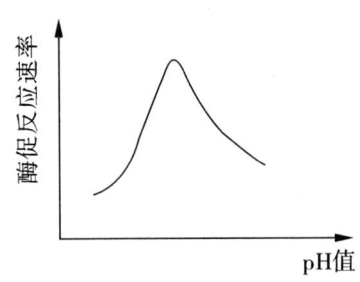

图 4-12　pH 值对酶促反应速率的影响

最适 pH 值不是酶的特征性常数,它受底物浓度、缓冲液的浓度和种类及酶的纯度等影响。

五、激活剂对反应速率的影响

使酶从无活性变为有活性或使酶活性增加的物质称为酶的激活剂。激活剂大多为金属离子(如 Mg^{2+}、K^+、Mn^{2+} 等)及有机化合物(如胆汁酸盐)等;少数为阴离子,如 Cl^- 等。大多数金属激活剂是酶促反应进行必不可少的,否则将测不到酶的活性,这类激活剂称为必需激活剂。有些激活剂不存在时,酶仍有一定的催化活性,但催化效率较低,加入激活剂后,催化效率大大加快,这类激活剂称为非必需激活剂。如 Cl^- 是唾液淀粉酶的非必需激活剂。

六、抑制剂对反应速率的影响

在酶促反应中,凡能使酶催化活性降低或者丧失但不引起酶蛋白变性的物质称为酶的抑制剂。抑制剂可以与酶活性中心内或活性中心外的调节位点结合,影响酶的催化活性。根据抑制剂与酶蛋白结合的紧密程度,可将抑制作用分为不可逆性抑制和可逆性抑制。

(一)不可逆性抑制

一些抑制剂以共价键与酶活性中心的必需基团结合,使酶失活,无法用透析超滤等方法除去以恢复活性,这种抑制作用称为不可逆性抑制。如有机磷农药敌敌畏、敌百虫等,属于羟基酶的不可逆性抑制剂,可与胆碱酯酶活性中心的丝氨酸残基上的羟基结合生成磷酰化的羟基酶,使酶失活。胆碱酯酶的失活导致乙酰胆碱堆积,使副交感神经兴奋增强而出现一系列中毒表现:恶心、呕吐、多汗、肌肉震颤、瞳孔缩小、惊厥等。临床上可用解磷定、氯磷定等药物解毒,这些药物能与磷酰化的羟基酶的磷酰基结合,从而使酶游离出来恢复活性。

$$\underset{\text{有机磷化合物}}{\begin{matrix}ROX\\ \diagdown\diagup\\ P\\ \diagup\diagdown\\ R'OO\end{matrix}} + \underset{\text{羟基酶}}{E{-}OH} \longrightarrow \underset{\text{磷酰化酶}}{\begin{matrix}ROO{-}E\\ \diagdown\diagup\\ P\\ \diagup\diagdown\\ R'OO\end{matrix}} + \underset{\text{酸}}{HX}$$

$$\underset{\text{解磷定}}{\text{PAM-CH=NOH}} + \underset{\text{磷酰化酶}}{\begin{matrix}R{-}OO\\ \diagdown\diagup\\ P\\ \diagup\diagdown\\ R'{-}OO{-}E\end{matrix}} \longrightarrow \underset{\text{磷酰化PAM}}{\begin{matrix}R{-}OO\\ \diagdown\diagup\\ P\\ \diagup\diagdown\\ R'{-}OO{-}N{=}CH{-}PAM\end{matrix}} + \underset{\text{羟基酶}}{HO{-}E}$$

另外有一些不可逆性抑制剂与酶分子的巯基结合,使酶失活,如某些重金属离子(Hg^{2+}、Ag^+、Pb^{2+}等)及As^{3+}(如含砷化合物路易斯毒气、砒霜等)能与巯基酶分子中巯基上的硫共价结合而使酶活性受到抑制。临床上常用二巯基丙醇(BAL)等含巯基的化合物作为解毒剂来恢复酶的活性。

(二) 可逆性抑制

一些抑制剂通常以非共价键与酶或酶-底物复合物可逆性结合,使酶的活性降低或丧失;这些抑制剂可用透析、超滤等方法除去,这种抑制作用称为可逆性抑制。根据抑制剂的结构特点及与酶结合的部位,可分为竞争性抑制和非竞争性抑制。

1. 竞争性抑制 有些抑制剂与底物的结构相似,能与底物竞争性结合酶的活性中心,而影响酶与底物的正常结合,使酶活性降低。这种抑制作用称为竞争性抑制作用。由于竞争性抑制剂与底物结构相似,并与酶结合是可逆的,其抑制程度取决于底物及抑制剂的相对浓度和酶与它们的亲和力。如果在反应体系中增加底物浓度,可降低甚至解除抑制剂的抑制作用。例如,丙二酸对琥珀酸脱氢酶的抑制就属于竞争性抑制作用。丙二酸和琥珀酸都是二羧酸化合物,二者结构相似,因此丙二酸能与琥珀酸竞争性地结合于琥珀酸脱氢酶的活性中心上,从而影响琥珀酸与该酶的结合,但是该酶不能催化丙二酸发生反应。竞争性抑制的反应过程可用下式表示:

$$\begin{matrix}E + S \rightleftharpoons ES \longrightarrow E + P\\ +\\ I\\ \updownarrow\\ EI\end{matrix}$$

有些药物就是作为酶的竞争性抑制剂来发挥其药理作用的。如磺胺类药物与对氨基苯甲酸的结构相似,而某些细菌在生长繁殖中以对氨基苯甲酸、二氢蝶呤和谷氨酸为原料,在二氢叶酸合成酶的催化下合成二氢叶酸,二氢叶酸是核苷酸合成中辅酶之一四氢叶酸的前体,作为辅酶参与嘌呤、嘧啶的合成,与核酸的合成密切相关。因此,磺胺类药物能竞争性抑制二氢叶酸合成酶,使细菌体内二氢叶酸乃至四氢叶酸合成减少,通过影响核酸的合成,进而抑制细菌的生长繁殖。根据竞争性抑制作用的特点,磺胺类药物作为竞争性抑制剂,使用时必须保持药物在血液中的浓度明显高于对氨基苯甲酸的浓度才能有效地发挥其抑菌作用。人类可直接利用食物中叶酸,因此人体内核酸合成不受磺胺类药物的干扰(图4-13)。

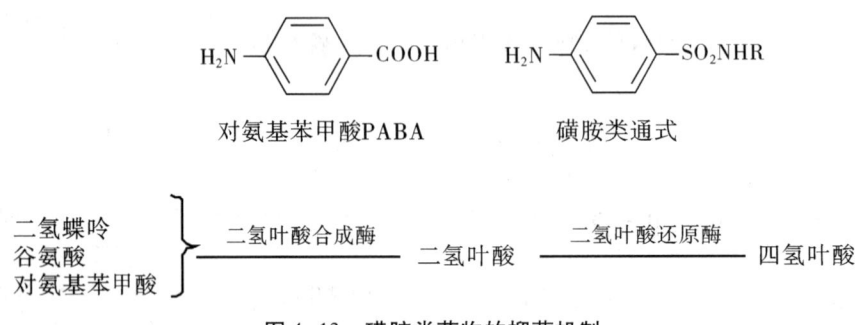

图4-13 磺胺类药物的抑菌机制

2. 非竞争性抑制作用　有些抑制剂与酶活性中心外的必需基团结合,不影响酶与底物的结合,酶和底物的结合也不影响酶与抑制剂的结合。底物和抑制剂之间无竞争关系。但酶-底物-抑制剂复合物(ESI)不能进一步释放出产物。这种抑制作用称作非竞争性抑制作用。非竞争性抑制的反应过程可用下式表示:

$$
\begin{array}{ccc}
E + S & \underset{k_2}{\overset{k_1}{\rightleftharpoons}} & ES \longrightarrow E + P \\
+ & & + \\
I & & I \\
\updownarrow & & \updownarrow \\
EI + S & \rightleftharpoons & ESI
\end{array}
$$

非竞争性抑制作用的强弱取决于抑制剂的浓度,不能用增加底物浓度减弱或消除抑制。

第五节　酶与医学的关系

(一)酶与疾病的关系

许多疾病与酶的质和量的异常相关。现已发现140多种先天性代谢缺陷中,多数由酶的先天性或遗传性缺损所致,如酪氨酸酶缺乏引起白化病。另外,许多疾病可引起酶的异常,这种异常又使病情加重。

1. 酶的先天性缺陷与先天性疾病　一些酶先天性缺陷与某些疾病的发生存在着密切的关系,如苯丙氨酸羟化酶缺乏引起苯丙酮尿症,酪氨酸酶缺乏引起白化病等。

2. 酶活性改变可引起疾病　一些酶活性升高或降低也可使机体代谢反应异常,导致疾病发生。如胰蛋白酶原过早激活导致急性胰腺炎,胰蛋白酶原在胰腺中被激活,造成胰腺组织被水解破坏;有机磷农药通过抑制胆碱酯酶活性导致有机磷中毒;重金属通过抑制巯基酶的活性而导致代谢紊乱。

3. 一些疾病可以引起酶产量及活性的改变　维生素缺乏可引起某些酶活性异常;严重肝病时可因肝合成的凝血因子减少而影响血液凝固等。

(二)酶在疾病诊断和治疗中的应用

酶的异常可以引起疾病,疾病也可引起酶的异常,因此可以通过对血液、尿等体液中某些酶活性的测定,来反映某些器官组织的疾病状况并对疾病进行初步诊断。酶活性是指酶催化化学反应的能力,是指在规定条件下,单位时间内生成一定量产物或消耗一定量底物所需要的酶量。可以用酶活性单位来衡量其活性大小。血液中某些酶活性升高或降低是因为:①某些组织器官损伤后造成细胞破坏,细胞膜通透性升高,细胞内的某些酶可大量释放入血。例如,急性肝炎时,血清中丙氨酸氨基转移酶活性升高。②酶在细胞内合成速度增加,如恶性肿瘤迅速生长时,其标志酶的释放量亦增加,如前列腺癌患者血清中可有大量酸性磷酸酶出现。③酶的清除障碍或排泄受阻也可引起血清酶活性升高,如胆道梗阻时,血清中碱性磷酸酶活性升高。④某些酶合成障碍,如肝功能严重受损时,许多肝合成的酶量减少,如血液中凝血酶原等。⑤酶的活性受到抑制,如有机磷农药中毒时,胆碱酯酶活性降低。

临床上可通过测定血清中某些酶的含量及活性来帮助某些疾病的诊断(表4-3)。

表4-3　用于诊断的一些血清酶

血清酶	酶水平的改变							其他
	病毒性肝炎	胆管阻塞	肌营养不良	急性心肌梗死	急性胰腺炎	肿瘤转移到肝	肿瘤转移到骨	
胆碱酯酶	↓↓	↓-	-	-	-	↓↓	-	有机磷农药中毒
丙氨酸氨基转移酶	↑↑↑	↑	↑-	↑-	-	↑	-	
天冬氨酸氨基转移酶	↑↑↑	↑	↑	↑↑	-	↑↑	-	
碱性磷酸酶	↑	↑↑↑	-	-	-	↑↑	↑↑↑	骨疾病,骨折
酸性磷酸酶	-	-	-	-	-	-	↑-	前列腺癌
乳酸脱氢酶	↑	↑	↑↑	↑↑	-	↑↑↑	↑-	巨幼细胞贫血
肌酸激酶	-	-	↑↑↑	↑↑	-	-	-	
脂酶	-	-	-	-	↑↑↑	-	-	小肠穿孔
淀粉酶	-	-	-	-	↑↑↑	-	-	
γ-谷氨酰转移酶	↑	↑↑↑	-	-	-	↑↑	-	

1. **抑制酶活性治疗** 许多药物是依据竞争性抑制的原理设计的,可通过抑制生物体内的某些酶的活性达到治疗的目的。例如,用于抗菌治疗的磺胺类药物和利福平,抗肿瘤药物 5-氟尿嘧啶、6-巯基嘌呤等。

2. **替代治疗** 对于某些酶缺乏所引起的疾病,可通过补充此酶予以治疗。如消化腺分泌功能不良所致的消化不良,可服用胃蛋白酶、胰蛋白酶、胰脂肪酶、胰淀粉酶等进行治疗。某些酶先天性代谢障碍,也可补充相应酶达到治疗目的。

3. **对症治疗** 临床上的一些疾病可以根据其症状用酶进行对症治疗。如心、脑血管栓塞等,可以用链激酶、尿激酶及纤溶酶等溶解血栓进行治疗。外科清创、净化伤口时,可以用糜蛋白酶、膜蛋白酶、木瓜蛋白酶等使脓液液化。

(三) 酶在科学研究中的应用

1. **有些酶可作为酶偶联测定法中的指示酶或辅助酶** 有些酶促反应的底物或产物含量极低,不易直接测定。此时,可偶联另一种或两种酶,使初始反应产物定量地转变为另一种较易定量测定的产物,从而测定初始反应中的底物、产物或初始酶活性。这种方法称为酶偶联测定法。若偶联一种酶,这个酶即为指示酶;若偶联两种酶,则前一种酶为辅助酶,后一种酶为指示酶。例如,临床上测定血糖时,利用葡萄糖氧化酶将葡萄糖氧化为葡萄糖酸,并释放 H_2O_2,过氧化物酶催化 H_2O_2 与 4-氨基安替比林及苯酚反应生成水和红色醌类化合物,测定红色醌类化合物在 505 nm 处的吸光度即可计算出血糖浓度。此反应中的过氧化物酶即为指示酶。

2. **有些酶可作为酶标记测定法中的标记酶** 临床上经常要检测许多微量分子,过去一般都采用放射性核素标记法。鉴于其应用不便,现今多以酶标记代替核素标记。例如,酶联免疫吸附法测定(enzyme-linked immunosorbent assay,ELISA)法就是利用抗原-抗体特异性结合的特点,将标记酶与抗体偶联,对抗原或抗体做出检测的一种方法。

3. **多种酶成为基因工程中的常用工具酶** 多种酶已常规用于基因工程操作过程中。例如,限制性核酸内切酶、DNA 连接酶、反转录酶、DNA 聚合酶等。

同步练习

(一) 选择题

1. 下列有关某一种酶的几个同工酶的陈述,哪个是正确的　　　　　　　　( )
   A. 由不同亚基组成的寡聚体
   B. 对同一底物具有不同专一性
   C. 对同一底物具有相同的 Km 值
   D. 电泳迁移率往往相同
   E. 结构相同来源不同

2. 关于米氏常数 Km 的说法,哪个是正确的　　　　　　　　　　　　　　( )
   A. 饱和底物浓度时的速率
   B. 在一定酶浓度下,最大速率的一半
   C. 饱和底物浓度的一半
   D. 速率达最大速率半数时的底物浓度
   E. 降低一半速率时的抑制剂浓度

3. 酶的竞争性抑制剂具有下列哪种动力学效应 ( )
   A. V_{max} 不变,K_m 增大　　　B. V_{max} 不变,K_m 减小
   C. V_{max} 增大,K_m 不变　　　D. V_{max} 减小,K_m 不变
   E. V_{max} 和 K_m 都不变

4. 作为催化剂的酶分子,具有下列哪一种能量效应 ( )
   A. 增高反应活化能　　　B. 降低反应活化能
   C. 产物能量水平　　　　D. 产物能量水平
   E. 反应自由能

5. 下面关于酶的描述,哪一项不正确 ( )
   A. 所有的蛋白质都是酶
   B. 酶是生物催化剂
   C. 酶是在细胞内合成的,但也可以在细胞外发挥催化功能
   D. 酶具有专一性
   E. 酶在强碱、强酸条件下会失活

6. 丙二酸对琥珀酸脱氢酶的抑制作用是 ( )
   A. 反馈抑制　　　　B. 非竞争抑制
   C. 竞争性抑制　　　D. 非特异性抑制
   E. 反竞争性抑制

7. 下列哪一项不是辅酶的功能 ( )
   A. 转移基团　　　B. 传递氢
   C. 传递电子　　　D. 某些物质分解代谢时的载体
   E. 决定酶的专一性

8. 下列关于酶活性部位的描述,哪一项是错误的 ( )
   A. 活性部位是酶分子中直接与底物结合,并发挥催化功能的部位
   B. 活性部位的基团按功能可分为两类,一类是结合基团,一类是催化基团
   C. 酶活性部位的基团可以是同一条肽链但在一级结构上相距很远的基团
   D. 不同肽链上的有关基团不能构成该酶的活性部位
   E. 酶的活性部位决定酶的专一性

9. 酶原激活的实质是 ( )
   A. 激活剂与酶结合使酶激活
   B. 酶蛋白的变构效应
   C. 酶原分子一级结构发生改变,从而形成或暴露出酶的活性中心
   D. 酶原分子的空间构象发生了变化而一级结构不变
   E. 以上都不对

10. 同工酶的特点是 ( )
    A. 催化作用相同,但分子组成和理化性质不同的一类酶
    B. 催化相同反应,分子组成相同,但辅酶不同的一类酶
    C. 催化同一底物起不同反应的酶的总称
    D. 多酶体系中酶组分的统称
    E. 催化作用,分子组成及理化性质相同,但组织分布不同的酶

11. 酶催化反应的高效率在于 ( )
    A. 增加活化能　　　B. 降低反应物的能量水平
    C. 增加反应物的能量水平　　D. 降低活化能
    E. 以上都不对

12. 酶原激活的生理意义是 （　）
    A. 加速代谢   B. 恢复酶活性
    C. 促进生长   D. 避免自身损伤
    E. 保护酶的活性

13. 关于酶的叙述,下列哪项是正确的 （　）
    A. 所有的蛋白质都是酶
    B. 酶与一般催化剂相比催化效率高得多,但专一性不够
    C. 酶活性的可调节控制性质具有重要的生理意义
    D. 所有具催化作用的物质都是酶
    E. 酶可以改变反应的平衡点

14. 对全酶的正确描述指 （　）
    A. 单纯有蛋白质的酶
    B. 酶与底物结合的复合物
    C. 酶蛋白—辅酶—激动剂—底物聚合物
    D. 由酶蛋白和辅酶(辅基)组成的酶
    E. 酶蛋白和变构剂组成的酶

15. 酶保持催化活性,必须 （　）
    A. 酶分子完整无缺
    B. 有酶分子上所有化学基团存在
    C. 有金属离子参加
    D. 有辅酶参加
    E. 有活性中心及其必需基团

(二)思考题

1. 何谓酶原与酶原激活？酶原与酶原激活的生理意义是什么？
2. 试述酶促反应的特点。
3. 简述 Km 和 Vmax 的生物学意义。
4. 试述影响酶促反应速度的因素。
5. 什么是酶的可逆性抑制作用？可逆性抑制作用可分哪几种？请简述它们的特点。

(新乡医学院三全学院　李晓坤)

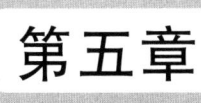

第五章 糖代谢

学习目标

◆ 掌握 糖酵解、糖有氧氧化的主要过程、关键酶和生理意义；磷酸戊糖途径的关键酶和生理意义；糖异生、糖原合成与分解的概念，关键酶与生理意义；血糖、高血糖、低血糖的概念，血糖的来源和去路，激素对血糖的调节。

◆ 熟悉 糖代谢各条途径的关联，糖原合酶和糖原磷酸化酶活性的调节。

◆ 了解 糖的种类及生理功能；高血糖与低血糖的原因。

第一节 糖的概述

(一) 糖的概念

糖类是多羟基醛或多羟基酮及其衍生物或聚合物的总称。如葡萄糖为醛糖，果糖为酮糖。由于绝大多数的糖类化合物都可以用通式 $C_n(H_2O)_m$ 表示，所以过去人们一直认为糖类是碳与水的化合物，常称其为碳水化合物。

$$
\begin{array}{cc}
\text{HC}=\text{O} & \text{H}_2\text{C}-\text{OH} \\
\text{H}-\text{C}-\text{OH} & \text{C}=\text{O} \\
\text{HO}-\text{C}-\text{H} & \text{HO}-\text{C}-\text{H} \\
\text{H}-\text{C}-\text{OH} & \text{H}-\text{C}-\text{OH} \\
\text{H}-\text{C}-\text{OH} & \text{H}-\text{C}-\text{OH} \\
\text{H}_2\text{C}-\text{OH} & \text{H}_2\text{C}-\text{OH} \\
\text{葡萄糖} & \text{果糖}
\end{array}
$$

(二) 糖的分类

根据糖的化学组成不同可将糖分为：①单糖，不能被水解成更小分子的糖，如葡萄糖、半乳糖。②寡糖，由2~10个单糖分子脱水缩合而成，以双糖最为普遍，如蔗糖、麦芽糖。③多糖,由10个以上单糖分子组成的糖。由同一种单糖分子组成的多糖称为均一性多糖,如淀粉、糖原、纤维素等;由两种以上的单糖分子组成的多糖称为不均一性多糖,如透明质酸、硫酸软骨素、硫酸皮肤素等。④结合糖,也称复合糖,指糖与蛋白质、脂类等非糖物质结合形成的复合物,如糖脂、糖蛋白、蛋白聚糖等。⑤糖的衍生物,如糖醇、糖酸、糖胺等。

(三) 糖的生物学功能

1. 氧化供能 1 mol 葡萄糖彻底氧化可释放 2 840 kJ 能量,是机体重要的能量来源。人体所需能量的 50%~70% 来源于糖。

2. 为其他物质的合成提供碳骨架 糖代谢的某些中间产物为蛋白质、核酸、脂类的合成提供碳骨架。例如,糖代谢的中间产物丙酮酸可转化为丙氨酸用于合成蛋白质,乙酰辅酶 A 可参与脂肪的合成等。

3. 构成人体组织结构的重要成分 如蛋白聚糖构成结缔组织、软骨和骨的基质,糖蛋白参与神经组织的构成等。

4. 参与信息传递和生物分子间的识别 细胞膜表面糖蛋白参与细胞间的信息传递,与细胞免疫、识别作用有关。还有一些具有特殊生理功能的糖蛋白,如激素、免疫球蛋白、血型物质等参与分子间的信息传递与分子识别。

(四) 糖的消化吸收

体内的糖主要来自于食物中的淀粉和少量双糖及单糖。多糖及双糖都必须经过酶的催化水解成单糖才能被吸收。

淀粉是由葡萄糖构成的多糖,直链中的葡萄糖残基以 α-1,4 糖苷键相连,而分支处则以 α-1,6 糖苷键连接。淀粉在口腔中进行初步消化,口腔中的唾液淀粉酶能够将部分淀粉水解为麦芽糖。淀粉的主要消化部位在小肠。小肠中含有 α-淀粉酶、α-糊精酶和乳糖酶等多种酶,可将淀粉彻底水解为葡萄糖。一些成年人由于缺乏乳糖酶导致乳糖不耐受症,他们在饮用牛奶后,由于牛奶中的乳糖不能被机体正常水解而在肠中积聚,经细菌作用后产生 H_2、CH_4 和乳酸等,引起腹胀、腹泻等症状。

葡萄糖的主要吸收部位是小肠上段,其吸收是一个依赖 Na^+ 的耗能的主动摄取过程,需特定的载体参与。在小肠上皮细胞刷状缘上,存在着与细胞膜结合的 Na^+-葡萄糖联合转运体,当 Na^+ 经转运体顺浓度梯度进入小肠上皮细胞时,葡萄糖随 Na^+ 一起被移入细胞内,这时对葡萄糖而言是逆浓度梯度转运。这个过程的能量是由 Na^+ 的浓度梯度(化学势能)提供的,它足以将葡萄糖从低浓度转运到高浓度。当小肠上皮细胞内的葡萄糖浓度增高到一定程度,葡萄糖经小肠上皮细胞基底面单向葡萄糖转运体顺浓度梯度被动扩散到血液中。小肠上皮细胞内增多的 Na^+ 通过钠钾泵(Na^+-K^+-ATP 酶)利用 ATP 提供的能量从基底面被泵出小肠上皮细胞外,进入血液,从而降低小肠上皮细胞内 Na^+ 浓度,维持刷状缘两侧 Na^+ 的浓度梯度,使葡萄糖能不断地被转运。

植物性食物中含有大量的纤维素,但其中的葡萄糖是以 β-1,4 糖苷键连接,因人体内没有水解 β-糖苷键的酶,因而不能水解利用纤维素,但纤维素具有吸附毒素、促进肠蠕动等作用,也是维持健康所必需的物质。

(五) 糖代谢概况

糖代谢是指葡萄糖在体内的一系列复杂的化学反应,在不同的细胞、不同的机体运动状态、不同的供氧状态下有很大差别。在供氧充足时,葡萄糖进行有氧氧化,彻底氧化成 H_2O、CO_2 和大量能量;在缺氧时,葡萄糖进行无氧酵解,生成乳酸和少量能量。此外,葡萄糖也可进入磷酸戊糖途径等进行代谢,生成其他有用的中间产物。在机体葡萄糖供应充足时,机体可将葡萄糖合成糖原储存在肝或肌组织之中。在机体葡萄糖供应不足时,可将储存的糖原再次分解供机体利用。此外,有些非糖物质(如乳酸、丙酮酸等)还可经糖异生途径转变成葡萄糖或糖原。

第二节 糖的分解代谢

糖在体内的分解代谢主要有三条途径:糖酵解、有氧氧化和磷酸戊糖途径。现分述如下。

一、糖酵解

在缺氧情况下,机体将葡萄糖分解生成乳酸并产生少量 ATP 的过程称为糖的无氧代谢。因为此过程与酵母中糖生醇的过程相似,故又称为糖酵解。催化此反应的酶都存在于细胞质中,故糖酵解的全部反应是在细胞质中进行的。

(一)糖酵解的反应过程

糖酵解的反应过程分为两个阶段。第一阶段是葡萄糖或糖原分解成丙酮酸的过程,称为酵解途径;第二个阶段是丙酮酸还原成乳酸的过程。

1. 葡萄糖磷酸化成为 6-磷酸葡萄糖　葡萄糖进入细胞后首先的反应是磷酸化,磷酸化后的葡萄糖不能自由通过细胞膜而逸出细胞,这是细胞的一种保糖机制。在糖代谢的整个过程中,直至净生成能量之前,中间代谢物都是磷酸化的。葡萄糖磷酸化由己糖激酶催化,消耗 1 分子 ATP,该反应不可逆,是糖酵解的第一个限速步骤。

葡萄糖　　　　　　　　　　　　6-磷酸葡萄糖

哺乳类动物体内已发现 4 种己糖激酶同工酶,分别命名为 Ⅰ、Ⅱ、Ⅲ、Ⅳ 型。Ⅰ、Ⅱ、Ⅲ 型主要分布于肝外组织中;Ⅳ 型酶只存在于肝细胞中,由于对葡萄糖有高度的专一性,又称葡萄糖激酶(glucokinase,GK),但此酶对葡萄糖的亲和力较弱,只有在血糖浓度较高时才能发挥作用。因此,当餐后血中葡萄糖浓度升高时,肝中葡萄糖激酶的活性可随血糖浓度增高而增高,有利于葡萄糖进入肝细胞内被利用,维持血糖浓度恒定;当血中葡萄糖浓度正常或偏低时,肝中葡萄糖激酶活性低,葡萄糖进入肝细胞利用减少,此时,其他己糖激酶的活性仍较高,有利于肝外组织利用葡萄糖。

2. 6-磷酸葡萄糖转变为 6-磷酸果糖　这是醛糖与酮糖间的异构反应,由磷酸己糖异构酶催化,反应可逆,需要 Mg^{2+} 参与。

6-磷酸葡萄糖 ⇌(磷酸己糖异构酶) 6-磷酸果糖

3. 6-磷酸果糖转变为 1,6-二磷酸果糖 这是第二个磷酸化反应,需 ATP 和 Mg^{2+} 参与,是不可逆的反应。

该反应由磷酸果糖激酶-1 催化,将 ATP 中的磷酸基团转移到 6-磷酸果糖的 C_1 的羟基上,生成 1,6-二磷酸果糖,消耗了 1 个 ATP 分子。

6-磷酸果糖 —(磷酸果糖激酶-1, Mg^{2+}, ATP→ADP)→ 1,6-二磷酸果糖

4. 1,6-二磷酸果糖裂解生成 3-磷酸甘油醛和磷酸二羟丙酮 6 个碳的 1,6-二磷酸果糖在醛缩酶的作用下使 C_3 和 C_4 之间键断裂,生成 2 分子 3 个碳的磷酸丙糖,即 3-磷酸甘油醛和磷酸二羟丙酮。

1,6-二磷酸果糖 —(醛缩酶)→ 磷酸二羟丙酮 + 3-磷酸甘油醛

5. 磷酸二羟丙酮转变为 3-磷酸甘油醛 磷酸二羟丙酮和 3-磷酸甘油醛互为同分异构体,在磷酸丙糖异构酶的催化下可相互转化。3-磷酸甘油醛在糖酵解后续的反应中逐渐消耗,反应偏向于磷酸二羟丙酮转化为 3-磷酸甘油醛。因此,1 分子的 1,6-二磷酸果糖实际上相当于裂解生成了 2 分子的 3-磷酸甘油醛。

以上反应为糖酵解途径中的耗能阶段,共消耗 2 分子 ATP,使 1 分子葡萄糖分解生成了 2 分子的 3-磷酸甘油醛。因此从第 6 步以下的各步反应都有两分子化合物同时进行。

6. 3-磷酸甘油醛氧化为1,3-二磷酸甘油酸　3-磷酸甘油醛在有 NAD^+ 和磷酸存在下,由3-磷酸甘油醛脱氢酶(GAPDH)催化生成1,3-二磷酸甘油酸,这是糖酵解中唯一的一步氧化反应。

反应中3-磷酸甘油醛的醛基脱氢氧化成羧基,脱下的氢被 NAD^+ 接受还原成NADH,同时生成的羧基与磷酸形成一个高能酸酐键。在下一步酵解反应中,保存在酸酐化合物中的能量可以使 ADP 转变成 ATP。

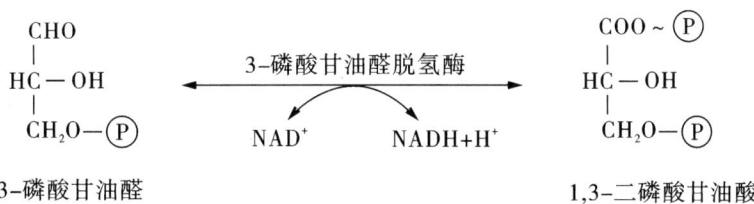

7. 1,3-二磷酸甘油酸转变成3-磷酸甘油酸　该反应由磷酸甘油酸激酶催化,在 Mg^{2+} 参与下,将1,3-二磷酸甘油酸上的高能键转移给 ADP 形成 ATP 和3-磷酸甘油酸。

本反应是糖酵解过程中第一次生成 ATP 的反应,将底物中所含的高能磷酸键(如1,3-二磷酸甘油酸)直接转移给 ADP 形成 ATP,这种 ATP 的生成方式称为底物水平磷酸化。本反应为可逆反应,如进行逆反应,则需消耗1分子 ATP。

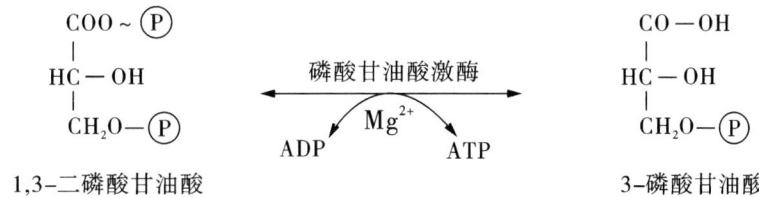

8. 3-磷酸甘油酸转变为2-磷酸甘油酸　磷酸甘油酸变位酶催化3-磷酸甘油酸中的磷酸在 C_3 与 C_2 之间相互转换。此步骤为可逆反应,需要 Mg^{2+} 参与。

9. 2-磷酸甘油酸转变为磷酸烯醇式丙酮酸　在烯醇化酶(需要 Mg^{2+})催化下,从2-磷酸甘油酸脱水形成磷酸烯醇式丙酮酸,反应是可逆的。此反应引起分子内部的电子重排和能量的重新分布,形成一个高能磷酸键。

$$\begin{array}{c}\text{CO—OH}\\|\\\text{HC—O—}\textcircled{P}\\|\\\text{CH}_2\text{—OH}\end{array} \xrightleftharpoons{\text{烯醇化酶}} \begin{array}{c}\text{CO—OH}\\|\\\text{C—O}\sim\textcircled{P}\\||\\\text{CH}_2\end{array} + H_2O$$

2-磷酸甘油酸　　　　　　　　　　　磷酸烯醇式丙酮酸

10. **磷酸烯醇式丙酮酸转化成丙酮酸并生成 ATP**　磷酸烯醇式丙酮酸在丙酮酸激酶催化下，将高能键转移给 ADP 生成 ATP 和烯醇式丙酮酸，是糖酵解中第二个底物水平磷酸化反应。本反应不可逆。烯醇式丙酮酸不稳定，无须酶的催化便能转化成更稳定的丙酮酸，丙酮酸是糖酵解中第一个不再被磷酸化的化合物。

$$\begin{array}{c}\text{CO—OH}\\|\\\text{C—O}\sim\textcircled{P}\\||\\\text{CH}_2\end{array} \xrightarrow[\text{Mg}^{2+}]{\text{丙酮酸激酶}} \begin{array}{c}\text{COOH}\\|\\\text{C—OH}\\||\\\text{CH}_2\end{array} \longrightarrow \begin{array}{c}\text{CO—OH}\\|\\\text{C=O}\\|\\\text{CH}_3\end{array}$$

磷酸烯醇式丙酮酸　　　　　　　　　烯醇式丙酮酸　　　　　　　　丙酮酸

以上从第 6 步到本步反应，2 分子的三碳糖分别进行 2 次底物水平磷酸化，共生成 4 分子 ATP，减去前期消耗的 2 分子 ATP，净生成 2 分子 ATP。

(二) 丙酮酸转变成乳酸

在缺氧条件下，绝大多数细胞中的丙酮酸都可以由乳酸脱氢酶（LDH）催化转化为乳酸，反应所需的氢原子由第 6 步反应生成的 NADH 提供。在无氧条件下，生成的 NADH 在生成乳酸时又被消耗掉，防止了 NADH 的大量堆积，有利于糖酵解的顺利进行。

$$\begin{array}{c}\text{CO—OH}\\|\\\text{C=O}\\|\\\text{CH}_3\end{array} \xrightleftharpoons[\text{NAD}^+ \quad \text{NADH+H}^+]{\text{乳酸脱氢酶}} \begin{array}{c}\text{CO—OH}\\|\\\text{C—OH}\\|\\\text{CH}_3\end{array}$$

丙酮酸　　　　　　　　　　　　　　　乳酸

乳酸是一种在剧烈运动后引起肌肉酸痛的物质。通过无氧酵解产生乳酸，造成乳酸堆积，从而引起血液中乳酸水平升高的现象，称为乳酸中毒。

糖酵解的全过程见图 5-1。

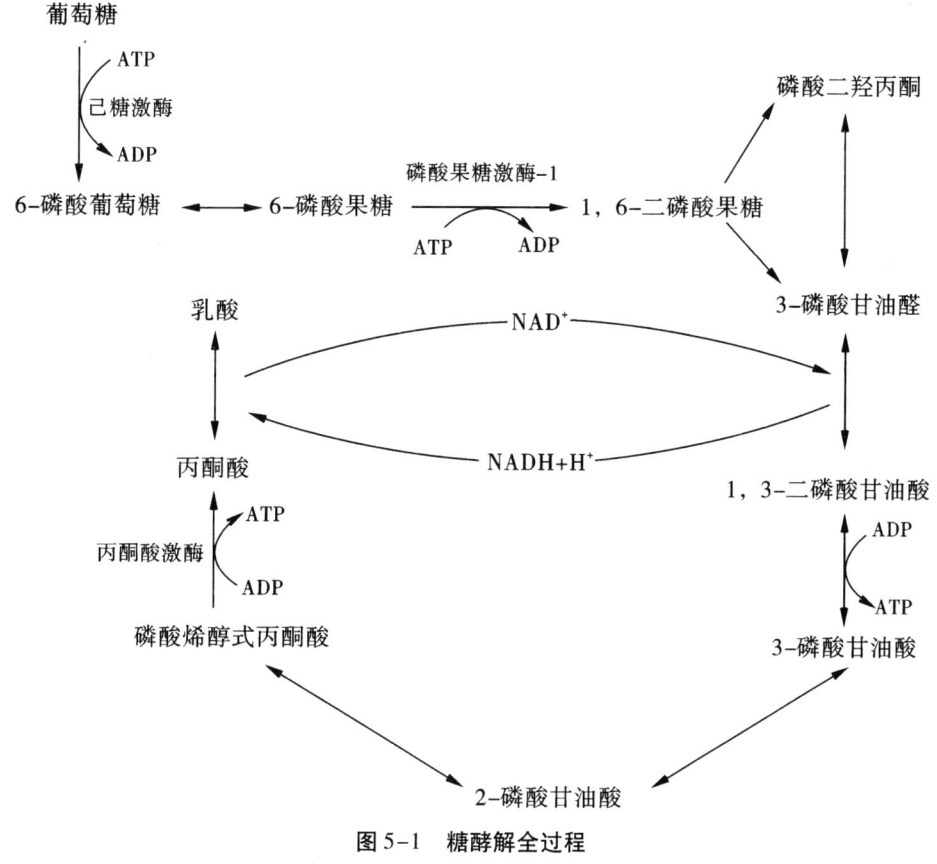

图 5-1 糖酵解全过程

(三)糖酵解过程要点

1. 糖酵解是单糖分解代谢的共同途径。催化糖酵解的酶都位于细胞质中,因此糖酵解发生在细胞质中。

2. 糖酵解生成丙酮酸是通过己糖(消耗 ATP)和丙糖(生成 ATP)两个阶段完成的。在第一个阶段 1 分子的葡萄糖(6 碳)转换为 2 分子的 3-磷酸甘油醛(3 碳),这个阶段需要消耗能量(2 分子 ATP);在第二个阶段 3-磷酸甘油醛转化为丙酮酸(3 碳),同时生成 NADH 和能量(4 分子 ATP),ATP 是通过底物水平磷酸化合成的。因此 1 分子的葡萄糖经糖酵解途径净产生 2 分子 ATP。

3. 在无氧条件下,生成的 NADH 在由丙酮酸生成乳酸时被消耗,故整个体系中并没有 NADH 的剩余。

4. 糖酵解途径中存在 3 个不可逆反应,分别由己糖激酶、磷酸果糖激酶-1 和丙酮酸激酶催化,这 3 个酶是酵解途径的关键酶,是调控糖酵解速度的关键位点。

(四)糖酵解的生理意义

1. 糖酵解最主要的生理意义在于缺氧时提供能量,这对肌收缩更为重要。肌肉组织中 ATP 的含量较低,肌肉收缩几秒便可耗尽。当机体缺氧或剧烈运动时,肌肉局部血流相对不足时,能量主要通过糖酵解获得。在病理条件下,如呼吸、循环功能障碍,严重贫血或大量失血等因素造成机体缺氧时,机体的糖酵解过程便会加强,以满足机体的能量需要。但糖酵解生成的乳酸是酸性物质,过多的乳酸有可能引发酸中毒。

2. 在正常生理状况下,糖酵解也是个别组织细胞的主要获能方式。例如,成熟的红细胞没有线粒体,不能进行有氧氧化,只能通过糖酵解获取能量。另外,个别组织细胞代谢比较活跃,如神经细胞、白细胞、骨髓细胞等,即使氧气供应充足,也常由糖酵解提供部分能量。

(五)糖酵解的调节

糖酵解中大多数反应是可逆的,这些可逆反应的方向、速率由底物和产物的浓度控制;参与这些可逆反应的酶的活性改变,并不能决定反应的方向。糖酵解途径中有3个不可逆反应,分别由己糖激酶、磷酸果糖激酶-1 和丙酮酸激酶催化。这3个反应速率最慢,是控制糖酵解速度的3个关键调节点,因此这三个酶称为糖酵解的关键酶,其活性受激素和变构效应剂的调节。

1. 激素的调节　胰岛素可诱导体内葡萄糖激酶、磷酸果糖激酶-1 和丙酮酸激酶的合成,提高其催化活性,使糖酵解过程增强。

2. 代谢物对限速酶的变构调节　体内的许多代谢物是糖酵解过程中三个关键酶的变构调节剂,可通过改变酶的空间构象影响酶的活性。其中磷酸果糖激酶-1 的催化活性最低,对磷酸果糖激酶-1 的调节是糖酵解途径中最重要的调节点。磷酸果糖激酶-1 是一个四聚体,受多种变构效应剂的影响,ATP 和柠檬酸是此酶的变构抑制剂,AMP、ADP、1,6-二磷酸果糖是此酶的变构激活剂。当细胞内能量消耗过多,ATP 大量消耗,而 AMP 和 ADP 增多时,磷酸果糖激酶-1 被变构激活,使糖酵解速度加快,以生成更多的 ATP;反之,则抑制磷酸果糖激酶-1 的活性,糖酵解被抑制,使 ATP 生成减少。1,6-二磷酸果糖是磷酸果糖激酶-1 的反应产物,同时也是磷酸果糖激酶-1 的变构激活剂,这种产物正反馈作用是比较少见的,它有利于糖的分解。

二、糖的有氧氧化

有氧条件下,葡萄糖彻底氧化生成 CO_2 和 H_2O,并伴有能量释放的过程,称为糖的有氧氧化。有氧氧化是糖氧化产能的主要方式,体内绝大多数组织细胞都通过此途径获得能量。

(一)有氧氧化的反应过程

糖的有氧氧化过程分三阶段,第一阶段为葡萄糖在胞质中循糖酵解途径生成丙酮酸;第二阶段为丙酮酸进入线粒体内氧化脱羧生成乙酰 CoA;第三阶段为乙酰 CoA 进入三羧酸循环彻底氧化分解。第一阶段在胞液(同酵解)进行,后两个阶段在线粒体中进行。

1. 葡萄糖在胞质分解生成丙酮酸　与糖酵解第一阶段反应相同。

2. 丙酮酸氧化脱羧生成乙酰 CoA　在第一阶段生成的2分子丙酮酸进入线粒体,在丙酮酸脱氢酶系的催化下,与 CoA 结合,生成乙酰 CoA。乙酰 CoA 分子中含有高能硫酯键,性质很活泼,可参加体内的多种代谢反应。

$$\begin{array}{c}CO-OH\\|\\C=O\\|\\CH_3\end{array} + CpA-SH \xrightarrow[NAD^+ \quad NADH+H^+]{\text{丙酮酸脱氢酶系}} \begin{array}{c}CH_3\\|\\CO\sim SCoA\end{array} + CO_2$$

丙酮酸   乙酰辅酶A

丙酮酸脱氢酶系是多酶复合体,由3种酶和5种辅助因子组成(表5-1)。

表5-1 丙酮酸脱氢酶系的组成

酶	辅酶(辅基)	所含维生素
丙酮酸脱羧酶(E_1)	TPP	维生素 B_1
二氢硫辛酸乙酰转移酶(E_2)	二氢硫辛酸、辅酶A	硫辛酸、泛酸
二氢硫辛酸脱氢酶(E_3)	FAD、NAD^+	维生素 B_2、维生素 PP

丙酮酸脱氢酶系的催化作用包括以下5个连续的反应。

(1)丙酮酸脱羧形成羟乙基-TPP。

(2)二氢硫辛酸乙酰转移酶(E_2)催化使羟乙基-TPP被氧化并与硫辛酸结合生成乙酰二氢硫辛酸。

(3)二氢硫辛酸乙酰转移酶(E_2)催化将乙酰二氢硫辛酸的乙酰基转移给CoA,生成乙酰CoA。

(4)二氢硫辛酸脱氢酶(E_3)催化二氢硫辛酸脱下氢,脱下的2个H由FAD接受,生成$FADH_2$。

(5)二氢硫辛酸脱氢酶(E_3)催化将$FADH_2$上的氢转移给NAD^+,形成$NADH+H^+$。

整个反应过程中,中间产物并不离开酶复合体,这使得以上的反应能够迅速完成。整个反应自由能改变较大,故反应不可逆。

3.三羧酸循环并偶联进行氧化磷酸化 三羧酸循环(tricarboxylic acid cycle,TAC)是从乙酰CoA和草酰乙酸缩合生成含有三个羧基的柠檬酸开始,最终又回到草酰乙酸而成为循环,故称为三羧酸循环,也称为柠檬酸循环。三羧酸循环是由Krebs于1937年首先提出,故又称为Krebs循环。此循环在线粒体中进行,反应过程如下。

(1)柠檬酸的生成 柠檬酸合酶催化乙酰CoA与草酰乙酸缩合形成柠檬酸,反应所需的能量来自乙酰CoA的高能硫酯键的水解。本反应不可逆。柠檬酸合酶是三羧酸循环的第一个限速酶。

$$\begin{array}{c}CH_3\\|\\CO\sim SCoA\end{array} + H_2O + \begin{array}{c}COOH\\|\\C=O\\|\\CH_2\\|\\COOH\end{array} \xrightarrow[\quad HSCoA]{\text{草酰酸合酶}} \begin{array}{c}CH_2-COOH\\|\\HO-C-COOH\\|\\CH_2-COOH\end{array}$$

乙酰辅酶A   柠檬酸合酶   柠檬酸

(2) 异柠檬酸的生成　在顺乌头酸酶的催化下,柠檬酸先脱水生成顺乌头酸,然后再加水生成异柠檬酸。

$$\underset{\text{柠檬酸}}{\begin{array}{c}CH_2-COOH\\|\\HO-C-COOH\\|\\CH_2-COOH\end{array}} \underset{+H_2O}{\overset{-H_2O}{\rightleftharpoons}} \underset{\text{顺乌头酸}}{\begin{array}{c}CH_2-COOH\\|\\C-COOH\\\|\\CH-COOH\end{array}} \underset{+H_2O}{\overset{}{\rightleftharpoons}} \underset{\text{异柠檬酸}}{\begin{array}{c}CH_2-COOH\\|\\CH-COOH\\|\\HO-CH-COOH\end{array}}$$

(3) 异柠檬酸氧化脱羧生成 α-酮戊二酸　在异柠檬酸脱氢酶的催化下,异柠檬酸发生氧化脱羧反应,脱下的氢被 NAD^+ 接收生成 $NADH+H^+$,碳骨架部分转化为 α-酮戊二酸,该反应不可逆。异柠檬酸脱氢酶是三羧酸循环的第二个关键酶。

$$\underset{\text{异柠檬酸}}{\begin{array}{c}CH_2-COOH\\|\\CH-COOH\\|\\HO-CH-COOH\end{array}} \xrightarrow[NAD^+ \quad NADH+H^+ \quad CO_2]{\text{异柠檬酸脱氢酶}} \underset{\alpha\text{-酮戊二酸}}{\begin{array}{c}COOH\\|\\CH_2\\|\\CH_2\\|\\C=O\\|\\COOH\end{array}}$$

(4) α-酮戊二酸氧化脱羧生成琥珀酰 CoA　这是柠檬酸循环中的第二次氧化脱羧反应。该反应由 α-酮戊二酸脱氢酶复合体催化,此酶是三羧酸循环的第三个关键酶,催化的反应不可逆。反应脱下的氢被 NAD^+ 接受生成 $NADH+H^+$。α-酮戊二酸脱羧时释放较多的自由能,一部分能量以高能硫酯键的形式储存于琥珀酰 CoA 内。

$$\underset{\alpha\text{-酮戊二酸}}{\begin{array}{c}COOH\\|\\CH_2\\|\\CH_2\\|\\C=O\\|\\COOH\end{array}} + HSCoA \xrightarrow[NAD^+ \quad NADH+H^+ \quad CO_2]{\alpha\text{-酮戊二酸脱氢酶复合体}} \underset{\text{琥珀酰辅酶A}}{\begin{array}{c}COOH\\|\\CH_2\\|\\CH_2\\|\\CO\sim SCoA\end{array}}$$

(5) 琥珀酸的生成　琥珀酰 CoA 是高能化合物,在琥珀酰 CoA 合成酶的催化下,其分子中的高能硫酯键水解,释放的能量转移给 GDP,使之磷酸化生成 GTP;琥珀酰 CoA 则转变成琥珀酸。GTP 在二磷酸核苷激酶催化下,将高能磷酸键转移给 ADP 生成 ATP。此过程是三羧酸循环中唯一的底物水平磷酸化反应。

$$\underset{\text{琥珀酰辅酶A}}{\begin{array}{c}\text{COOH}\\|\\\text{CH}_2\\|\\\text{CH}_2\\|\\\text{CO}\sim\text{SCoA}\end{array}} \xrightleftharpoons[\text{GDP+Pi} \quad \text{GTP}]{\text{琥珀酰辅酶A合成酶}} \underset{\text{琥珀酸}}{\begin{array}{c}\text{COOH}\\|\\\text{CH}_2\\|\\\text{CH}_2\\|\\\text{COOH}\end{array}} + \text{HSCoA}$$

(6)琥珀酸脱氢生成延胡索酸 在琥珀酸脱氢酶催化下,琥珀酸脱氢生成延胡索酸,脱下的氢由FAD接受生成FADH$_2$,该酶是三羧酸循环中唯一与线粒体内膜结合的酶。

$$\underset{\text{琥珀酸}}{\begin{array}{c}\text{COOH}\\|\\\text{CH}_2\\|\\\text{CH}_2\\|\\\text{COOH}\end{array}} \xrightleftharpoons[\text{FAD} \quad \text{FADH}_2]{\text{琥珀酸脱氢酶}} \underset{\text{延胡索酸}}{\begin{array}{c}\text{COOH}\\|\\\text{CH}\\\|\\\text{CH}\\|\\\text{COOH}\end{array}}$$

(7)延胡索酸加水生成苹果酸 该反应是由延胡索酸酶催化的可逆反应。

$$\underset{\text{延胡索酸}}{\begin{array}{c}\text{COOH}\\|\\\text{CH}\\\|\\\text{CH}\\|\\\text{COOH}\end{array}} + \text{H}_2\text{O} \xrightleftharpoons{\text{延胡索酸酶}} \underset{\text{苹果酸}}{\begin{array}{c}\text{COOH}\\|\\\text{CH}_2\\|\\\text{CH-OH}\\|\\\text{COOH}\end{array}}$$

(8)苹果酸脱氢生成草酰乙酸 在苹果酸脱氢酶催化下,苹果酸脱氢生成草酰乙酸,脱下的氢被NAD$^+$接受生成NADH+H$^+$。生成的草酰乙酸可再次与乙酰CoA结合进入下一轮的三羧酸循环。

$$\underset{\text{苹果酸}}{\begin{array}{c}\text{COOH}\\|\\\text{CH}_2\\|\\\text{CH-OH}\\|\\\text{COOH}\end{array}} \xrightleftharpoons[\text{NAD}^+ \quad \text{NADH+H}^+]{\text{苹果酸脱氢酶}} \underset{\text{草酰乙酸}}{\begin{array}{c}\text{COOH}\\|\\\text{C=O}\\|\\\text{CH}_2\\|\\\text{COOH}\end{array}}$$

三羧酸循环总过程如图5-2。

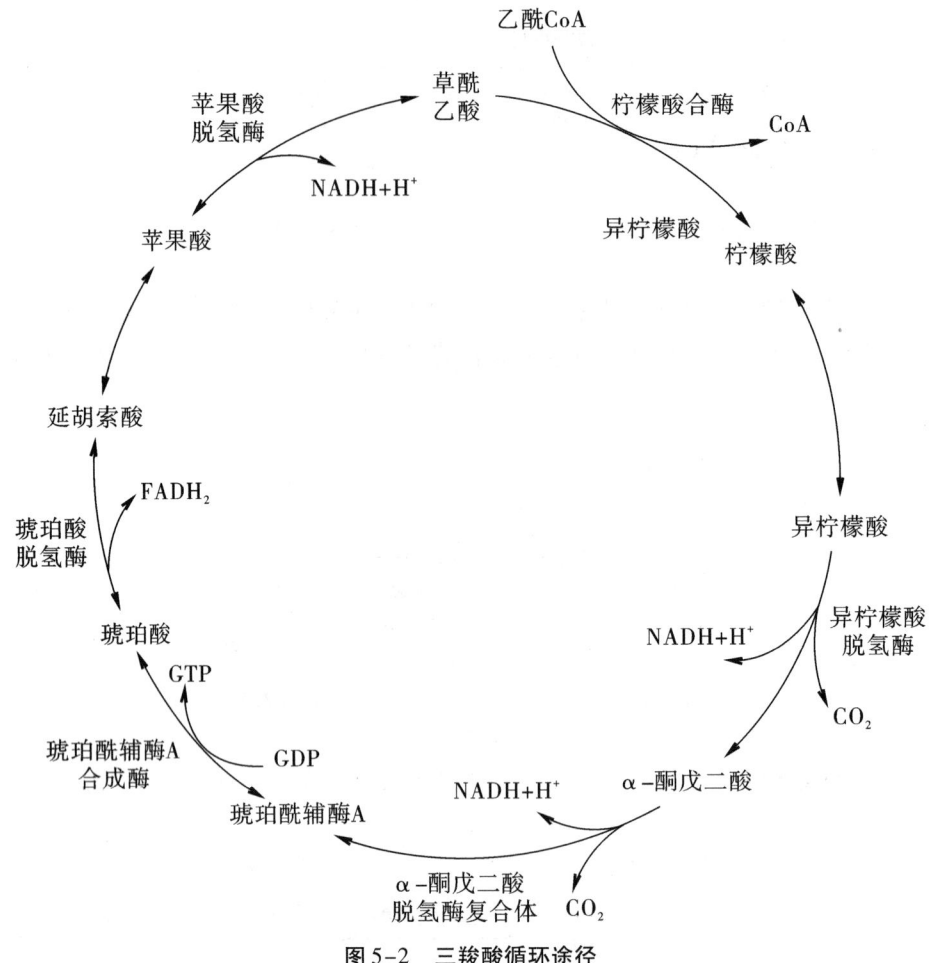

图5-2 三羧酸循环途径

(二)三羧酸循环的特点

1. 此循环反应在线粒体中进行,反应中有三个关键酶催化的反应为单向不可逆反应,故整个循环不可逆,这三个关键酶是柠檬酸合酶、异柠檬酸脱氢酶、α-酮戊二酸脱氢酶复合体。

2. 每完成一次循环有1次底物水平磷酸化、2次脱羧、4次脱氢。2次脱羧可生成2分子CO_2;4次脱氢反应中,其中有3次脱下的氢由NAD^+接受生成3分子$NADH+H^+$,一次脱氢由FAD接受生成1分子$FADH_2$。

3. 4次脱氢反应生成的$NADH+H^+$和$FADH_2$可经电子传递链进行氧化磷酸化生成ATP。成对的氢经$NADH+H^+$传递可生成2.5分子ATP,经$FADH_2$传递可生成1.5分子ATP。因此,1分子乙酰CoA进入三羧酸循环氧化分解,经脱氢氧化及电子传递链氧化磷酸化可产生9分子ATP,再加上底物水平磷酸化生成的GTP,总共可生成10分子ATP。

4. 循环的中间产物常会参加其他代谢反应,故需要不断补充。

(三)三羧酸循环的生理意义

1. 三羧酸循环使有机物中的能量以脱下的2H形式携带,脱下的成对氢经电子传递链和氧化磷酸化释放能量,并将一部分能量以ATP的形式储存。1分子乙酰CoA经三羧酸循环和氧化磷酸化可生成10分子ATP。

2. 三羧酸循环的起始物乙酰CoA不但是糖氧化分解的产物,也可来自脂肪和蛋白质的分解代谢生成。因此,三羧酸循环实际上是三大营养物质在体内氧化供能的共同代谢途径。

3. 三羧酸循环所产生的各种中间产物,对其他化合物的合成有重要意义。在能量充足的条件下,由葡萄糖分解生成的乙酰CoA转移到胞液,是合成脂酸、胆固醇的原料。三羧酸循环中的草酰乙酸、α-酮戊二酸可用于合成天冬氨酸、谷氨酸等。因此,三羧酸循环在提供生物合成的前体中起重要作用。

(四)糖有氧氧化的生理意义

糖有氧氧化是机体获取能量的主要方式。每摩尔葡萄糖经有氧氧化彻底分解可释放 2 840 kJ/mol(679 kcal/mol)的能量,其中约34%转化生成30 mol或32 mol ATP(表5-2);若从糖原开始进行有氧氧化,则每摩尔葡萄糖单位分解可净生成31 mol或33 mol ATP。因此糖有氧氧化的正常进行,是机体大多数组织细胞获取能量的主要方式,对维持机体生命活动具有重要意义。

表5-2 葡萄糖有氧氧化时ATP的生成与消耗

反应过程	ATP生成方式	ATP数量
葡萄糖→6-磷酸葡萄糖		−1
6-磷酸果糖→1,6-二磷酸果糖		−1
3-磷酸甘油醛→1,3-二磷酸甘油酸	NADH(FADH)氧化磷酸化	2.5(1.5)×2
1,3-二磷酸甘油酸→3-磷酸甘油酸	底物水平磷酸化	1×2
磷酸烯醇式丙酮酸→丙酮酸	底物水平磷酸化	1×2
丙酮酸→乙酰CoA	NADH氧化磷酸化	2.5×2
异柠檬酸→α-酮戊二酸	NADH氧化磷酸化	2.5×2
α-酮戊二酸→琥珀酰CoA	NADH氧化磷酸化	2.5×2
琥珀酰CoA→琥珀酸	底物水平磷酸化	1×2
琥珀酸→延胡索酸	FADH氧化磷酸化	1.5×2
苹果酸→草酰乙酸	NADH氧化磷酸化	2.5×2
合计		30 或 32

(五)糖有氧氧化的调节

葡萄糖分解生成丙酮酸过程的调节同糖酵解途径的调节。第二、三阶段的调节是通过调节丙酮酸脱氢酶系及三羧酸循环中的三个关键酶的活性实现的。

1. 丙酮酸脱氢酶系的调节 通过变构效应和共价修饰两种方式可以快速调节丙

酮酸脱氢酶系的活性。ATP 是丙酮酸脱氢酶系的抑制剂,乙酰 CoA、NADH 可反馈抑制该酶的活性;AMP、CoA 和 NAD⁺ 则为其激活剂。丙酮酸脱氢酶系还受到共价修饰调节,该酶有两个亚基,其中一个亚基上特定的丝氨酸残基经磷酸化后活性受到抑制,去磷酸化后活性则恢复。

2. 三羧酸循环的调节　三羧酸循环的速率和流量受多种因素的调控。柠檬酸合酶、异柠檬酸脱氢酶和 α-酮戊二酸脱氢酶复合体是三羧酸循环的重要调节点,它们均受代谢物浓度的调节。例如,ATP、α-酮戊二酸、NADH、长链脂酰 CoA 是柠檬酸合酶的变构抑制剂,可抑制其活性;AMP 可对抗 ATP 的抑制作用,激活柠檬酸合酶。ADP 是异柠檬酸脱氢酶的激活剂,而 ATP、NADH 是此酶的抑制剂。ATP、GTP、NAPH 和琥珀酰 CoA 可抑制 α-酮戊二酸脱氢酶复合体的活性(图 5-3)。再者,三羧酸循环还受细胞内能量状态的影响。当 NADH/NAD⁺、ATP/ADP 比值高时,上述三种酶的活性被反馈抑制,使三羧酸循环速度减慢。

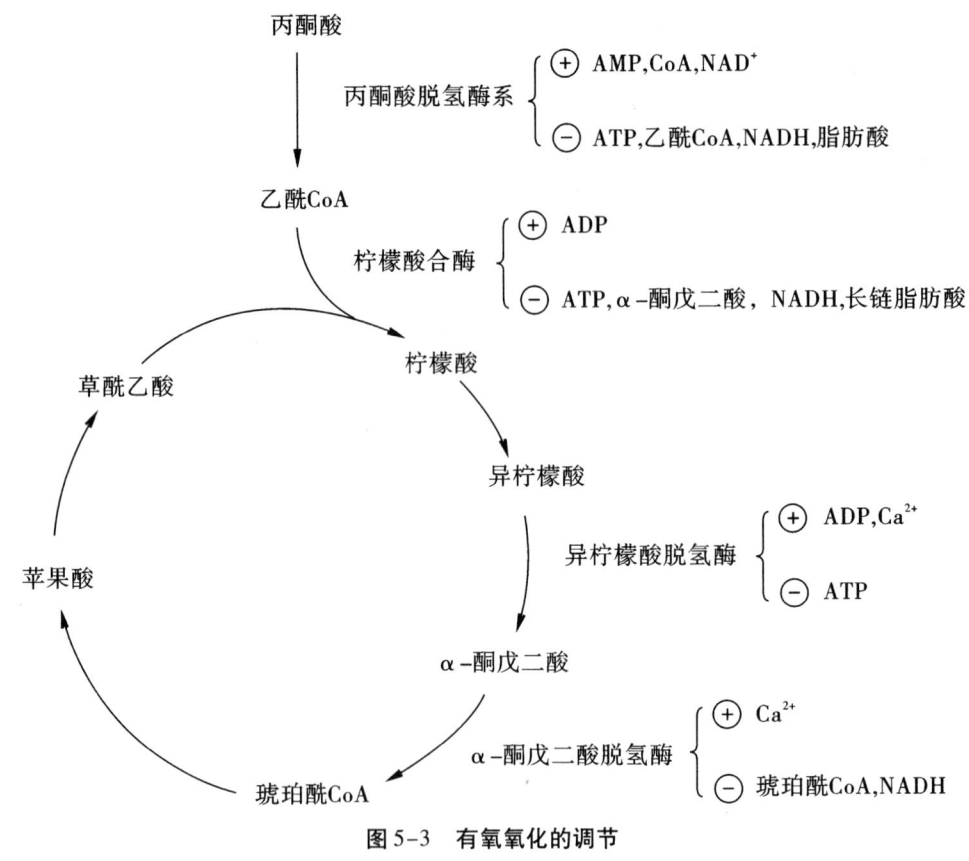

图 5-3　有氧氧化的调节

三、磷酸戊糖途径

Horecker 等人研究发现,葡萄糖的分解还存在另外的途径——磷酸戊糖途径。在某些组织,如肝、骨髓、脂肪组织、乳腺及红细胞中磷酸戊糖途径进行得比较旺盛。机体中有 30%~40% 的葡萄糖经磷酸戊糖途径进行氧化,此途径的意义在于生成磷酸核糖、NADPH 和 CO_2，而不是生成 ATP。因为此途径是从 6-磷酸葡萄糖开始的，所以又称为磷酸己糖支路。

(一) 磷酸戊糖途径的反应过程

磷酸戊糖途径代谢反应在胞质中进行，其过程可分为两个阶段。第一阶段是氧化阶段，6-磷酸葡萄糖经氧化脱羧生成磷酸戊糖和 NADPH；第二阶段是非氧化阶段，是一系列基团转移反应，将磷酸戊糖转变为 3-磷酸甘油醛和 6-磷酸果糖后再进入糖酵解途径。

1. **第一阶段** 主要生成磷酸戊糖、NADPH 及 CO_2。首先，6-磷酸葡萄糖由 6-磷酸葡萄糖脱氢酶催化脱氢生成 6-磷酸葡萄糖酸内酯，脱下的氢被 $NADP^+$ 接受生成 $NADPH+H^+$，本步反应不可逆，需要 Mg^{2+} 参与，6-磷酸葡萄糖脱氢酶是磷酸戊糖途径的关键酶。6-磷酸葡萄糖酸内酯在内酯酶的作用下转变为 6-磷酸葡萄糖酸，后者在 6-磷酸葡萄糖酸脱氢酶作用下再次脱氢并自发脱羧而转变为 5-磷酸核酮糖，同时生成 $NADPH+H^+$ 及 CO_2。5-磷酸核酮糖在异构酶作用下转变为 5-磷酸核糖。在第一阶段 6-磷酸葡萄糖生成 5-磷酸核糖的过程中，同时生成 2 分子 NADPH 及 1 分子 CO_2。

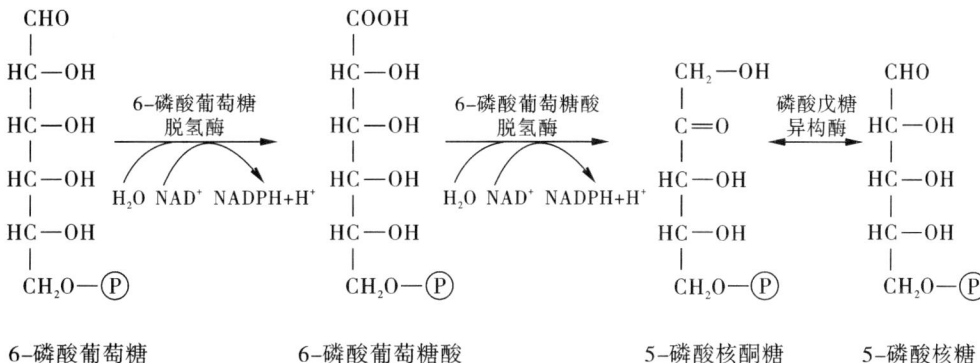

2. **第二阶段** 包括一系列基团转移，此阶段反应可逆。5 磷酸核酮糖经过一系列转酮基和转醛基反应，经过磷酸丁糖、磷酸戊糖及磷酸庚糖等中间产物，然后转变成 6-磷酸果糖和 3-磷酸甘油醛而进入糖酵解途径进一步分解（图 5-4）。

(二) 磷酸戊糖途径的特点

1. 在整个反应过程中，脱氢酶的辅酶为 $NADP^+$，而不是 NAD^+。
2. 6-磷酸葡萄糖脱氢酶是关键酶。

(三) 磷酸戊糖途径的生理意义

1. **生成 5-磷酸核糖** 体内的核糖并不依赖从食物摄入，而是通过磷酸戊糖途径生成。葡萄糖既可经 6-磷酸葡萄糖脱氢、脱羧的氧化反应产生磷酸核糖，也可通过糖酵解途径的中间产物 3-磷酸甘油醛和 6-磷酸果糖经过前述的基团转移反应而生成磷酸核糖，为核酸的生物合成提供核糖。这两种方式的相对重要性因物种而异。人类主要通过磷酸戊糖途径的第一阶段生成磷酸核糖。肌组织内缺乏 6-磷酸葡萄糖脱氢酶，磷酸核糖靠基团转移反应生成。

2. **生成 NADPH 作为供氢体参与多种代谢反应** NADPH 携带的氢不能通过电子传递链氧化释出能量，而是参与许多代谢反应。

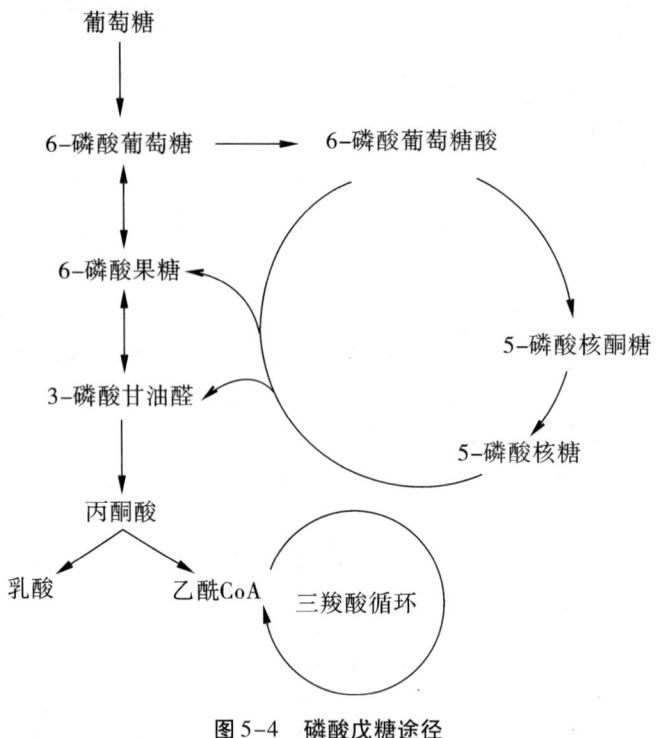

图5-4 磷酸戊糖途径

（1）NADPH是体内许多合成代谢的供氢体，如从乙酰CoA合成脂酸、胆固醇。

（2）NADPH参与体内羟化反应，有些羟化反应与生物合成有关，如从鲨烯合成胆固醇、从胆固醇合成胆汁酸等；有些羟化反应则与生物转化有关。

（3）NADPH还用于维持谷胱甘肽（glutathione，GSH）的还原状态。GSH是体内重要的抗氧化剂，可以保护一些含-SH基的蛋白质或酶免受氧化剂尤其是过氧化物的损害。2分子GSH可以脱氢氧化成为GS-SG，而后者可在谷胱甘肽还原酶催化作用下被NADPH重新还原成为还原型GSH。

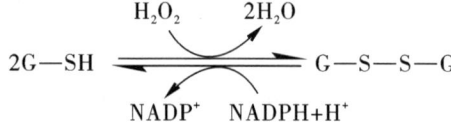

在红细胞中还原型GSH更具有重要作用，它可以保护红细胞膜蛋白的完整性。有些人群其红细胞内缺乏6-磷酸葡萄糖脱氢酶，不能经磷酸戊糖途径生成足够的NADPH，不能保持GSH处于还原状态，造成红细胞尤其是较老的红细胞易于破裂，发生溶血性黄疸。这种溶血现象常在食用新鲜蚕豆后出现，故称为蚕豆病。

第三节 糖原的合成与分解

糖原是以葡萄糖为单位通过α-1,4糖苷键和α-1,6糖苷键聚合而成的大分子物质(图5-5),是动物体内糖的储存形式。糖原作为葡萄糖储备的生物学意义在于,当机体需要葡萄糖时它可以迅速被动用以供急需;肝和肌肉是储存糖原的主要组织器官。但肝糖原和肌糖原的生理意义有很大不同,肌糖原主要为肌肉收缩提供能量,肝糖原则是血糖的重要来源。这对于一些依赖葡萄糖作为能量来源的组织,如脑、红细胞等尤为重要。

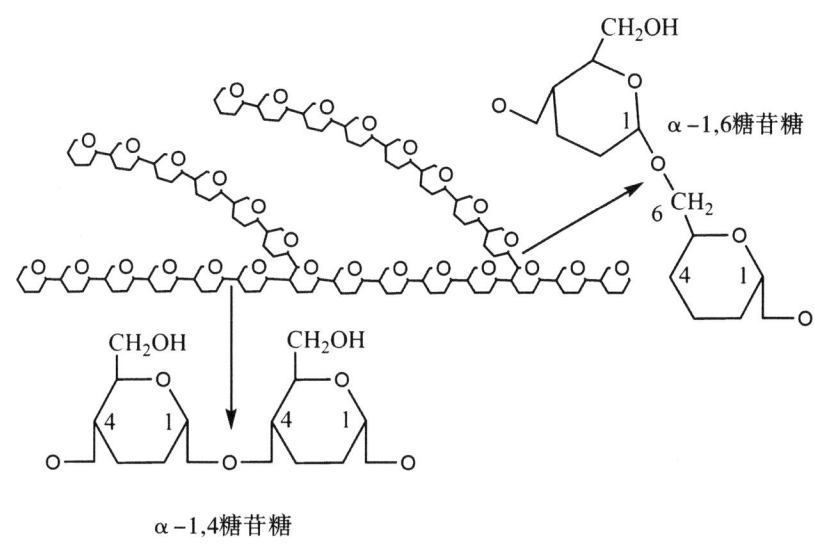

图5-5 糖原的结构

一、糖原的合成

(一)概念与部位

由葡萄糖生成糖原的过程称为糖原合成。肝和肌肉是糖原合成的重要场所,反应在细胞液中进行。

(二)糖原合成过程

1. **葡萄糖经磷酸化作用形成6-磷酸葡萄糖** 此过程与糖酵解的第一步反应相同,反应不可逆,并消耗1分子ATP。

葡萄糖 —己糖激酶/Mg^{2+}, ATP→ADP→ 6-磷酸葡萄糖

2. **6-磷酸葡萄糖在变位酶作用下转变为1-磷酸葡萄糖** 此步反应将磷酸从第6位碳转移至第1位碳,为后续糖原合成做准备。

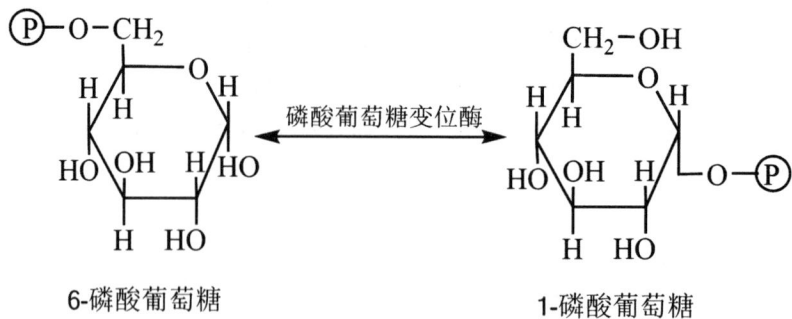

6-磷酸葡萄糖　　　　　　　　1-磷酸葡萄糖

3. 1-磷酸葡萄糖与 UTP 缩合形成尿苷二磷酸葡萄糖　在尿苷二磷酸葡萄糖焦磷酸化酶的催化下,UTP 作用于 1-磷酸葡萄糖生成尿苷二磷酸葡萄糖(uridine diphosphate glucose,UDPG),UDPG 是糖原合成的葡萄糖供体,常被称为"活性葡萄糖"。

糖原的合成

1-磷酸葡萄糖　　　　　　　　UDPG

4. 糖原的合成　在糖原合酶作用下,UDPG 的葡萄糖基转移给糖原引物的糖链末端,形成 α-1,4 糖苷键。上述反应反复进行,可使糖链不断延长。

糖原合酶不能将两个游离的 UDPG 直接连接,只能沿着引物向后延长。所谓糖原引物,是指细胞内原有的较小的糖原分子。这些糖原引物是如何生成的呢?近来人们在糖原分子的核心发现了一种名为糖原引物蛋白的蛋白质,糖原引物蛋白可对其自身进行共价修饰,将 UDPG 分子的葡萄糖结合到糖原引物蛋白分子的酪氨酸残基上,从而使其糖基化,这个结合上去的葡萄糖分子即成为糖原合成时的引物。

$$UDPG + 糖原(Gn) \xrightarrow{糖原合酶} 糖原(Gn+1) + UDP$$

5. 糖原分支的形成　糖原合酶只能催化 α-1,4 糖苷键的形成,因此只能延长直链,不能形成分支。当糖原分子中直链连接达到 12~18 葡萄糖单位时,在分支酶作用下,可将一段糖链(6~7 个葡萄糖单位)转移至邻近的糖链上,以 α-1,6 糖苷键连接形成分支结构。分支的形成不仅可增加糖原的水溶性,更重要的是可增加非还原端数目,以便磷酸化酶能迅速分解糖原(图 5-6)。

因此,在糖原合成酶和分支酶的共同作用下,糖原分子不断增大,分支不断增多。

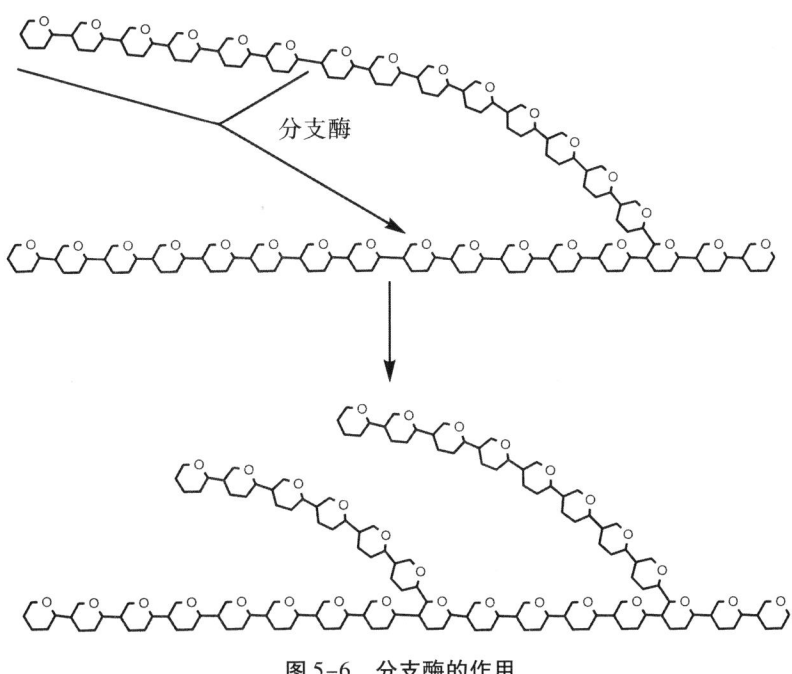

图 5-6 分支酶的作用

(三) 糖原合成的特点

1. 糖原合酶是糖原合成过程的限速酶,其活性受胰岛素的调节,当餐后血糖浓度升高时,胰岛素分泌增加,糖原合成加速。

2. UDPG 是葡萄糖的直接供体,因此也称为"活性葡萄糖"。

3. 每增加一个葡萄糖单位,需消耗 1 分子 ATP 和 1 分子 UTP(2 个高能磷酸键)。

4. 糖原的合成需要小分子糖原作为引物。

二、糖原的分解

糖原分解即肝糖原分解成葡萄糖的过程,它不是糖原合成的逆反应。

1. 糖原分解成 1-磷酸葡萄糖 在糖原磷酸化酶催化下糖原从非还原端末端的 α-1,4 糖苷键断裂,生成 1 分子 1-磷酸葡萄糖。糖原磷酸化酶是糖原分解的关键酶。糖原磷酸化酶只催化糖原上的 α-1,4 糖苷键,当催化至离 α-1,6 糖苷键 4 个葡萄糖单位时就不能起作用了,此时由脱支酶将靠近非还原端的 3 个葡萄糖单位转移至另一个分支上,剩下的 1 个葡萄糖单位由脱支酶水解掉。因此脱支酶有葡聚糖转移酶和 α-1,6 葡萄糖苷酶两种酶活性。这样在糖原磷酸化酶和脱支酶的协同作用下,糖原不断分解(图 5-7)。

糖原的分解

2. 1-磷酸葡萄糖转变为 6-磷酸葡萄糖 此过程由磷酸葡萄糖变位酶催化。

3. 6-磷酸葡萄糖水解为葡萄糖 肝糖原和肌糖原生成 6-磷酸葡萄糖后,此后的代谢途径有所不同。在肝中,6-磷酸葡萄糖在葡萄糖-6-磷酸酶作用下水解成葡萄糖,释放入血液以补充血糖;而在肌肉中,因缺乏葡萄糖-6-磷酸酶而无法转化成葡萄糖,6-磷酸葡萄糖进入糖酵解途径,为肌肉收缩供能。

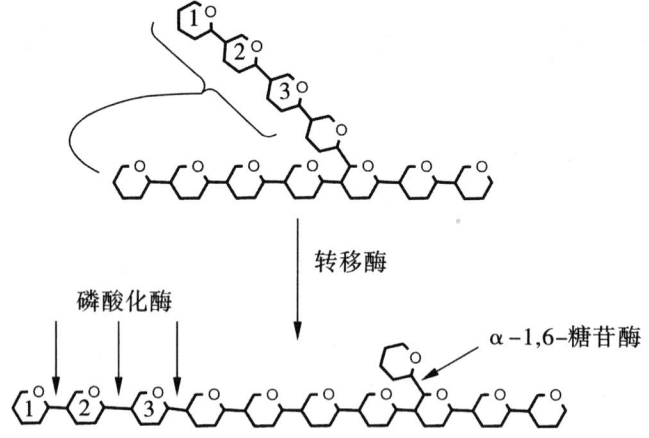

图 5-7 脱支酶的作用

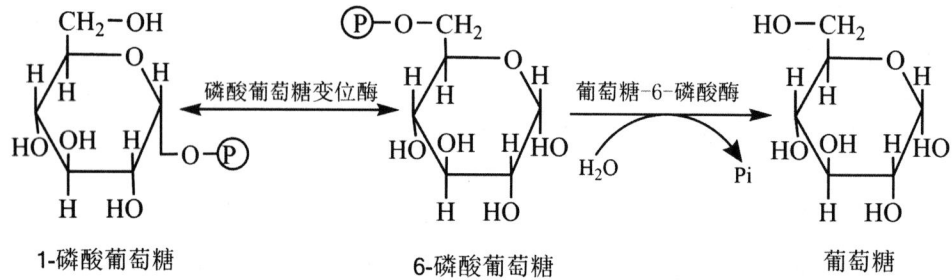

糖原合成与分解的过程见图 5-8。

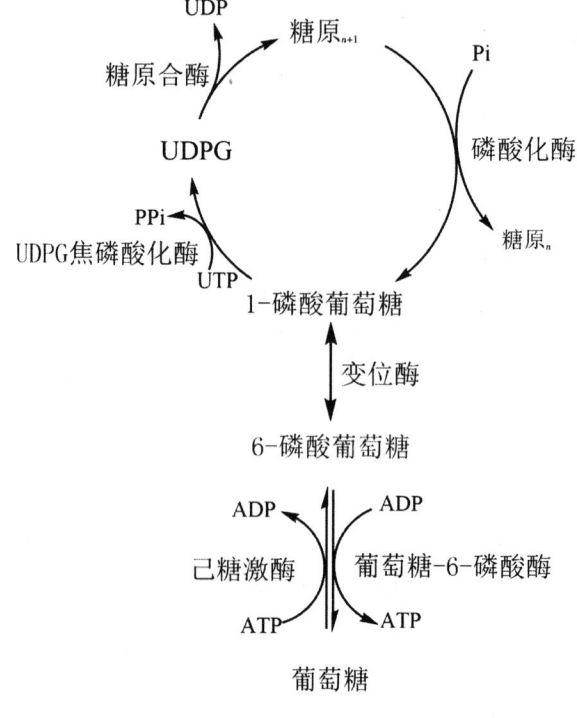

图 5-8 糖原的合成与分解

三、糖原合成与分解的生理意义

糖原是葡萄糖在机体内的一种高效储能形式。当体内的糖和能量充足时,如进餐后,葡萄糖在肝和肌肉中合成糖原储存起来,防止血糖浓度过高。当血糖浓度下降时,如两餐之间的空腹状态时,肝糖原分解为葡萄糖释放入血补充血糖。

四、糖原合成与分解的调节

当糖原合成途径活跃时,分解途径则被抑制,才能有效地合成糖原,反之亦然。

糖原合酶和磷酸化酶的活性决定糖原合成与分解代谢的速率和方向。这两种酶活性的调节有共价修饰调节和变构调节两种方式。

(一)共价修饰调节

糖原合酶与糖原磷酸化酶经磷酸化后,其活性的改变是不同的。发生磷酸化的糖原合酶 b 是无活性的,而发生磷酸化的糖原磷酸化酶 a 则是有活性的。当机体受到某些因素的影响时,如血糖水平下降、剧烈运动、应激反应状态等,肾上腺素、胰高血糖素分泌增加,与细胞膜上的特异性受体结合,使 cAMP 生成增加,进而激活蛋白激酶 A;活化的蛋白激酶 A 使糖原合酶和糖原磷酸化酶都发生磷酸化修饰作用。糖原合酶 a 发生磷酸化后就变为无活性的糖原合酶 b,从而使糖原合成过程减弱;糖原磷酸化酶 b 发生磷酸化后,由原来的无活性变为有活性的糖原磷酸化酶 a,从而使糖原分解增强。这种双向调节的最终结果是抑制了糖原合成,促进了糖原分解。

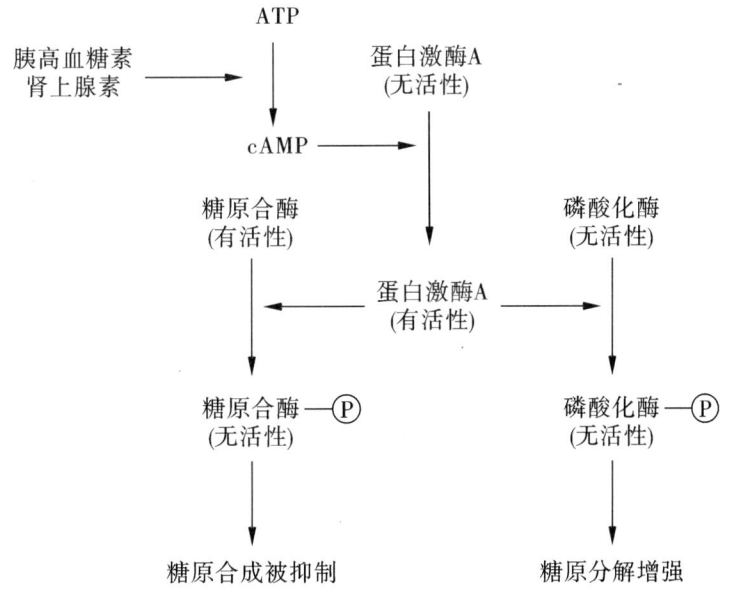

图 5-9　糖原代谢的共价修饰调节

(二)变构调节

糖原合酶与糖原磷酸化酶均为变构酶,受代谢物的变构调节。6-磷酸葡萄糖是糖原合酶的变构激活剂,当血糖浓度增高时,进入组织细胞的葡萄糖增多,6-磷酸葡萄糖生成增加,可激活糖原合酶,加速糖原合成。AMP是糖原磷酸化酶的变构激活剂,当细胞内能量供应不足,AMP浓度升高时,可使无活性的糖原磷酸化酶b发生变构而易受到糖原磷酸化酶b激酶催化,进行磷酸化修饰,形成有活性的糖原磷酸化酶a,加速糖原分解。反之,ATP是糖原磷酸化酶a的变构抑制剂,使糖原分解减弱。此外,Ca^{2+}可激活磷酸化酶激酶进而激活糖原磷酸化酶,促进糖原分解。

五、糖原累积症

糖原合成与分解过程中的某些酶活性缺失,会导致糖原代谢障碍,导致体内某些组织器官中有大量糖原堆积,造成组织器官功能损害,临床上称糖原累积症。根据所缺陷的酶在糖原代谢中的作用不同、受累器官不同、糖原结构不同等,该病对健康或生命的影响程度也不相同。如肝内糖原磷酸化酶缺乏,肝糖原分解障碍,糖原沉积导致肝大,但婴儿仍可成长。若葡萄糖-6-磷酸酶缺乏,则肝糖原分解障碍,不能用以维持血糖,将对机体造成严重后果。溶酶体的α-葡萄糖苷酶缺乏,会影响α-1,4糖苷键和α-1,6糖苷键的水解,使组织受损,甚至可导致心肌受损而引起猝死。

第四节 糖异生作用

肝糖原的储备有限,正常成人每小时可由肝释放出葡萄糖210 mg/kg,按此计算,如果没有补充,餐后10~12 h肝糖原即被耗尽,血糖来源断绝。但事实上,即使禁食24 h,血糖仍能保持在正常范围。这是因为除了周围组织减少对葡萄糖的利用外,主要还依赖肝将非糖物质转变成葡萄糖,不断补充血糖。这种由非糖物质转变为葡萄糖或糖原的过程称为糖异生。能进行糖异生的非糖物质主要有乳酸、甘油及生糖氨基酸等。糖异生主要在肝、肾的细胞液和线粒体中进行。正常情况下肾的糖异生能力仅为肝的1/10,但在长期饥饿时肾的糖异生能力可大大增强。

一、糖异生的作用途径

糖异生途径基本上是糖酵解的逆过程。但因为在糖酵解中有3步不可逆步骤,反应过程中放出相当大的热能,逆行则需吸入同量的热量,所以很难进行。这些特殊的有"能障"的反应,可通过相应的酶催化,绕过能量屏障,才能实现糖异生。

1. 丙酮酸生成磷酸烯醇式丙酮酸　此过程由两个反应组成,第一个反应由丙酮酸羧化酶催化,辅酶为生物素,丙酮酸生成草酰乙酸,反应消耗1分子ATP;第二个反应由磷酸烯醇式丙酮酸羧激酶催化,草酰乙酸生成磷酸烯醇式丙酮酸,反应消耗1分子GTP。

由于丙酮酸羧化酶仅存在于线粒体内,故胞液中的丙酮酸必须进入线粒体,才能羧化生成草酰乙酸。而磷酸烯醇式丙酮酸羧激酶在线粒体和胞液中都存在,因此草酰乙酸可在线粒体中直接转变为磷酸烯醇式丙酮酸再进入胞液,也可在胞液中被转变成磷酸烯醇式丙酮酸。但是,草酰乙酸不能直接透过线粒体,需借助两种方式将其转运入胞液:一是经苹果酸脱氢酶作用,将其还原成苹果酸,然后再通过线粒体膜进入胞液,再由胞液中苹果酸脱氢酶将苹果酸脱氢氧化为草酰乙酸而进入糖异生反应途径;二是经天冬氨酸氨基转移酶作用生成天冬氨酸后逸出线粒体,进入胞液后经天冬氨酸氨基转移酶催化再生成草酰乙酸。有实验表明,丙酮酸或能转变成丙酮酸的某些生糖氨基酸作为原料异生成糖时,以苹果酸通过线粒体方式进行糖异生;而乳酸进行糖异生反应时,常在线粒体生成草酰乙酸后,再转变成天冬氨酸而进入胞液。

2. 1,6-二磷酸果糖转变为6-磷酸果糖　在果糖二磷酸酶的催化下,1,6-二磷酸果糖 C_1 位磷酸酯键水解脱去磷酸,生成6-磷酸果糖,催化此反应的酶是果糖二磷酸酶,反应不可逆。

3. 6-磷酸葡萄糖转变为葡萄糖　在葡萄糖-6-磷酸酶催化下,6-磷酸葡萄糖水解为葡萄糖。此反应与肝糖原分解成葡萄糖的最后一步反应相同。

二、糖异生作用的生理意义

1. **在饥饿情况下维持血糖浓度的相对恒定** 空腹和饥饿时,机体首先依靠肝糖原分解成葡萄糖来补充血糖,但餐后10~12 h肝糖原就会被消耗殆尽,这时机体会利用乳酸、甘油等异生成葡萄糖,以维持血糖水平恒定。葡萄糖是人体主要的供能物质,在饥饿状况下,葡萄糖几乎全部由糖异生生成。

2. **有利于乳酸的再利用** 在剧烈运动或某些原因导致缺氧时,肌糖原酵解增强,产生大量乳酸,这些乳酸大部分随血液运输到肝,经糖异生作用异生为葡萄糖以补充血糖;血糖可再被肌肉摄取利用,如此形成一个循环过程,称为乳酸循环。乳酸循环的意义在于:有利于乳酸的再利用的同时,也利于防止因乳酸堆积而导致的乳酸酸中毒的发生。

3. **协助氨基酸代谢** 有些氨基酸在体内可以转化为丙酮酸、α-酮戊二酸和草酰乙酸等,进而通过糖异生作用转变为葡萄糖。实验证明,长期禁食时,糖异生作用增强,可促进组织蛋白的分解,使血中的氨基酸增加。这时,氨基酸是糖异生的主要原料来源,以维持血糖。

4. **有利于维持酸碱平衡** 长期饥饿时,肾糖异生增强,有利于维持酸碱平衡。肾糖异生增强时,肾中α-酮戊二酸因进行糖异生而含量减少,促进谷氨酰胺脱氨生成谷氨酸,后者再脱氨基生成α-酮戊二酸,生成的NH_3分泌入管腔中,与原尿中H^+结合,降低原尿中H^+浓度,有利于排氢保钠作用的进行,这对防止酸中毒及维持酸碱平衡有重要作用。

第五节 血糖及其调节

血液中的葡萄糖称为血糖。血糖水平相对恒定,正常成人空腹血糖浓度为3.89~6.11 mmol/L(70~100 mg/dL)。餐后血糖有所上升,但是2 h左右便恢复正常,一般不会超过"肾糖阈"(8.89~10.0 mmol/L)。血糖水平的相对恒定依赖机体对其来源与去路的精细调节,以维持其动态平衡。

一、血糖的来源与去路

血糖的来源和去路

1. **血糖的来源**
(1) 消化吸收的葡萄糖 食物中淀粉的消化吸收是血糖的主要来源。
(2) 肝糖原的分解 空腹或短期饥饿时,肝糖原分解为葡萄糖是血糖的主要来源。
(3) 糖异生作用 长期饥饿时,糖异生作用加强,将体内大量非糖物质异生成葡萄糖,补充血糖。

2. **血糖的去路**
(1) 氧化供能 氧化供能是血糖的主要去路。
(2) 合成糖原 当血糖浓度较高时,葡萄糖在肝、肌肉组织中合成糖原储存。
(3) 转变为其他物质 葡萄糖在体内可转化为脂肪、部分氨基酸或是通过磷酸戊糖途径生成磷酸核糖,进而转变成核苷酸。

（4）随尿液排出　当血糖浓度超过肾糖阈时,便会有一部分葡萄糖无法重吸收而随尿液排出,称为糖尿。

血糖的来源和去路见图5-10。

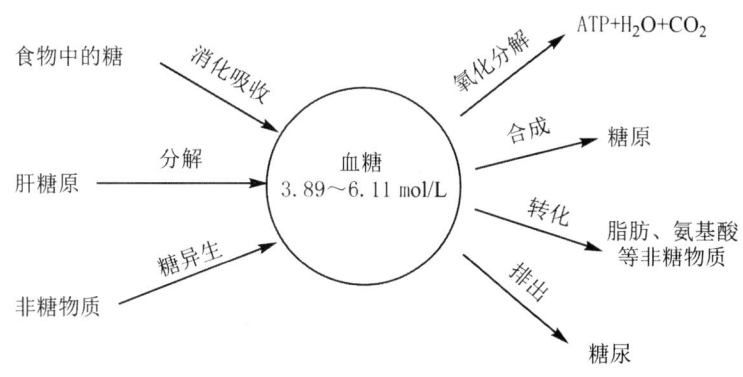

图5-10　血糖的来源和去路

二、血糖水平的调节

血糖浓度能维持相对恒定是由于机体在器官、激素、神经水平有一整套高效率的调节机制,精细地控制着血糖的来源与去路,使之达到动态平衡。具体调节机制如下。

1. 器官水平的调节　肝是调节血糖的主要器官。进餐后血糖升高,肝通过加快将血中的葡萄糖转运入肝细胞及通过促进肝糖原的合成来降低血糖浓度;饥饿时,肝通过促进肝糖原的分解及促进糖的异生作用以增高血糖浓度。

2. 激素的调节　调节血糖浓度的激素分为降血糖激素和升血糖激素。胰岛素是体内唯一的降血糖激素。升血糖的激素有胰高血糖素、肾上腺素、糖皮质激素等。这两类激素通过调节糖代谢途径中的关键酶的活性来影响糖代谢过程,使血糖的来源与去路保持平衡,维持血糖的相对稳定(表5-3)。

表5-3　激素对血糖的影响

降血糖激素	作用	升血糖激素	作用
胰岛素	1. 促进肌肉、脂肪细胞摄取葡萄糖 2. 加快葡萄糖的有氧氧化 3. 加速糖原合成,抑制糖原分解 4. 抑制肝内糖异生 5. 促进葡萄糖转变为脂肪,并抑制脂肪动员	胰高血糖素	1. 抑制肝糖原合成,加速肝糖原分解 2. 促进糖异生 3. 促进脂肪动员
		肾上腺素	加速糖原分解
		糖皮质激素	1. 促进蛋白质分解,加速糖异生 2. 促进脂肪动员

3. 神经系统的调节　交感神经兴奋时,肾上腺素分泌增加,血糖升高。迷走神经兴奋时,胰岛素分泌增多,血糖浓度降低。

三、糖代谢异常

正常人体血糖受到上述机制的精细调控,任何环节的功能障碍都可能引起糖代谢异常,临床上糖代谢异常主要表现高血糖和低血糖。

1. **高血糖**　高血糖是指空腹血糖高于 7.1 mmol/L。高血糖不一定会出现糖尿,只有当血糖超过 8.89~10.00 mmol/L,高于肾小管对葡萄糖重吸收的最大能力(肾糖阈值)时才会出现糖尿。在某些生理情况下,如情绪激动会引起交感神经系统兴奋,使肾上腺素等分泌增加,导致血糖浓度升高,出现糖尿,称为情感性糖尿。一次性食入大量糖,血糖急剧升高而出现尿糖,称为饮食性尿糖。上述两种暂时性高血糖及糖尿均为生理性高血糖及糖尿,受试者空腹时血糖浓度均在正常水平且无临床症状和意义。

临床上最常见的病理性高血糖是糖尿病。糖尿病是一种以高血糖和糖尿为主要表现的慢性、复杂的代谢性疾病。糖尿病一般分为四型:胰岛素依赖型糖尿病(insulin dependent diabetes mellitus, IDDM,也称为 1 型糖尿病)、非胰岛素依赖型糖尿病(noninsul independent diabetes mellitus, NIDDM,也称为 2 型糖尿病)、妊娠糖尿病(3 型)和特殊类型糖尿病(4 型)。1 型糖尿病主要见于青少年,因胰岛 B 细胞受自身免疫攻击导致胰岛素分泌不足引起。2 型糖尿病与肥胖关系密切,可能是由细胞膜上胰岛素受体功能缺陷所致。糖尿病常伴有多种的并发症,如糖尿病肾病、糖尿病视网膜病变、糖尿病周围血管病变、糖尿病性周围神经病变等。

2. **低血糖**　低血糖是指空腹血糖浓度低于 2.8 mmol/L。脑组织主要以葡萄糖作为能源,对低血糖比较敏感,即使轻度低血糖就能发生头昏、倦怠,还可出现肢体与口周麻木、记忆力减退和运动不协调,严重时出现意识丧失、昏迷甚至死亡。引起低血糖的原因很多,较常见的原因有:①胰岛 B 细胞增生和肿瘤等病变使胰岛素分泌过多,致血糖来源减少,去路增加,造成血糖降低;②使用胰岛素或降血糖药物过多;③垂体前叶或肾上腺皮质功能减退,使对抗胰岛素或肾上腺皮质激素分泌减少,结果同胰岛素分泌过多;④肝功能严重损害时,不能有效地调节血糖,当糖摄入不足时很容易发生低血糖;⑤长期饥饿、剧烈运动或高烧患者因代谢率增加,血糖消耗过多。

同步练习

(一)选择题

1. 糖酵解过程的终产物有　　　　　　　　　　　　　　　　　　　　　　(　　)
   A. 丙酮酸　　　　　　　　　B. 葡萄糖
   C. 果糖　　　　　　　　　　D. 乳糖
   E. 乳酸

2. 缺氧条件下,下列哪种化合物会在哺乳动物肌肉组织中积累　　　　　　(　　)
   A. 丙酮酸　　　　　　　　　B. 乙醇
   C. 乳酸　　　　　　　　　　D. CO_2
   E. ADP

3. 糖酵解途径中,下列哪种酶催化的反应不可逆　　　　　　　　　　　　(　　)

A. 己糖激酶　　　　　　　B. 磷酸己糖异构酶
C. 醛缩酶　　　　　　　　D. 3-磷酸甘油醛脱氢酶
E. 乳酸脱氢酶

4. 1 mol 葡萄糖经糖酵解过程可净生成的乙酰 CoA 数是　　　　　　　　　　（　　）
   A. 1 mol　　　　　　　　B. 2 mol
   C. 3 mol　　　　　　　　D. 4 mol
   E. 5 mol

5. 三羧酸循环的第一步反应产物是　　　　　　　　　　　　　　　　　　　（　　）
   A. 柠檬酸　　　　　　　　B. 草酰乙酸
   C. 乙酰 CoA　　　　　　　D. CO_2
   E. $NADH+H^+$

6. 糖有氧氧化的最终产物是　　　　　　　　　　　　　　　　　　　　　　（　　）
   A. CO_2+H_2O+ 能量　　　B. 乳酸
   C. 丙酮酸　　　　　　　　D. 乙酰 CoA
   E. 柠檬酸

7. 丙酮酸脱氢酶系存在于下列哪种途径中　　　　　　　　　　　　　　　　（　　）
   A. 磷酸戊糖途径　　　　　B. 糖异生
   C. 糖的有氧氧化　　　　　D. 糖原合成与分解
   E. 糖酵解

8. 机体内 1 分子乙酰 CoA 经彻底氧化分解可生成 ATP 的分子数目是　　　（　　）
   A. 6　　　　　　　　　　　B. 8
   C. 10　　　　　　　　　　 D. 11
   E. 20

9. 三羧酸循环中底物水平磷酸化直接生成的高能化合物是　　　　　　　　（　　）
   A. ATP　　　　　　　　　　B. CTP
   C. GTP　　　　　　　　　　D. TTP
   E. UTP

10. 1 分子乙酰 CoA 进入三羧酸循环和氧化磷酸化进行氧化，将发生　　　（　　）
    A. 1 次底物水平磷酸化，4 次氧化磷酸化
    B. 1 次底物水平磷酸化，3 次氧化磷酸化
    C. 2 次底物水平磷酸化，2 次氧化磷酸化
    D. 2 次底物水平磷酸化，1 次氧化磷酸化
    E. 1 次底物水平磷酸化，5 次氧化磷酸化

11. 关于糖的有氧氧化，下述哪一项叙述是错误的　　　　　　　　　　　　（　　）
    A. 糖有氧氧化的产物是 CO_2、H_2O 及能量
    B. 糖有氧氧化是细胞获得能量的主要方式
    C. 三羧酸循环是三大营养物质彻底氧化分解的共同途径
    D. 有氧氧化可抑制糖酵解
    E. 葡萄糖氧化成 CO_2 及 H_2O 时可生成 20 个 ATP

12. 主要在线粒体中进行的糖代谢途径是　　　　　　　　　　　　　　　　（　　）
    A. 糖酵解　　　　　　　　B. 糖异生
    C. 糖原合成　　　　　　　D. 三羧酸循环
    E. 磷酸戊糖途径

13. 下列哪种酶缺乏可引起蚕豆病　　　　　　　　　　　　　　　　　　　（　　）

A. 内酯酶 B. 磷酸戊糖异构酶
C. 磷酸戊糖差向酶 D. 6-磷酸葡萄糖脱氢酶
E. 6-磷酸葡萄糖酶

14. 6-磷酸葡萄糖脱氢酶的辅酶是 ( )
A. CytC B. FMN
C. FAD D. NAD$^+$
E. NADP$^+$

15. NADPH 的主要来源是 ( )
A. 糖酵解 B. 氧化磷酸化
C. 脂肪酸的合成 D. 柠檬酸循环
E. 磷酸戊糖途径

16. 由葡萄糖合成糖原时,每增加一个葡萄糖单位消耗高能磷酸键数目为 ( )
A. 1 B. 2
C. 3 D. 4
E. 5

17. 糖原合酶催化葡萄糖分子间形成的化学键是 ( )
A. α-1,6 糖苷键 B. β-1,6 糖苷键
C. α-1,4 糖苷键 D. β-1,4 糖苷键
E. α-1,4 糖苷键和 α-1,6 糖苷键

18. 肌糖原不能直接补充血糖的原因是 ( )
A. 缺乏葡萄糖-6-磷酸酶 B. 缺乏磷酸化酶
C. 缺乏脱支酶 D. 缺乏己糖激酶
E. 含肌糖原高肝糖原低

(二)思考题
1. 糖酵解、糖有氧氧化、磷酸戊糖途径的生理意义各是什么?
2. 简述糖异生的生理意义。
3. 三羧酸循环有何特点?
4. 体内血糖的来源和去路各有哪些?

(漯河医学高等专科学校 张军要)

第六章 脂类代谢

> **学习目标**
>
> ◆ 掌握　脂肪动员、脂肪酸的β-氧化、酮体的生成和利用，脂肪酸及胆固醇合成的原料，胆固醇合成的限速酶及胆固醇的转化作用，血浆脂蛋白的组成、分类及生理功能。
> ◆ 熟悉　脂类的生理功能，甘油磷脂代谢，血浆脂蛋白的代谢及高脂血症。
> ◆ 了解　脂类的消化和吸收、脂类的分布、胆固醇和动脉粥样硬化之间的关系。

脂类是一类不溶于水而易溶于乙醚、氯仿、丙酮等的有机溶剂，并能被机体利用的有机化合物，包括脂肪和类脂。脂肪是由1分子甘油（丙三醇）与3分子脂肪酸通过羧酸酯键生成的化合物，又称为三酰甘油。脂肪酸（fatty acid，FA）简称脂酸，是脂肪烃的羧酸，一端含有一个疏水性烃链基团，另一端含有一个亲水的羧基。类脂包括磷脂（phospholipids，PL）、糖脂（glyclipids，GL）、胆固醇（cholesterol，CH）和胆固醇酯（cholesterolester，CE）。磷脂和糖脂的组成中除含有不同的醇类、脂肪酸外，还分别特征性地含有磷酸和糖基。

第一节　脂类的概述

（一）脂类的功能

1. 脂肪的功能

（1）储能和供能　脂肪是体内含量最多的脂类物质，占体重的10%～20%，它们在体内最重要的生理功能是储能和供能。脂肪是一种高还原性、疏水物质，储存1 g脂肪仅占1.2 mL的体积；而储存1 g高度水合形式的糖原需占用4.8 mL的体积。1 g脂肪在体内完全氧化分解可以释放38.9 kJ（9.3 kcal）能量，比1 g糖或蛋白质释放出的能量多1倍以上。相同体积的脂肪彻底氧化所释放的能量是糖原的6倍。可见，脂肪是机体内最有效的能量储存形式。进食后，机体将脂类能量以三酰甘油的形式储存于脂肪组织中。人体日常活动所需能量的20%～30%是由三酰甘油氧化分解提供的。

在饥饿或禁食等特殊情况下,脂肪组织中的脂肪被动员产生能量,来满足机体对能量的需求。

(2)保持体温和保护内脏 分布在人体皮下的脂肪组织不易导热,可防止热量散失,维持体温。脂肪组织比较柔软,存在于内脏周围,可起软垫作用,从而保护内脏。

(3)提供必需脂肪酸 饱和脂肪酸和单不饱和脂肪酸主要靠机体自身合成。而亚油酸($18:2,\Delta^{9,12}$)、亚麻酸($18:3,\Delta^{9,12,15}$)、花生四烯酸($20:4,\Delta^{5,8,11,14}$)等多不饱和脂肪酸是人体不可或缺的营养素,但在人体内不能合成,需要从食物摄取,故称为必需脂肪酸。多不饱和脂肪酸的衍生物主要包括前列腺素(prostaglandin,PG)、血栓素(thromboxane,TX)和白三烯(leukotriene,LT),它们均由二十碳花生四烯酸衍生而来。除红细胞外,全身各组织细胞均能合成PG,血小板具有合成TX的合成酶,LT主要在白细胞内合成。当细胞在各种刺激因素,如血管紧张素及某些抗原抗体复合物等作用下,细胞膜上的磷脂酶A_2被激活,使膜磷脂水解释放花生四烯酸,后者在环加氧酶、脂加氧酶等一系列酶的作用下,转变为PG、TX和LT(图6-1)。

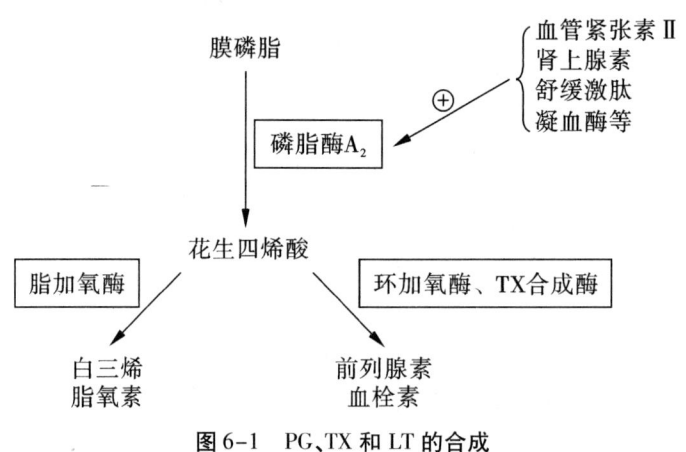

图6-1 PG、TX和LT的合成

PG、TX和LT几乎参与了所有细胞代谢活动,且与炎症、免疫、过敏、心血管病等重要病理生理过程有关,在调节细胞代谢上也具有重要作用。需要时能被迅速合成并作用于周围组织,是体内重要的一类生理活性物质。

2.类脂的功能

(1)维持生物膜的结构完整与正常功能 生物膜是细胞膜结构的总称,包括质膜和细胞内膜(各种细胞器的膜结构),它们是脂质、蛋白质和糖类等主要通过非共价键方式结合构成。类脂是细胞各种脂质双层生物膜结构的重要成分,约占生物膜重量的一半,是维持生物膜正常结构和功能的重要组成成分。磷脂分子逐个相依地整齐排列,极性的亲水头部朝向膜的内侧或外侧,非极性的疏水尾部插入膜的中间,从而构成了生物膜骨架的主要结构——脂质双层,成为极性物质进出细胞的通透性屏障。脂质双层既维持了细胞内环境的相对稳定,同时又为各种特殊功能的膜蛋白提供了适宜的疏水环境。胆固醇分子散布于磷脂分子之间,其极性头部与磷脂分子的极性头部紧紧相依,其甾环结构则使相邻的磷脂烃链的活动性下降,由此影响膜的流动性,对膜的稳定性发挥重要作用。在所有细胞中,糖脂的糖基均暴露在细胞质膜外侧,糖脂用于细胞与外部环境的相互作用,其具体功能因糖脂的种类不同而异。

(2)参与细胞信息传递　细胞膜上的磷脂酰肌醇-4,5-二磷酸(PIP_2)可以被特异性磷脂酶C水解成三磷酸肌醇(IP_3)和二酰甘油(DAG),两者均可作为第二信使传递信息。二酰甘油在磷脂酰丝氨酸和Ca^{2+}的协同作用下可以激活蛋白激酶C,启动蛋白激酶C信号系统;IP_3能使胞内的Ca^{2+}浓度升高,启动Ca^{2+}信号系统。

(3)转变成多种重要的生理活性物质　花生四烯酸是PG、TX、LT等生理活性物质的前体。胆固醇在体内可以转变成胆汁酸、维生素D_3、类固醇激素等生理活性物质,参与机体的代谢调节。

(二)脂类的分布

脂肪和类脂在体内的分布差异很大。脂肪主要储存于脂肪组织中,多分布于腹腔大网膜与肠系膜、内脏周围及皮下。体内脂肪的含量受营养状况和机体活动量的影响而变化较大,因此脂肪又称为可变脂。类脂是生物膜的基本组成成分,约占膜重的一半以上,在各种组织中都存在,神经组织中含量较多。类脂在体内的含量恒定,因此又称为固定脂或基本脂。

(三)脂类的消化和吸收

1. **脂类的消化**　膳食中的脂类主要为三酰甘油(约占90%),此外还有少量的磷脂、胆固醇等。成人口腔中没有消化脂类的酶。脂肪的消化实际开始于胃,胃产生胃脂肪酶,它在胃的低pH值环境中是稳定的、有活性的;而脂肪彻底消化是在小肠内完成。含胆汁酸盐的胆汁、含脂类消化酶的胰液分泌后进入十二指肠,所以小肠上段是脂类消化的主要场所。

脂类物质进入小肠后,刺激肠促胰液肽、肠促胰酶素和胆囊收缩素的分泌,前两者促进胰酶原分泌,后者引起胆囊收缩,促进胆汁分泌。脂类不溶于水,不能与消化酶充分接触。胆汁酸盐是亲水又亲脂的双性分子,与进入肠腔的三酰甘油、胆固醇类等脂类物质混合,通过肠蠕动将不溶于水的脂类分散成细小的水包油的乳化微团,大大提高了脂类物质的溶解度,并增加了脂类与消化酶的接触面积,有利于脂肪和类脂的消化吸收。胰腺分泌入十二指肠中消化脂类的酶原在肠道分别被激活为胰脂酶、磷脂酶A_2、胆固醇酯酶。胰脂酶发挥作用的必需辅助因子是辅脂酶。辅脂酶以酶原的形式随胰液分泌进入十二指肠后,经胰脂酶的作用从N端切下五肽而被激活。辅脂酶本身不具有脂肪酶活性,但其能通过氢键与胰脂酶结合、通过疏水键与三酰甘油结合,在胰脂酶与三酰甘油之间起桥梁作用,胰脂酶才能充分发挥水解三酰甘油的作用。胰脂酶特异性催化三酰甘油的1位与3位酯键水解,生成1分子2-单酰甘油和2分子脂酸。磷脂酶催化磷脂的酯键水解生成脂酸及溶血磷脂。胆固醇酯酶催化胆固醇酯水解生成脂酸与胆固醇。

脂类的消化和吸收

2. **脂类的吸收**　2-单酰甘油、溶血磷脂、胆固醇及脂酸等消化产物进一步与胆汁酸盐乳化成体积更小、极性更大的混合微团,在十二指肠下段和空肠上段经被动扩散进入小肠黏膜细胞内。甘油、短链(2~4个C)及中链(6~10个C)脂酸易被肠黏膜吸收并直接进入静脉。长链脂酸(12~26个C)、2-单酰甘油及其他脂类消化产物在脂酰CoA合成酶和脂酰CoA转移酶催化下,消耗ATP,生成新的三酰甘油、磷脂及胆固醇酯,它们再与肠黏膜细胞内合成的载脂蛋白(ApoB48、ApoC、ApoAⅠ等)构成乳糜微粒(chylomicrons,CM),通过淋巴最终进入血液,被其他组织细胞所利用。肠黏膜细胞中由单酰甘油合成脂肪的途径称为单酰甘油途径。

第二节 三酰甘油的代谢

三酰甘油是机体储存能量的重要形式,也是体内含量最多的脂类物质。人体内的三酰甘油处于不断自我更新的转变中,脂肪组织和肝内的脂肪有较高的更新率,其次为小肠黏膜和肌组织,皮肤和神经组织中的脂肪更新率较低。

一、三酰甘油的分解代谢

三酰甘油在体内氧化分解,为机体提供生命活动所需的能量,其分解代谢过程包括以下步骤。

(一)三酰甘油的分解代谢起始于脂肪动员

脂肪动员是指储存在脂肪细胞中的脂肪在脂肪酶作用下逐步水解,释放游离脂肪酸(free fatty acid,FFA)和甘油(glycerol),释放入血供其他组织氧化利用的过程。脂肪动员的第一步是三酰甘油水解成二酰甘油及脂肪酸,由脂肪细胞中的三酰甘油脂肪酶催化,它是脂肪动员的关键酶,其活性受多种激素的调节,故又被称为激素敏感性三酰甘油脂肪酶(hormone-sensitive triglyceride lipase,HSL)。不同激素对HSL的影响不同,其中能提高HSL活性、促进脂肪动员的激素称为脂解激素。脂解激素包括胰高血糖素、肾上腺素、去甲肾上腺素、肾上腺皮质激素及甲状腺素等,它们作用于脂肪细胞膜表面受体,激活腺苷酸环化酶,促进cAMP合成;cAMP激活cAMP依赖蛋白激酶,使胞质内HSL磷酸化而激活,由此促进脂肪动员。而胰岛素、前列腺素E_2及烟酸等能抑制腺苷酸环化酶,减少cAMP合成,抑制蛋白激酶,从而使HSL去磷酸化而失活,抑制脂肪动员,故称之为抗脂解激素。

三酰甘油脂肪酶催化三酰甘油分解产生的二酰甘油被二酰甘油脂肪酶进一步水解生成单酰甘油和脂肪酸;单酰甘油被单酰甘油脂肪酶水解生成甘油和脂肪酸(图6-2)。机体对脂肪动员的调控是通过激素对三酰甘油脂肪酶的作用来实现。当禁食、饥饿或处于兴奋状态时,肾上腺素、胰高血糖素等分泌增加,脂解作用加强;进食后,胰岛素分泌增加,脂解作用降低。

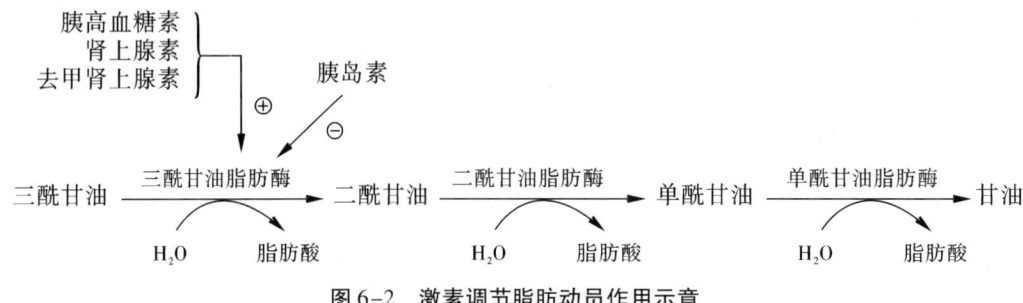

图6-2 激素调节脂肪动员作用示意
⊕表示促进;⊖表示抑制

(二)甘油的利用

脂肪动员产生的甘油可在血液中游离运输,主要被运输到肝、肾等组织利用。甘油在肝、肾的甘油激酶作用下转变为3-磷酸甘油,然后脱氢生成磷酸二羟丙酮,再经糖代谢途径进行分解或经糖异生途径转变为糖。脂肪细胞及骨骼肌等组织因甘油激酶活性很低,故对甘油的摄取利用很有限。

$$\underset{\text{甘油}}{\begin{array}{c}CH_2OH\\|\\CHOH\\|\\CH_2OH\end{array}} \xrightarrow[ATP \quad ADP]{\text{甘油激酶}} \underset{\alpha-\text{磷酸甘油}}{\begin{array}{c}CH_2OH\\|\\CHOH\\|\\CH_2-O-\text{\textcircled{P}}\end{array}} \xrightarrow[\alpha-\text{磷酸甘油脱氢酶}]{NAD^+ \quad NADH+H^+} \underset{\text{磷酸二羟丙酮}}{\begin{array}{c}CH_2OH\\|\\C=O\\|\\CH_2-O-\text{\textcircled{P}}\end{array}} \xrightarrow{\text{糖异生}} \begin{array}{l}\text{糖原或葡萄糖}\\\\CO_2+H_2O+\text{能量}\end{array}$$

(三)脂肪酸的氧化

游离脂肪酸不溶于水,不能在血浆中直接运输,血浆清蛋白具有结合游离脂肪酸的能力(每分子清蛋白可以结合10分子游离脂肪酸),能将脂肪酸运输至全身,主要由心、肝、骨骼肌等摄取利用。

脂肪酸是机体重要的能源物质。在供氧充足的条件下,脂肪酸可以在体内彻底氧化分解成CO_2和H_2O,并释放大量能量供机体利用。因其氧化首先发生在β-碳原子上,故称为β-氧化。除脑组织、成熟红细胞外,大多数组织均能氧化脂肪酸,但以肝及肌肉最为活跃。脂肪酸的氧化大致分为四个阶段:脂肪酸的活化、脂酰CoA进入线粒体、脂酰CoA的β-氧化、乙酰CoA的彻底氧化。

1.脂肪酸的活化　胞液中的脂肪酸在氧化前首先要活化成脂酰CoA。存在于内质网及线粒体外膜上的脂酰CoA合成酶在ATP、HSCoA、Mg^{2+}存在的条件下,催化脂肪酸活化生成脂酰CoA。脂肪酸活化后不仅含有高能硫酯键,而且增加了水溶性,从而提高了脂肪酸的代谢活性。

$$RCOOH + HSCoA + ATP \xrightarrow[Mg^{2+}]{\text{脂酰CoA合成酶}} RCO\sim SCoA + AMP + PPi$$

脂肪酸活化反应过程中生成的焦磷酸(PPi)立即被细胞内的焦磷酸酶水解,阻止了逆向反应的进行。故1分子脂肪酸活化,实际上消耗了2个高能磷酸键。

2.脂酰CoA进入线粒体　脂肪酸的活化在胞液中进行,而催化脂肪酸氧化的酶系存在于线粒体的基质内,因此活化的脂酰CoA必须进入线粒体内才能代谢。长链的脂酰CoA不能直接透过线粒体内膜,需肉碱的转运才能进入线粒体基质。

线粒体外膜存在肉碱脂酰转移酶Ⅰ(carnitine acyl transferaseⅠ,CATⅠ),它能催化长链脂酰CoA与肉碱生成脂酰肉碱,后者即可在线粒体内膜的肉碱-脂酰肉碱转位酶的作用下,通过内膜进入线粒体基质内。此转位酶实际上是线粒体内膜转运肉碱及脂酰肉碱的载体。它在转运1分子脂酰肉碱进入线粒体基质内的同时,将1分子肉碱转运出线粒体内膜外——膜间腔。进入线粒体内的脂酰肉碱,则在位于线粒体内膜内侧面的肉碱脂酰转移酶Ⅱ(CATⅡ)的作用下,转变为脂酰CoA并释出肉碱(图6-3)。临床上有使用左旋肉碱促进减肥的案例。脂酰CoA即可在线粒体基质中酶体系的作用下,进行β氧化。

脂酰 CoA 进入线粒体是脂肪酸 β-氧化的主要限速步骤,CAT Ⅰ是脂肪酸进行 β-氧化的限速酶,该酶的活性直接调控脂酰 CoA 的转运速度,决定脂酰 CoA 是否进入线粒体氧化分解。当饥饿、高脂低糖膳食或糖尿病时,机体不能利用糖,需脂肪酸氧化供能,这时 CAT Ⅰ活性增加,脂肪酸氧化增强;反之,饱食之后,脂肪合成及丙二酰 CoA 增多,后者抑制 CAT Ⅰ活性,导致脂肪酸的氧化被抑制。

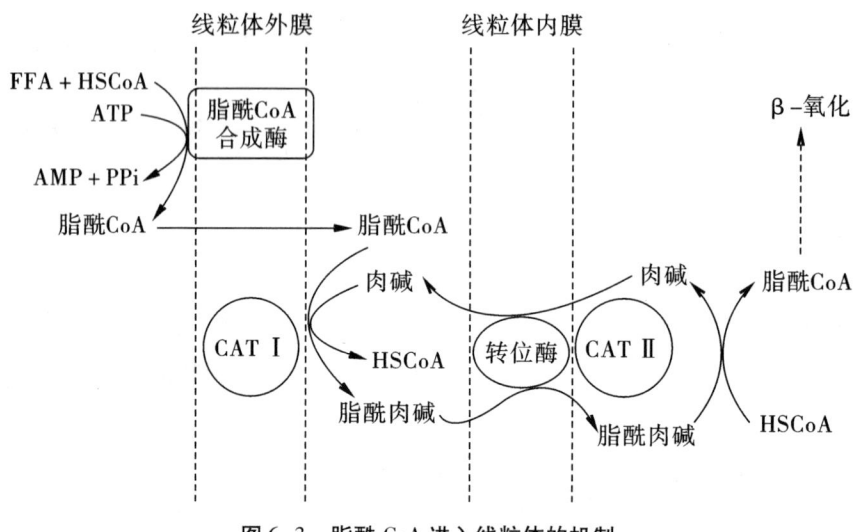

图 6-3 脂酰 CoA 进入线粒体的机制

3. 脂酰 CoA 的 β-氧化 1904 年 F. Knoop 设计了一个极富创造性的实验:用不被机体分解的苯基标记脂肪酸的 ω-甲基,以标记的脂肪酸饲喂犬,按时检测尿液中代谢产物。结果发现,不论脂肪酸碳链长短,若饲喂带标记的奇数碳脂肪酸,尿液代谢产物中均有苯甲酸;若饲喂带标记的偶数碳脂肪酸,尿液代谢物中均有苯乙酸。据此,Knoop 认为:脂肪酸在体内的氧化分解首先是从羧基端的 β-碳原子开始,碳链依次断裂,每次断下一个 2 碳单位,即乙酰 CoA,这就是著名的 β-氧化学说。后来经酶学和同位素示踪技术证明:脂酰 CoA 在线粒体基质中经脂肪酸 β-氧化多酶复合体的催化,首先从羧基端的 β-碳原子开始氧化,经过脱氢、加水、再脱氢及硫解四步连续反应,每循环一次生成 1 分子乙酰 CoA 和 1 分子比原来少 2 个碳原子的脂酰 CoA。脂肪酸 β-氧化的过程如下(图 6-4)。

(1) 脱氢 脂酰 CoA 在脂酰 CoA 脱氢酶的催化下,从 α-碳原子和 β-碳原子各脱下 1 个氢原子,生成反式 Δ^2-烯脂酰 CoA,脱下的 2H 由该酶的辅基 FAD 接受,生成 $FADH_2$。

(2) 加水 反式 Δ^2-烯脂酰 CoA 在 Δ^2-烯脂酰水化酶的催化下,加 1 分子水,生成 L-(+)-β-羟脂酰 CoA。

(3) 再脱氢 L-(+)-β-羟脂酰 CoA 在 β-羟脂酰 CoA 脱氢酶的催化下,脱下 2H 生成 β-酮脂酰 CoA,脱下的 2H 由 NAD^+ 接受,生成 $NADH+H^+$。

(4) 硫解 β-酮脂酰 CoA 在 β-酮脂酰 CoA 硫解酶催化下,加 1 分子 HSCoA,使碳链断裂,生成 1 分子乙酰 CoA 和少 2 个碳原子的脂酰 CoA。

以上生成的比原来少 2 个碳原子的脂酰 CoA 可再进行脱氢、加水、再脱氢及硫解反应,如此反复进行,直至脂酰 CoA 全部氧化分解生成乙酰 CoA。

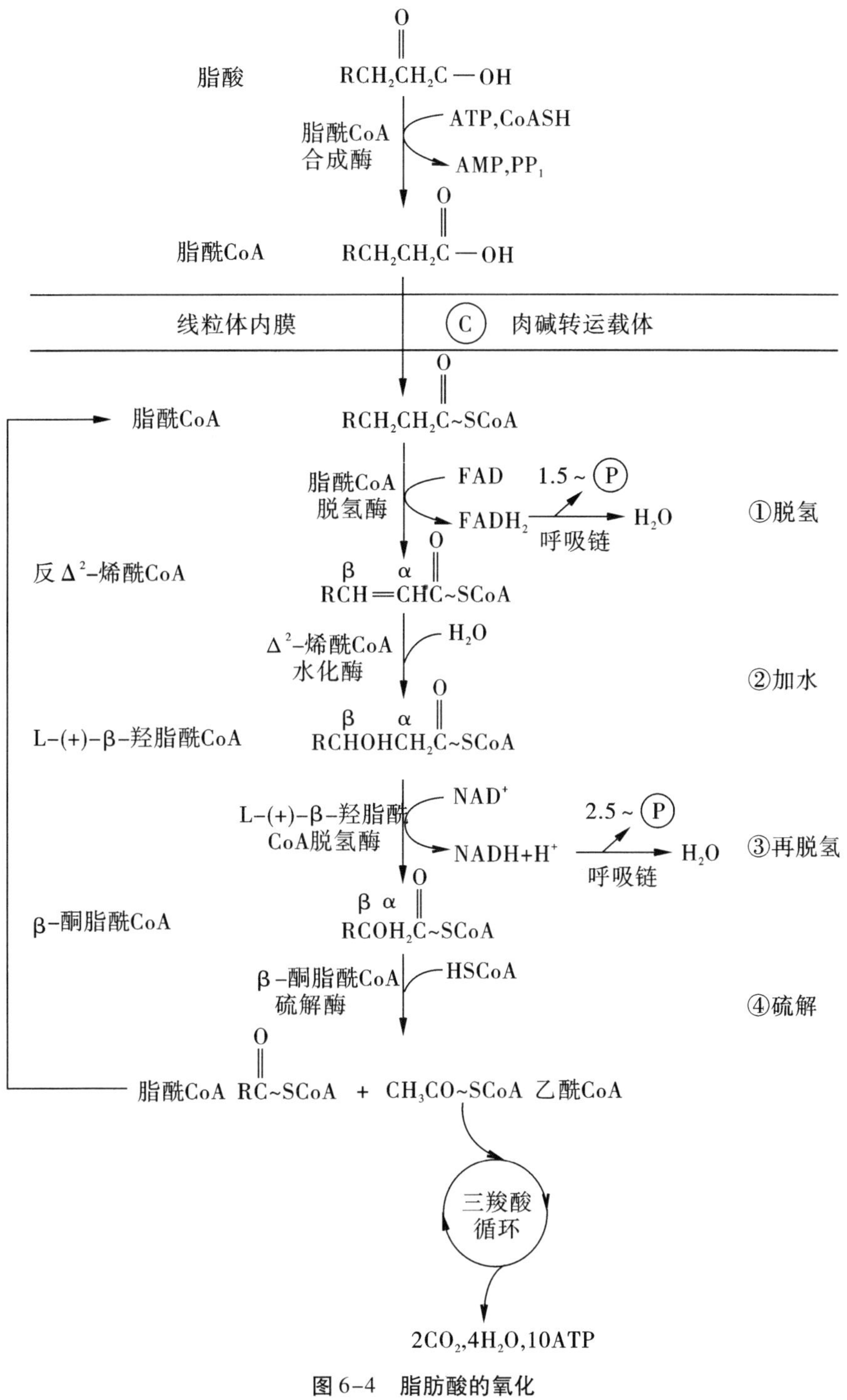

图 6-4 脂肪酸的氧化

4. 乙酰 CoA 的彻底氧化　脂肪酸 β-氧化过程中生成的乙酰 CoA,主要在线粒体中进入三羧酸循环被彻底氧化生成 H_2O 和 CO_2,并释放能量。在肝脏,脂肪酸氧化分解产生的乙酰 CoA 可以在线粒体内缩合成酮体。

5. 脂肪酸氧化的能量生成 以 1 分子 16 碳的软脂酸为例,其 β-氧化的总反应式如下:

$$CH_3(CH_2)_{14}CO \sim SCoA + 7HSCoA + 7\ FAD + 7\ NAD + 7\ H_2O$$
$$\longrightarrow 8CH_3CO \sim SCoA + 7\ FADH_2 + 7\ NADH + 7\ H^+$$

每分子乙酰 CoA 通过三羧酸循环氧化产生 10 分子 ATP,每分子 $FADH_2$ 通过呼吸链氧化产生 1.5 分子 ATP,每分子 $NADH+H^+$ 氧化产生 2.5 分子 ATP。因此 1 分子软脂酸彻底氧化共生成 8×10+7×1.5+7×2.5=108 个 ATP,减去脂酸活化时消耗的 2 个高能磷酸键(相当于 2 个 ATP),净生成 106 分子 ATP。1 mol ATP 水解释放的自由能为 -30.54 kJ,106 mol ATP 水解释放的自由能为 -3 237 kJ。1 mol 软脂酸在体外彻底氧化成 CO_2 及 H_2O 时的自由能为 -9 790 kJ。故软脂酸在体内氧化生成的能量 33% 储存在 ATP 的高能磷酸键中,其余以热能散失。由此可见,脂酸和葡萄糖一样都是机体重要的能源物质。

脂酸的氧化以 β-氧化方式为主,此外还有 ω-氧化和 α-氧化等方式。

生物体内的脂酸约半数以上是不饱和脂酸,不饱和脂酸也能在线粒体内进行 β-氧化,但在双键处需要经线粒体内特异的反烯脂酰 CoA 异构酶催化,将顺式转变成反式构型,β-氧化才能进行。

(四)酮体的生成及利用

在肌肉等肝外组织,脂酸 β-氧化所产生的乙酰 CoA 可经过三羧酸循环彻底氧化成 CO_2 及 H_2O,并释放大量能量。但在肝中脂酸 β-氧化所产生的乙酰 CoA 大部分缩合生成乙酰乙酸、β-羟丁酸及丙酮,三者合称为酮体,其中 β-羟丁酸占 70%,乙酰乙酸占 30%,丙酮很少。酮体是脂酸在肝氧化分解不彻底时特有的中间产物。

1. 酮体的生成 脂酸在肝细胞的线粒体中经 β-氧化生成的大量乙酰 CoA 是合成酮体的原料。肝细胞线粒体内含有各种合成酮体的酶类,特别是 HMGCoA 合酶,该酶催化的反应是酮体生成的限速步骤。酮体合成过程如下(图 6-5)。

(1)乙酰乙酰 CoA 的合成 2 分子乙酰 CoA 在肝线粒体乙酰乙酰 CoA 硫解酶的作用下,缩合成乙酰乙酰 CoA,并释出 1 分子 CoASH。这是肝生成乙酰乙酰 CoA 的主要方式。

(2)HMG-CoA 的生成 乙酰乙酰 CoA 在羟甲基戊二酸单酰 CoA 合酶(HMG-CoA 合酶)的催化下,再与 1 分子乙酰 CoA 缩合生成羟甲基戊二酸单酰 CoA(HMG-CoA),并释出 1 分子 SH-CoA。

(3)酮体的生成 HMG-CoA 在 HMG-CoA 裂解酶的作用下,裂解生成 1 分子乙酰乙酸和 1 分子乙酰 CoA。乙酰乙酸在线粒体内膜 β-羟丁酸脱氢酶的催化下,被还原成 β-羟丁酸,所需的氢由 NADH 提供,还原的速度由 $NADH/NAD^+$ 的比值决定。少量乙酰乙酸也可脱羧成丙酮。

生成酮体是肝特有的功能,但是肝氧化酮体的酶活性很低,因此肝不能氧化酮体。肝产生的酮体透过细胞膜进入血液运输到肝外组织氧化利用。

2. 酮体的利用 肝外许多组织具有活性很强的利用酮体的酶。在心、肾、脑及骨骼肌的线粒体中具有较高活性的琥珀酰 CoA 转硫酶,在有琥珀酰 CoA 存在时,此酶能使乙酰乙酸活化生成乙酰乙酰 CoA,后者在硫解酶的催化下硫解,生成 2 分子乙酰

CoA。在心、肾和脑的线粒体中还有乙酰乙酰CoA硫激酶,可直接活化乙酰乙酸生成乙酰乙酰CoA,后者在硫解酶的作用下硫解生成2分子乙酰CoA。β-羟丁酸在β-羟丁酸脱氢酶的催化下,脱氢生成乙酰乙酸,然后再转变成乙酰CoA而被氧化(图6-6)。正常情况下,丙酮量很少,易挥发,经肺部的呼吸作用排出;部分丙酮可在一系列酶的作用下转变成丙酮酸或乳酸,进而异生成糖。这是脂肪酸的碳原子转变成糖的一个途径。

酮体从肝内到肝外组织的净流动是由于肝内有生酮的酶系,但缺乏利用酮体的酶系而使酮体不能在肝内利用。肝外组织正好相反,不能生成酮体,但含有利用酮体的酶系,故肝外能利用酮体(图6-7)。这就形成了"肝内生酮、肝外用酮"的酮体代谢特点。

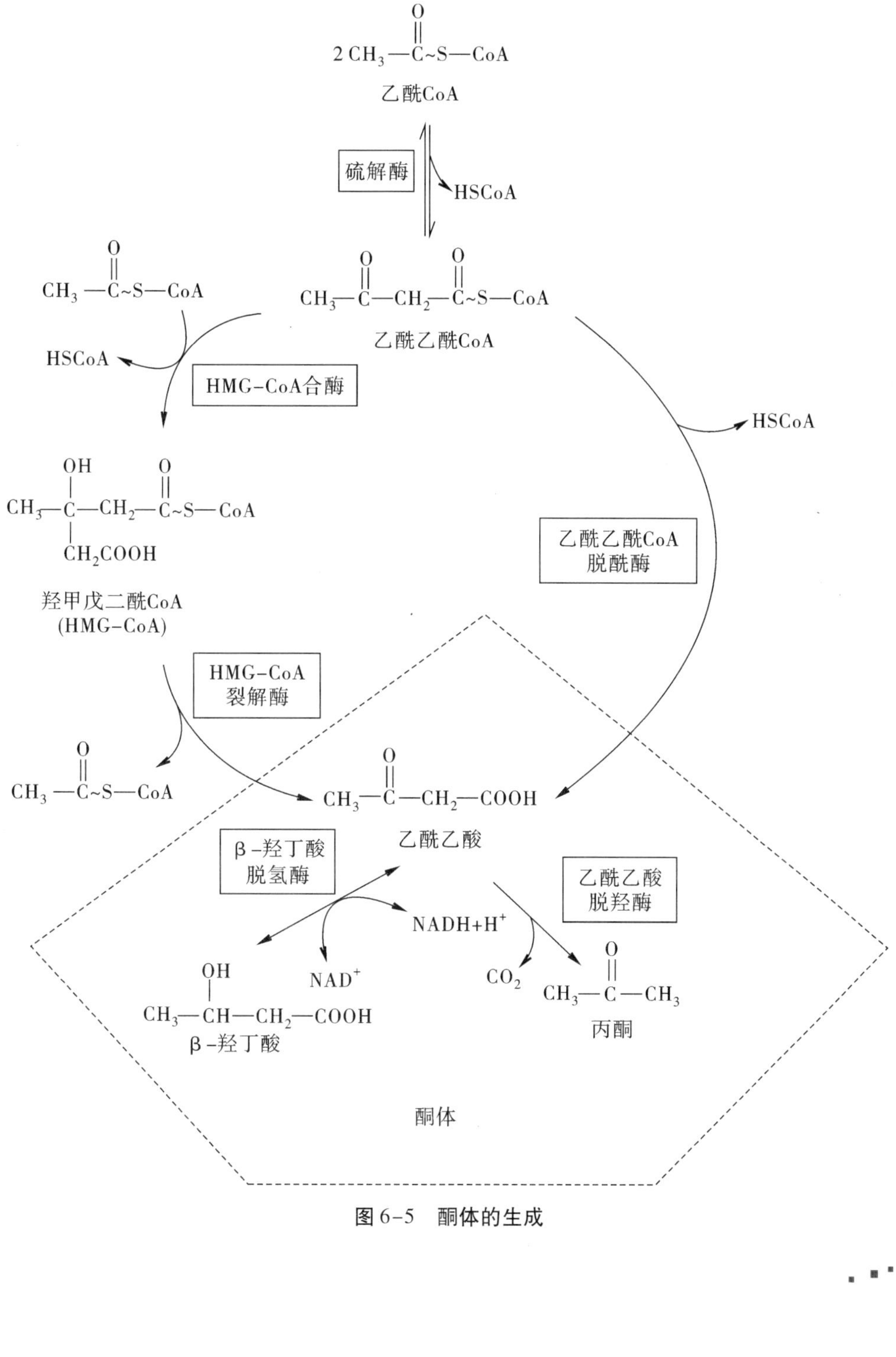

图6-5 酮体的生成

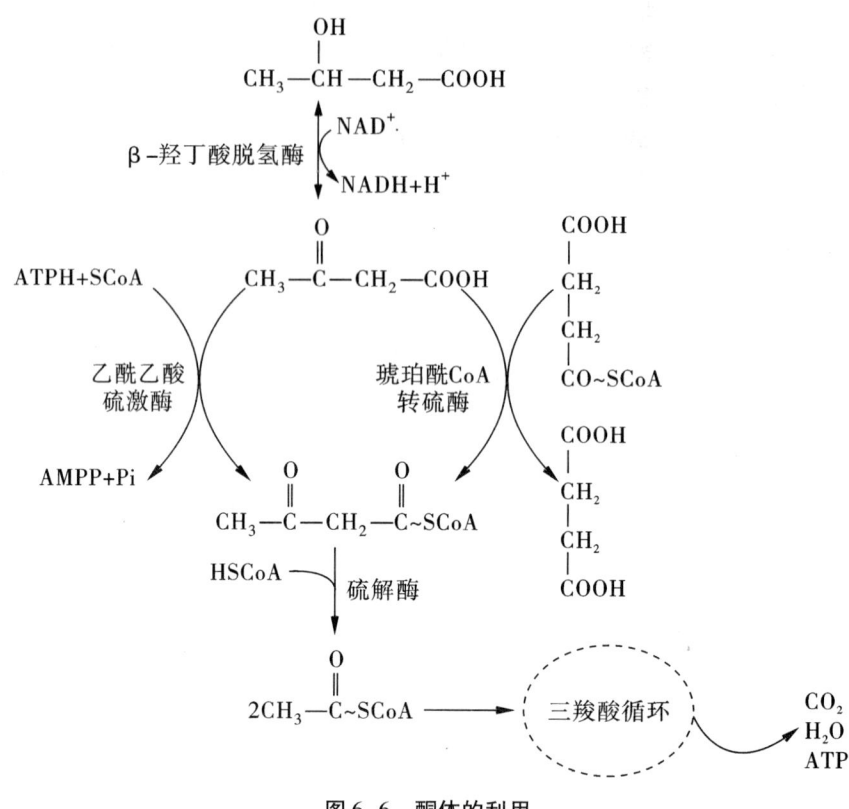

图 6-6 酮体的利用

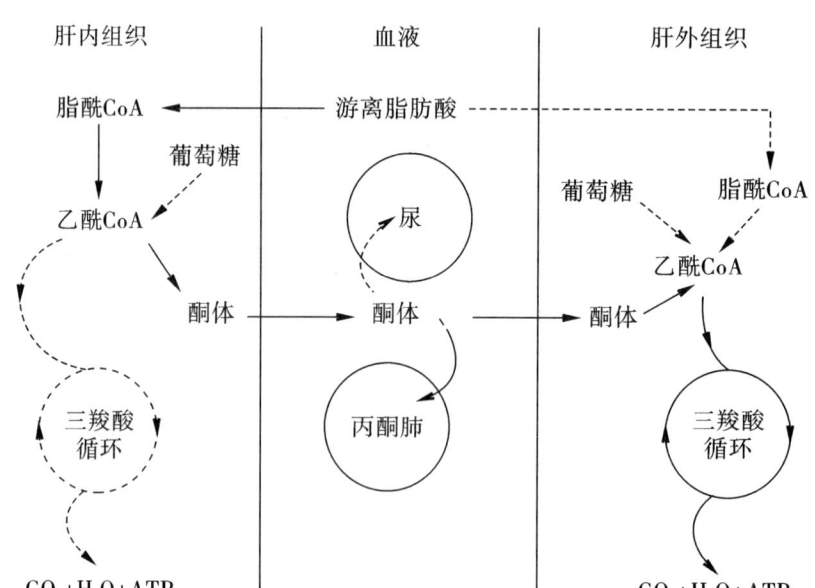

图 6-7 酮体的生成、运输和利用

3.酮体生成和利用的生理意义　酮体是脂肪酸在肝内不彻底分解生成的正常中间代谢产物,是肝输出能源的一种形式。酮体分子小,溶于水,能在血液中运输,还能通过血脑屏障、肌组织的毛细血管壁,很容易被运输到肝外组织利用。心肌和肾皮质利用酮体的能力大于利用葡萄糖的能力。脑组织虽然不能氧化分解脂肪酸,却能有效利用酮体。当葡萄糖供应充足时,脑组织首先利用葡萄糖氧化供能;当葡萄糖供应不足或利用障碍时,酮体可以代替葡萄糖成为脑组织的主要能源。

正常情况下,血中仅含有少量酮体,为 0.03~0.5 mmol/L。在饥饿、高脂低糖膳食及糖尿病时,脂肪动员加强,肝内酮体生成增加。尤其在未控制糖尿病患者,血液酮体的含量可高出正常情况的数十倍。酮体生成超过肝外组织利用的能力,引起血中酮体升高,可导致酮症酸中毒。血酮体超过肾阈值,便可随尿排出,引起酮尿。此时,血丙酮含量也大大增加,通过呼吸排出体外,呼出的气体有"烂苹果气味"。

案例分析

患者,女,52 岁,因"烦渴、多饮、多尿、消瘦 13 年,咳嗽 3 d,伴意识模糊 1 d"为主诉入院。患者既往有糖尿病病史 13 年,血糖控制情况不详。3 d 前患感冒出现咳嗽,未及时治疗。1 d 前患者出现意识不清、呼吸急促,呼出的气味伴有"烂苹果味"。进行体格检查、生化检查,诊断为"糖尿病酮症酸中毒"。

问题:酮症酸中毒的发病机制是怎样的?

分析:患者长期患有糖尿病,糖的利用障碍,且同时伴有感染,机体脂肪动员加强,酮体生成增多。酮体的利用需转变成乙酰 CoA 后与糖代谢的产物结合形成柠檬酸,然后进入三羧酸循环彻底氧化。糖尿病时糖代谢障碍,无充足的糖代谢产物,致使酮体的利用受到障碍。当酮体含量超过机体的利用和排出的能力时,血中酮体在机体堆积,就会产生酮血症,进而诱发酮症酸中毒。

4. 酮体生成的调节

(1)饱食与饥饿的影响　饱食后,胰岛素分泌增加,脂解作用抑制、脂肪动员减少,进入肝的脂肪酸减少,因而酮体生成减少。饥饿时,胰高血糖素等脂解激素分泌增多,脂肪动员加强,血中游离脂肪酸浓度升高而使肝摄取脂肪酸增多,有利于肝内脂肪酸 β-氧化及酮体生成。

(2)肝细胞糖原含量及代谢的影响　进入肝细胞的游离脂肪酸主要有两条去路,一是在胞液中酯化合成三酰甘油及磷脂;二是进入线粒体内进行 β-氧化,生成乙酰 CoA 及酮体。饱食及糖供给充足时,肝糖原丰富,糖代谢旺盛,此时进入肝细胞的脂肪酸主要酯化 3-磷酸甘油反应生成三酰甘油及磷脂。饥饿或糖供给不足时,糖代谢减弱,3-磷酸甘油及 ATP 不足,脂肪酸酯化减少,主要进入线粒体进行 β-氧化,酮体生成增多。

(3)丙二酸单酰 CoA 抑制酮体生成　饱食后,糖代谢正常进行时所生成的乙酰 CoA 及柠檬酸能变构激活乙酰 CoA 羧化酶,促进丙二酸单酰 CoA 的合成,后者能竞争性抑制肉碱脂酰转移酶Ⅰ,从而阻止脂酰 CoA 进入线粒体内进行 β-氧化,从而抑制酮体生成。

从上述可见,脂肪酸的氧化及酮体的生成受到多个环节的影响。

二、三酰甘油的合成代谢

人体许多组织都能合成三酰甘油,但以肝和脂肪组织最为活跃。三酰甘油的合成主要在内质网,以脂酰 CoA 和 α-磷酸甘油为合成原料。

(一)脂肪酸的合成

1. 合成部位　脂肪酸合成酶系主要存在于肝、肾、脑、乳腺及脂肪等组织胞液中,其中肝的活性最高(合成能力较脂肪组织大 8~9 倍),故肝是人体合成脂肪酸的主要场所。虽然脂肪组织能以葡萄糖代谢的中间产物为原料合成脂肪酸,但脂肪组织的脂肪酸来源主要是小肠消化吸收的外源性脂肪酸和肝合成的内源性脂肪酸。

2. 合成原料　乙酰 CoA 作为合成脂肪酸的主要原料,其主要来自葡萄糖。细胞内的乙酰 CoA 全部在线粒体内产生,而合成脂肪酸的酶系存在于胞液。线粒体内的乙酰 CoA 必须进入胞液才能成为合成脂肪酸的原料。实验证明,乙酰 CoA 不能自由透过线粒体内膜,主要通过柠檬酸-丙酮酸循环将其从线粒体内转移到胞液(图 6-8)。

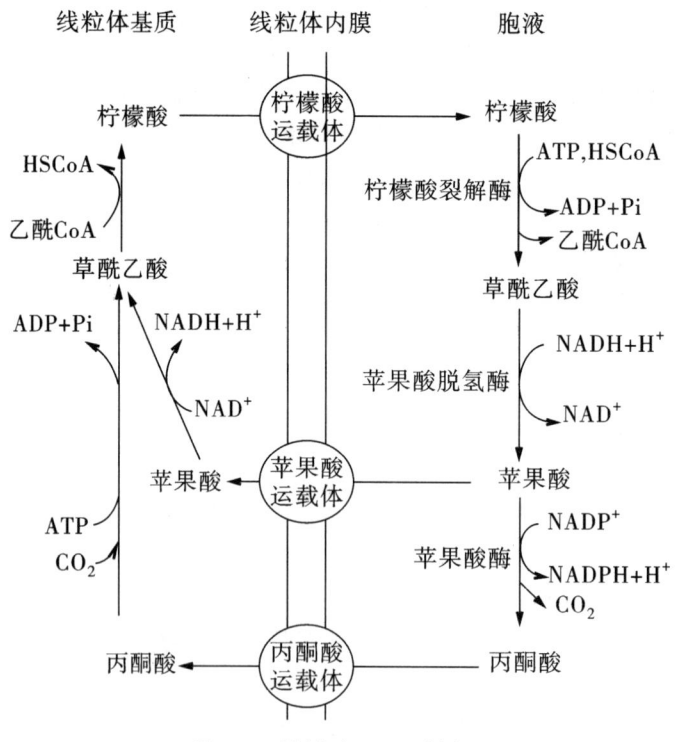

图 6-8　柠檬酸-丙酮酸循环

在线粒体内,乙酰 CoA 与草酰乙酸缩合生成柠檬酸,然后通过线粒体内膜上的载体转运入胞液。在胞液中,柠檬酸经柠檬酸裂解酶催化释出乙酰 CoA 及草酰乙酸。乙酰 CoA 即可用以合成脂肪酸,而草酰乙酸可在苹果酸脱氢酶的作用下还原成苹果酸,再经线粒体内膜载体转运入线粒体内。苹果酸也可在苹果酸酶的作用下分解为丙酮酸,再转运入线粒体。进入线粒体的苹果酸和丙酮酸最终均可转变成草酰乙酸,再参与转运乙酰 CoA(图 6-8)。

脂肪酸的合成除需乙酰 CoA 外,还需 ATP、NADPH、HCO_3^-(CO_2)及 Mn^{2+} 等。NADPH 主要来自磷酸戊糖途径。

3. 合成过程

（1）丙二酸单酰 CoA 的合成　乙酰 CoA 首先羧化成丙二酸单酰 CoA(亦称丙二酰 CoA),这是脂肪酸合成的第一步反应。此反应由乙酰 CoA 羧化酶所催化,该酶存在于胞液中,辅基为生物素,以 Mn^{2+} 为激活剂。

$$乙酰\ CoA + HCO_3^- + ATP \xrightarrow[生物素]{乙酰\ CoA\ 羧化酶} 丙二酸单酰\ CoA + ADP + PPi$$

乙酰 CoA 羧化酶是脂肪酸合成的限速酶,其活性受别构调节及化学修饰调节。柠檬酸、异柠檬酸可使此酶发生别构激活,软脂酰 CoA 及其他长链脂酰 CoA 可别构抑制该酶活性。乙酰 CoA 羧化酶被蛋白激酶磷酸化而失活。胰高血糖素能激活该蛋白激酶,抑制乙酰 CoA 羧化酶活性;胰岛素能通过蛋白磷酸酶的去磷酸化作用,使磷酸化的乙酰 CoA 羧化酶脱磷酸而恢复活性。高糖膳食可促进乙酰 CoA 羧化酶蛋白合成,增加酶活性。

在脂肪酸的合成中,除 1 分子乙酰 CoA 直接参与合成反应外,其余的乙酰 CoA 均需要羧化成丙二酸单酰 CoA 方可参与脂肪酸的生物合成。

（2）软脂酸的合成　软脂酸的合成过程是一个连续的酶促反应过程,其合成过程是以 1 分子乙酰 CoA 和 7 分子丙二酰 CoA 为原料,由 NADPH 提供氢来合成软脂酸。

在哺乳动物细胞中,此酶是由两个相同的亚基首尾相连形成的二聚体组成的多功能酶,每个亚基含有 3 个结构域,这 2 个亚基含有的酶不一样,每 3 个结构域之间由柔性的区域相连,使结构域可以移动,利于几个酶之间的协调、连续作用。

细菌软脂酸合成步骤包括(图 6-9):①乙酰 CoA 在乙酰转酰酶作用下被转移至 ACP 的巯基,再从 ACP 转移至 β-酮脂酰合酶的半胱氨酸巯基上。②丙二酸单酰 CoA 在丙二酸单酰转移酶的作用下,先脱去 HSCoA,再与 ACP 的—SH 缩合、连接。③缩合:β-酮脂酰合酶上连接的乙酰基与 ACP 上的丙二酸单酰基缩合,生成 β-酮丁酰 ACP,释放 CO_2。④加氢:由 NADPH 供氢,β-酮丁酰 ACP 在 β-酮脂酰还原酶作用下加氢还原成 D-(-)-β-羟丁酰 ACP。⑤脱水:D-(-)-β-羟丁酰 ACP 在脱水酶作用下,脱水生成反式 Δ^2 烯丁酰 ACP。⑥再加氢:由 NADPH 供氢,反式 Δ^2 烯丁酰 ACP 在烯酰还原酶作用下,再加氢生成丁酰 ACP。

丁酰 ACP 是脂肪酸合酶复合体催化合成的第一轮产物,通过这一轮反应,即酰基转移、缩合、还原、脱水、再还原等步骤,产物碳原子由 2 个增加至 4 个。然后,丁酰 ACP 又可与另一丙二酸单酰基结合,进行缩合、还原、脱水、再还原等步骤的第二轮循环。经 7 次循环后,生成 16 碳的软脂酰 ACP,后者经硫酯酶水解释放软脂酸。

软脂酸合成的总反应式:

$$CH_3COSCoA+7HOOCCH_2COSCoA+14NADPH+14H^+ \xrightarrow{脂肪酸合成酶系}$$
$$CH_3(CH_2)_{14}COOH+7CO_2+6H_2O+8HSCoA+14NADP^+$$

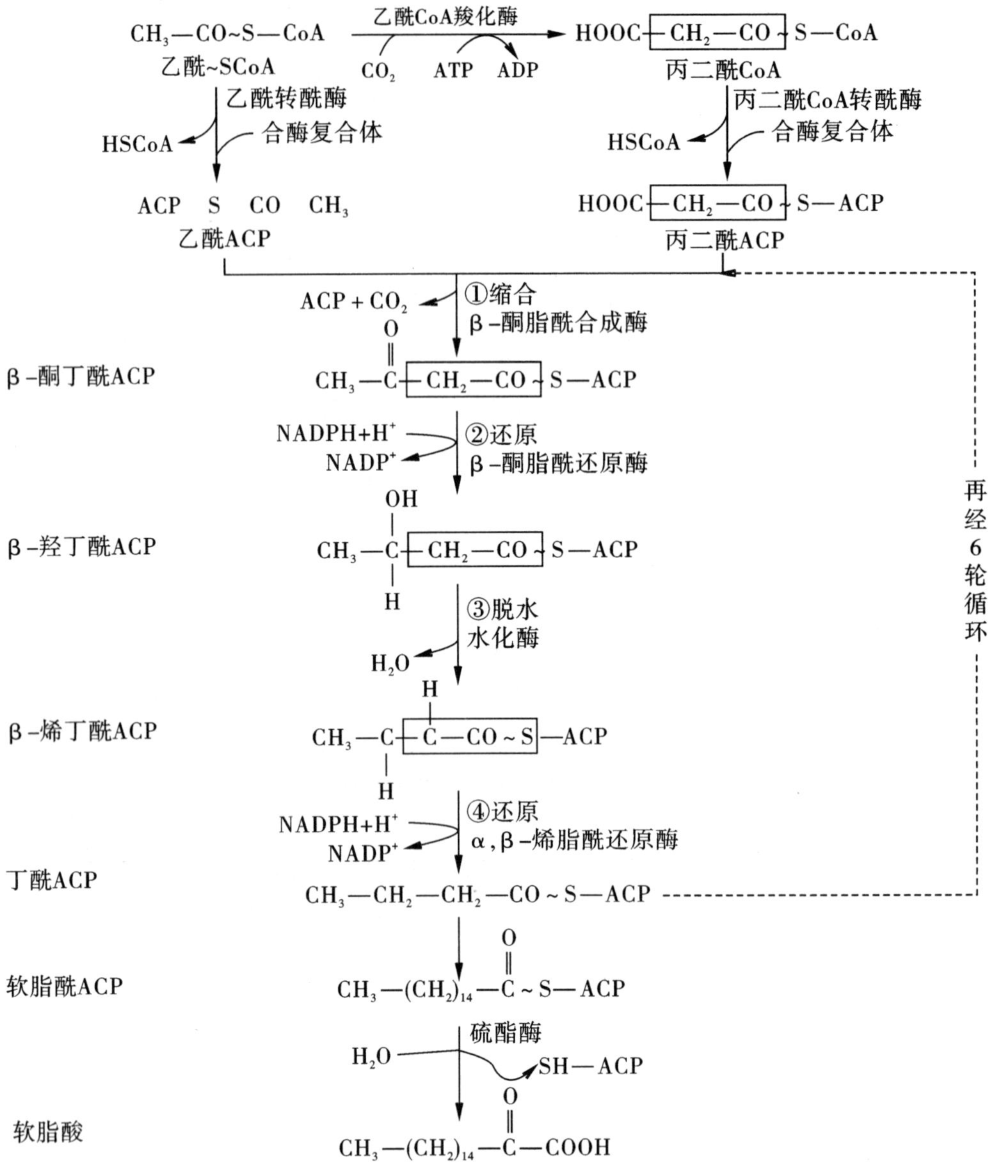

图 6-9 软脂酸的生物合成

4.脂肪酸链的延长、缩短和去饱和　脂肪酸合成酶系催化的反应只能合成软脂酸,而组成人体的脂肪酸碳链的长短不一,碳链的缩短在线粒体内通过 β-氧化进行,而碳链的延长则由存在于线粒体或内质网内的特殊酶体系催化完成。人体含有的不饱和脂肪酸主要有软油酸($16:1,\Delta^9$)、油酸($18:1,\Delta^9$)、亚油酸($18:2,\Delta^{9,12}$)、α-亚麻酸($18:3,\Delta^{9,12,15}$)及花生四烯酸($20:4,\Delta^{5,8,11,14}$)等。人和动物因含有 Δ^4、Δ^5、Δ^8 及 Δ^9 去饱和酶,因此软油酸和油酸这两种单不饱和脂肪酸可在人体内合成;但人缺乏 Δ^9 以上的去饱和酶,所以不能合成亚油酸、α-亚麻酸、花生四烯酸这三种多不饱和脂肪酸,它们必须通过植物性食物(主要是从植物油脂)摄入人体。

(二)磷酸甘油的合成

糖分解代谢产生磷酸二羟丙酮,在 α-磷酸甘油脱氢酶的催化下,以 NADH+H$^+$ 为辅酶,还原生成 α-磷酸甘油,这是 α-磷酸甘油的主要来源。此外,肝、肾等组织含有甘油激酶,能利用游离甘油,使之磷酸化生成 α-磷酸甘油。

(三)三酰甘油的合成

1. **单酰甘油途径** 小肠黏膜细胞主要利用消化吸收的单酰甘油及脂肪酸再合成三酰甘油,以乳糜微粒形式经淋巴进入血循环。

2. **二酰甘油途径** 在脂酰 CoA 转移酶的作用下,在 α-磷酸甘油上依次加上 2 分子脂酰 CoA 生成磷脂酸。磷脂酸在磷脂酸磷酸酶的作用下水解脱去磷酸生成 1,2-二酰甘油,然后在脂酰 CoA 转移酶的催化下,再加上 1 分子脂酰基即生成三酰甘油(图 6-10)。肝细胞及脂肪细胞主要按此途径合成三酰甘油。合成脂肪的 3 分子脂肪酸可为同一种脂肪酸,亦可是 3 种不同的脂肪酸。

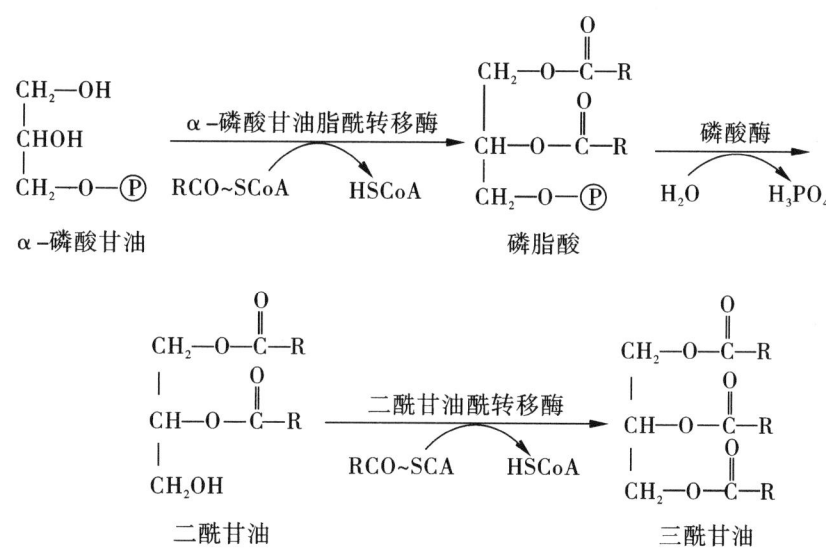

图 6-10 三酰甘油合成途径

第三节 类脂的代谢

一、胆固醇的代谢

(一)胆固醇的分布、含量和功能

胆固醇是具有环戊烷多氢菲烃核及一个羟基的固醇类化合物,最早由动物胆石中分离出来,故称为胆固醇。胆固醇 C$_3$ 位上的羟基可与脂酸相连形成胆固醇酯(cholesterol ester,CE),未与脂酸结合的称为游离胆固醇(free cholesterol,FC)。胆固醇的结构如下:

正常成年人体含胆固醇总重约为140 g,广泛分布于全身各组织中,大约1/4分布在脑及神经组织中,约占脑组织的2%。肝、肾、肠等内脏及皮肤、脂肪组织亦含较多的胆固醇,以肝为最多,肌肉较少。肾上腺、卵巢等合成类固醇激素的内分泌腺中胆固醇含量可高达1%~5%。胆固醇仅存在于动物体内,植物体内没有胆固醇而含有植物固醇,以β-谷固醇为最多,酵母含麦角固醇。

胆固醇是生物膜的重要组成成分,在维持膜的流动性和正常功能中起着重要作用。胆固醇还可以转变为生理活性成分,如胆汁酸盐、类固醇激素、7-脱氢胆固醇。动脉粥样硬化与胆固醇代谢发生障碍有关。

人体内胆固醇有内源性和外源性两个来源。内源性胆固醇由机体自身合成,正常成人50%以上的胆固醇来自机体自身合成。外源性胆固醇主要来自动物性食物,正常成人每天膳食中含胆固醇300~500 g,主要来自动物内脏、蛋黄、奶油及肉类,食物中的胆固醇多为游离胆固醇,10%~15%为胆固醇酯。

(二)胆固醇的生物合成

1.合成部位　除成年动物脑组织及成熟红细胞外,几乎全身各组织均可合成胆固醇,每天可合成1~1.5 g。肝是合成胆固醇的主要场所,占全身合成胆固醇总量的70%~80%;其次为小肠,占合成胆固醇总量的10%。胆固醇合成酶系存在于胞液及光面内质网膜上。

2.合成原料　胆固醇的生物合成以乙酰CoA为直接原料,还需要大量的$NADPH+H^+$供氢、ATP供能。乙酰CoA来自葡萄糖、氨基酸及脂肪酸在线粒体内的分解代谢产物,其中以葡萄糖为主。与脂肪酸合成类似,由于乙酰CoA不能通过线粒体内膜,需经过柠檬酸-丙酮酸循环从线粒体转移至胞液才能作为胆固醇合成的原料。NADPH主要来自胞液中的磷酸戊糖途径。ATP是合成胆固醇的能量保证,大多来自线粒体内糖的有氧氧化。每合成1分子胆固醇需18分子乙酰CoA、36分子ATP及16分子$NADPH+H^+$。糖是合成胆固醇原料的主要来源,故高糖饮食的人也可能出现胆固醇增高的现象。

3.合成基本过程　胆固醇合成过程复杂,有近30步酶促反应,大致可划分为三个阶段(图6-11)。

(1)甲羟戊酸的合成　在胞液中,2分子乙酰CoA在乙酰乙酰硫解酶的催化下,缩合成乙酰乙酰CoA;然后在羟甲基戊二酸单酰CoA合酶催化下再与1分子乙酰CoA缩合生成羟甲基戊二酸单酰CoA(HMG-CoA),它是合成胆固醇及酮体的重要中间产物。在肝线粒体中,3分子乙酰CoA缩合成的HMG-CoA裂解后生成酮体;而在胞液中生成的HMG-CoA,再在内质网HMG-CoA还原酶的催化下,由$NADPH+H^+$供氢,还原生成甲羟戊酸,这步反应是合成胆固醇的限速反应,催化该反应的HMG-CoA还原酶是合成胆固醇的限速酶。

(2) 鲨烯的合成　甲羟戊酸由 ATP 供能,在一系列酶的催化下,经过磷酸化、脱羧、异构化等反应,生成活泼的 5 碳焦磷酸化合物;然后 3 分子 5 碳焦磷酸化合物缩合生成 15 碳焦磷酸法尼酯。2 分子 15 碳焦磷酸法尼酯在内质网鲨烯还原酶的作用下,再缩合、还原,即生成 30 碳的多烯烃化合物——鲨烯。

(3) 胆固醇的合成　鲨烯经加单氧酶、环化酶等的催化,先环化生成羊毛固醇,再经氧化、脱羧和还原等反应,脱去 3 个甲基,生成 27C 的胆固醇。

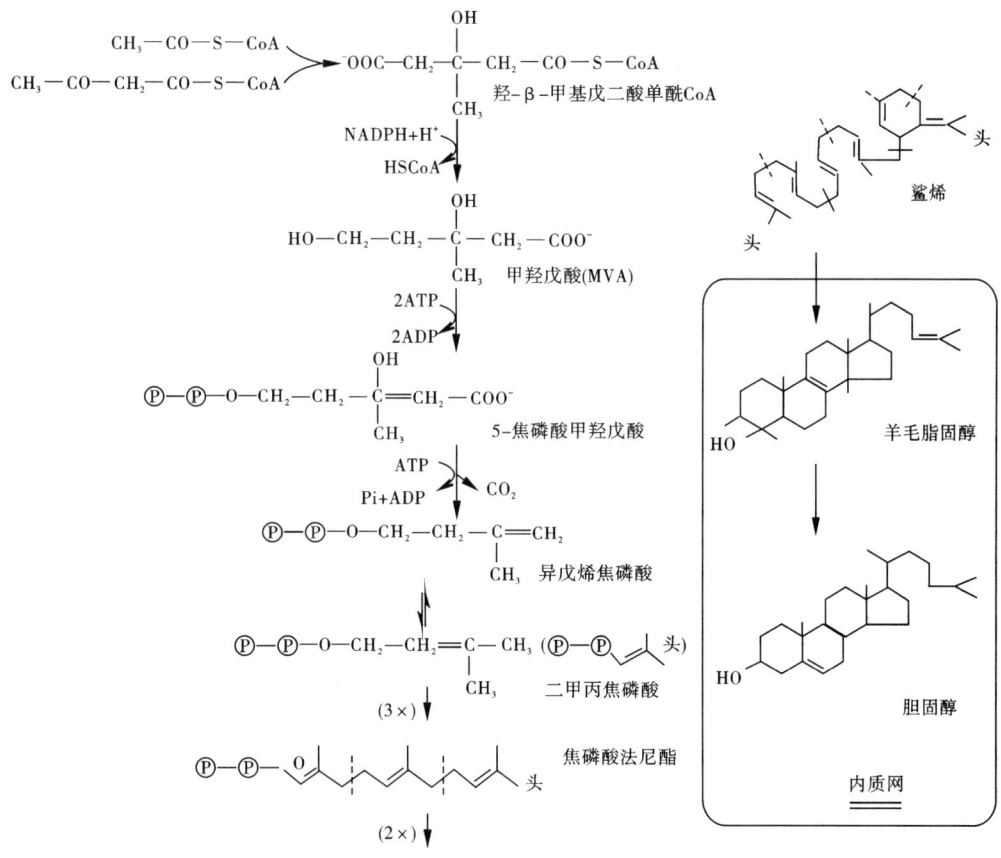

图 6-11　胆固醇的合成

4. 胆固醇的酯化　血液和细胞内的胆固醇均可以接受脂酰基生成胆固醇酯(图 6-12)。卵磷脂胆固醇脂酰转移酶(LCAT)由肝细胞合成,常与高密度脂蛋白(HDL)结合在一起,在血液中 LCAT 的主要功能是催化 HDL 中的卵磷脂 C_2 位上的不饱和脂酸转移到胆固醇的 C_3 位羟基上,生成胆固醇酯和溶血磷脂。在组织细胞内,脂酰 CoA 胆固醇脂酰转移酶(ACAT)可催化游离胆固醇分子的 C_3 位羟基接受脂酰 CoA 的脂酰基,酯化生成胆固醇酯。

5. 胆固醇合成的调节　HMG-CoA 还原酶是胆固醇合成的关键酶(限速酶)。各种因素主要是通过对 HMG-CoA 还原酶的合成及其活性的影响来调节胆固醇的合成速率。

(1) 饥饿与饱食的调节　饥饿与禁食可抑制肝合成胆固醇。禁食除使 HMG-CoA

还原酶合成减少、活性降低外,乙酰 CoA、ATP、NADPH+H$^+$ 的不足也是胆固醇合成减少的重要原因。相反,摄取高糖、高饱和脂肪膳食后,肝 HMG-CoA 还原酶活性增加,胆固醇的合成增加。

(2) 胆固醇的负反馈调节　食物胆固醇及体内合成胆固醇增加都可反馈抑制肝 HMG-CoA 还原酶的合成。反之,降低食物胆固醇量,能解除对此酶合成的抑制,使胆固醇合成增加。这种反馈调节主要存在于肝细胞,小肠黏膜细胞的胆固醇合成则不受这种反馈调节。因此,单靠限制食物胆固醇,对血浆胆固醇浓度的降低是有限的。

(3) 激素　胰岛素、甲状腺素能诱导肝 HMG-CoA 还原酶的合成,从而增加胆固醇的合成。胰高血糖素及皮质醇则能抑制并降低 HMG-CoA 还原酶的活性,因而减少胆固醇的合成。甲状腺素除能促进 HMG-CoA 还原酶的合成外,同时又促进胆固醇在肝转变为胆汁酸,且后一作用较前者强。因此,甲状腺功能亢进时,患者血清胆固醇含量反而下降。

(4) 昼夜节律　HMG-CoA 还原酶具有昼夜节律性,午夜时酶活性高,中午酶活性低,由此使胆固醇合成具有周期节律性。

(5) 药物的影响　某些药物,如洛伐他汀和辛伐他汀能竞争性抑制 HMG-CoA 还原酶的活性,使体内胆固醇合成减少。

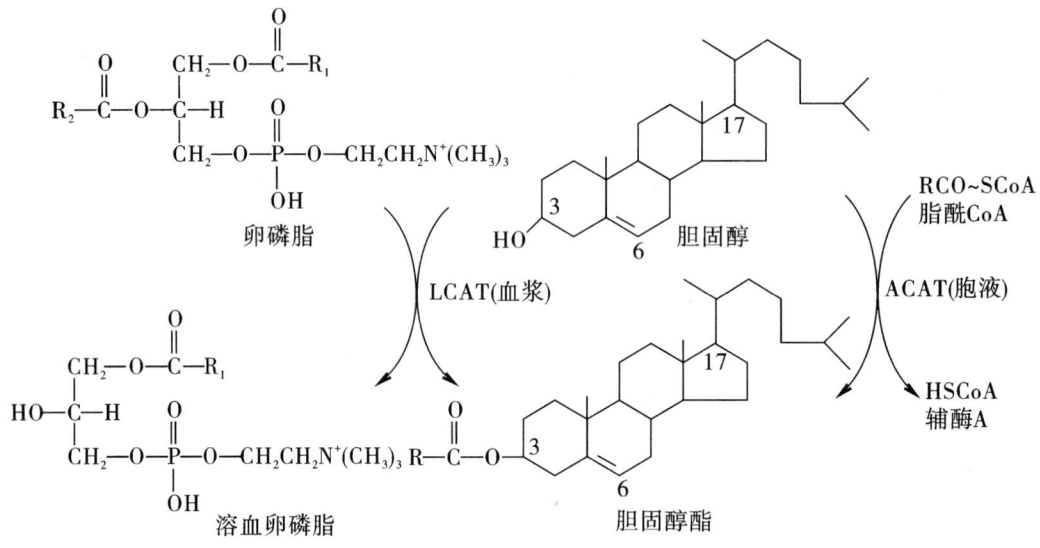

图 6-12　胆固醇的酯化

(三) 胆固醇的转化与排泄

胆固醇的母核——环戊烷多氢菲在体内不能被降解,但它的侧链可被氧化、还原或降解转变为其他化合物,参与体内代谢和调节或直接排出体外(图 6-13)。

1. 转变为胆汁酸　胆固醇在肝中转化成胆汁酸是胆固醇在体内代谢的主要去路。正常成人每天合成的胆固醇有 1~1.5 g,其中 40%(0.4~0.6 g)在肝中被转变为胆汁酸,随胆汁排入肠道。胆汁酸能降低油水两相间的表面张力,在脂类的消化、吸收过程中起重要作用。

2. 转化为类固醇激素　胆固醇是肾上腺皮质、睾丸、卵巢等内分泌腺合成及分泌类固醇激素的原料。肾上腺皮质球状带细胞可以利用胆固醇合成盐皮质激素醛固酮，参与水盐代谢。肾上腺皮质索状带细胞可以利用胆固醇合成皮质醇和皮质酮，参与糖类、脂类及蛋白质代谢的调节。性腺利用胆固醇为原料合成睾酮、雌二醇及孕酮等类固醇激素。

3. 转化为7-脱氢胆固醇　在人体皮肤细胞内的胆固醇经脱氢氧化为7-脱氢胆固醇，后者经紫外光照射转变为维生素D_3。维生素D_3在肝细胞微粒体经25-羟化酶催化生成25-羟维生素D_3，后者经血液转运至肾，再经1α-羟化酶催化形成具有活性形式的1,25-二羟维生素D_3[1,25-$(OH)_2$-D_3]。1,25-$(OH)_2$-D_3在调节钙磷代谢中能提高血钙、血磷的浓度。

4. 胆固醇的排泄　在体内胆固醇主要以胆汁酸盐的形式随胆汁排泄，还有一部分胆固醇可直接随胆汁排出，在肠道内的部分胆固醇受肠道细菌作用还原成粪固醇随粪便排出体外。

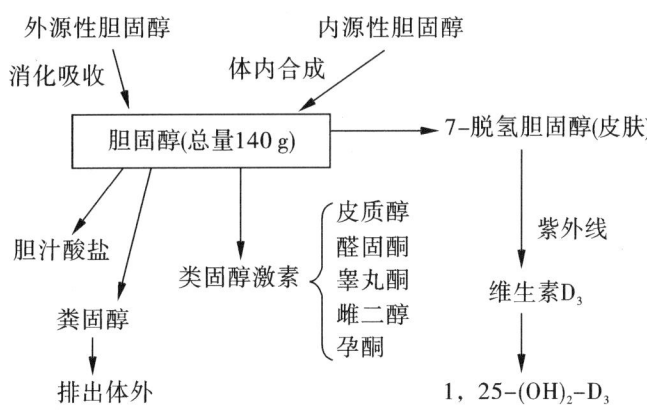

图6-13　胆固醇的转化和排泄

二、磷脂的代谢

含磷酸的脂类称磷脂，广泛分布于动植物体内，主要存在于人和动物的脑、神经、骨髓、心、肝、肾等组织及植物的种子中，按其化学组成的不同分为甘油磷脂和鞘磷脂两大类。

磷脂具有重要的生物学功能：①是生物膜的组成物质；②参与脂蛋白的组成与转运；③参与血液凝固；④其衍生物是某些激素作用的第二信使；⑤神经鞘磷脂是神经髓鞘的组成成分等。

(一)甘油磷脂的代谢

1. 甘油磷脂的组成、分类和结构　甘油磷脂由甘油、脂酸、磷酸及含氮化合物等组成。在甘油的1位和2位羟基上各结合1分子脂酸，通常2位脂酸为花生四烯酸，在3位羟基再结合1分子磷酸及1分子取代基团，形成具有亲水头部和疏水尾部的双亲分子。磷脂的基本化学结构如下：

$$R_2-C-O-CH_2-O-C-R_1 \atop CH_2-O-P-OX$$

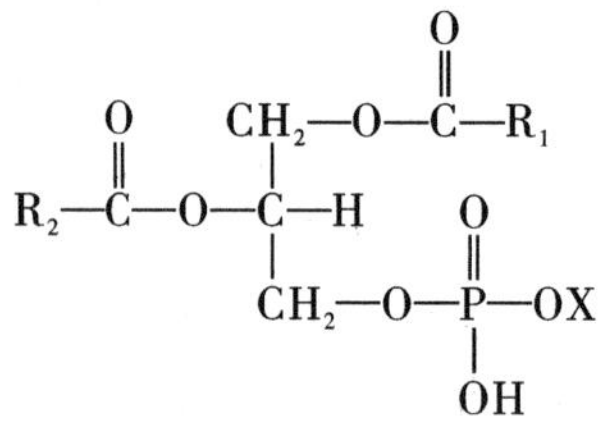

根据与磷酸相连的取代基团不同(X 的不同),可将甘油磷脂分为许多种类(表6-1)。

表6-1　体内几种重要的甘油磷脂

X-OH	X 取代基	甘油磷脂的名称
水	—H	磷脂酸
胆碱	—$CH_2CH_2N^+(CH_3)_3$	磷脂酰胆碱(卵磷脂)
乙醇胺	—$CH_2CH_2NH_2$	磷脂酰乙醇胺(脑磷脂)
丝氨酸	—CH_2CHNH_2COOH	磷脂酰丝氨酸
甘油	—$CH_2CHOHCH_2OH$	磷脂酰甘油
磷脂酰甘油	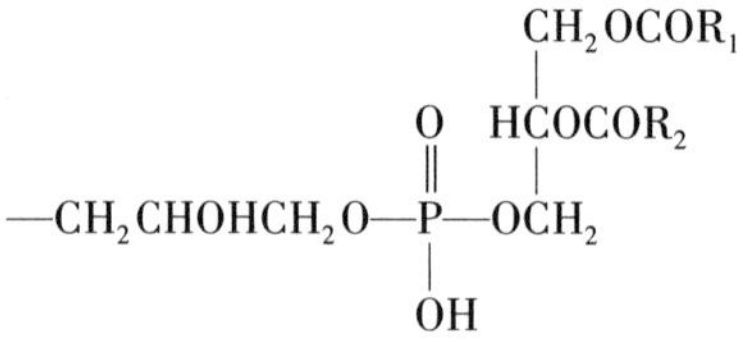 —$CH_2CHOHCH_2O-P-OCH_2\atop OH$ $CH_2OCOR_1 \atop HCOCOR_2$	二磷脂酰甘油(心磷脂)
肌醇	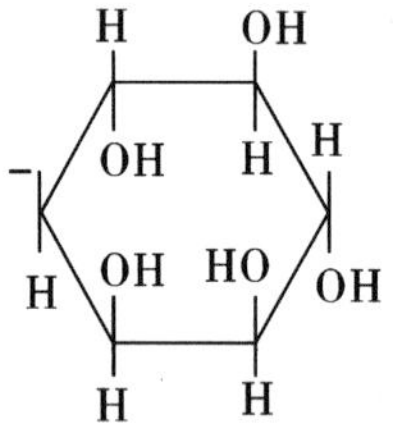 (肌醇环结构)	磷脂酰肌醇

2. 甘油磷脂的合成代谢

(1)合成部位　全身各组织细胞内质网均有合成磷脂的酶系,因此均能合成甘油磷脂,但以肝、肾及肠等组织最活跃。

(2)合成的原料及辅因子　除脂酸、甘油主要由葡萄糖代谢转化而来外,其2位的多不饱和脂酸必须从植物油摄取,另外还需磷酸盐、胆碱、丝氨酸、肌醇等。胆碱可由食物供给,亦可由丝氨酸及甲硫氨酸在体内合成。丝氨酸本身是合成磷脂酰丝氨酸的原料,脱羧后生成的乙醇胺又是合成磷脂酰乙醇胺的前体。乙醇胺由 S-腺苷甲硫氨酸获得3个甲基即可合成胆碱。合成除需 ATP 外,还需 CTP 参加。

(3)合成基本过程　合成的前体为磷脂酸,ATP 提供能量,CTP 用于活化产生 CDP 的活化中间代谢,如 CDP-乙醇胺、CDP-胆碱及 CDP-二酰甘油。合成过程较为复杂,主要有二酰甘油合成途径和 CDP-二酰甘油途径。

磷脂酰胆碱及磷脂酰乙醇胺在体内含量最多,占组织及血液中磷脂的75%以上。二酰甘油是合成这两类磷脂的重要中间物,因此他们的合成过程称为二酰甘油合成途径。胆碱及乙醇胺由活化的CDP-胆碱及CDP-乙醇胺提供。

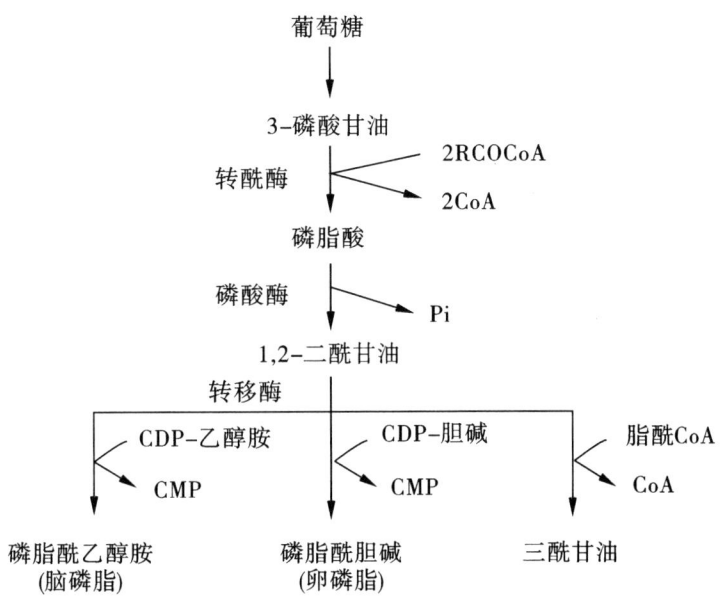

CDP-二酰甘油是合成心磷脂、磷脂酰丝氨酸等磷脂的直接前体和重要中间物,因此他们的合成过程称为CDP-二酰甘油途径。

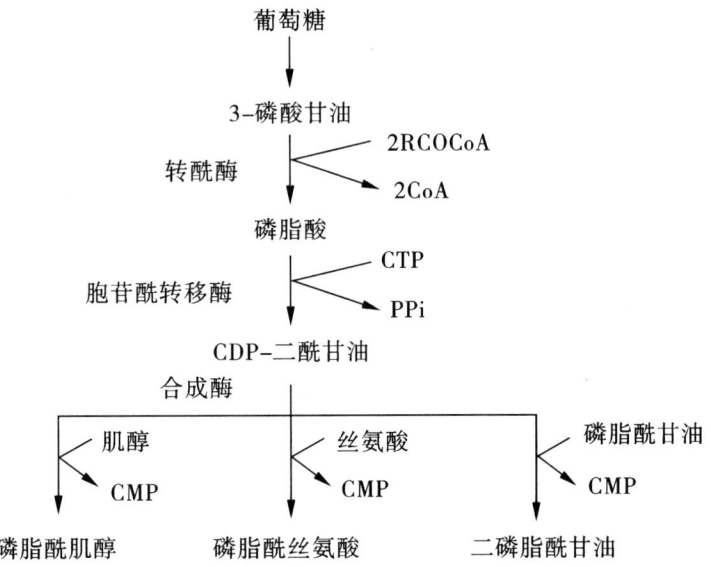

3. 甘油磷脂的分解代谢　生物体内存在能使甘油磷脂水解的多种磷脂酶类,根据其水解酯键的特异部位不同分为磷脂酶 A_1、磷脂酶 A_2、磷脂酶 B、磷脂酶 C、磷脂酶 D 等几种主要类型(图6-14)。

磷脂酶 A_1 广泛分布于动物细胞溶酶体中,蛇毒及某些微生物中亦有。磷脂酶 A_1 特异水解甘油磷脂分子 C_1 位酯键,产物一般为饱和脂酸及溶血磷脂2。磷脂酶 A_2 广泛分布于动物细胞膜及线粒体膜上,特异性水解甘油磷脂分子中 C_2 位上的酯键,产物一般为多不饱和脂酸及溶血磷脂1。溶血磷脂是一类具较强表面活性的物质,能使红细胞膜或其他细胞膜破坏而引起溶血或细胞坏死。临床上,急性胰腺炎的发病就是由于某种原因使胰腺磷脂酶 A_2 激活,导致胰腺细胞膜受损,胰腺组织坏死。磷脂酶 B_1 催化溶血磷脂1分子中 C_1 位上的酯键水解,产物为脂酸、甘油磷酸胆碱或甘油磷酸乙醇胺。磷脂酶 B_2 催化溶血磷脂2分子中 C_2 位上的酯键水解,产物与磷脂酶 B_1 的水解产物类似。磷脂酶 C 作用于3位的磷酸酯键。磷脂酶 D 主要分布于植物及动物脑组织细胞中,催化磷脂分子中磷酸和取代基团间的酯键断裂,释放出取代基团。

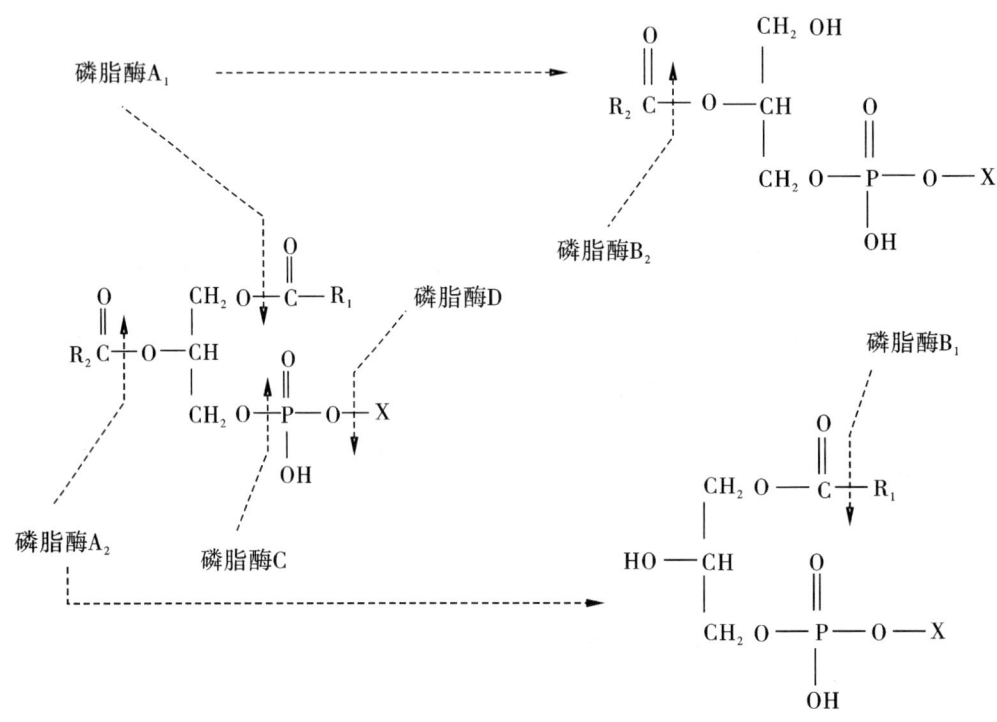

图 6-14 磷脂酶对磷脂的水解

4.脂肪肝 正常人肝中脂类含量约占肝重的5%,其中以磷脂含量最多,约占3%,三酰甘油约占2%。如果肝内脂类含量超过10%,且主要是三酰甘油堆积,组织学上证实肝实质细胞脂肪化。脂类含量超过30%时即为脂肪肝。形成脂肪肝的常见原因:①肝细胞内三酰甘油的来源过多,如高脂低糖或高糖高热量饮食;②胆碱或乙醇胺供给或合成不足,影响肝细胞内脑磷脂和卵磷脂的合成,导致极低密度脂蛋白的形成障碍,致使肝细胞内的三酰甘油因不能运出而使含量升高;③肝功能障碍,影响极低密度脂蛋白的合成与释放。上述这些原因都可导致脂肪肝,影响肝的正常功能,若治疗及调理不当,会进一步导致肝硬化。临床上常用磷脂及其合成原料和有关的辅助因子(如叶酸、维生素 B_{12} 等)防治脂肪肝,就是因为这些药物能够促进三酰甘油向肝外组织转运。

(二)鞘磷脂代谢

鞘磷脂是含有鞘氨醇的磷脂。体内含量最多的鞘磷脂是神经鞘磷脂。全身各组织细胞内质网中都含有合成鞘磷脂的酶,但以脑组织最为活跃。鞘磷脂由鞘氨醇、脂肪酸及磷酸胆碱构成。鞘氨醇与脂肪酸相连,生成N-脂酰鞘氨醇,其末端羟基与磷酸胆碱通过磷酸酯键相连,即为神经磷脂,它是神经髓鞘的主要成分,也是构成生物膜的重要磷脂。

$$\begin{array}{c}\overbrace{CH_3-(CH_2)_m-CH=CH-CH-OH}^{\text{鞘氨醇}} \quad \text{脂酸}\\ |\\ CHNHCO\underbrace{-(CH_2)_n CH_3}\\ |\\ CH_2-O-X\\ \text{取代基}\end{array}$$

神经鞘磷脂的分解是在神经鞘磷脂酶催化下进行的,此酶存在于脑、肝、脾、肾等细胞的溶酶体中,水解磷酸酯键,产物为N-脂酰鞘氨醇和磷酸胆碱。若先天缺乏此酶,则神经鞘磷脂不能降解而在细胞中积存,可引起肝、脾大及痴呆等鞘脂沉积症状。

第四节 血脂与血浆脂蛋白代谢

一、血脂

血浆中含有的脂类统称为血脂,包括三酰甘油、磷脂、胆固醇及其酯和游离脂肪酸等。

血脂的来源有外源性和内源性两种,外源性血脂是指肠道中食物脂类的消化吸收进入血液;内源性血脂包括由肝、脂肪细胞及其他组织合成后释放入血和储存的三酰甘油动员入血。血脂的主要去路包括进入脂肪组织储存、氧化供能、构成生物膜、转变为其他物质。

血脂总量并不多,只占体内总脂的极少部分,但外源性和内源性脂类都需经过血液转运至各组织之间,因此血脂的含量常可以反映体内各组织器官的脂类代谢情况。通过血脂水平的测定、分析,不仅反映全身脂类代谢的状态,且广泛应用于高脂血症、动脉粥样硬化(atherosclerosis,AS)和冠心病的防治及应用于其他诸多临床相关疾病的研究。血脂含量不如血糖恒定,受膳食、年龄、性别、运动、职业及代谢等的影响,波动范围较大。空腹状态下,个体血脂水平相对稳定,临床血脂检测常在进食后12 h左右抽取空腹血进行化验,这样才能可靠地反映血脂水平。正常成人空腹血脂水平见表6-2。

表 6-2 正常成人空腹血脂的组成及含量

组成	血浆含量		空腹时主要来源
	mg/dL	mmol/L	
总脂	400~700(500)		
三酰甘油	10~150(100)	0.11~1.69(1.13)	肝
总胆固醇	100~250(200)	2.59~6.47(5.17)	肝
胆固醇酯	70~200(145)	1.18~5.17(3.75)	
游离胆固醇	40~70(55)	1.03~1.81(1.42)	
总磷脂	150~250(200)	48.44~80.73(64.58)	肝

括号内为均值

二、血浆脂蛋白的分类、组成及结构

血液中的脂类物质不溶于水或微溶于水,除游离脂酸在血浆中与清蛋白结合为复合物运输外,其余血脂都与蛋白质结合形成血浆脂蛋白(lipoprotein,LP)。血浆脂蛋白呈颗粒状亲水性复合体,是血浆脂类的主要存在、运输及代谢形式。

(一)血浆脂蛋白的分类

各种脂蛋白因所含脂类及蛋白质组成不同,其密度、颗粒大小、表面电荷、电泳行为及免疫性均不同。一般用电泳法和超速离心法将血浆脂蛋白分类。

1. 电泳法 电泳法主要是根据不同脂蛋白的表面电荷不同,在电场中具不同的迁移率而予以分离。影响脂蛋白在电场中迁移速率的重要因素有电荷多少、分子大小、含脂类多少等。通常琼脂糖电泳法可将血浆脂蛋白分为 α-脂蛋白、前 β-脂蛋白、β-脂蛋白及乳糜微粒四类。α-脂蛋白含蛋白最多,分子小,所以迁移最快,相当于 α_1-球蛋白的位置;β-脂蛋白相当于 β-球蛋白的位置;前 β 位于 β-脂蛋白之前,相当于 α_2-球蛋白的位置;乳糜微粒(CM)则留在原点不动(图 6-15)。

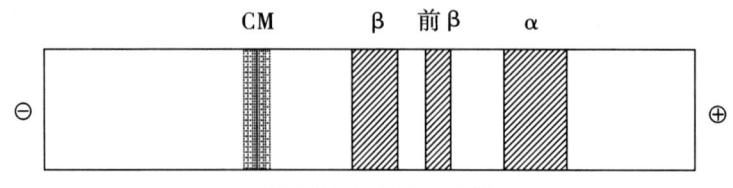

图 6-15 血浆脂蛋白醋酸纤维薄膜电泳图谱

2. 超速离心法 超速离心法是根据各种脂蛋白所含脂类及蛋白质的质和量各不同,而导致其密度大小差异对其进行分类。由于蛋白质的密度比脂类大,故脂蛋白中蛋白质含量越高,脂类含量越低,其密度越大;反之,其密度越小。将血浆放在一定密度的盐溶液中进行超速离心时,其所含脂蛋白即因密度不同而漂浮或沉降,据此分为四类:乳糜微粒(chylomicron,CM)、极低密度脂蛋白(very low density lipoprotein,VLDL)、低密度脂蛋白(low density lipoprotein,LDL)和高密度脂蛋白(high density lipoprotein,HDL),分别相当于电泳分离的CM、前β-脂蛋白、β-脂蛋白及α-脂蛋白四类(图6-16)。四种脂蛋白的密度大小依次为CM<VLDL<LDL<HDL。

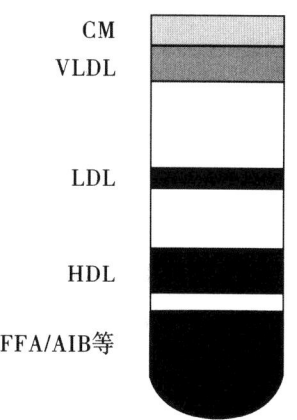

图6-16 超速离心法分离的血浆脂蛋白

(二)血浆脂蛋白的组成

血浆脂蛋白主要由蛋白质、三酰甘油、磷脂、胆固醇及其酯组成。各类脂蛋白都含有这四类成分,但其组成比例及含量却大不相同(表6-3)。乳糜微粒颗粒最大,含三酰甘油最多,达80%～95%,蛋白质最少,约1%,故密度最小,小于0.95,几乎不带电,血浆静置即可漂浮。VLDL含三酰甘油亦多,达50%～70%,但其蛋白质含量约10%,磷脂、胆固醇的含量均高于CM,故密度较CM大。LDL含胆固醇及胆固醇酯最多,接近50%,其蛋白质含量为20%～25%,密度在1.006～1.063。HDL含蛋白质量最多,约50%,颗粒最小,密度最高。

表6-3 各种血脂蛋白的性质、组成和功能

分类		CM	VLDL	LDL	HDL
	超速离心法	CM	VLDL	LDL	HDL
	电泳法	CM	前β-LP	β-LP	α-LP
性质	密度(g/ml)	<0.95	0.95～1.006	1.00～1.063	1.06～1.210
	漂浮系数(S_f)	>400	20～400	0～20	沉降
	颗粒直径(nm)	80～500	25～70	19～23	4～10
组成(%)	蛋白质	0.5～2	5～10	20～25	50
	脂类	98～99	90～95	75～80	50
	三酰甘油	80～95	50～70	10	5
	磷脂	5～7	15	20	25
	总胆固醇	1～4	15～19	45～50	20
	游离胆固醇	1～2	5～7	8	5
	胆固醇酯	3	10～12	40～42	15～17
	主要载脂蛋白	AⅠ、B_{48}、CⅠ、CⅡ、CⅢ	B_{100}、CⅠ、CⅡ、CⅢ、E	B_{100}	AⅠ、AⅡ、D
	合成部位	小肠黏膜细胞	肝细胞	血浆	肝、小肠、血浆
	主要功能	转运外源性三酰甘油	转运内源性三酰甘油	转运胆固醇到肝外	转运肝外胆固醇入肝

血浆脂蛋白中的蛋白质部分称载脂蛋白(apoprotein,Apo),人血浆 Apo 有20多

种。主要有 ApoA、ApoB、ApoC、ApoD 及 ApoE 五类,其中 ApoA 又分为 AⅠ、AⅡ、AⅣ及 AⅤ,ApoB 又分为 B_{100} 及 B_{48},ApoC 又分为 CⅠ、CⅡ、CⅢ 及 CⅣ。不同脂蛋白含不同的载脂蛋白(表6-3)。人几种主要载脂蛋白的基因结构、染色体定位、氨基酸序列均已确定。近年来的研究表明,载脂蛋白不仅在结合和转运脂质及稳定脂蛋白的结构上发挥重要作用,而且还调节脂蛋白代谢关键酶活性,参与脂蛋白受体的识别,在脂蛋白代谢上发挥极为重要的作用。

(三)血浆脂蛋白的结构

各种血浆脂蛋白的基本结构大致相似,除新生儿的 HDL 为圆盘状外,脂蛋白一般为球状颗粒,具有极性(亲水)的表面和非极性(疏水)的核心。在血浆脂蛋白中,疏水性较强的三酰甘油及胆固醇酯均位于脂蛋白的内核;而载脂蛋白、磷脂及游离胆固醇则以单分子层借其非极性的疏水基团与内部的疏水链相联系,覆盖于脂蛋白表面,其极性基团朝外,呈球状(图6-17)。CM 及 VLDL 主要以三酰甘油为内核,LDL 及 HDL 则主要以胆固醇酯为内核。HDL 的蛋白质/脂类比值最高,故大部分表面被蛋白质分子所覆盖,并与磷脂交错穿插。

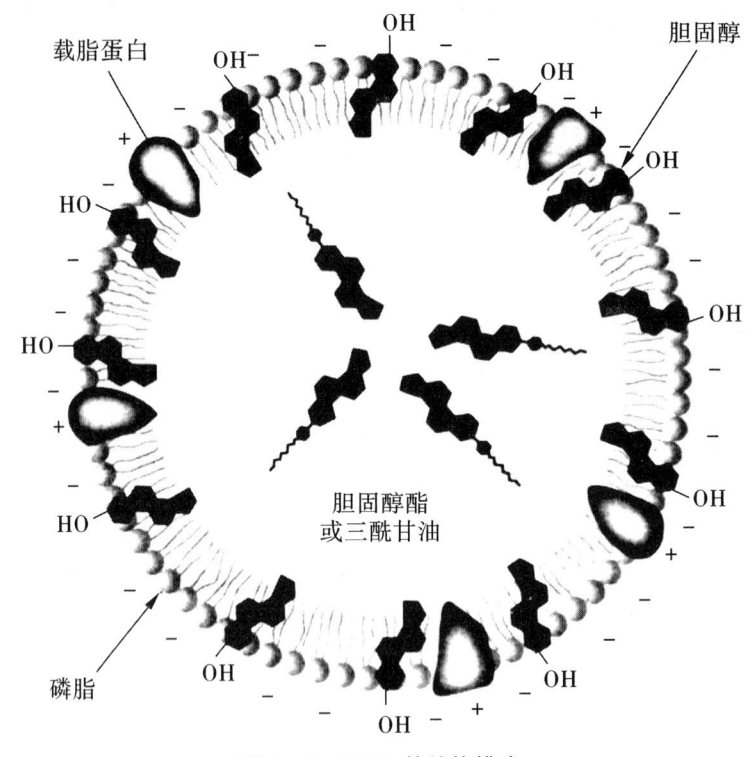

图6-17　VLDL 的结构模式

三、血浆脂蛋白代谢

(一)乳糜微粒

CM 由小肠黏膜细胞合成,富含三酰甘油(80%~95%)。CM 是运输外源性三酰甘油及胆固醇的主要形式。小肠黏膜细胞将吸收的脂肪酸和单酰甘油等重新合成三酰甘油,连同合成及吸收的磷脂、胆固醇,加上 $ApoB_{48}$、ApoAⅠ、ApoAⅣ、ApoAⅡ 等共同形成新生的 CM,经淋巴入血液。在血液中,新生 CM 从 HDL 获得 ApoC 及 ApoE,并将部分 ApoAⅠ、ApoAⅡ、ApoAⅣ 转移给 HDL,形成成熟的 CM。新生 CM 获得 ApoC 后,其中的 ApoCⅡ 激活肌肉、脂肪等组织毛细血管内皮细胞表面的脂蛋白脂肪酶(lipoprotein lipase,LPL),LPL 使 CM 中的三酰甘油逐步水解,产生甘油和脂肪酸,供组织摄取利用。在 LPL 的反复作用下,CM 内核的三酰甘油 90% 以上被水解,CM 颗粒逐步变小,最后转变成为富含胆固醇酯、$ApoB_{48}$ 及 ApoE 的 CM 残粒,后者为肝细胞膜 LDL 受体相关蛋白结合,最终被肝细胞摄取、利用(图 6-18)。

由于 CM 颗粒大,能使光线散射而使血浆呈乳样外观,这是饭后血浆混浊的原因。正常人 CM 在血浆中代谢迅速,半衰期仅为 5~15 min,因此饮食 12~14 h 后,即空腹时,血浆中不含 CM。

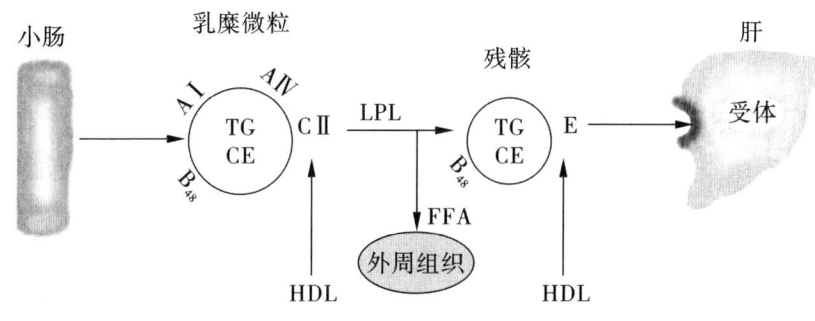

图 6-18 乳糜微粒的代谢

TG 为三酰甘油;CE 为胆固醇酯;LPL 为脂蛋白脂肪酶

(二)极低密度脂蛋白

VLDL 主要由肝合成和分泌,是运输内源性三酰甘油的主要形式。肝细胞利用葡萄糖和脂肪酸(来自食物或脂肪动员)为原料合成三酰甘油,再与磷脂、胆固醇及胆固醇酯、$ApoB_{100}$、ApoC、ApoE 等结合形成 VLDL。此外,小肠黏膜细胞亦可合成少量 VLDL。VLDL 分泌入血后,和 CM 的代谢相似,从 HDL 获得 ApoC 及 ApoE,形成成熟的 VLDL,其中的 ApoCⅡ 激活肝外组织毛细血管内皮细胞表面的 LPL,使 VLDL 中的三酰甘油被水解,释放出甘油和脂肪酸,为组织利用。随着三酰甘油的水解,VLDL 颗粒逐渐变小,其表面过剩的磷脂、游离胆固醇及 ApoC 转移至 HDL 上,而 HDL 的胆固醇酯又转移到 VLDL。此时 VLDL 的胆固醇含量及 $ApoB_{100}$、ApoE 的含量相对增加,转变为中间密度脂蛋白(IDL)(图 6-19)。

IDL 主要有两条代谢途径:一部分 IDL 为肝细胞摄取代谢;另一部分未被肝细胞摄取的 IDL,其三酰甘油被酶进一步水解,IDL 即转变为 LDL,经 LDL 受体代谢。VLDL 在血中的半寿期为 6~12 h。

(三)低密度脂蛋白

LDL 主要由 VLDL 在血浆中转变而来,是转运肝合成的内源性胆固醇的主要形式。LDL 是空腹时血浆的主要脂蛋白,含量约占血浆脂蛋白总量的 1/2~2/3,半衰期为 2~4 d。

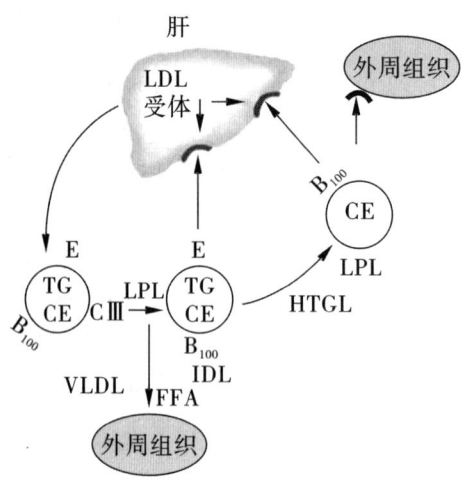

图 6-19 VLDL 及 LDL 的代谢

LDL 主要代谢途径为 LDL 受体途径(图 6-20)。LDL 受体广泛分布于肝、动脉壁细胞等全身各组织的细胞膜表面,能特异识别与结合含 ApoE 或 $ApoB_{100}$ 的脂蛋白,故又称 ApoB、ApoE 受体。肝是降解 LDL 的主要器官,约 50% 的 LDL 在肝降解。肾上腺皮质、卵巢、睾丸等组织摄取及降解 LDL 的能力亦较强。当血浆中的 LDL 与 LDL 受体结合后,被内吞入细胞,与溶酶体融合,经溶酶体的酶水解,$ApoB_{100}$ 水解为氨基酸,胆固醇酯被水解为游离胆固醇及脂肪酸。游离胆固醇可用于构成细胞膜、类固醇激素,还可反馈抑制细胞本身胆固醇合成。若发生 LDL 受体缺陷,可导致血浆 LDL 升高,是 AS 发生的重要原因。

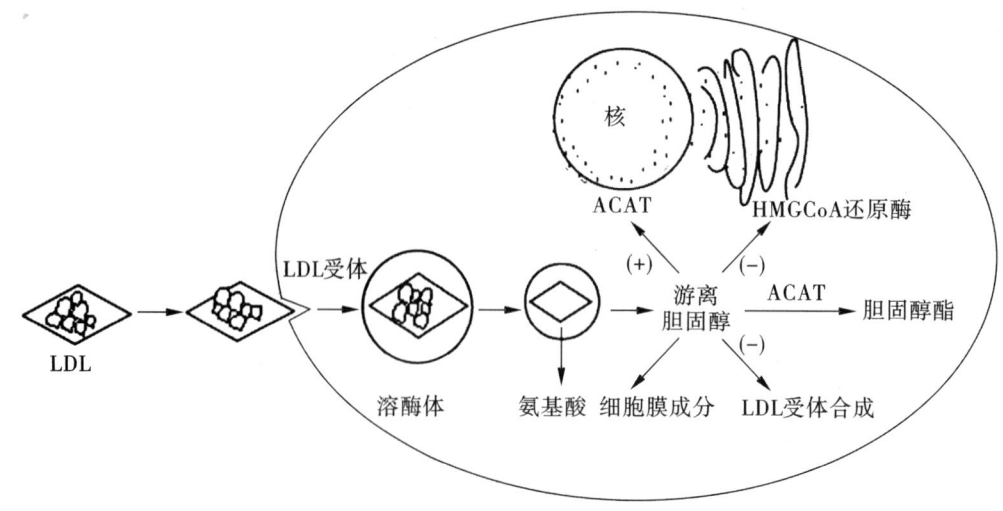

图 6-20 LDL 受体途径

(四)高密度脂蛋白

HDL 主要由肝合成,小肠亦可合成部分。此外,当 CM 及 VLDL 中的三酰甘油水解时,其表面的 ApoAⅠ、ApoAⅣ、ApoAⅡ、ApoC 及磷脂、胆固醇等脱离 CM 及 VLDL

亦可形成新生 HDL。HDL 按密度大小又分为 HDL_1、HDL_2 及 HDL_3。正常人血浆中主要含 HDL_2 及 HDL_3。

HDL 的主要功能是参与胆固醇的逆向转运,即将肝外组织细胞内的胆固醇通过血循环转运到肝,然后将其转化为胆汁酸后排出体外。胆固醇逆向转运的第一步是胆固醇自肝外细胞包括动脉平滑肌细胞及巨噬细胞等的移出;第二步是 HDL 运载的胆固醇酯化为胆固醇酯,以胆固醇酯形式转运。肝细胞合成的新生 HDL 呈盘状,进入血液后,在血浆卵磷脂胆固醇脂酰转移酶(LCAT)的催化下,HDL 表面卵磷脂的 2 位脂酰基转移至胆固醇 3 位羟基生成溶血卵磷脂及胆固醇酯,生成的胆固醇酯转运入 HDL 的核心。此过程消耗的卵磷脂及游离胆固醇不断从外周细胞膜、CM、VLDL 等得到补充。在 LCAT 的作用下,新生 HDL 的胆固醇酯增多,使双脂层的盘状 HDL 被逐步膨胀为单脂层的球状 HDL,同时其表面的 ApoC 及 ApoE 又转移到胆固醇酯及 VLDL 上,最后新生 HDL 转变为成熟 HDL(图 6-21)。

胆固醇逆向转运的最终步骤在肝脏进行。肝是机体清除胆固醇的主要器官。肝细胞膜存在 HDL 受体、LDL 受体及特异的 ApoE 受体。成熟 HDL 由肝细胞膜上的 HDL 受体识别而被摄取、降解、消除。HDL 在血浆中的半衰期为 3~5 d。HDL 是将肝外组织的胆固醇转运至肝内进行转化,生成胆汁酸盐或以胆固醇的形式通过胆汁直接排出体外的过程,从而促进外周组织胆固醇的清除,故 HDL 具有抗 AS 的作用。

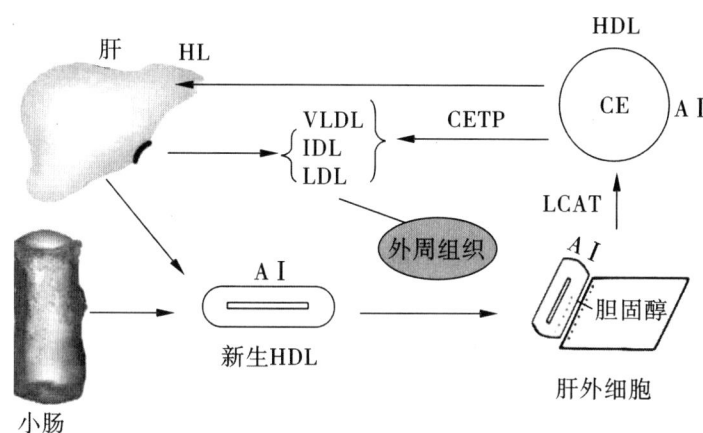

图 6-21　HDL 的代谢和胆固醇的逆向转运

四、临床常见的血浆脂蛋白代谢异常

(一) 高脂血症

高脂血症是指血浆中三酰甘油或胆固醇浓度异常升高。由于血脂在血中以脂蛋白形式运输,实际上高脂血症也可以认为是高脂蛋白血症(hyperlipoproteinemia, HLP)。一般以成人空腹 12~14 h,血浆三酰甘油超过 2.26 mmol/L(200 mg/dL)、胆固醇超过 6.21 mmol/L(240 mg/dL),儿童胆固醇超过 4.14 mmol/L(160 mg/dL)为高脂血症的诊断标准。

1970 年世界卫生组织(WHO)建议将高脂蛋白血症分为六型,其血浆脂蛋白及血脂的改变见表6-4。

表6-4 高脂蛋白血症的分型

类型	脂蛋白增加	血脂增加	类别	发病率
Ⅰ	CM	三酰甘油↑↑↑	家族性(外源性)高三酰甘油血症(脂蛋白脂肪酶缺乏)	罕见
Ⅱa	LDL	胆固醇↑↑	家族性高胆固醇血症(LDL受体缺乏)	常见
Ⅱb	LDL与VLDL	胆固醇↑,三酰甘油↑	家族性多种脂蛋白型高脂蛋白血症	常见
Ⅲ	IDL	胆固醇↑,三酰甘油↑	家族性异常β-脂蛋白血症	罕见
Ⅳ	VLDL	三酰甘油↑↑	家族性(内源性)高三酰甘油血症	常见
Ⅴ	VLDL与CM	三酰甘油↑↑↑,胆固醇↑	混合型高三酰甘油血症	较少

(二)动脉粥样硬化

动脉粥样硬化(atherosclerosis,AS)主要是由于血浆中胆固醇含量过多,沉积于大、中动脉内膜上,形成粥样斑块,导致管腔狭窄甚至阻塞,从而影响了受累器官的血液供应。如冠状动脉粥样硬化会引起心肌缺血,甚至心肌梗死,称为冠状动脉粥样硬化性心脏病,简称冠心病。大量研究证实,粥样斑块中的胆固醇来自血浆LDL,VLDL是LDL的前体,因此,血浆LDL和VLDL增高的患者,冠心病的发病率显著升高。近年来研究表明,HDL的水平与冠心病的发病率呈负相关,HDL具有抗动脉粥样硬化的作用。

因此,降低LDL、VLDL水平和提高HDL水平是防治动脉粥样硬化、冠心病的基本原则。

同步练习

(一)选择题

1. 脂肪动员的限速酶是 ( )
   A. 三酰甘油脂肪酶　　　　　　　B. 血管内皮脂肪酶
   C. 卵磷脂胆固醇脂酰转移酶　　　D. 肝脂肪酶
   E. 胰腺脂肪酶

2. 携带脂酰CoA通过线粒体内膜的载体是 ( )
   A. 载脂蛋白　　　　　　　　　　B. 血浆脂蛋白
   C. 血浆清蛋白　　　　　　　　　D. 肉碱
   E. 草酰乙酸

3. 脂肪酸的氧化分解中,与脂肪酸活化有关的酶是 ( )
   A. HMG-CoA合成酶　　　　　　　B. 脂酰CoA合成酶
   C. 乙酰乙酰CoA合成酶　　　　　D. 三酰甘油脂肪酶
   E. 脂蛋白脂肪酶

4. 下列哪种情况机体能量的提供主要来自脂肪 ( )

    A. 空腹 B. 剧烈运动
    C. 进餐后 D. 禁食
    E. 安静状态
5. 饥饿时尿中含量增高的物质是 ( )
    A. 丙酮酸 B. 乳酸
    C. 尿酸 D. 酮体
    E. 葡萄糖
6. 乙酰CoA不能参与下列哪种反应 ( )
    A. 氧化分解 B. 合成核苷酸
    C. 合成脂肪酸 D. 合成酮体
    E. 合成胆固醇
7. 下列哪种组织器官合成三酰甘油能力最强 ( )
    A. 脂肪组织 B. 肝
    C. 小肠 D. 肾
    E. 肌肉
8. 下列哪种情况可导致脂肪肝的发生 ( )
    A. 高糖饮食 B. 脑磷脂缺乏
    C. 胆碱缺乏 D. 胰岛素分泌增加
    E. 肾上腺素分泌增加
9. 脂肪酸氧化分解的限速酶是 ( )
    A. 肉碱脂酰转移酶Ⅰ B. 烯脂酰CoA水化酶
    C. 肉碱脂酰转移酶Ⅱ D. 脂酰CoA脱氢酶
    E. 脂酰CoA羧化酶
10. 脂肪酸在血浆中运输的方式 ( )
    A. 与球蛋白结合 B. 与清蛋白结合
    C. 与CM结合 D. 与VLDL结合
    E. 与HDL结合
11. 1 mol 软脂酸(16碳)彻底氧化成CO_2和H_2O可净生成的ATP摩尔数是 ( )
    A. 22 B. 36
    C. 38 D. 106
    E. 131
12. 脂肪酸进行β-氧化的部位是 ( )
    A. 细胞质 B. 线粒体基质内
    C. 微粒体 D. 线粒体内膜上
    E. 细胞核
13. 下列有关酮体的论述错误的是 ( )
    A. 酮体是肝输出脂肪酸类能源物质的一种形式
    B. 酮体可作为大脑和肌肉组织的重要能源
    C. 脂肪动员减少时肝内酮体生成增多
    D. 酮体是水溶性物质,且丙酮可由呼吸道呼出
    E. 酮体是酸性物质
14. 正常人空腹时,血浆中主要的脂蛋白是 ( )
    A. CM B. VLDL
    C. LDL D. HDL

E. 脂肪酸-清蛋白复合物

15. 不能氧化利用脂肪的组织细胞是 （ ）
    A. 肌肉 B. 肾
    C. 肝 D. 成熟红细胞
    E. 心肌

16. 酮体是下列哪一组物质的总称 （ ）
    A. 乙酰 CoA、β-羟丁酸、丙酮
    B. 乙酰乙酸、β-羟丁酸、丙酮
    C. 乙酰乙酸、β-羟丁酸、丙酮酸
    D. 草酰乙酸、苹果酸、丙酮酸
    E. 乳酸、β-羟丁酸、丙酮

17. 合成胆固醇的限速酶是 （ ）
    A. HMG-CoA 合成酶 B. HMG-CoA 还原酶
    C. HMG-CoA 裂解酶 D. 甲羟戊酸激酶
    E. 鲨烯环氧酶

18. 脂肪酸和胆固醇合成过程中的供氢体 NADPH+H$^+$ 主要来自 （ ）
    A. 糖酵解 B. 磷酸戊糖通路
    C. 糖的有氧氧化 D. 脂类代谢
    E. 氨基酸分解代谢

19. 内源性胆固醇主要由血浆中哪一种血浆脂蛋白运输 （ ）
    A. HDL B. LDL
    C. VLDL D. HDL
    E. HDL$_3$

20. 下列哪一生化反应主要在线粒体内进行 （ ）
    A. 脂肪酸合成 B. 脂肪酸 β-氧化
    C. 磷脂合成 C. 胆固醇合成
    E. 三酰甘油分解

(二) 思考题

1. 糖尿病患者为何会产生酮血症、酮尿症及酮症酸中毒？
2. 胆碱缺乏为什么会诱发脂肪肝？
3. 简述脂肪酸的氧化过程。
4. 血浆胆固醇异常升高的患者应怎样调整自己的膳食结构？理论依据是什么？

(河南医学高等专科学校　左秀凤)

第七章 生物氧化

学习目标

- ◆ 掌握 生物氧化的概念和特点;呼吸链的概念、组成成分和作用及两条呼吸链的排列顺序;ATP 的生成方式和利用。
- ◆ 熟悉 影响氧化磷酸化的因素;细胞色素 P450、超氧化物歧化酶的作用。
- ◆ 了解 参与生物氧化的酶类。

生物体内糖、脂类、蛋白质等营养物质常可通过加氧、脱氢、失电子的方式进行一系列的氧化分解,最终生成 CO_2 和 H_2O 并释放出能量,这一过程称为生物氧化。营养物质经柠檬酸循环或其他代谢途径(如糖酵解、脂肪酸 β-氧化)进行脱氢反应,产生的成对氢原子(2 个氢质子和 2 个电子)以还原当量 $NADH+H^+$ 或 $FADH_2$ 的形式存在,是生物氧化过程中产生的主要还原性电子载体。机体在进行有氧呼吸时,这些还原性电子载体通过一系列的酶催化和连续的氧化还原反应逐步传递电子,最终使氢质子与氧结合生成水,同时释放能量,驱动 ADP 磷酸化生成 ATP,供机体各种生命活动的需要。

生物氧化在细胞的线粒体内及线粒体外均可进行,但过程不同。线粒体内的生物氧化伴随有 ATP 的生成,其主要表现为细胞内氧的消耗和二氧化碳的释放,故又称细胞呼吸。而在线粒体外(如内质网、过氧化物酶体等)的生物氧化是不伴随有 ATP 生成,主要与药物、毒物或代谢物的生物转化有关。本章以线粒体内的生物氧化为重点,即主要阐述线粒体内糖、脂类、蛋白质等营养物质氧化分解生成 CO_2 和水,并释放出能量的过程。线粒体内的生物氧化大致分为三个阶段:第一阶段是营养物质分解为其基本组成单位——葡萄糖、脂肪酸、甘油及氨基酸。此阶段放能较少,而且多以热能的形式散失,不为机体所利用;第二阶段是葡萄糖、脂肪酸、甘油及氨基酸经一系列反应生成中间产物乙酰 CoA,这阶段释放总能量的 1/3,其中部分转变成可被机体利用的化学能;第三阶段是糖、脂类、蛋白质分解代谢的共同通路——三羧酸循环,乙酰 CoA 进入三羧酸循环被彻底氧化生成 CO_2 并多次脱氢,脱下的氢进入线粒体氧化呼吸链,与氧结合生成水,同时释放出大量能量,一部分用于合成 ATP 为机体所利用,另一部分以热能的形式散发用于维持体温。

生物氧化中 H_2O 的生成

第一节　生物氧化的概述

(一) 生物氧化的方式与特点

与体外物质氧化的化学本质一样,生物氧化也是消耗氧,使有机物氧化生成 CO_2 和 H_2O,释放相等的总能量。生物氧化中营养物质的氧化方式遵循氧化还原反应的一般规律,即加氧、脱氢、失电子的反应。通过加水脱氢反应能使代谢物间接获得氧,从而增加了代谢物脱氢的数量。但是机体内的生物氧化又有其特点:①生物氧化过程是在细胞内进行的,反应条件温和(体温、pH 值近中性);②生物氧化是在一系列酶和辅酶的作用下进行的,能量逐步释放,使能量得到最有效的利用。通常机体利用能量的方式是将生物氧化释放的能量先储存在一些高能化合物如 ATP 中,在需要的时候再由 ATP 分子释放,并且可以转换成各种形式的能量,以供机体生命活动的需要,因此 ATP 相当于生物体内能量的"储存库"和"转动站";③生物氧化的速率受体内多种因素的影响和调节;④CO_2 的生成方式为有机酸脱羧,H_2O 是通过底物脱氢经一系列电子传递最终与氧结合而生成。

(二) 生物氧化的酶类

参与生物氧化的酶类包括氧化酶类、需氧脱氢酶类、不需氧脱氢酶类和加氧酶类等,最常见的为脱氢酶类。脱氢酶可分为两类。①需氧脱氢酶:是以黄素核苷酸为辅基的一类黄素蛋白。该酶催化代谢物脱氢,脱下的氢转交给氧原子,生成过氧化氢。例如,催化神经递质儿茶酚胺、5-羟色胺等单胺类化合物氧化脱氨基的单胺氧化酶即属于需氧脱氢酶。抑郁症患者神经突触中的儿茶酚胺类含量减少,临床上可应用单胺氧化酶抑制药,以阻断单胺氧化酶对这类神经递质的氧化降解,使症状得以改善。②不需氧脱氢酶类:能使作用物的氢活化又不以氧为受氢体,而由辅酶或辅基作为受氢体。这些辅酶或辅基包括辅酶Ⅰ(烟酰胺腺嘌呤二核苷酸,NAD^+)、辅酶Ⅱ(磷酸烟酰胺腺嘌呤二核苷酸,$NADP^+$)、FMN 或 FAD 等。这些辅酶接受氢后,将氢或电子通过呼吸链传递并经氧化酶的催化,交给氧生成水。例如,葡萄糖代谢的重要中间步骤,催化三磷酸甘油醛脱氢的脱氢酶是以辅酶Ⅰ为受氢体。此酶可被重金属离子、烷化剂及砷酸根所抑制,这也是这些毒物中毒的机制之一。

(三) 生物氧化中二氧化碳的生成

与体外氧化时 CO_2 的生成不一样,机体生物氧化过程中 CO_2 的生成方式为有机酸脱羧。三羧酸循环中两次氧化脱羧生成 2 分子 CO_2,这是体内 CO_2 的主要来源。

第二节　线粒体氧化体系

物质代谢过程中产生的 $NADH+H^+$ 和 $FADH_2$,通过多种酶催化的连锁反应逐步传递,最终彻底氧化生成水和 ATP。这一过程是在线粒体中进行的,与细胞呼吸有关。

参与该过程氧化还原反应的组分由含辅助因子的多种蛋白酶复合体组成,并且按一定顺序排列在线粒体内膜上,形成一个连续的传递链,因此称为氧化呼吸链。在氧化呼吸链中,参与传递反应的酶复合体发挥传递电子或氢的作用。其中传递氢的酶蛋白或辅助因子称为递氢体,传递电子的则称为电子传递体。由于递氢过程也需传递电子（$2H^+ +2e$）,所以氧化呼吸链也称电子传递链。

一、呼吸链的组成与种类

构成氧化呼吸链的递氢体和递电子体的成分目前已发现有20余种,大体上可归纳为五类:氧化型烟酰胺腺嘌呤二核苷酸(nicotinamide adenine dinucleotide, NAD^+)、黄素蛋白(flavoprotein)、铁硫蛋白(iron-sulfur portein)、泛醌(ubiquinone)和细胞色素(cytochrome, Cyt)。

(一)氧化呼吸链由4种具有传递电子能力的复合体组成

用胆酸、脱氧胆酸等反复处理线粒体内膜,可将呼吸链分离得到4种仍具有电子传递功能的蛋白酶复合体(Complex),分别为 Complex Ⅰ、Complex Ⅱ、Complex Ⅲ 和 Complex Ⅳ(图7-1)。每个复合体都是线粒体内膜氧化呼吸链的天然存在形式,由多种酶蛋白和辅助因子(金属离子、辅酶或辅基)组成,但各复合体含有自己特定的蛋白质和辅助因子成分。各复合体中的跨膜蛋白成分使其能够镶嵌在线粒体内膜中,并按照一定的顺序进行排列。其中复合体Ⅰ、Ⅲ和Ⅳ完全镶嵌于线粒体内膜上,而复合体Ⅱ仅镶嵌在线粒体内膜的基质侧。复合体中的蛋白质组分、金属离子、辅酶或辅基通过金属离子价键的变化、氢原子($H^+ +e$)转移的方式共同完成电子传递过程,其本质是由电势能转变为化学能的过程,电子传递过程所释放的能量驱动 H^+ 从线粒体基质移至膜间腔,形成跨线粒体内膜的 H^+ 浓度梯度差,用于驱动 ATP 的合成。

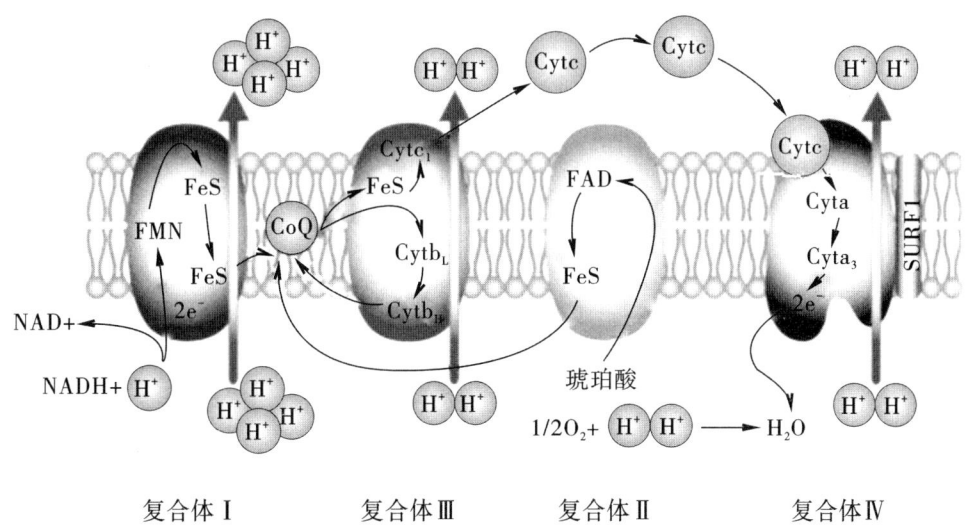

图7-1 呼吸链蛋白酶复合体Ⅰ、复合体Ⅱ、复合体Ⅲ和复合体Ⅳ

1. **复合体Ⅰ将 $NADH+H^+$ 中的电子传递给泛醌** 复合体Ⅰ又称NADH-泛醌还原酶或NADH脱氢酶,是由黄素蛋白、铁硫蛋白等蛋白及其辅基组成的跨线粒体内膜的蛋白质-酶复合体,呈"L"形状,一端突出于线粒体基质中,包括黄素蛋白及黄素单核苷酸(flavin mononucleotide,FMN)辅基和2个铁硫中心(iron-sulfur center,Fe-S)辅基、铁硫蛋白及其3个Fe-S辅基;另一段横臂镶嵌于线粒体的内膜,嵌于内膜的横臂为疏水蛋白部分,也含有1个Fe-S辅基。所以该复合体中的黄素蛋白和铁硫蛋白都能接受来自NADH+H⁺的电子,然后通过辅基发挥传递电子作用,并将电子转移给泛醌。

在柠檬酸循环、糖酵解和脂肪酸β-氧化等过程的脱氢反应中,大部分代谢物脱下的2H都是由NAD⁺接受,形成还原型NADH+H⁺。NAD⁺是脱氢酶类的辅酶,又称辅酶Ⅰ(CoⅠ),分子中烟酰胺芳环的吡啶氮为五价,能可逆接受2H中的双电子成为三价氮,同时芳环也接受一个氢质子进行加氢反应,因此NAD⁺既是递氢体也是双电子传递体。烟酰胺在加氢反应时,只能接受1个氢质子和2个电子,另1个氢质子游离在溶液中,因此将还原型的NAD⁺写成NADH+H⁺。还原型NADH可失去电子被氧化而生成NAD⁺,其电子被复合体Ⅰ接受并传递给泛醌(图7-2)。

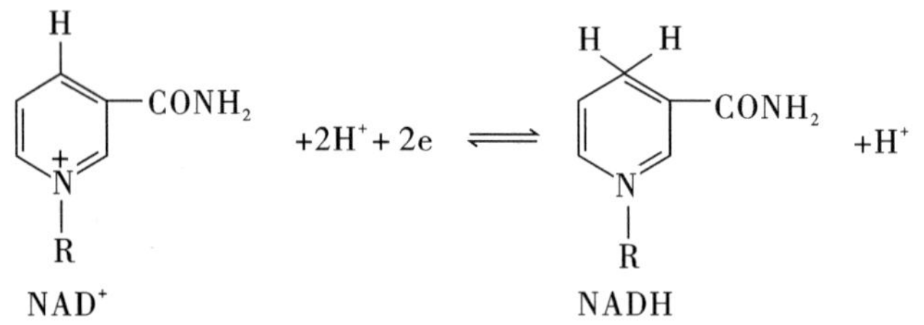

图7-2 递电子体NADH+H⁺

黄素蛋白种类很多,其辅基有两种——黄素单核苷酸(FMN)和黄素腺嘌呤二核苷酸(FAD),两者均含核黄素(维生素B₂)。FMN是NADH-泛醌氧化还原酶的辅基,而FAD则是多种氧化还原酶(如琥珀酸脱氢酶、酯酰CoA脱氢酶等)的辅基,它们在反应中起递氢体的作用。在FAD、FMN分子中发挥功能的结构是核黄素中的异咯嗪环,氧化型的FMN(FAD)可接受1个质子和1个电子生成FMNH·(FADH·),后者不稳定,再接受1个质子和1个电子生成还原型FMNH₂(FADH₂)。反之FMNH₂氧化时也逐步脱去电子和质子,属于单、双电子传递体(图7-3)。

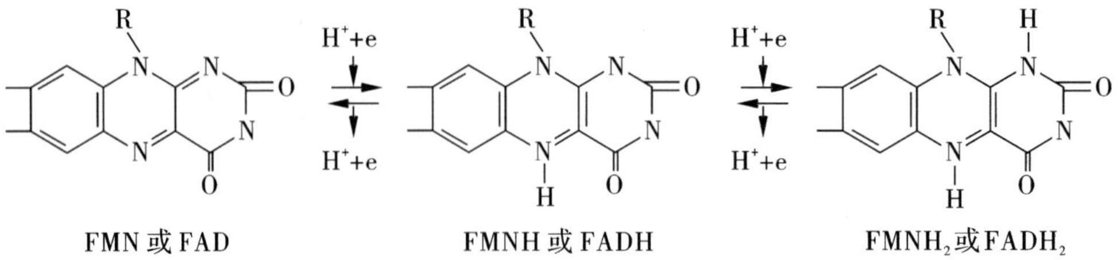

图7-3 递电子体FMNH₂(或FADH₂)

铁硫蛋白是以铁硫簇为辅基的蛋白质,存在于线粒体内膜上,常与其他递氢体和递电子体构成复合物,其中的Fe离子通过与无机硫(S)原子或铁硫蛋白中的半胱氨酸残基的S原子相连,复合物中的铁硫蛋白是传递电子的反应中心,故又称铁硫中心

(Fe-S)。Fe-S可有多种形式,主要有2个活泼的无机硫和2个铁离子(Fe_2S_2)或4个活泼的无机硫和4个铁离子(Fe_4S_4)。铁硫中心的铁离子可进行$Fe^{2+} \longrightarrow Fe^{3+} + e^-$的可逆反应,每个铁硫中心一次传递一个电子,因此铁硫蛋白为单电子传递体(图7-4)。

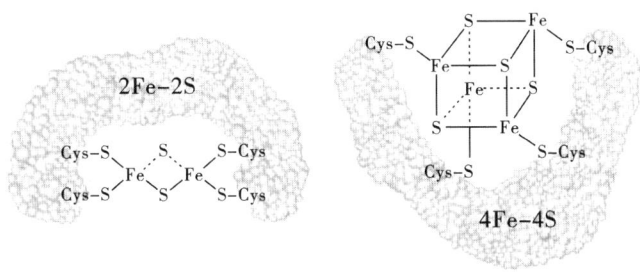

铁硫蛋白

图7-4 递电子体铁硫蛋白

泛醌又称辅酶Q(coenzymeQ,CoQ),是一种广泛分布于生物界的小分子脂溶性醌类化合物。CoQ结构中含多个异戊二烯单位形成较长的疏水侧链。与FMN类似,泛醌能进行可逆的电子传递,接受1个电子和1个质子还原成半醌型泛醌(QH),再接受1个电子和1个质子还原成二氢泛醌(QH_2)。CoQ极易从线粒体内膜分离出来,因此不属于复合体Ⅰ。CoQ脂溶性强,因侧链的疏水作用其能在线粒体内膜中自由扩散,并同时传递氢和电子,可在各复合体中募集并穿梭传递还原当量,在氧化呼吸链中具有重要作用,同时还在下述复合体的电子传递和质子移动的偶联中起着核心作用(图7-5)。

图7-5 递电子体泛醌

复合体Ⅰ中黄素蛋白辅基FMN从基质中接受还原型NADH中的2个质子和2个电子生成$FMNH_2$,经一系列铁硫中心,将电子传递给内膜中的泛醌。该复合体还具有质子泵的作用,在传递电子的同时将四个质子由线粒体基质转移到线粒体膜间隙,泵出质子所需的能量来自电子传递过程。存在于线粒体基质内的NADH可直接将电子传递入呼吸链,而线粒体外的NADH需要通过特殊穿梭机制进入线粒体内方可参加呼吸链的氧化还原过程。

2.复合体Ⅱ将电子从琥珀酸传递到泛醌 复合体Ⅱ是三羧酸循环中的琥珀酸脱氢酶,又称琥珀酸-泛醌氧化还原酶,由4个亚基组成,含FAD、铁硫蛋白和$Cytb_{566}$,其功能是将电子从琥珀酸传递给泛醌。人复合体Ⅱ又称黄素蛋白2(FP_2),由4个亚基组成,其中2个小疏水亚基是大、小细胞色素结合蛋白,其主要功能是结合细胞色素,将复合体锚定于线粒体内膜;另外2个亚基突入线粒体基质,一个是黄素蛋白(含1个辅基FAD),另一个是铁硫蛋白(含3个铁硫中心辅基)。与复合体Ⅰ中的辅基FMN

的结构母核相同,FAD 也是通过异咯嗪环进行电子传递。琥珀酸的脱氢反应使 FAD 转变为还原型 $FADH_2$,后者再将电子传递到铁硫中心,然后传递给泛醌。

细胞色素(cytochrome,Cyt)是一类以铁卟啉类化合物为辅基的催化电子传递的酶体系,分为 a、b、c 三类,每类又分为若干亚类,如 Cyta、$Cyta_3$、Cytc、$Cytc_1$ 等。血红素样辅基中的铁离子可通过 $Fe^{2+} \rightarrow Fe^{3+}+e$ 反应传递电子,故细胞色素为单电子传递体。

复合体Ⅱ传递电子释放的自由能较小,不足以将氢离子泵出线粒体内膜,因此没有质子泵的功能。代谢途径中另外一些以 FAD 为辅基的脱氢酶,如脂酰 CoA 脱氢酶、α-磷酸甘油脱氢酶、胆碱脱氢酶,可构成与复合体Ⅱ相似的酶复合体,以不同方式将相应底物脱下的 2 个氢质子和 2 个电子经 FAD 传递给泛醌,参与氧化呼吸链的氧化还原过程。

3. 复合体Ⅲ将电子从还原型泛醌传递至 Cytc 泛醌从复合体Ⅰ或Ⅱ募集还原当量并穿梭传递到复合体Ⅲ,后者再将电子传递给 Cytc,因此复合体Ⅲ又称泛醌-细胞色素还原酶。人复合体Ⅲ含有 Cytb($Cytb_{562}$、$Cytb_{566}$)、$Cytc_1$ 和一种可移动的铁硫蛋白。Cytc 的铁卟啉与血红蛋白的血红素相同。Cytc 是氧化呼吸链唯一的水溶性球状蛋白,与线粒体内膜外表面疏松结合,是除了 CoQ 外另一个可在线粒体内膜外侧移动的递电子体。复合体Ⅲ还具有质子泵的作用,在传递电子的同时将 2 个质子从线粒体基质转移到膜间隙。

4. 复合体Ⅳ将电子从 Cytc 传递给氧 人复合体Ⅳ含有 Cu_A、Cu_B、$Cyta_3$、Cyta 和 $Cyta_3$ 很难分开,组成一复合体 $Cytaa_3$,由两个铁卟啉辅基与酶蛋白结合。$Cytaa_3$ 除铁卟啉辅基外,还是以铜离子为辅基的电子传递体,它能把电子直接交给氧分子,使其还原成氧离子,再与 $2H^+$ 化合成水。$Cytaa_3$ 是唯一能将电子传递给氧的细胞色素,故又称细胞色素 C 氧化酶。Cytc 供出的电子经 Cu_A 传递到 Cyta,再到 $Cyta_3$-Cu_B。需要依次传递 4 个电子,并从线粒体基质获得 4 个氢离子,最终将 1 分子 O_2 还原成 2 分子 H_2O。复合体Ⅳ也有质子泵功能,其中每传递 2 个电子使 2 个氢质子跨内膜向膜间腔侧转移。

(二) NADH 和 $FADH_2$ 是氧化呼吸链的电子供体

营养物质的分解代谢中,底物脱氢生成的 NADH 和 $FADH_2$ 是氧化呼吸链的主要电子供体。目前认为,体内氧化呼吸链有两条途径:NADH 氧化呼吸链和琥珀酸氧化呼吸链($FADH_2$ 氧化呼吸链)。

1. NADH 氧化呼吸链 人体内大多数脱氢酶(如乳酸脱氢酶、苹果酸脱氢酶等)都以 NAD^+ 作为辅酶,在脱氢酶催化下将底物上脱下的成对氢交给 NAD^+ 生成 NADH+H^+,然后通过 NADH 氧化呼吸链将其携带的 2 个电子逐步传递给氧。在 NADH 脱氢酶作用下,NADH+H^+ 将 2 个氢原子经复合体Ⅰ传给 CoQ 生成 $CoQH_2$,此时 2 个氢原子解离成 $2H^++2e$,$2H^+$ 游离于介质中,2e 再经复合体Ⅲ传给 Cytc,然后传至复合体Ⅳ,最后将 2e 传递给 O_2(图 7-6)。其电子传递顺序:NADH→复合体Ⅰ→CoQ→复合体Ⅲ→Cytc→复合体Ⅳ→O_2。

这是存在于线粒体内膜上的主要呼吸链,凡是线粒体内以 NAD^+ 为辅酶的脱氢酶催化脱下的氢,均可以 NADH+H^+ 的形式进入本呼吸链进行电子传递。细胞液中生成的 NADH+H^+ 可先经苹果酸-天冬氨酸作用进入线粒体基质再进入此呼吸链。

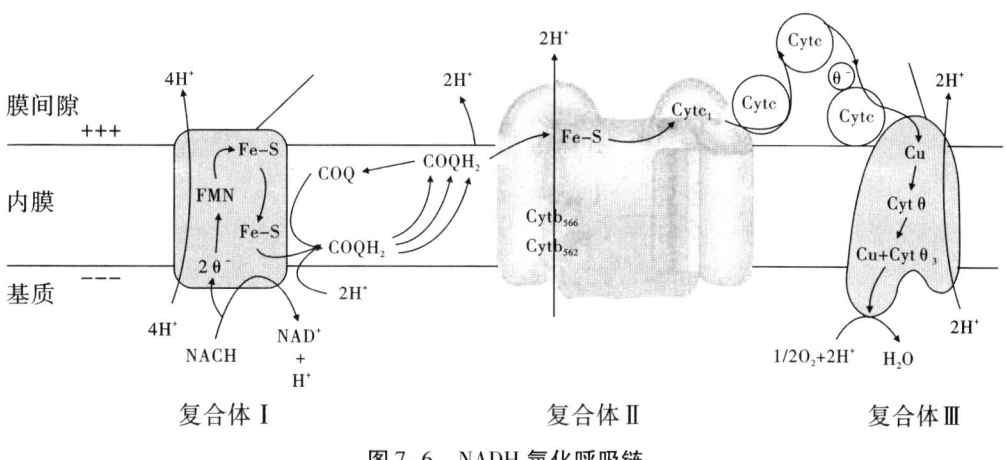

图 7-6　NADH 氧化呼吸链

2. 琥珀酸氧化呼吸链（$FADH_2$ 氧化呼吸链）　琥珀酸在琥珀酸脱氢酶作用下脱氢生成延胡索酸，脱下的 2H 经复合体Ⅱ传给 CoQ 生成 $CoQH_2$，此后的传递和 NADH 氧化呼吸链相同。α-磷酸甘油脱氢酶和脂酰 CoA 脱氢酶催化反应脱下的氢也由 FAD 接受，也通过此呼吸链传递（图 7-7）。其电子传递顺序：琥珀酸→复合体Ⅱ→CoQ→复合体Ⅲ→Cytc→复合体Ⅳ→O_2。

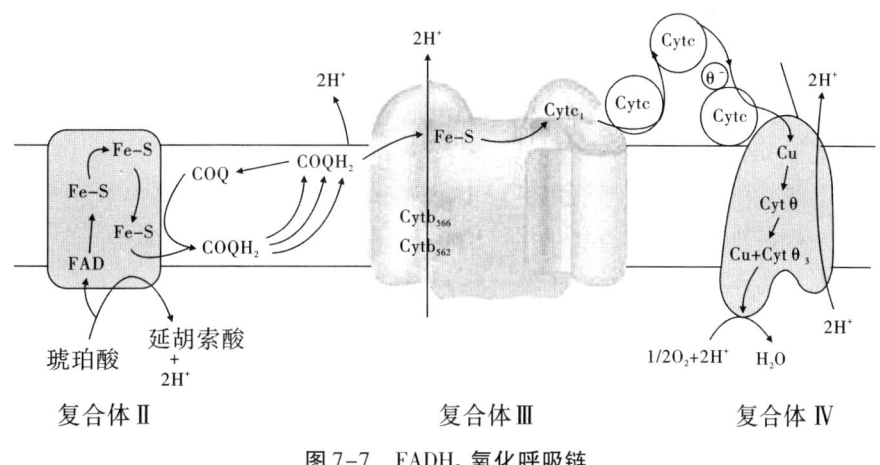

图 7-7　$FADH_2$ 氧化呼吸链

二、氧化磷酸化的机制

ATP 是机体最重要的供能物质。细胞内由 ADP 磷酸化生成 ATP 的方式有两种，一种是与脱氢反应偶联，底物分子内部能量重新分布形成高能磷酸键并伴有 ADP 磷酸化生成 ATP 的作用称为底物水平磷酸化，如糖酵解途径中磷酸烯醇式丙酮酸通过丙酮酸激酶使磷酸基转移，从而生成 ATP 和丙酮酸；三羧酸循环中琥珀酸单酰 CoA 释放的能量用以合成 GTP，后在二磷酸核苷激酶催化下，将磷酸基转移给 ADP 而生成 ATP。通过底物水平磷酸化形成 ATP 在体内所占比例很小，如 1 mol 葡萄糖彻底氧化产生 30（或 32）mol ATP 中只有 6 mol 由底物水平磷酸化产生，其余 ATP 均是通过氧化磷酸化产生的。由代谢物脱下的氢，经线粒体氧化呼吸链传递给氧生成水的同时，释放能量用于驱动 ADP 磷酸化生成 ATP，成为氧化磷酸化。由于代谢物的氧化反应与 ADP 的磷酸化偶联发生，因此又称为偶联磷酸化。氧化磷酸化是体内生成 ATP 的主要方式，在糖、脂等物质氧化分解代谢过程中除少数外，几乎全通过氧化磷酸化生成 ATP。

(一) 氧化磷酸化偶联部位在复合体Ⅰ、Ⅲ、Ⅳ内

成对电子经氧化呼吸链传递所能合成 ATP 的分子数可反映该过程的效率。理论推测的氧化呼吸链中偶联生成 ATP 的部位称为氧化磷酸化的偶联，可根据下述实验方法及数据大致推导出偶联部位。

1. P/O 比值 一对电子通过氧化呼吸链传递给 1 个氧原子生成 1 分子水，其释放的能量使 ADP 磷酸化合成 ATP，此过程需要消耗氧和磷酸。P/O 比值是指氧化磷酸化过程中，每消耗 1 mol 氧原子所需消耗无机磷的摩尔数。在氧化磷酸化过程中，无机磷酸是由于 ADP 磷酸化生成 ATP 的，所以无机磷的原子数可间接反映 ATP 的摩尔数（或一对电子通过氧化呼吸链传递给氧所生成 ATP 分子数）。

研究发现丙酮酸等底物脱氢反应产生 $NADH+H^+$，通过 NADH 氧化呼吸链传递，测得 P/O 比值接近 2.5，说明传递一对电子需消耗 1 个氧原子且需消耗约 2.5 分子的磷酸，因此 NADH 氧化呼吸链可能存在 3 个 ATP 生成部位。而琥珀酸脱氢氧化时，测得 P/O 比值接近 1.5，说明琥珀酸氧化呼吸链可能存在 2 个 ATP 生成部位。根据 NADH、琥珀酸氧化呼吸链 P/O 比值的差异，发现在 NADH 和 CoQ 之间、Cytc 和 O_2 之间、CoQ 和 Cytc 之间存在偶联部位。经实验证实，一对电子经 NADH 氧化呼吸链传递，P/O 比值约为 2.5，生成 2.5 分子的 ATP；一对电子经琥珀酸氧化呼吸链传递，P/O 比值约为 1.5，可产生 1.5 分子的 ATP。

2. 自由能变化 通过化学计算能量释放所得结果与上述测定 P/O 比值所得结果是相同的。根据热力学公式，pH 值为 7.0 时的标准自由能变化（$\triangle G0'$）与反应底物和产物标准氧化还原电位差值（$\triangle E0'$）之间存在下述关系：

$$\triangle G0' = -nF\triangle E0'$$

n 为电子转移数目，F 为法拉第常数[96.5 kJ/(mol·V)]。

从 NAD^+ 到 CoQ 段测得的还原电位差约 0.36 V，从 CoQ 到 Cytc 电位差为 0.19 V，从 $Cyta$、$Cyta_3$ 到分子氧为 0.58 V，分别对应复合体Ⅰ、Ⅲ、Ⅳ的电子传递。根据公式的计算结果，它们相应的 $\triangle G0'$ 分别为 -69.5 kJ/mol、-36.7 kJ/mol、-112 kJ/mol，足以提供生成 ATP 所需的能量（生成 1 mol ATP 需 30.5 kJ/mol），可见复合体Ⅰ、Ⅲ、Ⅳ传递一对电子释放的能量足够用于生成 ATP 所需的能量，同时说明以上三部位各存在 1 个 ATP 的偶联部位。

(二) 氧化磷酸化偶联机制

氧化和磷酸化是两个不同的概念。氧化是底物脱氢或失电子的过程，磷酸化是指 ADP 与 Pi 合成 ATP 的过程。在氧化磷酸化中，氧化是磷酸化的基础，磷酸化是氧化的结果。

1. 化学渗透假说 1961 年英国科学家 P. Mitchell 提出的化学渗透假说是目前公认的有关氧化磷酸化的偶联机制，他因此获得了 1978 年的诺贝尔化学奖。其基本要

点:电子经氧化呼吸链传递的同时,可将质子从线粒体内膜的基质侧排到内膜外,由于质子不能自由穿过线粒体内膜返回基质,这种质子的泵出引起内膜两侧的质子浓度和电位的差别(膜间腔侧质子的浓度和正电性高于线粒体基质),从而形成跨线粒体内膜的质子电化学梯度浓度梯度和跨膜电位差,这种电化学梯度的形成可看作能量的储存,当质子顺梯度回流时则驱动 ADP 与 Pi 生成 ATP。递氢体和递电子体在线粒体内膜上交替排列。实验证实,复合体Ⅰ、Ⅲ、Ⅳ均具有质子泵作用,每传递 2 个电子,它们分别向线粒体内膜胞质侧泵出 $4H^+$、$4H^+$ 和 $2H^+$。

2. ATP 合酶　线粒体内膜的呼吸链复合体还包括复合体Ⅴ,即 ATP 合酶。由呼吸链中复合体质子泵作用形成的跨线粒体内膜的 H^+ 浓度梯度和电位差,储存电子传递释放的能量。当质子顺浓度梯度回流至基质时,储存的能量被 ATP 合酶充分利用,催化 ADP 与 Pi 生成 ATP。ATP 合酶位于线粒体内膜的基质侧,形成许多颗粒状突起,是多蛋白组成的蘑菇样结构,含 F_1(亲水部分)和 F_0(疏水部分)两个功能结构域(图 7-8)。F_1 催化 ATP 合成,而 F_0 的大部分结构嵌入线粒体内膜中,组成离子通道,用于质子的回流。

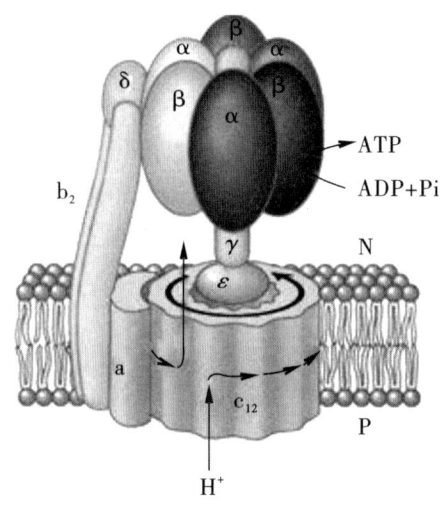

图 7-8　ATP 合酶结构

三、影响氧化磷酸化的因素

(一) ADP/ATP 比值的调节作用

氧化磷酸化是机体合成能量载体 ATP 的最主要的途径,因此机体根据能量需求调节氧化磷酸化速率,从而调节 ATP 的生成量。电子的氧化和 ADP 的磷酸化是氧化磷酸化的根本,通常线粒体中氧的消耗量是被严格调控的。但其消耗取决于 ADP 的含量,因此,ADP 是调节机体氧化磷酸化速率的主要因素。只有底物 ADP 和 Pi 充足时电子传递的速率和耗氧量才会提高。细胞内 ADP 的浓度及 ATP/ADP 的比值能够迅速感应机体能量状态的变化。当机体蛋白质合成等耗能代谢途径活跃时,对能量的需求大为增加,ATP 分解为 ADP 和 Pi 的速率增加,使 ATP/ADP 的比值降低、ADP 的浓度增加,ADP 进入线粒体后迅速用于磷酸化。氧化磷酸化随之加速,合成的 ATP 用于满足需求,直到 ATP/ADP 的比值回升至正常水平后氧化磷酸化速率也随之放缓。通过这种方式使 ATP 的合成速率适应机体的生理需要。另外,ATP 和 ADP 的相对浓度也同时调节柠檬酸循环、糖酵解代谢途径,满足氧化磷酸化对还原当量的需求。ADP 的浓度较低时,氧化磷酸化速率降低,也同时通过别构调节的方式抑制糖酵解、降低柠檬酸循环的速率。

(二)抑制剂

1. 呼吸链抑制剂 此类抑制剂能在特异部位阻断氧化呼吸链中的电子传递。例如,鱼藤酮、粉蝶霉素 A 及异戊巴比妥等可阻断复合体 Ⅰ 中从铁硫中心到泛醌的电子传递。萎锈灵是复合体 Ⅱ 的抑制剂。抗霉素 A 阻断 $Cytb_H$ 到泛醌间电子传递,黏噻唑菌醇则作用于 QP 位点,都是复合体 Ⅲ 的抑制剂。

CN^-、N_3^- 可紧密结合复合体 Ⅳ 中氧化型 $Cyta_3$,阻断电子由 Cyta 到 Cu_B-$Cyta_3$ 间传递。CO 与还原型 $Cyta_3$ 结合,阻断电子传递给 O_2。目前发生的城市火灾事故中,由于装饰材料中的 N 和 C 经高温可形成 HCN,因此伤员除因燃烧不完全造成 CO 中毒外,还存在 CN^- 中毒。此类抑制剂可使细胞内呼吸停止,与此相关的细胞生命活动停止,迅速引起死亡。

2. 解偶联剂 解偶联剂可使氧化与磷酸化的偶联脱离,电子可沿呼吸链正常传递并建立跨内膜的质子电化学梯度储存能量,但不能使 ADP 磷酸化合成 ATP。作用的基本机制是使质子不经过 ATP 合酶回流至基质来驱动 ATP 的合成,而是经过其他途径进入基质,因而 ATP 的生成受到抑制。如二硝基苯酚(dinitrophenol,DNP)为脂溶性物质,在线粒体内膜中可自由移动,进入基质时释出氢离子,返回膜间腔侧时结合氢离子,从而破坏了质子的电化学梯度。

机体也存在内源性的解偶联剂能使组织产热,如人(尤其是新生儿)、哺乳类动物中存在棕色脂肪组织,该组织中含有大量的线粒体,因而细胞色素蛋白明显增多,大量血红素的强吸光能力而使其带有颜色。棕色脂肪组织的线粒体内膜中存在一种特别的蛋白,称解偶联蛋白(uncoupling protein,UCP1),含量丰富。它是由 2 个 32 kDa 亚基组成的二聚体,在线粒体内膜上形成质子通道,内膜膜间腔侧的氢离子可经此通道返回线粒体基质,使氧化磷酸化解偶联不生成 ATP,质子梯度储存的能量以热能形式释放,因此棕色脂肪组织是产热御寒组织。新生儿硬肿症是因为缺乏棕色脂肪组织,不能维持正常体温而使皮下脂肪凝固所致。现已发现在骨骼肌等组织的线粒体中存在 UCP1 的同源蛋白 UCP2、UCP3。但无解偶联作用,它们在禁食条件下表达增加,可能有其他的功能。体内游离脂肪酸也可促使质子经解偶联蛋白回流至线粒体基质中。

3. ATP 合酶抑制剂 这类抑制剂对电子传递及 ADP 磷酸化均有抑制作用。例如,寡霉素可结合 F0 单位,二环己基碳二亚胺(dicyclohexyl carbodiimide,DCCP)共价结合 F0 的 c 亚基谷氨酸残基,二者均阻断质子从 F0 质子半通道回流,抑制 ATP 合酶活性。由于线粒体内膜两侧质子电化学梯度增高影响了呼吸链质子泵的功能,继而抑制电子传递。

(三)甲状腺激素

机体的甲状腺激素诱导细胞膜上 Na^+-K^+-ATP 酶的合成,此酶催化 ATP 分解,释放的能量将细胞内的 Na^+ 泵到细胞外,而 K^+ 进入细胞内。酶活性增高,分解 ATP 增多，生成的ADP又可促进氧化磷酸化过程，另外，甲状腺激素 T_3 还可以使解偶联蛋白基因表达增加，引起机体耗氧并产热。所以甲状腺功能亢进患者表现为易激多食、怕热多汗及基础代谢率增高。

(四) 线粒体 DNA 突变

线粒体 DNA (mtDNA) 呈裸露的环状双螺旋结构，缺乏蛋白质保护和损伤修复系统，容易受到药物、毒素、放射线、微波、缺氧、超氧阴离子自由基等因素破坏而发生突变，其突变率远高于核内的基因组 DNA。mtDNA 包含 37 个基因，用于表达呼吸链复合体中 13 个亚基及 22 种线粒体 tRNA 和 22 种线粒体 rRNA。复合体 I 中的 7 个亚基、复合体 III 中的 1 个亚基、复合体 IV 中的 3 个亚基及 ATP 合酶的 2 个亚基均由 mtDNA 表达产生。因此 mtDNA 突变可直接影响电子的传递过程或 ADP 的磷酸化，使 ATP 生成减少而致能量代谢紊乱，进而引起疾病，如 4、160、15、257 位点这 4 个碱基中的任何一个点突变，均可导致 Leber 遗传性视神经病，mtDNA 2.0~7.0 kB 的大片段丢失，使 tRNA 及 4 个复合体蛋白质合成不同程度缺失等，可引起 Kerans-Sayre 综合征。mtDNA 突变还可能随年龄增长而呈渐进性积累，不断损伤氧化磷酸化，而导致老年退休性病变，如帕金森病等。

遗传性 mtDNA 疾病以母系遗传居多，因每个卵细胞中有几十万个 mtDNA 分子，每个精子中只有几百个 mtDNA 分子，受精卵 mtDNA 主要来自卵细胞，因此，卵细胞 mtDNA 突变对疾病的发生影响较大。

四、线粒体外 NADH 的氧化

线粒体基质与胞质之间有线粒体内、外膜相隔，线粒体外膜中存在孔蛋白构成的膜通道，分子量 <10 kD 的化合物，如质子、Pi、ADP、ATP 等，均可自由穿进进入膜间隙。线粒体内膜的通透性很低，对物质的通过有严格的选择性，常要借助特异性转运蛋白进行物质转运，维持组分间的平衡，以保证生物氧化和基质内旺盛的物质代谢过程能够顺利进行。

线粒体外 NADH 转运进入线粒体　物质氧化分解在线粒体内产生的 NADH 可直接通过呼吸链进行氧化磷酸化，但亦有不少反应是在线粒体外胞质中进行的，如 3-磷酸甘油醛脱氢反应、乳酸脱氢反应等，需要先将 NADH 转运至线粒体内，再进行氧化。真核细胞中 NADH 及所携带的氢不能自由通过线粒体内膜，必须借助穿梭机制才能被转入线粒体。体内转运 NADH 的穿梭机制主要有 α-磷酸甘穿梭和苹果酸-天冬氨酸穿梭两种。

1. α-磷酸甘油穿梭　此穿梭机制主要存在于脑和骨骼肌中。胞质中的 NADH+H^+ 在磷酸甘油脱氢酶催化下将 2H 传递给磷酸二羟丙酮使其还原成 α-磷酸甘油，后者通过线粒体外膜到达线粒体内膜的膜间腔侧。在线粒体内膜的膜间腔侧结合着磷酸甘油脱氢酶的同工酶，此酶含 FAD 辅基，接受 α-磷酸甘油的还原当量生成 $FADH_2$ 和磷酸二羟丙酮。$FADH_2$ 直接将 2H 传递给泛醌进入氧化呼吸链。需要指出的是，此机制是 $FADH_2$ 将 NADH 携带的一对电子从内膜的膜间腔侧直接传递给泛醌进行氧化磷酸化，因此，1 分子的 NADH 经此穿梭能产生 1.5 分子 ATP (图 7-9)。

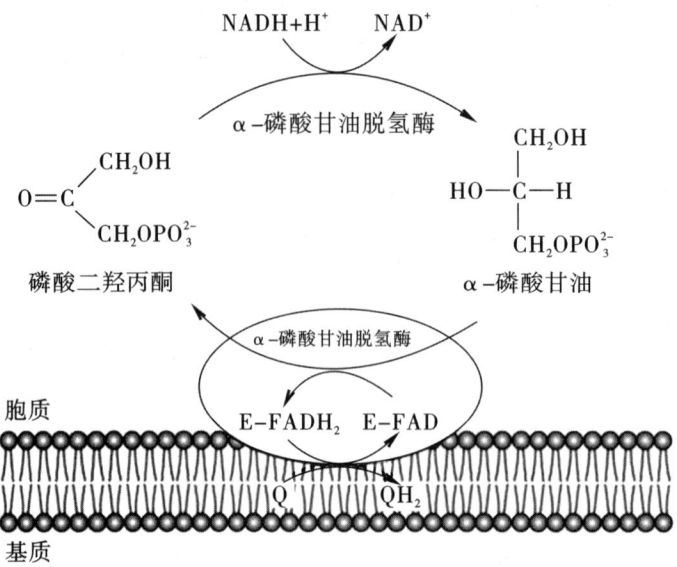

图 7-9 α-磷酸甘油穿梭机制

2. 苹果酸-天冬氨酸穿梭 此穿梭在肝、肾及心肌细胞中极为活跃,涉及两种膜转运蛋白和两种酶协同参与。胞质中的 NADH+H$^+$ 使草酰乙酸还原生成苹果酸和 NADH+H$^+$。基质中的草酰乙酸转变为天冬氨酸后经线粒体内膜上的天冬氨酸-谷氨酸转运蛋白,产生 2.5 分子 ATP。两种穿梭进入呼吸链方式不同,使胞质中 NDAH+H$^+$ 生成不同量的 ATP 分子(图 7-10)。

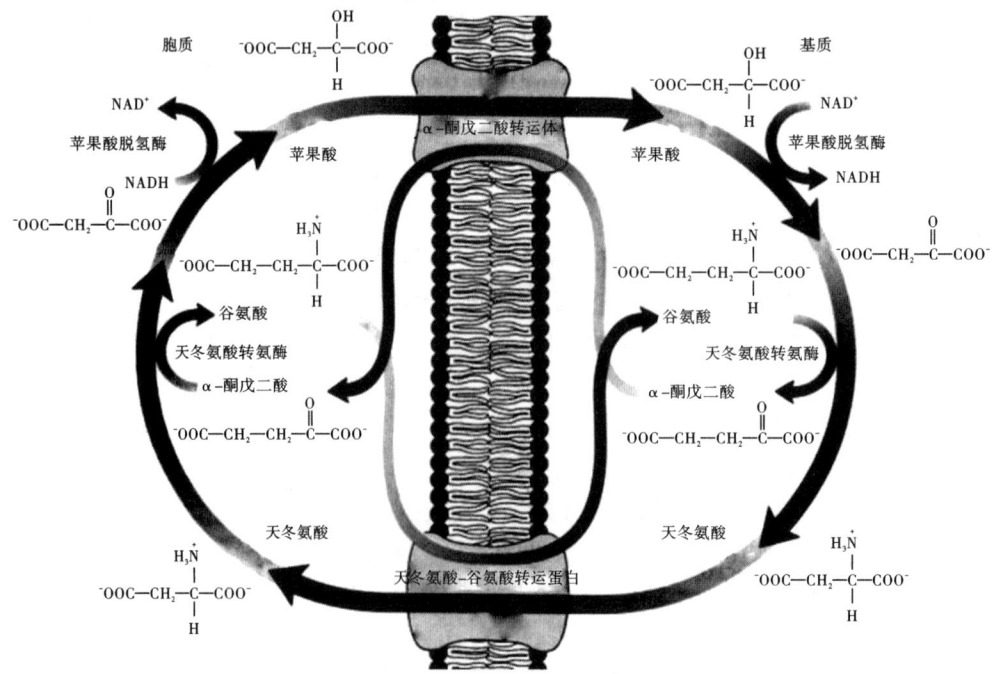

图 7-10 苹果酸-天冬氨酸穿梭机制

五、高能化合物的储存与利用

生物体能量代谢有其明显的特点。其一,细胞内生物大分子体系多通过弱键能的非共价键维系,不能承受能量的大增或大量释放的化学过程,故代谢反应都是依序进行、能量逐步得失。其二,生物体不直接利用营养物质的化学能,需要使之转变为细胞可以利用的能量形式,如 ATP 的化学能。ATP 称之为高能磷酸化合物,可直接为细胞的各种生理活动提供能量,同时也有利于细胞对能量代谢进行严格调控。

所谓高能磷酸化合物是指那些水解时能释放较大自由能的含有磷酸基的化合物,通常其释放的标准自由能 ΔG 大于 25 kJ/mol,并将水解时释放能量较多的磷酸酯键,称为高能磷酸键,用"~P"符号表示。如水解 ATP 末端的磷酸酯键,ΔG 为 -30.51 kJ/mol(-7.3 kcal/mol),是高能化合物;水解葡萄糖 6-磷酸的磷酸酯键,其 ΔG 为-13.8 kJ/mol(-3.3 kcal/mol),即为普通磷酸化合物。事实上,并不存在键能特别高的化学键,相反,共价键的断裂是需要提供能量的,而高能磷酸键水解时释放的能量是高能化合物底物转变为产物时,产物比底物具有更低的自由能,因而释放的能量较多。为了简便起见,仍然称之为高能磷酸键或高能磷酸化合物。此外,生物体内还包括其他的高能磷酸化合物和含有高能硫酯键的 CoA 等。

ATP 是体内最重要的高能磷酸化合物,是细胞可直接利用的能量形式。因此营养物分解产生的能量大约 40% 用于产生 ATP。在标准状态下,ATP 水解释放的自由能为 30.5 kJ/mol(7.3 kcal/mol)。但在活细胞中 ATP、ADP 和无机磷浓度比标准状态低得多,而 pH 值比标准状态的 pH 值 7.0 高,ATP 和 ADP 的全部磷酸基部处于解离状态,显示携带 4 个或 3 个负电荷的阴离子形式,并与细胞内 Mg^{2+} 形成复合物,考虑到浓度等各种影响因素,细胞内 ATP 水解释放自由能可能达到 52.3 kJ/mol(12.5 kcal/mol),可用于驱动与之偶联反应的进行。因此,ATP 在生物能学上最重要的意义在于,通过其水解反应释放大量自由能和需要供能的反应偶联,使这些反应在生理条件下完成。如营养物质分解代谢产生的 ATP 直接用于各种代谢物的活化反应、合成生物大分子的反应等,通过 ATP 使分解代谢与合成代谢紧密相连。另外,ATP 还可直接通过水解反应为耗能的跨膜转运、骨骼肌收缩、蛋白构象的改变等重要的生命过程提供能量。

ATP 末端的高能磷酸键直接水解而释能,以驱动那些需要供能的反应,同时也能从释能更多的化合物中获得能量由 ADP 生成 ATP。细胞中存在的腺苷酸激酶可催化 ATP、ADP、AMP 间互变。

$$ATP+AMP \rightarrow 2ADP$$

ATP 充足时,通过转移末端~P 给肌酸,生成磷酸肌酸,储存于需能较多的骨骼肌、心肌和脑组织中。当迅速消耗 ATP(如骨骼肌剧烈收缩)时,磷酸肌酸可将~P 转移给 ADP 生成 ATP,补充 ATP 的不足。另外,磷酸烯醇式丙酮酸、1,3-二磷酸甘油酸等高能化合物中的磷酸基也易转移给 ADP,迅速合成 ATP。所以,ATP 在体内能量捕获、转移、储存和利用过程中处于中心位置。

UTP、CTP、GTP 可为糖原、磷脂、蛋白质等合成提供能量,但它们一般不能从物质氧化过程中直接生成,只能在核苷二磷酸激酶的催化下,从 ATP 中获得~P 产生。反应如下:

能量的储存与利用

ATP+UMP→ADP+UTP

ATP+CDP→ADP+CTP

ATP+GDP→ADP+GTP

生物体内能量的生成、转移和利用都以 ATP 为中心。ATP 分子性质稳定,但寿命仅数分钟,不在细胞中储存,而是不断进行 ATP/ADP 的再循环,其相互转变的量十分可观。转变过程中伴随自由能的释放和获得,完成不同生命过程间能量的穿梭转换,因此称为"能量货币"。

第三节　非线粒体氧化体系

(一) 微粒体氧化体系

单加氧酶系催化氧分子中的一个氧原子加到底物分子产生羟基,另一个氧原子被 $NADH+H^+$ 还原生成水,因此单加氧酶又称为羟化酶或混合功能氧化酶。单加氧酶系在肝肾上腺含量最多,参与类固醇激素、胆色素、胆汁酸合成,维生素 D_3 羟化及生物转化过程。

此酶系由 $NADH+H^+$、细胞色素 P450、NADPH-细胞色素 P450、还原酶(以 FAD 为辅基的黄酶)及铁氧化蛋白(辅基 2Fe-2 S,即 Fe_2-S_2)组成。如人微粒体细胞色素 P450 单加氧酶催化氧分子中的一个氧原子加到底物分子上(羟化),另一个氧化原子被氢(来自底物 $NADPH+H^+$)还原成水。

此酶是含量最丰富、反应最复杂的单加氧酶类,含细胞色素 P450(cytochrome P450,CytP450)。CytP450 属于 Cytb 类,通过辅酶血红素中 Fe 离子价键变化进行单电子传递。细胞色素 P450 在生物中广泛分布,哺乳类动物 CytP450 分属 10 个基因家族。人类色素 P450 有几百种同工酶,对被羟化的底物各有其特异性。此酶在肝和肾上腺的微粒体中含量最多,某些组织的线粒体内膜上也存在单加氧酶。

单加氧酶催化反应过程如下:NADPH 首先将电子交给黄素蛋白;黄素蛋白再将电子递给以 Fe-S 为辅基的铁氧还蛋白;与底物结合的氧化型 CytP450 接受铁氧还蛋白的 1 个电子后,转变成还原型 CytP450,与 O_2 结合形成 $RH \cdot P450 \cdot Fe^{2+} \cdot O_2$;CytP450 铁卟啉中 Fe^{2+} 将电子交给 O_2 形成 $RH \cdot P450 \cdot Fe^{3+} \cdot O_2^-$;再接受铁氧还蛋白的第二个电子,使氧活化($O_2^{2-}$)。此时 1 个氧原子使底物(RH)羟化(ROH),另 1 个氧原子与来自 NADPH 的质子结合生成 H_2O。

(二) 过氧化物酶体氧化体系

线粒体的呼吸链是机体产生活性氧分子(ROS)的主要部位,呼吸链的各复合体在传递电子的过程,由于将漏出的电子直接交给氧,产生部分被还原的氧,所以得到 ROS 这样的"副产物",特别是 $·O_2^-$ 的产生主要源自呼吸链。复合体Ⅲ中通过 Q 循环传递电子,接受单电子的半醌型泛醌在内膜中自由移动,通过非酶促反应直接将单个电子泄露给 O_2 而生成 $·O_2^-$。呼吸链末端的细胞色素氧化酶从金属离子每次转移 1 个电子、通过 4 步单电子转移将氧彻底还原生成水,也会有少量氧接收单电子或双电子被部分还原而生成 $·O_2^-$ 和 H_2O_2。而且产生的 $·O_2^-$ 在线粒体中可再接受电子转变为 H_2O_2

和 $^·OH$。

除呼吸链外,胞质中的黄嘌呤氧化酶、微粒体中的 CytP450 氧化还原酶等催化的反应需要氧为底物,也可产生 $^·O_2^-$。细胞过氧化酶体中,FAD 将从脂肪酸等底物获得的电子交给 O_2 可生成 H_2O_2 和羟自由基 $^·O_2^-$。但这些酶产生的 ROS 远低于线粒体呼吸链。另外,细菌感染、组织缺氧等病理过程,电离辐射、吸烟、药物等外源因素也可导致细胞产生大量的活性氧类。呼吸链产生的 $^·O_2^-$ 等活性氧分子可通过不同方式释放到线粒体基质、内膜外的胞质侧及细胞质中,对细胞的功能产生广泛的影响。

活性氧类化学性质非常活跃,氧化性强,其中,羟自由基的氧化活性最强。$^·O_2^-$ 可迅速氧化一氧化氮(NO)产生过氧亚硝酸盐(ONO^-,也属于 ROS),后者能使脂质氧化、蛋白质硝基化而损伤细胞膜和膜蛋白。羟自由基等可直接引起蛋白质、核酸等各种生物分子的氧化损伤而丧失功能,进而破坏细胞的正常结构和功能。线粒体是细胞产生 ROS 的主要部位,因此线粒体 DNA、基质中代谢途径的酶等最容易受其攻击而损伤或突变,对能量代谢旺盛的组织(如脑、心肌、肝、肾等)影响极大,导致疾病、衰老。如线粒体基质中的顺乌头酸酶,其铁硫中心易被 $^·O_2^-$ 氧化而丧失功能,直接影响柠檬酸循环的功能。线粒体一方面通过消耗用于合成 ATP 供能,另一方面也会产生活性氧类而损伤自身细胞等。生物进化已使机体发展了有效的抗氧化体系及时清除活性氧,防止其累积造成有害影响。

生理情况下,ROS 产量很少,而且还有一定生理功能,如在粒细胞和吞噬细胞中的 H_2O_2 和 O_2 可杀生侵入的细菌;甲状腺细胞内 H_2O_2 可使 $2I^-$ 氧化成为 I_2,后者用于合成甲状腺激素。但是,ROS 产生过多和蓄积时对机体的危害性很大,例如,氧化膜脂不饱和脂酸,造成生物膜损伤;氧化巯基蛋白和巯基酶,使其功能丧失;O_2 与 DNA 交联,引起基因突变,引发肿瘤等。体内清除 ROS 的酶主要为过氧化物酶(hydroperoxidase)和超氧化物歧化酶(superoxide dismutase,SOD)。

生成的 H_2O_2 可被氧化氢酶分解为 H_2O 和 O_2。过氧化氢酶主要存在于过氧化酶体、胞质及微粒体中,含有 4 个血红素辅基,催化活性极强,每秒可催化超过 40 000 底物分子转变为产物。

H_2O_2 也有一定的生理作用,如在粒细胞和吞噬细胞中,H_2O_2 可以氧化杀死入侵的细菌;甲状腺细胞中产生的 H_2O_2 可使 $2I^-$ 氧化成 I_2,进而使酪氨酸碘化成甲状腺激素。

谷胱甘肽过氧化物酶(glutathione peroxidase,GPx)也是体内防止活性氧损伤的主要酶,可去除 H_2O_2 和其他过氧化物类(ROOH)。谷胱甘肽过氧化物酶含硒(Se)代半胱氨酸残基(由 Se 原子取代半胱氨酸中的 S 原子),是活性必需基团。在细胞质、线粒体及过氧化酶体中,谷胱甘肽过氧化物酶通过还原型的谷胱甘肽将 H_2O_2 还原为 H_2O,将 ROOH 类转变为醇,同时产生氧化物型的谷胱甘肽。

氧化型谷胱甘肽经谷胱甘肽还原酶催化,由 $NADP+H^+$ 提供 2H,再转变成还原型谷胱甘肽。还原型的谷胱甘肽也可以发挥抗氧化作用,抵抗活性氧对蛋白质中 -SH 的氧化。

体内其他小分子自由基清除剂有维生素 C、维生素 E、β-胡萝卜素、泛醌等,它们与体内的抗氧化酶共同组成人体抗氧化体系。

(三)超氧化物歧化酶

广泛分布的 SOD 可催化 1 分子 $\cdot O_2^-$ 氧化生成 O_2，另一分子 $\cdot O_2^-$ 还原生成 H_2O_2，2个相同的底物歧化产生了 2 个不同的产物。哺乳动物细胞有 3 种 SOD 同工酶,在细胞外、胞质中的 SOD,其活性中心含 Cu/Zn 离子,称 Cu/Zn-SOD；线粒体中的 SOD 活性中心含 Mn^{2+},称 Mn-SOD。SOD 是人体防御内、外环境中超氧离子损伤的重要酶。Cu/Zn-SOD 基因缺陷使 $\cdot O_2^-$ 不能及时清除而损伤神经元,可引起肌萎缩性侧索硬化症。

同步练习

(一)选择题

1. 组成 NADH 呼吸链的成分中错误的是　　　　　　　　　　　　　　　　　　　(　　)
   A. FMN　　　　　　　　B. CoQ
   C. Cytb　　　　　　　　D. Cytaa₃
   E. FAD

2. 下列有关氧化磷酸化的叙述,错误的是　　　　　　　　　　　　　　　　　　(　　)
   A. 物质在氧化时伴有 ADP 磷酸化生成 ATP 的过程
   B. 氧化磷酸化过程涉及两种呼吸链
   C. 电子分别经两种呼吸链传递至氧,均产生 3 分子 ATP
   D. 氧化磷酸化过程存在于线粒体内
   E. 氧化与磷酸化过程通过偶联产能

3. 氧化磷酸化的解偶联剂是　　　　　　　　　　　　　　　　　　　　　　　　(　　)
   A. 寡霉素　　　　　　　B. 氰化物
   C. 抗霉素 A　　　　　　D. 甲状腺素
   E. 2,4 二硝基苯酚

4. 生命活动中能量的直接供体是　　　　　　　　　　　　　　　　　　　　　　(　　)
   A. 腺苷三磷酸　　　　　B. 脂肪酸
   C. 氨基酸　　　　　　　D. 磷酸肌酸
   E. 葡萄糖

5. 氰化物中毒抑制的是　　　　　　　　　　　　　　　　　　　　　　　　　　(　　)
   A. 细胞色素 b　　　　　B. 细胞色素 c
   C. 细胞色素 c₁　　　　　D. 细胞色素 aa₃
   E. 辅酶 Q

6. 呼吸链中的递氢体是　　　　　　　　　　　　　　　　　　　　　　　　　　(　　)
   A. 铁硫蛋白　　　　　　B. 细胞色素 c
   C. 细胞色素 b　　　　　D. 细胞色素 aa₃
   E. 辅酶 Q

7. 具有质子回流功能的是(　　)
   A. 复合体Ⅰ　　　　　　B. 复合体Ⅱ
   C. 复合体Ⅲ　　　　　　D. 复合体Ⅳ
   E. 复合体Ⅴ

8. 下列哪些维生素参与构成呼吸链(　　)

A. 维生素 A B. 维生素 B_1
C. 维生素 B_2 D. 维生素 C
E. 维生素 D

9. 呼吸链传递过程中可直接被磷酸化的物质是（ ）
   A. CDP B. ADP
   C. GDP D. UDP
   E. TDP

10. 线粒体外 NADH 经 α-磷酸甘油穿梭作用进入线粒体内,进行氧化磷酸化的 P/O （ ）
    A. 1 B. 2
    C. 3 D. 4
    E. 5

(二) 思考题

1. 何谓氧化磷酸化作用？NADH 呼吸链中有几个氧化磷酸化偶联部位？
2. 试述生物氧化的方式和特点。
3. 试述影响氧化磷酸化的诸因素及其作用机制。

（黄河科技学院　刘晓宁）

第八章 氨基酸代谢

> **学习目标**
>
> ◆ 掌握 氨基酸的脱氨基作用,体内氨的来源与去路,氨在血中的转运,一碳单位的代谢,芳香族氨基酸的代谢。
> ◆ 熟悉 尿素的生成,氨基酸的脱羧基作用,含硫氨基酸的代谢。
> ◆ 了解 蛋白质的营养作用,蛋白质的消化、吸收与腐败作用。

蛋白质是机体的重要组成成分,是生命的物质基础。蛋白质的基本组成单位是氨基酸。由于蛋白质在体内首先分解为氨基酸,然后再进一步代谢,所以氨基酸代谢是蛋白质分解代谢的中心内容。氨基酸代谢包括合成代谢和分解代谢两方面,本章主要阐述氨基酸的分解代谢。由于体内蛋白质的更新与氨基酸的分解均需要食物蛋白质来补充,因此涉及蛋白质的营养作用及蛋白质的消化、吸收问题。

第一节 蛋白质的营养作用

(一)蛋白质的生理功能

1. 维持组织细胞的生长发育、更新和修补 蛋白质是细胞的主要组成成分,儿童的生长发育、成人的组织更新及组织损伤的修补等,都需要蛋白质的供给和补充。

2. 参与体内重要的生理活动

(1)参与催化和调控作用 新陈代谢是生命的主要特征,代谢过程中几乎所有化学变化都离不开酶(其化学本质主要为蛋白质)的催化。在酶的催化下,营养物质才能彻底分解,并释放能量供应生命活动。生物体内正常生命活动的维持需要精细有效的调节系统,参与基因表达调控的蛋白质有组蛋白、非组蛋白、阻遏蛋白、激活蛋白、多种生长因子和蛋白类激素等,这些物质的调节可使多种代谢途径互相配合、互相制约。

(2)参与运动 人体生理功能离不开肌肉收缩,即血液循环、呼吸、消化、排泄和生殖等功能都与肌肉收缩有关。肌肉收缩的物质基础是肌动蛋白、肌球蛋白、原肌球蛋白和肌原蛋白等。

(3)参与运输及储存 蛋白质在体内物质的运输中起着重要作用,如血红蛋白可

运输 O_2 和 CO_2,血浆中的脂类主要以血浆脂蛋白的形式运输。某些蛋白质还担负着储存功能,如肌肉中的肌红蛋白有储存氧的功能,铁蛋白有储存铁的功能。

(4) 参与免疫过程　血浆中有免疫球蛋白可以抵御病原微生物对机体的危害。

(5) 参与凝血和抗凝　凝血因子也是一类血浆蛋白质,在特定的条件下,可以促进血液凝固,防止机体失血过多。血浆中还有一类蛋白质是抗凝成分和纤溶系统。在生理条件下发生血管内凝血时,抗凝血成分迅速发挥作用,使纤维蛋白溶解以防形成血栓,保证血液循环畅通。

3. 供给能量　成人每天约有18%的能量来自蛋白质。每克蛋白质氧化分解释放约 17.19 kJ(约 4.1 kcal)的能量。但是糖与脂肪可以代替蛋白质提供能量,故氧化供能不是蛋白质的主要生理功能。

(二) 蛋白质的需要量和营养价值

1. 氮平衡　氮平衡是指摄入氮量与排出氮量之间的关系,常用作反映机体内蛋白质代谢概况的一项指标。

各种蛋白质的含氮量平均约为16%。食物中的含氮物质绝大部分是蛋白质。因此测定食物的含氮量可以估算出其所含蛋白质的量。蛋白质在体内分解代谢所产生的含氮物质(尿酸、尿素等)主要由尿液、粪便排出。根据氮平衡实验,测定尿液与粪便中的含氮量(排除氮)及摄入食物的含氮量(摄入氮)可以反映体内蛋白质的合成与分解之间的关系。

人体氮平衡有以下三种情况。

(1) 氮的总平衡　摄入氮=排出氮,反映正常成年人的蛋白质代谢情况,即氮的"收支"平衡。即每日体内蛋白质的合成量与分解量大致相当。

(2) 氮的正平衡　摄入氮>排出氮,表明机体组织蛋白质的合成大于分解,摄入的蛋白质除了用于更新组织蛋白质外,还有部分用于合成新的组织蛋白质。儿童、孕妇和恢复期的患者属于这种情况。

(3) 氮的负平衡　摄入氮<排出氮,表明机体组织蛋白质的合成小于分解,表明蛋白质摄入量减少或者体内蛋白质消耗增加。见于饥饿、组织创伤和慢性消耗性疾病患者。

由此,用氮平衡来表示体内蛋白质的合成和分解情况,这对研究食物蛋白质的营养价值和机体对蛋白质的需要量等都具有重要的实用价值。

2. 蛋白质的需要量　根据氮平衡实验计算,正常成人在不摄入蛋白质的情况下,每天仍要分解蛋白质约 20 g。由于食物中的蛋白质与人体组成的蛋白质有差异,不能完全利用,故人体对蛋白质的每日最低生理需要量为 30~50 g。为了使机体长期保持氮的总平衡,我国营养学会推荐正常成人每日蛋白质摄入量为 80 g。儿童、孕妇、消耗性疾病患者和手术后患者均应适当增加蛋白质的摄入量。

3. 蛋白质的营养价值　在营养方面,不仅要注意膳食蛋白质的量,还必须注意蛋白质的质。由于各种蛋白质所含氨基酸的种类和数量不同,它们的质不同。有的蛋白质含有体内所需要的各种氨基酸,并且含量充足,则此种蛋白质的营养价值高;有的蛋白质缺乏体内所需要的某种氨基酸,或含量不足,则其营养价值较低。

(1) 必需氨基酸　组成人体蛋白质的氨基酸有 20 种,其中有 8 种氨基酸不能在体内合成,必须由食物提供,这些体内需要而又不能自身合成,必须由食物提供的氨基酸称为营养必需氨基酸,包括赖氨酸、色氨酸、苯丙氨酸、蛋氨酸(甲硫氨酸)、苏氨酸、亮氨酸、异亮氨酸、缬氨酸。其余12种氨基酸体内可以合成,不一定需要由食物提供,称为营养非必需氨基酸。精氨酸和组氨酸虽能在人体内合成,但是合成量不多,不能满足需要,还需从食物中摄取部分,若食物中长期供应不足也能造成氮的负平衡,因此有人将这两种氨基酸也归为营养必需氨基酸。由于酪氨酸和半胱氨酸在体内分别由苯丙氨酸和蛋氨酸转变而来,故称为半必需氨基酸,但这两种氨基酸对于新生儿是营养必需氨基酸。

(2)蛋白质营养价值的评价　蛋白质营养价值的高低取决于其所含必需氨基酸的种类、数量和相互比例。一般来说,含有必需氨基酸的种类多、数量足的蛋白质,其营养价值就高;反之则营养价值低。由于动物性蛋白质所含必需氨基酸的种类和比例与人体需要接近,故营养价值高。

(3)蛋白质的互补作用　将营养价值较低的蛋白质混合食用,其中所含的必需氨基酸相互补充,从而提高蛋白质的营养价值,称为食物蛋白质的互补作用。例如,豆类蛋白质中赖氨酸较多而色氨酸较少,谷类蛋白质中色氨酸较多而赖氨酸较少,将两者混合食用即可提高蛋白质的营养价值。

氨基酸静脉营养是指通过静脉输入形式提供合成机体蛋白质所需要的氨基酸制剂。氨基酸制剂是人为地按蛋白质中必需氨基酸和非必需氨基酸的含量与比例,以各种结晶氨基酸为原料配制而成的氨基酸混合液。其种类大致可分为纯氨基酸营养液、营养代血浆和复合营养液。临床上对不能从胃肠道正常摄取食物的患者、手术前后的危重患者、化疗期间胃肠反应的癌症患者、代谢高度亢进的患者、经口摄入食物不能满足营养需要的患者、昏迷或体质虚弱的患者、长期处于消耗状态的患者等,均可考虑给予氨基酸制剂。

第二节　蛋白质的消化、吸收与腐败作用

(一)蛋白质的消化

蛋白质未经消化不易吸收,同时,消化过程还可消除食物蛋白质的特异性和抗原性。有时某些抗原、毒素蛋白可少量通过黏膜细胞进入体内,会产生过敏、毒性反应。一般食物蛋白质需要消化成氨基酸及小分子肽,才能被吸收、利用;未被消化、吸收的部分经肠道细菌的腐败作用,大多随粪便排出体外。食物蛋白质的消化、吸收是人体氨基酸的主要来源。

唾液中不含水解蛋白质的酶,食物蛋白质的消化由胃开始,但主要在小肠中进行。

1. 蛋白质在胃中的消化　胃中消化蛋白质的酶是胃蛋白酶,最适pH值为1.5~2.5。胃酸激活胃蛋白酶原形成胃蛋白酶;胃蛋白酶也能激活胃蛋白酶原转变成胃蛋白酶,称为自身激活作用。胃蛋白酶将蛋白质主要分解为多肽、寡肽和少量氨基酸。乳儿胃液pH值为5~6,此条件下胃蛋白酶对乳中的酪蛋白具有凝乳作用,可使乳汁中的酪蛋白与钙离子结合成乳凝块,使乳汁在胃中的停留时间延长,有利于充分消化。

2. 蛋白质在小肠中的消化　食物在胃中停留时间较短,因此蛋白质在胃中消化很不完全。在小肠中,蛋白质的消化产物及未被消化的蛋白质再受胰液及肠黏膜细胞分

泌的多种蛋白酶及肽酶的共同作用,进一步水解为氨基酸。因此,小肠是蛋白质消化的主要部位。

小肠中蛋白质的消化主要依靠胰酶来完成,这些酶的最适 pH 值为 7.0 左右。胰液中的蛋白酶基本上分为两类,即内肽酶与外肽酶。内肽酶可以水解蛋白质肽链内部的一些肽键,如胰蛋白酶、糜蛋白酶及弹性蛋白酶等,这些酶对不同氨基酸组成的肽键有一定的专一性。外肽酶主要有羧基肽酶 A 和羧基肽酶 B,它们自肽链的羧基末端开始,每次水解掉一个氨基酸残基,对不同氨基酸组成的肽键也有一定专一性。蛋白质在胰酶的作用下,最终产物为氨基酸和一些寡肽。

无论是内肽酶或外肽酶,均以无活性的酶原形式由胰腺细胞合成和分泌,分泌到十二指肠后胰蛋白酶原迅速被肠激酶激活。肠激酶由十二指肠黏膜细胞分泌,特异地作用于胰蛋白酶原,从其氨基末端水解掉 1 分子的六肽,生成有活性的胰蛋白酶。胰蛋白酶又将糜蛋白酶原、弹性蛋白酶原和羧基肽酶原激活(图 8-1)。胰蛋白酶的自身激活作用较弱。由于胰液中各种蛋白水解酶最初均以酶原形式存在,同时,胰液中还存在着胰蛋白酶抑制剂,这些对保护胰组织免受蛋白酶的自身消化作用具有重要意义。

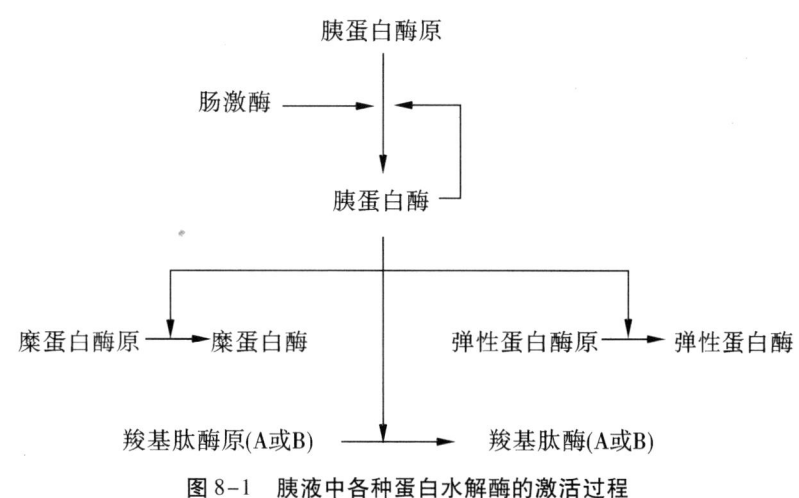

图 8-1 胰液中各种蛋白水解酶的激活过程

蛋白质经胃液和胰液中各种酶的水解,所得到的产物中仅有 1/3 为氨基酸,其余 2/3 为寡肽。小肠黏膜细胞的刷状缘及胞液中存在着一些寡肽酶,如氨基肽酶及二肽酶等。氨基肽酶从肽链的氨基末端逐个水解出氨基酸,最后生成二肽。二肽再经二肽酶水解,最终生成氨基酸(图 8-2)。可见,寡肽的水解主要在小肠黏膜细胞内进行。

由于各种蛋白水解酶对肽键作用的专一性不同,通过它们的协同作用,蛋白质消化的效率很高。一般正常成人,食物蛋白质的 95% 可被完全水解。但是一些纤维状蛋白质只能部分被水解。

(二) 氨基酸的吸收

氨基酸的吸收主要在小肠中进行。研究表明,在肠黏膜细胞上存在转运氨基酸的载体蛋白,能与氨基酸及 Na^+ 形成三联体,将氨基酸及 Na^+ 转运入细胞,Na^+ 则借钠泵排出细胞外,并消耗 ATP。此种主动转运不仅存在于小肠黏膜细胞,类似的作用也可能存在于肾小管细胞、肌细胞等细胞膜上,这对于细胞浓集氨基酸作用具有普遍意义。

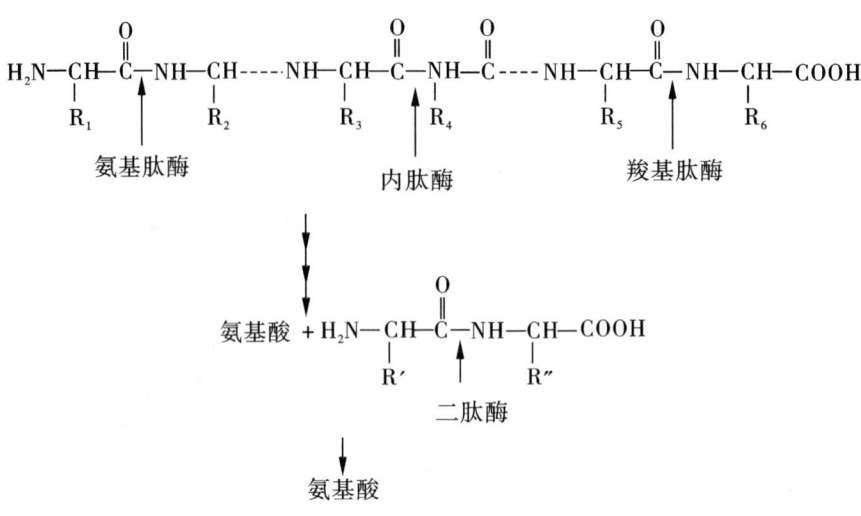

图 8-2 蛋白质的水解作用

除了上述氨基酸的吸收机制外,小肠黏膜还可以通过 γ-谷氨酰基循环对氨基酸转运。其反应过程:首先由谷胱甘肽对氨基酸进行转运,然后进行谷胱甘肽的再合成,由此构成一个循环(图8-3)。催化上述反应的各种酶在小肠黏膜细胞、肾小管细胞和脑组织中均存在,其中 γ-谷氨酰基转移酶位于细胞膜上,是关键酶。

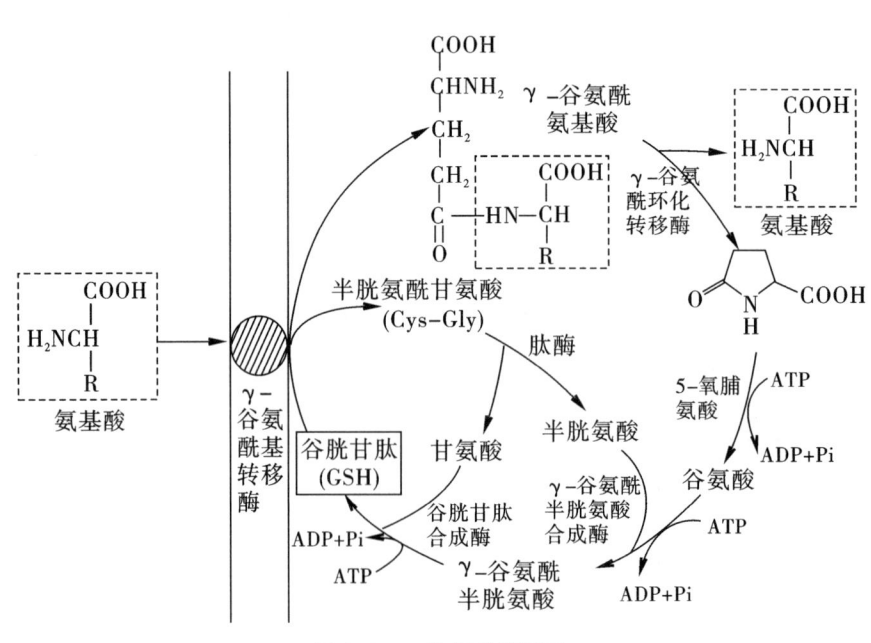

图 8-3 γ-谷氨酰基循环

肠黏膜细胞上还存在着吸收二肽或三肽的转运体系,该转运也是一种耗能的主动吸收过程。吸收作用在小肠近端较强,故肽吸收入细胞甚至先于游离氨基酸。不同二肽的吸收具有相互竞争作用。

(三) 蛋白质的腐败作用

在消化过程中,有一小部分蛋白质不被消化,也有一小部分消化产物不被吸收,肠道细菌对这部分蛋白质及其消化产物所起的作用称为腐败作用。腐败作用是肠道细菌本身的代谢过程,以无氧分解为主。有少量腐败产物可被机体利用,如脂肪酸和维生素 K 等;但大多数腐败产物对机体有害,如胺类、氨、酚类、吲哚及硫化氢等,主要随粪便排出体外,只有小部分可被肠道吸收,经肝的代谢转变而解毒。腐败产物生成过多或肝功能障碍时,会对机体产生毒害作用。下面介绍几种有害物质的生成过程。

1. 胺类的生成　肠道细菌的蛋白酶催化蛋白质水解成氨基酸,在细菌氨基酸脱羧酶的作用下使氨基酸脱羧基生成胺类,如精氨酸和鸟氨酸脱羧生成腐胺、赖氨酸脱羧生成尸胺、酪氨酸脱羧生成酪胺等。对于人体来说,胺是有毒的,如酪胺和苯乙胺,若不能在肝内及时转化而进入脑组织,在 β-羟化酶作用下分别转变为 β-多巴胺(羟酪胺)和苯乙醇胺,其化学结构与儿茶酚胺相似,被称为假神经递质。当肝功能障碍时,假神经递质增多,可取代正常神经递质儿茶酚胺,但它们不能传递神经冲动,使大脑发生异常抑制,这可能是肝性脑病发生的原因之一。

2. 氨的生成　肠道中的氨主要有两个来源:一是未被吸收的氨基酸在肠道细菌的作用下,通过脱氨基作用产生氨;二是血液中尿素渗入肠道,受肠道细菌尿素酶的水解而产生氨。氨具有神经毒性,大脑对氨尤为敏感。正常情况下,这些氨均可被吸收进入血液,在肝合成尿素。降低肠道的 pH 值,可减少氨的吸收。

3. 其他有害物质的生成　通过腐败作用,还可产生苯酚、吲哚、甲基吲哚及硫化氢等有害物质。

正常情况下,上述有害物质大部分随粪便排出,只有小部分被吸收,经肝的代谢转变而解毒,故不会发生中毒现象。

第三节　氨基酸的一般代谢

一、体内蛋白质的转换更新

(一) 氨基酸代谢库

人体内蛋白质处于不断降解与合成的动态平衡,即蛋白质的转换更新。成人体内每天有1%~2%的蛋白质被降解,其中主要是肌蛋白质。蛋白质降解所产生的氨基酸有75%~80%又被利用合成新的蛋白质。不同蛋白质的寿命差异很大,短则数秒,长则数月甚至更长。蛋白质的寿命常用半衰期(half-life) $t_{1/2}$ 表示,即蛋白质降低其原浓度一半所需要的时间。例如,人血浆蛋白质的 $t_{1/2}$ 约为10 d,肝中大部分蛋白质的 $t_{1/2}$ 为1~8 d,结缔组织中一些蛋白质的 $t_{1/2}$ 可达180 d以上,眼晶体蛋白质的 $t_{1/2}$ 更长。许多关键性调节酶蛋白的 $t_{1/2}$ 均很短,例如,胆固醇合成过程中的关键酶HMG-CoA还原酶的 $t_{1/2}$ 为0.5~2 h。蛋白质的 $t_{1/2}$ 差异还可能与其多肽链N端氨基酸序列有关。体内蛋白质的更新过程具有重要的生理意义:一方面,某些调节蛋白的转换速度可以直接影响代谢过程与生理功能;另一方面,某些异常或损伤的蛋白质也必须通过更新而被清除。

体内蛋白质的降解是由一系列蛋白酶和肽酶催化完成的。真核细胞中蛋白质的降解有两条途径:一是不依赖ATP的过程,在溶酶体内进行。溶酶体含有多种蛋白酶,称为组织蛋白酶。溶酶体对降解蛋白质的选择性较差,主要降解细胞外来的蛋白质、膜蛋白和长寿命的细胞内蛋白质。蛋白质降解的另一个途径是依赖ATP和泛素的过程,在细胞的胞液中进行,主要降解异常蛋白和短寿命的蛋白质。泛素是一种8.5 kDa(含76个氨基酸残基)的小分子蛋白质,由于普遍存在于真核细胞而得名,其一级结构高度保守。例如,酵母与人体的泛素相比只有3个氨基酸的差别。泛素介导的蛋白质降解是一个复杂过程。首先,由泛素与被选择降解的蛋白质形成共价连接,使后者标记并被激活,即泛素化,包括3步反应,有3种酶参与,并需要ATP(图8-4)。实际上,一种蛋白质的降解要有多个泛素化反应。其后,经泛素化激活的蛋白质即可被降解,这个过程是以多种蛋白质构成的极大复合体(分子量 $>10^6$)形式进行的,这种复合体被称为蛋白酶体,含有催化亚基和调节亚基两大部分。由此可见,泛素化与蛋白酶体共同作用完成了蛋白质的降解。

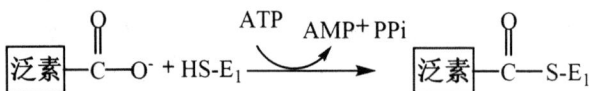

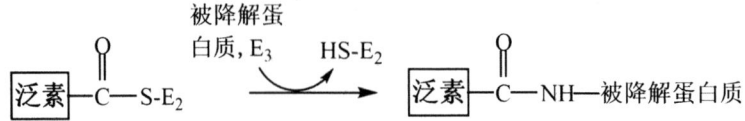

图8-4 蛋白质降解的泛素化反应

E_1:泛素活化酶;E_2:泛素携带蛋白;E_3:泛素蛋白连接酶

蛋白质的降解参与多种生理调节作用,包括基因表达、细胞增殖、炎症反应等。如周期蛋白的降解是调节细胞有丝分裂的重要因素,某些蛋白质降解异常还可以导致病理过程。又如,人乳头瘤病毒(HPV)编码的某种蛋白质可激活泛素化的有关酶,促进抑癌蛋白 P53 的降解,加速细胞增殖而诱发癌瘤。

食物蛋白质经消化、吸收的氨基酸(外源性氨基酸)与体内组织蛋白质降解产生的氨基酸(内源性氨基酸)混在一起,分布于体内各处,参与代谢,称为氨基酸代谢库。氨基酸代谢库通常以游离氨基酸总量计算。氨基酸由于不能自由通过细胞膜,所以在体内的分布也是不均匀的,肌肉中氨基酸占总代谢库的 50% 以上,肝约占 10%,肾约占 4%,血浆占 1%~6%。由于肝、肾体积较小,实际上它们所含游离氨基酸的浓度很高,氨基酸的代谢也很旺盛。消化吸收的大多数氨基酸,如丙氨酸、芳香族氨基酸等主要在肝中分解,但支链氨基酸的分解代谢主要在骨骼肌中进行。血浆氨基酸是体内各组织之间氨基酸转运的主要形式。虽然正常人血浆氨基酸浓度并不高,但其更新却很迅速,平均 $t_{1/2}$ 约为 15 min,表明一些组织器官不断向血浆释放或摄取氨基酸。肌肉和肝在维持血浆氨基酸浓度的相对稳定中起着重要作用。

体内氨基酸的主要功能是合成蛋白质和多肽,也可以转变成其他含氮物质。正常人尿中排出的氨基酸极少。各种氨基酸具有共同的结构特点,使它们有共同的代谢途径,但不同的氨基酸由于结构的差异,也各有其个别的代谢方式。

(二)体内氨基酸的来源与去路

1. 来源　体内氨基酸的来源有三条。

(1)食物蛋白质的消化吸收　食物中的蛋白质在消化道内经多种酶的催化分解为氨基酸,由小肠吸收经门静脉进入血液,这些氨基酸称为外源性氨基酸。

(2)体内组织蛋白质分解产生的氨基酸　组织蛋白质经细胞内一系列酶催化降解为氨基酸,进入氨基酸代谢库,这些氨基酸是内源性氨基酸。

(3)体内组织细胞合成的非必需氨基酸　体内每天经氨基酸转氨基作用的逆过程合成一定量的氨基酸,此种氨基酸也是内源性氨基酸。

2. 去路　体内氨基酸的去路有三条。

(1)合成蛋白质或多肽　这是氨基酸最主要的去路。

(2)转变为其他含氮化合物　如嘌呤和嘧啶等。

(3)氧化分解　氨基酸分解代谢的主要途径是脱氨基作用生成 α-酮酸和氨。氨主要在肝合成尿素,α-酮酸也可进一步代谢。个别氨基酸还可进行脱羧基反应生成胺和 CO_2。

体内氨基酸代谢的概况如图 8-5 所示。

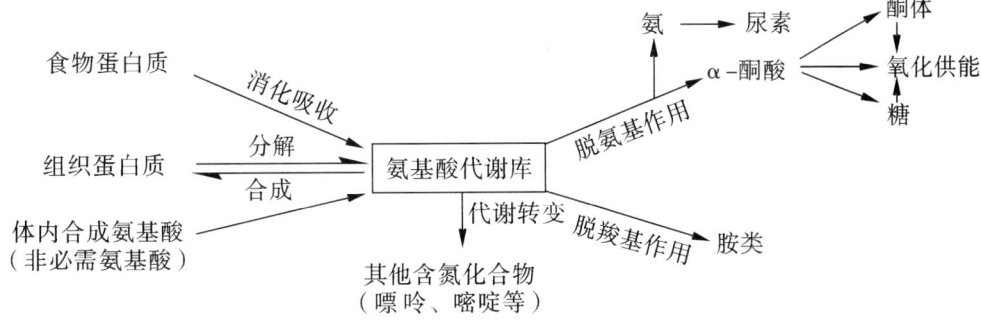

图 8-5　氨基酸的代谢概况

二、氨基酸的脱氨基作用

氨基酸分解代谢最主要的反应是脱氨基作用,即氨基酸在酶的催化下脱去氨基生成 α-酮酸的过程。氨基酸脱氨基作用方式有氧化脱氨基、转氨基、联合脱氨基及非氧化脱氨基等,以联合脱氨基最为重要。

(一) 氧化脱氨基作用

氧化脱氨基作用是指在氨基酸氧化酶的催化下,氨基酸脱氨并伴有脱氢氧化的过程。L-谷氨酸是哺乳类动物体内唯一能以相当高的速率进行氧化脱氨基的氨基酸,催化该反应的酶是 L-谷氨酸脱氢酶。肝、肾及脑等组织中广泛存在着 L-谷氨酸脱氢酶,是一种不需氧脱氢酶,酶活性较强;并且该酶特异性高,只能催化 L-谷氨酸氧化脱氨,生成氨和 α-酮戊二酸,其辅酶是 NAD^+ 或 $NADP^+$,反应是可逆的。但骨骼肌和心肌中该酶活性很低。

$$\underset{(CH_2)_2-COOH}{\underset{|}{CH-COOH}}\overset{NH_2}{|} \xrightleftharpoons[NADH+H^+]{\text{L-谷氨酸脱氢酶}\atop NAD^+} \underset{(CH_2)_2-COOH}{\underset{|}{C-COOH}}\overset{NH}{\|} \xrightleftharpoons[-H_2O]{+H_2O} \underset{(CH_2)_2-COOH}{\underset{|}{C-COOH}}\overset{O}{\|} + NH_3$$

L-谷氨酸脱氢酶是一种变构酶,由 6 个相同的亚基聚合而成,每个亚基的分子量为 56 000,已知 GTP 和 ATP 是此酶的变构抑制剂,而 GDP 和 ADP 是此酶的变构激活剂。所以当体内 GTP 和 ATP 不足时,谷氨酸加速氧化脱氨,这对于氨基酸氧化供能起着重要的调节作用。

氧化脱氨基作用

(二) 转氨基作用

转氨基作用是指在转氨酶的催化下,α-氨基酸的 α-氨基转移到 α-酮酸的酮基上,生成对应的 α-氨基酸,而原来的 α-氨基酸则转变成相应的 α-酮酸。转氨基反应是可逆的,反应平衡常数是 1。

$$\underset{COOH}{\underset{|}{H-C-NH_2}}\overset{R_1}{|} + \underset{COOH}{\underset{|}{C=O}}\overset{R_2}{|} \xrightleftharpoons{\text{转氨酶}} \underset{COOH}{\underset{|}{C=O}}\overset{R_1}{|} + \underset{COOH}{\underset{|}{H-C-NH_2}}\overset{R_2}{|}$$

转氨酶也称为氨基转移酶。在体内,转氨酶的种类多,分布广,特异性强,不同的氨基酸与 α-酮酸之间的转氨基作用只能由专一的转氨酶催化。体内大多数氨基酸可以参与转氨基作用,但赖氨酸、脯氨酸及羟脯氨酸例外。除了 α-氨基外,氨基酸侧链末端的氨基,如鸟氨酸的 δ-氨基也可以通过转氨基作用而脱去。α-酮酸可以在转氨酶的作用下接受氨基酸转来的氨基而合成相应的氨基酸。因此,转氨基作用既是氨基酸的分解代谢过程,也是体内某些氨基酸(非必需氨基酸)合成的重要途径。转氨基作用仅仅是将氨基由一种氨基酸分子转移到另一种氨基酸上,并没有真正脱掉氨基产生游离的氨。

在各种转氨酶中,以丙氨酸氨基转移酶(alanine aminotransferase, ALT,又称谷丙转氨酶,glutamic pyruvic transaminase,GPT)和天冬氨酸氨基转移酶(aspartate aminotransferase,AST,又称谷草转氨酶,glutamic oxaloacetic transaminase,GOT)最为重要。它们催化的反应如下:

$$\begin{array}{c}COOH\\|\\(CH_2)_2\\|\\CHNH_2\\|\\COOH\end{array} + \begin{array}{c}CH_3\\|\\C=O\\|\\COOH\end{array} \xrightleftharpoons{ALT(GPT)} \begin{array}{c}COOH\\|\\(CH_2)_2\\|\\C=O\\|\\COOH\end{array} + \begin{array}{c}CH_3\\|\\CHNH_2\\|\\COOH\end{array}$$

$$\begin{array}{c}COOH\\|\\(CH_2)_2\\|\\CHNH_2\\|\\COOH\end{array} + \begin{array}{c}COOH\\|\\CH_2\\|\\C=O\\|\\COOH\end{array} \xrightleftharpoons{AST(GOT)} \begin{array}{c}COOH\\|\\(CH_2)_2\\|\\C=O\\|\\COOH\end{array} + \begin{array}{c}COOH\\|\\CH_2\\|\\CHNH_2\\|\\COOH\end{array}$$

ALT与AST在体内分布广泛,但在各组织中的含量有差异(表8-1)。正常情况下,转氨酶主要存在于细胞内,血清中的转氨酶活性很低。ALT在肝细胞中活性最高,AST在心肌细胞中活性最高。若因疾病使细胞膜通透性增高、组织坏死或细胞破裂等,可有大量的转氨酶释放入血,使血清中转氨酶活性明显升高。如急性肝炎患者血清中ALT活性明显上升;心肌梗死患者血清中AST活性显著升高。因此,临床上通过测定血清中ALT与AST的活性,可以作为疾病诊断和预后的参考指标之一。

表8-1 正常成人各组织中ALT与AST活性(单位/每克湿组织)

组织	ALT	AST	组织	ALT	AST
心	7 100	156 000	胰腺	2 000	28 000
肝	44 000	142 000	脾	1 200	14 000
骨骼肌	4 800	99 000	肺	700	10 000
肾	19 000	91 000	血清	16	20

转氨酶的辅酶是含维生素B_6的磷酸吡哆醛,它结合于转氨酶活性中心赖氨酸的ε-氨基上。在转氨基过程中,磷酸吡哆醛先接受α-氨基酸的α-氨基转变为磷酸吡哆胺,α-氨基酸则转变为α-酮酸;然后磷酸吡哆胺将α-氨基转移给另一种α-酮酸生成相应的α-氨基酸,同时磷酸吡哆胺又变回为磷酸吡哆醛。在转氨酶的催化下,磷酸吡哆醛与磷酸吡哆胺的这种相互转变起着传递氨基的作用(图8-6)。

(三)联合脱氨基作用

在两种以上酶的催化下,氨基酸脱去α-氨基生成α-酮酸和游离氨的过程,称为联合脱氨基作用。

1.转氨基作用和氧化脱氨基作用的偶联 在转氨酶与L-谷氨酸脱氢酶的联合作

用下,氨基酸脱去α-氨基生成α-酮酸和游离氨的过程,是一种联合脱氨基作用方式。其过程:氨基酸首先与α-酮戊二酸在转氨酶作用下生成相应的α-酮酸和谷氨酸,然后谷氨酸再经L-谷氨酸脱氢酶作用,脱去氨基而生成氨和α-酮戊二酸,后者再继续参加转氨基作用(图8-7)。

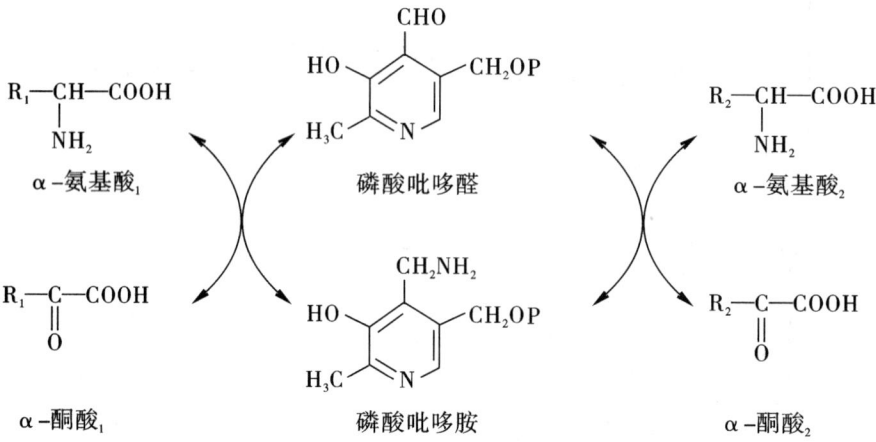

图8-6 磷酸吡哆醛与磷酸吡哆胺传递氨基作用

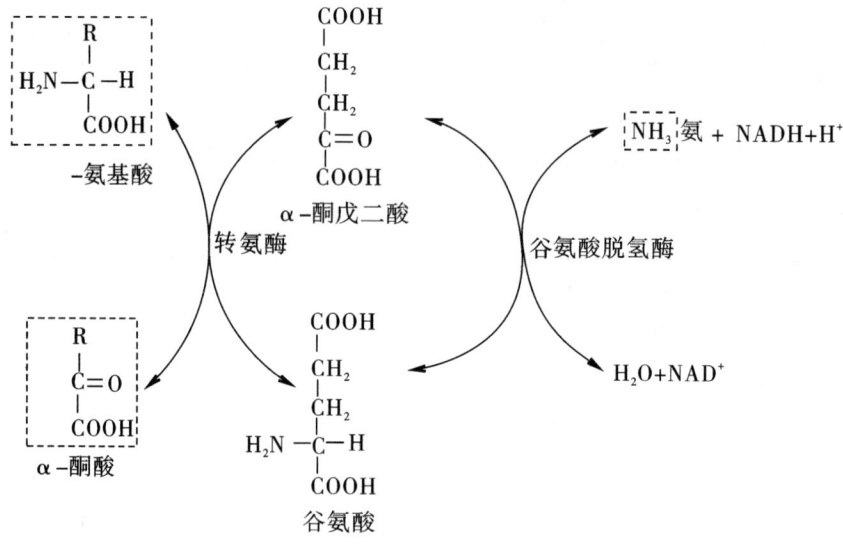

图8-7 联合脱氨基作用

通过联合脱氨基作用,氨基酸分子中的氨基被真正脱去,生成了氨和相应的α-酮酸。由于α-酮戊二酸参与的转氨基作用在体内普遍进行,L-谷氨酸脱氢酶广泛分布于肝、肾、脑等组织中,活性强,因此联合脱氨基作用是氨基酸脱氨基作用的主要途径。联合脱氨基作用的全过程是可逆的,因此这一过程也是体内合成非必需氨基酸的主要途径。

2.嘌呤核苷酸循环 由于在骨骼肌和心肌中L-谷氨酸脱氢酶的活性很低,氨基酸很难进行上述的联合脱氨基作用,在肌肉细胞内存在着一种特殊的脱氨基作用,即嘌呤核苷酸循环。其过程：氨基酸首先在转氨酶的催化下连续进行转氨基反应,将氨基转移给草酰乙酸,生成天冬氨酸；天冬氨酸与次黄嘌呤核苷酸(IMP)反应生成腺苷酸代琥珀酸,后者经裂解释放出延胡索酸,并生成腺苷酸(AMP)；延胡索酸可以通过加水、脱氢反应回补草酰乙酸；腺苷酸则在腺苷酸脱氨酶的催化下脱去氨基,释放出游离氨,最终完成氨基酸的脱氨基作用,同时生成的次黄嘌呤核苷酸(IMP)可以再参加循环(图8-8)。由此可见,嘌呤核苷酸循环实际上是另一种形式的联合脱氨基作用。

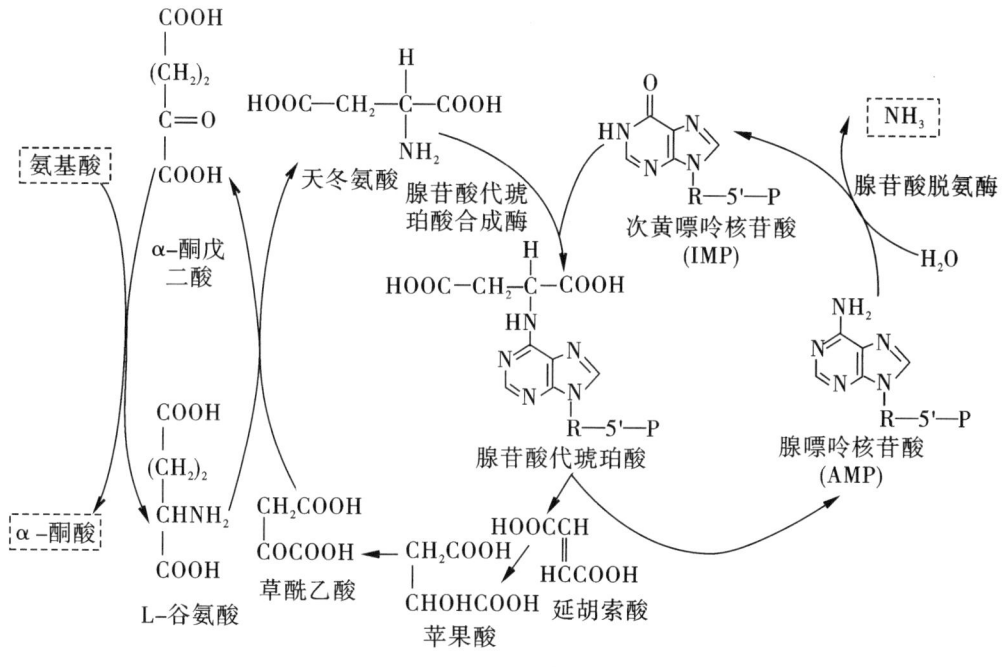

图8-8 嘌呤核苷酸循环

三、α-酮酸的代谢

氨基酸脱氨基作用生成的各种α-酮酸可以进一步代谢,主要有以下三条代谢途径。

1. **经氨基化生成非必需氨基酸**　α-酮酸经转氨基作用或联合脱氨基作用的逆过程进行氨基化,再次合成一些非必需氨基酸。这些α-酮酸也可以来自糖代谢和三羧酸循环的中间产物。如丙酮酸、草酰乙酸、α-酮戊二酸可分别转变成丙氨酸、天冬氨酸和谷氨酸。

2. **转变为糖和脂肪**　α-酮酸在体内可以转变成糖和脂类。在体内可经糖异生作用转变为糖的氨基酸称为生糖氨基酸,如丙氨酸、谷氨酸、半胱氨酸和天冬氨酸等；能沿脂肪酸代谢途径转变为酮体的氨基酸称为生酮氨基酸,如赖氨酸和亮氨酸等；既可转变为糖也能转变为酮体的氨基酸称为生糖兼生酮氨基酸,如苯丙氨酸、酪氨酸、色氨酸和异亮氨酸等(表8-2)。

α-酮酸的代谢

表 8-2　氨基酸生糖及生酮性质的分类

类别	氨基酸
生糖氨基酸	丙氨酸、谷氨酸、半胱氨酸、天冬氨酸、精氨酸、甘氨酸、脯氨酸、甲硫氨酸、丝氨酸、缬氨酸、组氨酸、天冬酰胺、谷氨酰胺
生酮氨基酸	赖氨酸、亮氨酸
生糖兼生酮氨基酸	苯丙氨酸、酪氨酸、色氨酸、苏氨酸、异亮氨酸

3. 氧化供能　α-酮酸在体内可以经三羧酸循环和生物氧化体系彻底氧化生成 CO_2 和 H_2O，同时释放能量供机体进行生理活动。

氨基酸的代谢与糖、脂肪的代谢密切相关。氨基酸可转变成糖与脂肪，糖也可以转变成脂肪及多数非必需氨基酸的碳架部分。通过三羧酸循环可使糖、脂肪酸及氨基酸完全氧化，也可使其彼此相互转变，构成一个完整的代谢体系。

第四节　氨的代谢

体内代谢产生的氨及消化道吸收的氨进入血液，形成血氨（图 8-9）。氨是一种剧毒物质，脑组织对氨的作用尤为敏感。体内的氨主要在肝合成尿素而解毒。因此，除门静脉血液外，体内血液中氨的浓度很低。正常成人血氨浓度不超过 0.60 μmol/L。严重肝病患者尿素合成功能降低，血氨增高，引起脑功能紊乱。

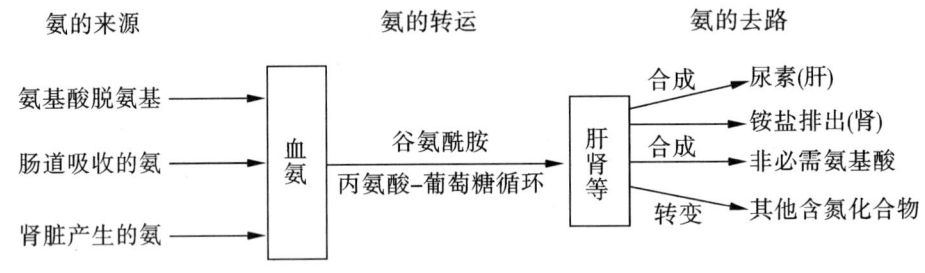

图 8-9　氨的来源、转运和去路

一、体内氨的来源与去路

（一）体内氨的来源

1. 氨基酸脱氨基作用产生的氨　氨基酸脱氨基作用产生的氨是体内氨的主要来源。此外还有少量氨来自胺类氧化分解、嘌呤和嘧啶等化合物的分解代谢。

2. 肠道吸收的氨　肠道吸收的氨有两个来源：一是肠道细菌对蛋白质或氨基酸的腐败作用产生氨；二是血液中的尿素扩散入肠道后经细菌尿素酶作用水解产生氨。两者均可在肠道被吸收。

肠道对氨的吸收，受肠道 pH 值的影响。NH_3 比 NH_4^+ 容易通过细胞膜而被吸收。

当肠道 pH 值偏碱时，NH_4^+ 可转化为 NH_3，增加 NH_3 的吸收。据此，临床上对高血氨患者采用弱酸性溶液做结肠透析，而禁用弱碱性的肥皂水，就是减少氨的吸收。

3. 肾小管上皮细胞分泌的氨主要来自谷氨酰胺　在肾小管上皮细胞中，谷氨酰胺在谷氨酰胺酶的催化下水解成谷氨酸和 NH_3，NH_3 分泌到肾小管管腔中与原尿中的 H^+ 结合转化为 NH_4^+，以铵盐的形式随尿排出体外，这对机体酸碱平衡的调节起着重要作用。酸性尿促使 NH_3 生成 NH_4^+，有利于 NH_3 的排出；碱性尿则阻碍 NH_3 的排出，此时 NH_3 会被吸收入血，成为血氨的来源之一。因此，临床上肝硬化腹腔积液患者应服用酸性利尿药，不宜使用碱性利尿药，以免血氨升高。

（二）体内氨的去路

1. 合成尿素　体内氨的主要去路是在肝内合成尿素，经肾随尿排出。
2. 以铵盐的形式由尿排出　在肾小管上皮细胞内，谷氨酰胺酶催化谷氨酰胺分解生成谷氨酸和 NH_3，NH_3 大部分分泌至尿中，与 H^+ 结合形成 NH_4^+，随尿排出。
3. 其他　氨还可与 α-酮酸结合生成非必需氨基酸，也可转变为嘌呤和嘧啶等含氮化合物。

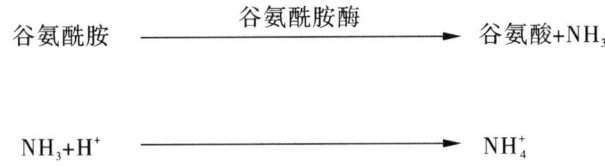

体内氨的来源与去路保持动态平衡，使血氨浓度很低并相对稳定。

二、氨在血中的转运

各组织产生的有毒的氨主要以无毒的丙氨酸和谷氨酰胺两种形式运输。

（一）丙氨酸-葡萄糖循环

肌肉组织中的氨基酸经嘌呤核苷酸循环脱氨基生成氨，氨参与合成谷氨酸，谷氨酸经转氨基作用将氨基转移给丙酮酸生成丙氨酸；丙氨酸经血液循环运到肝。在肝细胞内，丙氨酸经联合脱氨基作用转化为丙酮酸，并释放出氨。氨可以在肝合成无毒的尿素，丙酮酸则经糖异生作用生成葡萄糖。葡萄糖由血液运回肌肉组织，沿糖的氧化分解途径生成丙酮酸，后者再接受氨基生成丙氨酸。这样丙氨酸和葡萄糖反复地在肌肉组织和肝之间进行氨的转运，故称此转运途径为丙氨酸-葡萄糖循环（图 8-10）。通过此循环，既可以使肌肉组织中有毒的氨转化为无毒的丙氨酸运输到肝，肝又可以为肌组织提供生成丙酮酸的葡萄糖。

（二）谷氨酰胺的运氨作用

谷氨酰胺是另一种转运氨的形式，它主要从脑、肌肉等组织向肝或肾转运氨。在脑和肌肉等组织中，氨与谷氨酸在谷氨酰胺合成酶的催化下生成谷氨酰胺，后者经血液运输到肝或肾，再由谷氨酰胺酶催化水解生成谷氨酸和氨。谷氨酰胺的合成与分解是由不同酶催化的不可逆反应，其合成需要 ATP 参与，并消耗能量。在肝脏，氨用于合成尿素；在肾脏，氨以铵盐形式随尿排泄。

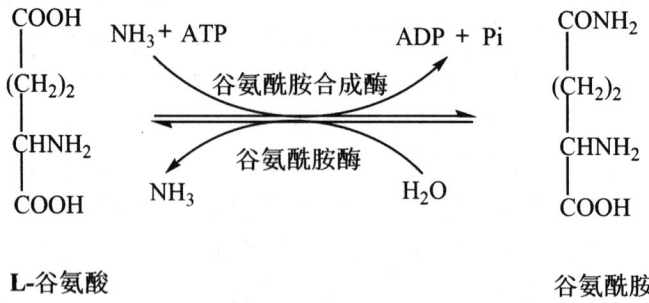

谷氨酰胺既解除了氨的毒性，又是氨的储存和运输形式。谷氨酰胺在脑中固定和转运氨的过程中起着重要作用。临床上对高血氨患者可以服用或静脉输入谷氨酸盐，以降低血氨浓度。

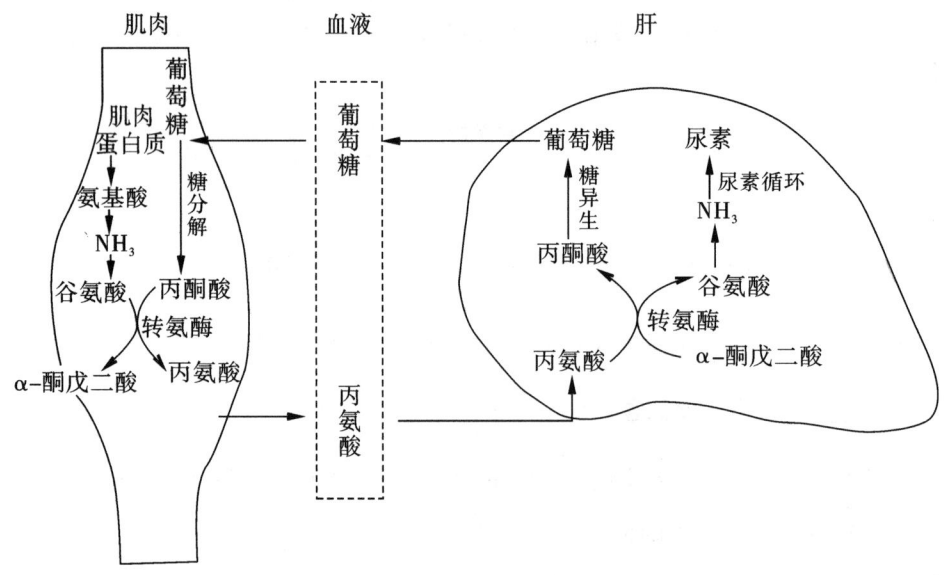

图 8-10　丙酮酸-葡萄糖循环

谷氨酰胺还可以提供其酰胺基，使天冬氨酸转变成天冬酰胺。机体细胞能够合成足量的天冬酰胺以供蛋白质合成需要，但白血病细胞却不能或很少能合成天冬酰胺，必须依靠血液从其他器官运输而来。由此，临床上应用天冬酰胺酶使天冬酰胺水解成天冬氨酸，从而减少血中天冬酰胺，达到治疗白血病的目的。

三、尿素的生成

正常情况下,体内的氨主要在肝中合成尿素而解毒,只有少部分氨在肾以铵盐形式由尿排出。正常成人尿素占排氮总量的80%~90%,可见肝在氨解毒中起着重要作用。

(一)尿素合成的过程

肝是合成尿素的主要器官。尿素合成的过程称为尿素循环,也称鸟氨酸循环。基本过程如图8-11。

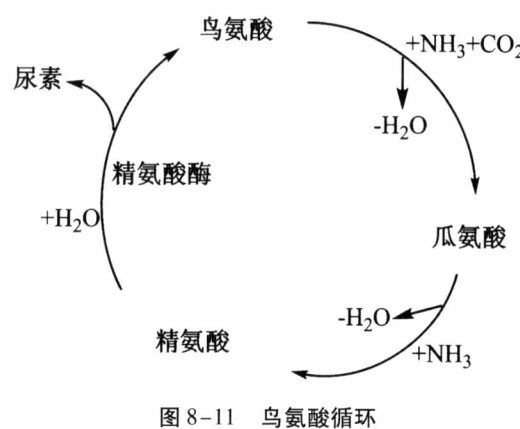

图8-11 鸟氨酸循环

鸟氨酸循环详细过程可分为以下四步。

1. **氨基甲酰磷酸的合成** 在肝细胞线粒体内,在Mg^{2+}、ATP及N-乙酰谷氨酸(N-acetyl glutamatic acid,AGA)存在下,NH_3和CO_2由氨基甲酰磷酸合成酶-Ⅰ(carbamoyl phosphate-Ⅰ,CPS-Ⅰ)催化,合成氨基甲酰磷酸。

$$CO_2 + NH_3 + 2ATP \xrightarrow[\text{N-乙酰谷氨酸,Mg}^{2+}]{\text{CPS-Ⅰ}} H_2N-\overset{\overset{O}{\|}}{C}-O\sim PO_3^{2-} + 2ADP + Pi$$

此反应消耗2分子ATP,反应不可逆。CPS-Ⅰ是一种变构酶,AGA是此酶的变构激活剂。AGA的作用是使酶的构象改变,暴露了酶分子中的某些巯基,从而增加了酶与ATP的亲和力。CPS-Ⅰ和AGA都存在于肝细胞线粒体中。氨基甲酰磷酸是高能化合物,性质活泼,在酶的催化下易与鸟氨酸反应生成瓜氨酸。

2. **瓜氨酸的合成** 在鸟氨酸氨基甲酰转移酶(ornithine carbamoyl transferase,OCT)的催化下,氨基甲酰磷酸与鸟氨酸缩合成瓜氨酸。此反应不可逆,在线粒体中进行。

鸟氨酸 + 氨基甲酰磷酸 —鸟氨酸氨基甲酰转移酶→ 瓜氨酸 + H_3PO_4

3. 精氨酸的合成　肝细胞线粒体合成的瓜氨酸经载体转运到胞液中,在精氨酸代琥珀酸合成酶的催化下,由 ATP 供能,与天冬氨酸作用生成精氨酸代琥珀酸,后者再由精氨酸代琥珀酸裂解酶催化,裂解为精氨酸和延胡索酸。精氨酸代琥珀酸合成酶为尿素合成的限速酶。

瓜氨酸 + 天冬氨酸 —精氨酸代琥珀酸合成酶, Mg^{2+}, ATP → AMP+PPi H_2O→ 精氨酸代琥珀酸

精氨酸代琥珀酸 —精氨酸代琥珀酸裂解酶→ 精氨酸 + 延胡索酸

在此反应过程中,天冬氨酸起着供给氨基的作用,即天冬氨酸分子中的氨基转移至精氨酸分子内。天冬氨酸又可由草酰乙酸与谷氨酸经转氨基作用而生成,而谷氨酸的氨基又可来自体内多种氨基酸。因此,多种氨基酸的氨基可以通过天冬氨酸的形式参与尿素合成。延胡索酸可通过三羧酸循环转化为草酰乙酸,后者与谷氨酸进行转氨基反应,又可重新生成天冬氨酸(图 8-12)。通过延胡索酸和天冬氨酸,可使尿素循环与三羧酸循环联系起来。

4. 精氨酸水解生成尿素 在胞液精氨酸酶的催化下,精氨酸水解为尿素和鸟氨酸。尿素可经血液循环转运到肾排出体外,鸟氨酸则经线粒体内膜上的载体转运到线粒体内,再次参与瓜氨酸合成。如此反复,完成尿素循环(图8-12)。

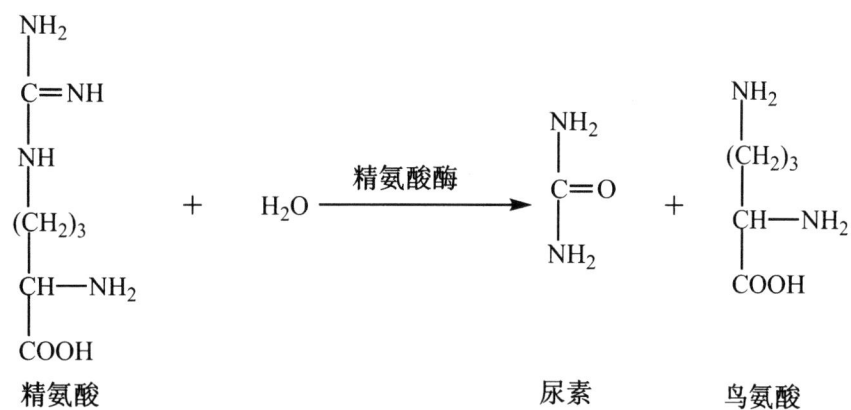

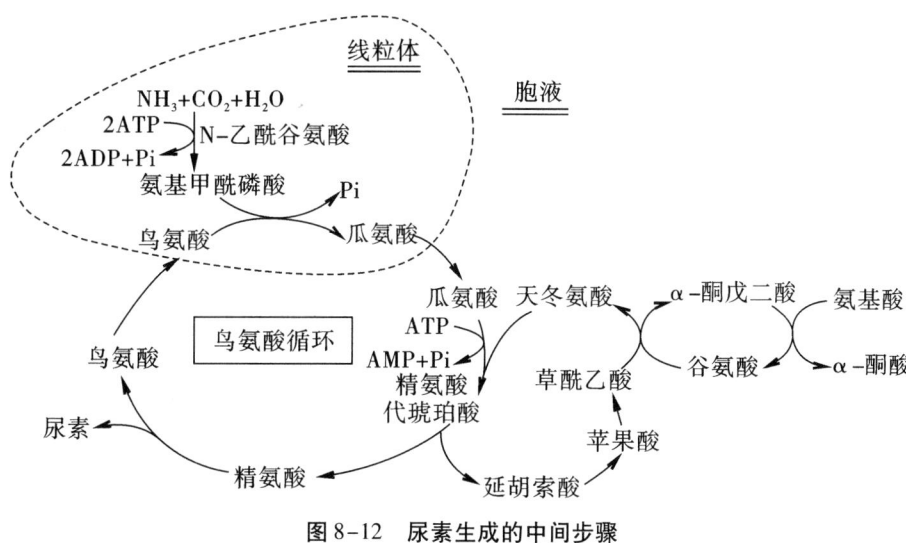

图8-12 尿素生成的中间步骤

综上所述,尿素合成的总反应为:

$$2NH_3 + CO_2 + 3ATP + 3H_2O \longrightarrow \underset{NH_2}{\underset{|}{\overset{NH_2}{\overset{|}{C}}}}=O + 2ADP + AMP + 4Pi$$

尿素的生成是在肝细胞的线粒体和胞液两部分进行的。尿素分子中的两个氮原子,一个来自氨,一个来自天冬氨酸,而天冬氨酸又可由其他氨基酸转氨基生成。因此,尿素分子中的两个氮原子都直接或间接来自各种氨基酸。尿素的合成是耗能的过程,合成1分子尿素需消耗4个高能磷酸键,因此整个过程不可逆。

尿素是蛋白质代谢的终产物,是无毒、水溶性很强的化合物,经血液循环运输到肾后随尿排出体外。因此尿素的合成是体内解氨毒的主要方式。临床上,血液中尿素氮含量的测定,可作为反映肾排泄功能的指标之一。血清尿素氮升高,说明尿素在体内潴留,肾排泄功能障碍。

在线粒体中,以氨为氮源,通过CPS-Ⅰ合成氨基甲酰磷酸,并进一步参与尿素合成;在胞液中,还存在CPS-Ⅱ,它以谷氨酰胺的酰胺基为氮源,催化合成氨基甲酰磷酸,并进一步参与嘧啶的合成。两种CPS催化合成的产物虽然相同,但它们是两种不同性质的酶,其生理意义也不相同。CPS-Ⅰ参与尿素的合成,这是肝细胞独特的一种重要功能,是细胞高度分化的结果,因而,CPS-Ⅰ的活性可作为肝细胞分化程度的指标之一。CPS-Ⅱ参与嘧啶核苷酸的从头合成,与细胞增殖过程中核酸的合成有关,因而它的活性可作为细胞增殖程度的指标之一。

研究证明,当肝细胞再生时,线粒体中鸟氨酸氨基甲酰转移酶活性降低,而胞液中天冬氨酸氨基甲酰转移酶活性增高,亦即尿素合成减少、嘧啶合成增加。当细胞再生完成时,鸟氨酸氨基甲酰转移酶活性重新增高,而天冬氨酸氨基甲酰转移酶活性降低。由此可见,上述两种氨基甲酰转移酶的活性对调节尿素合成与核酸合成起着重要作用。

(二)尿素合成的调节

正常情况下,机体通过合适的速度合成尿素,以保证及时、充分地解除氨毒。尿素合成的速度可受多种因素的调节。

1. 食物蛋白质的影响　高蛋白质膳食时尿素的合成速度加快,排出的含氮物中尿素约占90%;反之,低蛋白质膳食时尿素合成速度减慢,尿素排出量可低于含氮排泄量的60%。

2. CPS-Ⅰ的调节　氨基甲酰磷酸的生成是尿素合成的重要步骤。AGA是CPS-Ⅰ的变构激动剂,由乙酰辅酶A和谷氨酸通过AGA合成酶催化而生成。精氨酸是AGA合成酶的激活剂,故精氨酸浓度增高时,尿素生成量增加。

3. 尿素合成酶系的调节　参与尿素合成的酶系中每种酶的相对活性相差很大,其中精氨酸代琥珀合成酶的活性最低,是尿素合成的限速酶,可调节尿素的合成速度。

在体内精氨酸还可通过一氧化氮合酶(nitric oxide synthzse,NOS)作用,直接氧化成瓜氨酸并产生NO,从而使天冬氨酸携带的氨不形成尿素,而被氧化成具有重要生物活性的物质NO。目前已证实NO在心血管及消化道等平滑肌的松弛、感觉传入、学习记忆等方面有重要作用,是激素的第二信使。

四、高血氨症与肝性脑病

正常情况下,血氨的来源和去路维持动态平衡,肝内合成尿素是维持血氨平衡的关键。当肝功能严重受损时,尿素合成障碍,导致血氨浓度升高,称为高血氨症。一般认为,当血氨浓度升高时,氨进入脑组织与α-酮戊二酸结合生成谷氨酸和谷氨酰胺。氨消耗脑中的α-酮戊二酸导致三羧酸循环减弱,ATP生成减少,引起大脑功能障碍,严重时发生昏迷,称为肝性脑病。另一种可能是谷氨酸、谷氨酰胺增多,渗透压增大引起脑水肿。

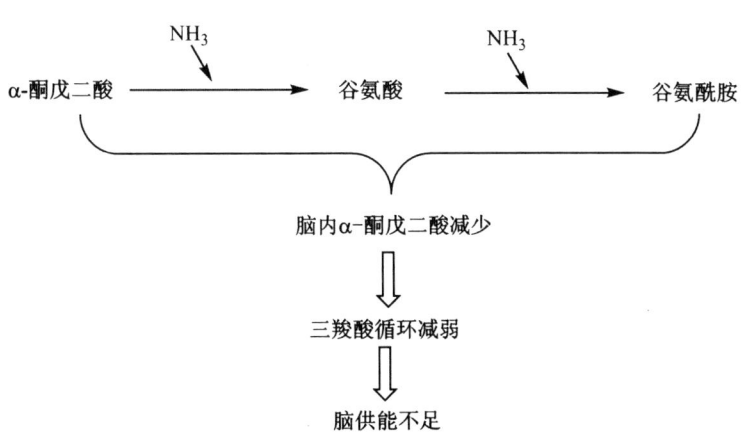

第五节 个别氨基酸的代谢

氨基酸的代谢除了上述一般代谢途径外,因其侧链不同,有些氨基酸还有其特殊的代谢途径,并具有重要的生理意义。下面仅对几种重要的氨基酸代谢途径进行描述。

一、氨基酸的脱羧基作用

体内有些氨基酸还可以进行脱羧基作用生成相应的胺,催化脱羧基反应的酶是氨基酸脱羧酶,其辅酶也是磷酸吡哆醛。体内的胺类物质含量虽然不高,但具有重要的生理功能。

1. γ-氨基丁酸　谷氨酸由谷氨酸脱羧酶催化生成 γ-氨基丁酸(γ-aminobutyric, GABA),该酶在脑和肾组织中活性强,所以脑中 GABA 的含量较多。GABA 是抑制性神经递质,对中枢神经有抑制作用。临床上用维生素 B_6 治疗妊娠呕吐和小儿惊厥,就是基于维生素 B_6 参与谷氨酸脱羧酶的辅酶磷酸吡哆醛的构成,促进 GABA 的生成,起到止吐和镇惊的作用。

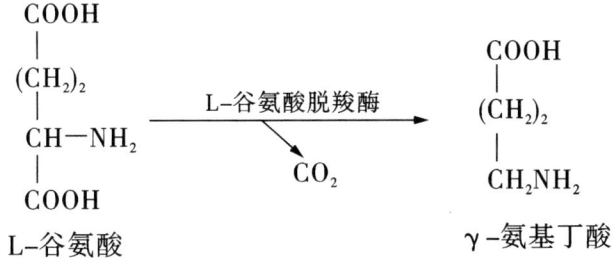

2. 5-羟色胺　色氨酸经色氨酸羟化酶催化生成 5-羟色氨酸,后者再脱羧生成 5-羟色胺(5-hydroxytryptamine,5-HT)。5-羟色胺广泛分布于体内各组织,尤其是脑组织中含量较高。脑中的 5-羟色胺为抑制性神经递质;外周组织中的 5-羟色胺具有收缩血管升高血压的作用。

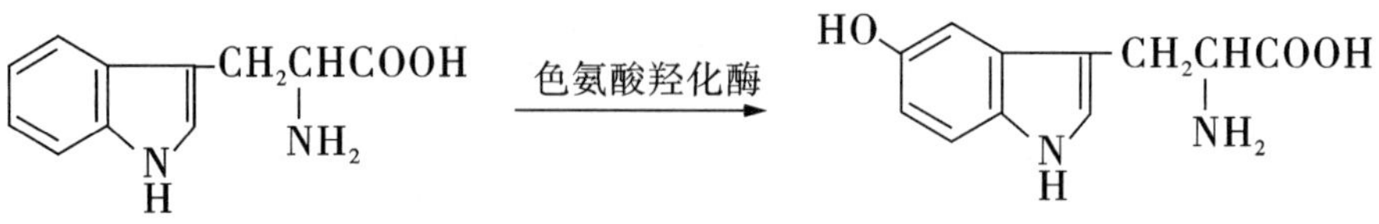

色氨酸 —色氨酸羟化酶→ 5-羟色氨酸

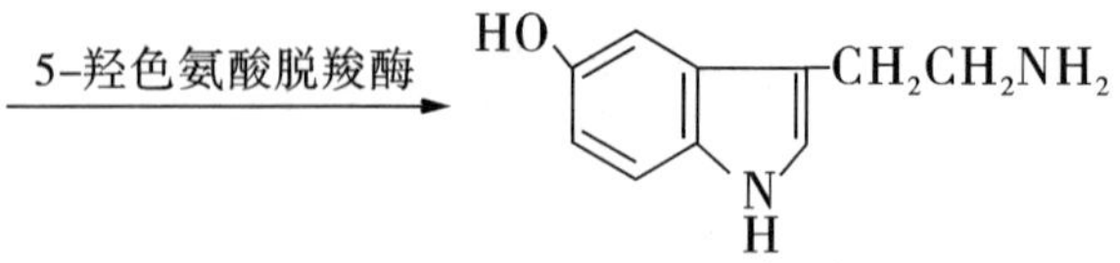

—5-羟色氨酸脱羧酶→ 5-羟色胺

3. 组胺 组氨酸经脱羧酶催化生成组胺。组胺在体内分布广泛,乳腺、肺、肝、肌肉和胃黏膜中组胺含量较高。组胺是一种强烈的血管舒张剂,并能增加毛细血管的通透性,引起血压下降,甚至休克;创伤性休克或炎症病变部位可有组胺的释放。组胺还能刺激胃蛋白酶和胃酸的分泌,常被利用为研究胃活动的物质。

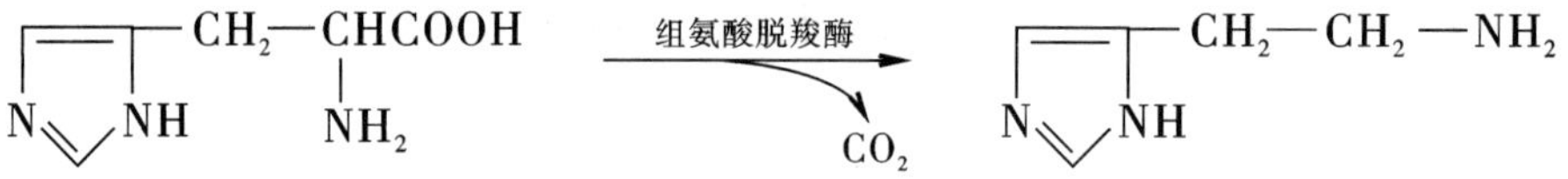

组氨酸 —组氨酸脱羧酶, $-CO_2$→ 组胺

4. 牛磺酸 体内半胱氨酸先氧化成磺酸丙氨酸,后者再由磺酸丙氨酸脱羧酶催化生成牛磺酸,反应在肝细胞内进行。牛磺酸是结合胆汁酸的组成成分。

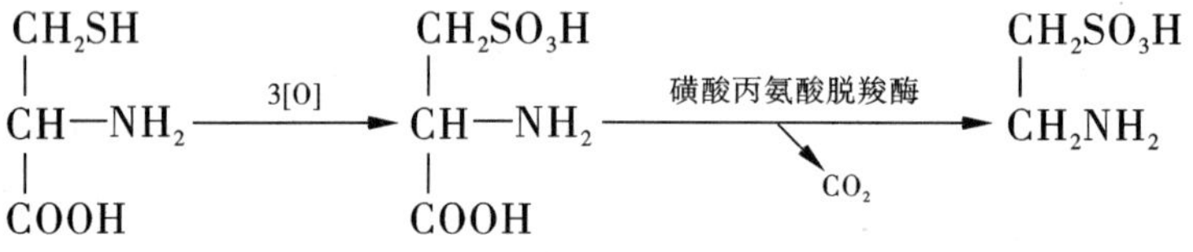

L-半胱氨酸 —3[O]→ 磺酸丙氨酸 —磺酸丙氨酸脱羧酶, $-CO_2$→ 牛磺酸

牛磺酸具有重要的生理功能,它能够保护心肌,增强心脏功能,对肝和胃肠也有保护作用,能够增强人体的免疫功能。脑组织中牛磺酸的含量较高,它能调节脑部的兴奋状态,并有助于修复角膜,保护视网膜和预防白内障等。牛磺酸对婴儿生长,尤其是大脑和视网膜的发育更为重要。

5. 多胺 某些氨基酸脱羧基可以产生多胺类物质,主要有腐胺、精脒和精胺等。例如,鸟氨酸经鸟氨酸脱羧酶作用生成腐胺,腐胺再转变为精脒和精胺。反应如下:

$$\text{L-鸟氨酸} \xrightarrow[-CO_2]{\text{鸟氨酸脱羧酶}} N_2N-(CH_2)_4-NH_2 \qquad \text{(腐胺)}$$

$$\text{S-腺苷甲硫氨酸（SAM）} \xrightarrow[-CO_2]{\text{SAM脱羧酶}} \text{腺苷}-S(CH_3)-(CH_2)_3-NH_2 \qquad \text{(脱羧基SAM)}$$

$$\text{腐胺 + 脱羧基SAM} \xrightarrow[\text{-腺苷-S-}CH_3]{\text{丙胺转移酶}} H_2N-(CH_2)_4-NH-(CH_2)_3-NH_2 \qquad \text{(精脒)}$$

$$\text{精脒+脱羧基SAM} \xrightarrow[\text{-腺苷-S-}CH_3]{\text{丙胺转移酶}} H_2N-(CH_2)_4-NH-(CH_2)_4-NH-(CH_2)_3-NH_2 \qquad \text{(精胺)}$$

精脒和精胺是调节细胞生长的重要物质。凡生长旺盛的组织,如胚胎、再生肝及癌组织等,作为多胺合成限速酶的鸟氨酸脱羧酶活性均较强,多胺的含量也较高。多胺能够促进细胞增殖可能与其稳定细胞结构、与核酸分子结合,并增强核酸与蛋白质合成有关。目前,临床上把测定肿瘤患者血或尿中多胺的含量作为观察病情的指标之一。

二、一碳单位的代谢

1. 一碳单位的概念及种类 某些氨基酸在分解代谢过程中产生的含有一个碳原子的有机基团,称为一碳单位。其种类:甲基（—CH_3）、甲烯基（—CH_2—）、甲炔基（—CH=）、亚氨甲基（—CH=NH）和甲酰基（—CHO）等。但羧基（—COOH）不是一碳单位,含有一个碳原子的分子（如 CH_4、CO_2 等）也不属于一碳单位。

2. 一碳单位的载体 一碳单位不能游离存在,常与四氢叶酸(tetrahydrofolic acid, THF)结合而转运和参加代谢,即一碳单位以四氢叶酸作为载体。四氢叶酸可以由叶酸在二氢叶酸还原酶的催化下,经过两步还原反应而生成。

$$\text{叶酸} \xrightarrow[NADPH(H^+) \quad NADP^+]{\text{二氢叶酸还原酶}} \text{二氢叶酸} \xrightarrow[NADPH(H^+) \quad NADP^+]{\text{二氢叶酸还原酶}} \text{四氢叶酸}$$

3. 一碳单位的来源与互变 一碳单位主要来自于丝氨酸、甘氨酸、组氨酸、色氨酸等氨基酸的分解代谢。从数量上来看,丝氨酸是一碳单位的主要来源。一碳单位由氨基酸生成的同时即结合在四氢叶酸的 N^5 和 N^{10} 位上。四氢叶酸的 N^5 结合甲基或亚氨甲基,N^5 和 N^{10} 结合甲烯基或甲炔基,N^5 或 N^{10} 结合甲酰基。各种不同形式的一碳单位在适当条件下,可以通过氧化还原反应而相互转变,只有 N^5-甲基四氢叶酸的生成基本是不可逆的。各种一碳单位的来源及相互转变如下:

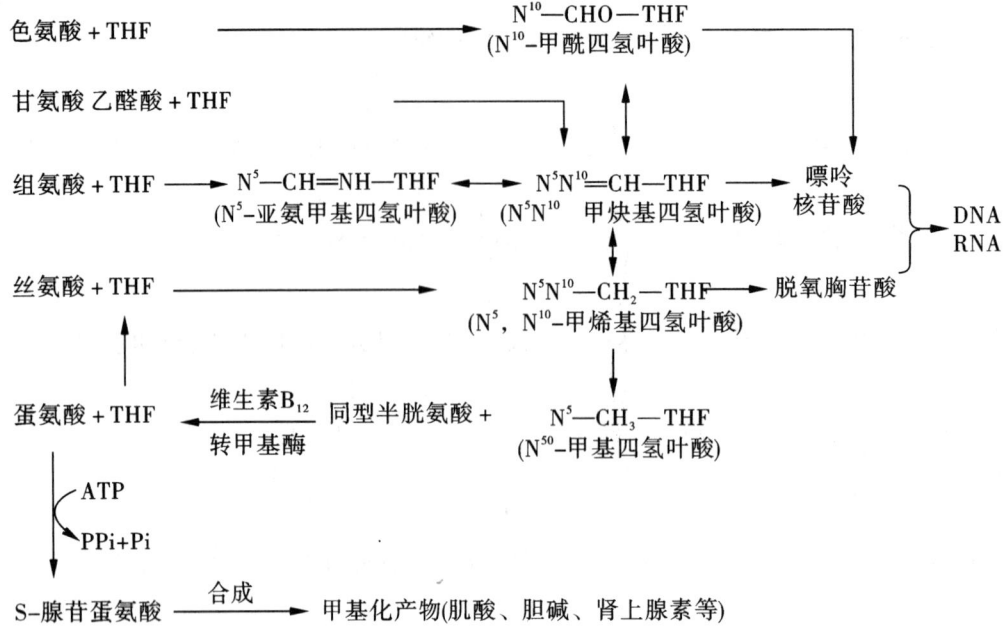

4. 一碳单位的生理功能 一碳单位的主要生理功能是作为细胞合成嘌呤和嘧啶的原料，参与核酸的合成，与细胞增殖和组织生长等过程密切相关。例如，N^{10}—CHO—THF 与 N^5,N^{10}=CH—THF 分别提供嘌呤合成时 C_2 与 C_8 的来源；N^5,N^{10}—CH_2—THF 提供胸苷酸（dTMP）合成时甲基的来源（见核苷酸合成）。由此可见，一碳单位将氨基酸与核酸代谢密切联系起来。一碳单位代谢的障碍可造成某些病理情况，如人体缺乏叶酸，一碳单位无法正常转运，核苷酸合成障碍，导致红细胞合成 DNA 受阻，引起巨幼细胞贫血。又如磺胺药及某些抗恶性肿瘤药（甲氨蝶呤等）也正是分别通过干扰细菌及恶性肿瘤细胞的叶酸、四氢叶酸合成，进一步影响一碳单位代谢与核酸合成而发挥其药理作用。

三、含硫氨基酸的代谢

含硫氨基酸有甲硫氨酸、半胱氨酸和胱氨酸，这三种氨基酸的代谢是相互联系的，甲硫氨酸可以转变为半胱氨酸和胱氨酸，但后两者都不能转变为甲硫氨酸。

（一）甲硫氨酸的代谢

1. 甲硫氨酸转甲基作用和甲硫氨酸循环 经甲硫氨酸腺苷转移酶催化，甲硫氨酸与 ATP 作用生成 S-腺苷甲硫氨酸（S-adenosyl methionine，SAM），SAM 中的甲基称为活性甲基。通过各种转甲基作用，活性甲基用于生成多种含甲基的重要生理活性物质，如肾上腺素、肌酸、肉毒碱等。据统计，体内约有 50 余种物质需要 SAM 提供甲基而甲基化。因此，SAM 称为活性甲硫氨酸。SAM 是体内甲基最重要的直接供体。

$$\underset{\text{甲硫氨酸}}{\begin{array}{c}S-CH_3\\|\\CH_2\\|\\CH_2\\|\\CHNH_2\\|\\COOH\end{array}} + ATP \xrightarrow[PPi+Pi]{\text{腺苷转移酶}} \underset{\text{S-腺苷甲硫氨酸}}{\begin{array}{c}COOH\\|\\CHNH_2\\|\\CH_2\\|\\CH_2\\|\\{}^+S-\text{腺苷}\\|\\CH_3\end{array}}$$

活性甲硫氨酸在甲基转移酶的催化下,可将甲基转移至另一种物质,使其甲基化;而活性甲硫氨酸即变成S-腺苷同型半胱氨酸,后者进一步脱去腺苷,生成同型半胱氨酸。

$$\underset{\text{S-腺苷甲硫氨酸}}{\begin{array}{c}COOH\\|\\CHNH_2\\|\\CH_2\\|\\CH_2\\|\\{}^+S-\text{腺苷}\\|\\CH_3\end{array}} \xrightarrow[RH \quad R-CH_3]{\text{甲基转移酶}} \underset{\text{S-腺苷同型半胱氨酸}}{\begin{array}{c}COOH\\|\\CHNH_2\\|\\CH_2\\|\\CH_2\\|\\{}^+S-\text{腺苷}\\|\\H\end{array}} \xrightarrow{\text{腺苷}} \underset{\text{同型半胱氨酸}}{\begin{array}{c}COOH\\|\\CHNH_2\\|\\CH_2\\|\\CH_2\\|\\SH\end{array}}$$

式中RH代表接受甲基的物质

同型半胱氨酸可以接受 N^5-甲基四氢叶酸提供的甲基,重新生成甲硫氨酸,形成一个循环过程,称为甲硫氨酸循环(图8-13)。此循环的生理意义:①SAM 提供活性甲基,在体内进行广泛的甲基化反应;②有利于 THF 的再生。转甲基酶的辅酶是维生素 B_{12},如果维生素 B_{12} 缺乏,$N^5—CH_3—THF$ 上的甲基不能转移给同型半胱氨酸。这不仅影响甲硫氨酸的合成,也影响 THF 的再生,导致组织中 THF 含量降低,引起核酸合成障碍,细胞分裂受阻,也会引起巨幼细胞贫血。同时同型半胱氨酸在血中浓度升高,可能是动脉粥样硬化和冠心病的独立危险因子。

尽管上述循环可以生成甲硫氨酸,但体内不能净合成同型半胱氨酸,它只能由甲硫氨酸转变而来,所以实际上体内仍然不能合成甲硫氨酸,必须由食物供给。由 $N^5—CH_3—$ 提供甲基使同型半胱氨酸转变为甲硫氨酸的反应是目前已知体内能利用 $N^5—CH_3—$ 的唯一反应。

1969 年,Mcully 提出同型半胱氨酸可能与动脉粥样硬化有关。许多研究显示血同型半胱氨酸水平与心血管疾病发生率呈正相关,即血同型半胱氨酸水平高的患者更容易患心血管疾病。同型半胱氨酸导致心血管疾病的可能原因是损伤血管内皮细胞、促进血管平滑肌细胞增殖、影响凝血系统及脂质代谢等。降低同型半胱氨酸能降低患心血管疾病的风险。

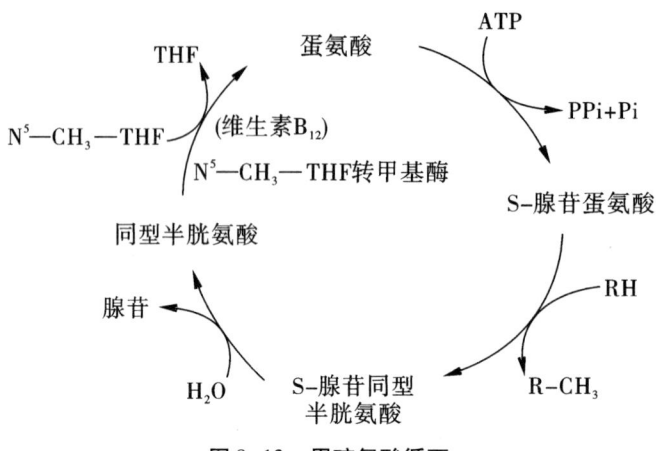

图 8-13　甲硫氨酸循环

2.肌酸的合成　肌酸以甘氨酸为骨架,由精氨酸提供脒基、S-腺苷甲硫氨酸供给甲基而合成(图 8-14)。肝是合成肌酸的主要器官。在肌酸激酶(creatine kinase,CK)催化下,ATP 的高能磷酸键转移给肌酸转变成磷酸肌酸,储存高能键。磷酸肌酸在心肌、骨骼肌及大脑中含量非常丰富。

肌酸激酶由两种亚基组成,即 M 亚基(肌型)与 B 亚基(脑型),构成 3 种同工酶:MM 型、MB 型及 BB 型,它们在体内各组织中的分布不同,MM 型主要在骨骼肌,MB 型主要在心肌,BB 型主要在脑。心肌梗死时,血中 MB 型肌酸激酶活性增高,可作为辅助诊断的指标之一。

肌酸和磷酸肌酸代谢的终产物是肌酸酐,随尿排出。肌酸酐主要在肌肉中通过磷酸肌酸的非酶促反应而生成。正常成人,每日尿中肌酸酐的排出量恒定。肾严重病变时,肌酸酐排泄受阻,血中肌酸酐浓度升高。临床上测定血肌酐有助于肾功能的检查。

(二)半胱氨酸和胱氨酸的代谢

1.半胱氨酸和胱氨酸的互变　半胱氨酸含巯基(—SH),胱氨酸含二硫键(—S—S—),胱氨酸与半胱氨酸极易通过巯基基团的加氢和脱氢反应互变。在蛋白质分子中,两个半胱氨酸残基所形成的二硫键参与该蛋白空间结构的维持。

$$2\begin{array}{c}CH_2SH\\|\\CHNH_2\\|\\COOH\end{array}\quad\underset{+2H}{\overset{-2H}{\rightleftharpoons}}\quad\begin{array}{c}CH_2-S-S-CH_2\\|\qquad\qquad\quad|\\CHNH_2\qquad CHNH_2\\|\qquad\qquad\quad|\\COOH\qquad\quad COOH\end{array}$$

半胱氨酸　　　　　　　　　　　　　　　胱氨酸

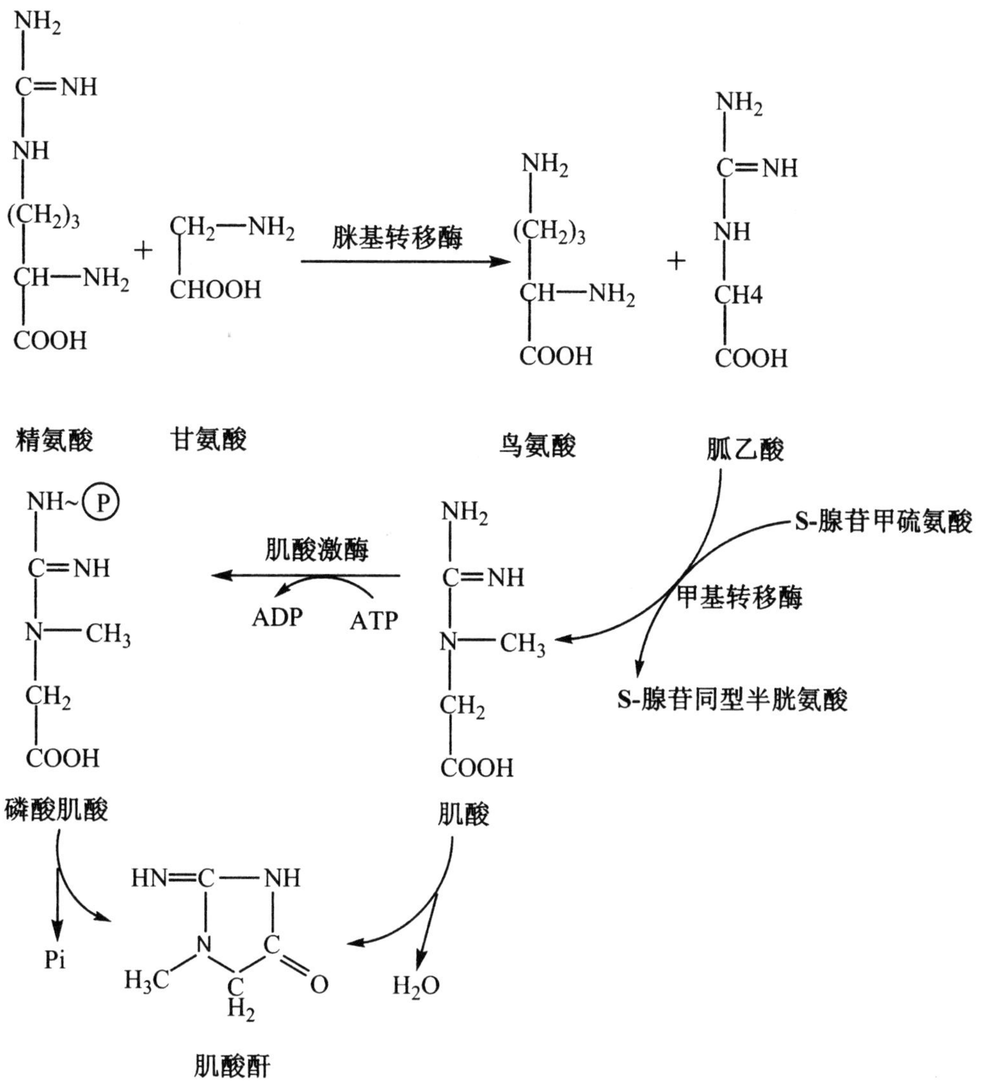
胍基转移酶
精氨酸
甘氨酸
鸟氨酸
胍乙酸
S-腺苷甲硫氨酸
甲基转移酶
S-腺苷同型半胱氨酸
肌酸激酶
ADP
ATP
磷酸肌酸
肌酸
Pi
H_2O
肌酸酐

图 8-14 肌酸代谢

2. 谷胱甘肽的生成　谷胱甘肽是谷氨酸、半胱氨酸和甘氨酸三者组成的三肽，有氧化型（GSSG）和还原型（GSH）两种。正常情况下，细胞内还原型谷胱甘肽（GSH）与氧化型谷胱甘肽（GSSG）之比为 500∶1 以上。GSH 能保护血液中的红细胞不受氧化损伤、维持血红素中半胱氨酸处于还原态。在肝细胞内，GSH 参与药物、毒物等非营养物质的生物转化作用。在运动细胞中 GSH 的含量很高（5 mol/L），可起到-SH“缓冲剂”的作用。

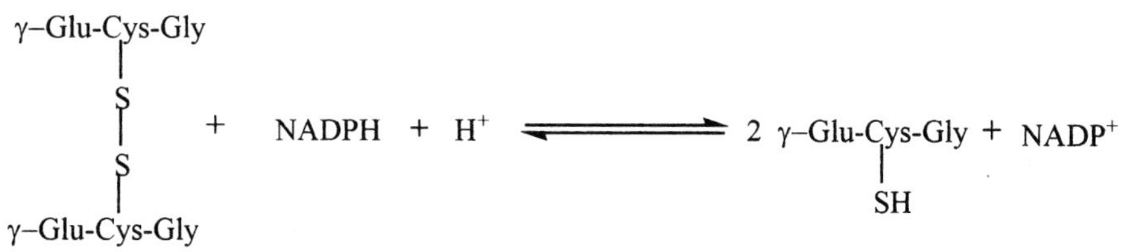
γ-Glu-Cys-Gly
S
S
γ-Glu-Cys-Gly
+ NADPH + H+
2 γ-Glu-Cys-Gly + NADP+
SH

3. 硫酸根的生成　含硫氨基酸氧化分解均可产生硫酸根,但半胱氨酸是体内硫酸根的主要来源。体内的硫酸根一部分以无机盐的形式随尿排出,另一部分与 ATP 反应转变为活性硫酸根,即 3′-磷酸腺苷-5′-磷酰硫酸(3′-phosphoadenosine-5′-phosphosulfate,PAPS)。

$$ATP+SO_4^{2-} \xrightarrow{-PPi} AMP-SO_3^- \xrightarrow{+ATP} 3'-PO_3H_2-AMP-SO_3^- +ADP$$
$$PAPS$$

PAPS 的性质比较活泼,参与肝的生物转化作用,使某些物质形成硫酸酯。例如,类固醇激素可形成硫酸酯而被灭活,一些外源性酚类化合物也可以形成硫酸酯而排出体外。此外,PAPS 还可参与硫酸角质素及硫酸软骨素等分子中硫酸化氨基糖的合成。

四、芳香族氨基酸的代谢

芳香族氨基酸包括苯丙氨酸、酪氨酸和色氨酸。

(一) 苯丙氨酸的代谢

正常情况下,苯丙氨酸的主要代谢是经羟化作用生成酪氨酸,催化此反应的酶是苯丙氨酸羟化酶。苯丙氨酸羟化酶主要存在于肝等组织,是一种加单氧酶,其辅酶是四氢生物蝶呤,催化的反应不可逆,因而酪氨酸不能变为苯丙氨酸。

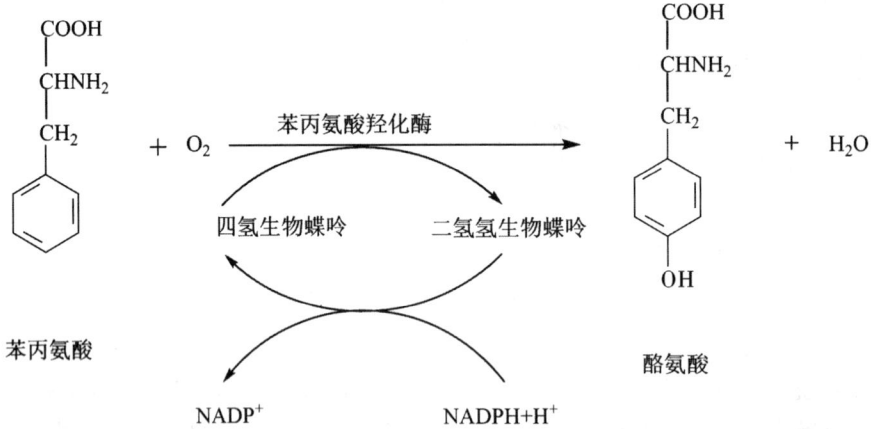

当先天性缺乏苯丙氨酸羟化酶时,苯丙氨酸不能正常地转变成酪氨酸,则体内的苯丙氨酸就经转氨基作用生成苯丙酮酸。苯丙酮酸及其部分分解代谢产物(苯乙酸等衍生物)由尿排出。尿中出现大量苯丙酮酸等代谢产物,称为苯丙酮尿症(phenylketonuria,PKU)。苯丙酮酸堆积对中枢神经系统有毒性作用,使脑发育障碍,患儿智力低下。该病是氨基酸代谢中较常见的一种遗传疾病,其治疗原则是早期发现,并适当控制膳食中苯丙氨酸的含量。

(二) 酪氨酸的代谢

1. 合成甲状腺素　在甲状腺内,酪氨酸经碘化生成三碘甲腺原氨酸(T_3)和四碘甲腺原氨酸(T_4),两者合称为甲状腺激素。临床上 T_3 和 T_4 是诊断甲状腺疾病的主要指标。

2. 转变为儿茶酚胺　在酪氨酸羟化酶催化下,酪氨酸先生成 3,4-二羟苯丙氨酸(3,4-dihydroxyphenylalanine,dopa,多巴),然后在多巴脱羧酶的作用下生成多巴胺。多巴胺是脑中的一种神经递质,若脑中缺乏会引起帕金森病。在肾上腺髓质,多巴胺再羟化成去甲肾上腺素,后者甲基化生成肾上腺素。多巴胺、去甲肾上腺素和肾上腺素统称儿茶酚胺。酪氨酸羟化酶是儿茶酚胺合成的限速酶,受终产物的反馈调节。在外周组织,儿茶酚胺具有调节血糖和血压等的作用。

帕金森病又称震颤麻痹或巴金森氏症,患者多巴胺生成减少。本病主要表现为静止时肢体不自主地震颤、肌强直、运动迟缓及姿势平衡障碍等,晚期会导致患者生活不能自理。目前帕金森病的治疗以药物为主,复方左旋多巴制剂是常用的药物之一,早期临床效果较好,能有效地减轻帕金森病患者的运动症状。然而这类药物使用3~5年后,本身的一些局限性就会出现,会给患者带来运动并发症,表现为"剂末现象""开关现象"及异动症等。同时,左旋多巴治疗也会产生神经精神症状,其表现形式多样,如抑郁、焦虑、幻觉、欣快、精神错乱、轻度躁狂等。

3. 合成黑色素　在黑色素细胞中,酪氨酸酶催化酪氨酸羟化成多巴,进而氧化成多巴醌,再经脱羧、环化等反应,最后聚合为黑色素。人体酪氨酸酶缺乏,黑色素合成障碍,皮肤、毛发等发白,称为白化病。

白化病患者通常全身皮肤、毛发、眼睛等缺乏黑色素,眼睛视网膜无色素,虹膜和瞳孔呈现淡粉色或淡灰;怕光,看东西时总是眯着眼睛,视物模糊,眼球震颤;易患皮肤癌。因患者皮肤、眉毛、头发及其他体毛都呈白色或白里带黄,人们将这类患者俗称为"羊白头"。白化病属于家族遗传性疾病,呈常染色体隐性遗传,常发生于近亲结婚的人群中。白化病的诊断主要依据眼部的症状与体征,各类亚型的鉴别诊断很关键,酪氨酸酶的活性测定有助于其分类诊断。基因诊断是目前鉴别诊断和产前诊断中最可靠的方法。目前药物治疗白化病无效,仅能通过物理方法,如遮光等以减轻患者不适症状,还可以通过使用光敏性药物、激素等治疗,使白斑减弱甚至消失。除对症治疗外,尚无根治办法,因此应以预防为主,即通过遗传咨询禁止近亲结婚是重要的预防措施之一,同时产前基因诊断也是预防此病患儿出生的重要保障措施。

4. 酪氨酸的分解代谢　酪氨酸在酪氨酸转氨酶的催化下生成对羟苯丙酮酸,再氧化脱羧生成尿黑酸,后者经尿黑酸氧化酶和异构酶催化生成延胡索酸和乙酰乙酸,再分别参与糖和脂类代谢。因此,苯丙氨酸和酪氨酸是生糖兼生酮氨基酸。若缺乏尿黑酸氧化酶,尿黑酸不能氧化,直接由尿排出,尿中的尿黑酸接触空气后呈黑色,称为尿黑酸症。

苯丙氨酸和酪氨酸的代谢途径见图 8-15。

(三) 色氨酸的代谢

色氨酸除生成 5-羟色胺外,还可进行分解代谢。肝中的色氨酸由色氨酸加氧酶催化生成一碳单位。色氨酸分解可产生丙酮酸和乙酰乙酰 CoA,是一种生糖兼生酮氨基酸。此外色氨酸还可分解产生尼克酸,然后转化为尼克酰胺,参与 NAD^+ 和 $NADP^+$ 的合成,这是体内合成维生素的特例,但合成量很少,无法满足机体的需要。

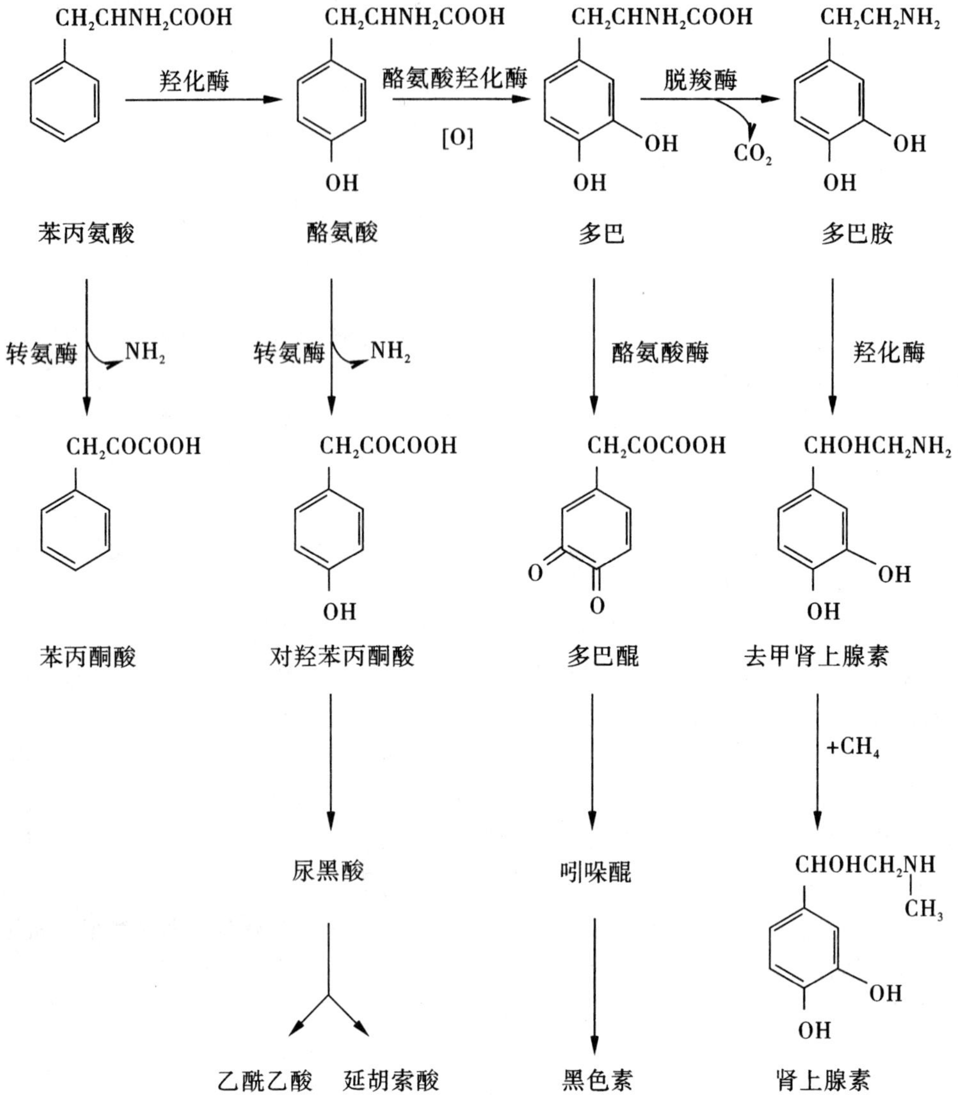

图 8-15 苯丙氨酸与酪氨酸的代谢途径

五、支链氨基酸的代谢

支链氨基酸包括缬氨酸、亮氨酸和异亮氨酸。支链氨基酸的分解代谢主要在骨骼肌中进行。它们在体内的代谢过程相似,可分为三个阶段:①通过转氨基作用生成相应的 α-酮酸;②通过氧化脱羧生成相应的脂酰 CoA;③通过脂酰 β-氧化过程,生成不同的中间产物参与三羧酸循环,其中缬氨酸分解产生琥珀酰 CoA,亮氨酸分解产生乙酰 CoA 和乙酰乙酰 CoA,异亮氨酸分解产生琥珀酰 CoA 和乙酰 CoA。因此,缬氨酸是生糖氨基酸,亮氨酸是生酮氨基酸,异亮氨酸是生糖兼生酮氨基酸。

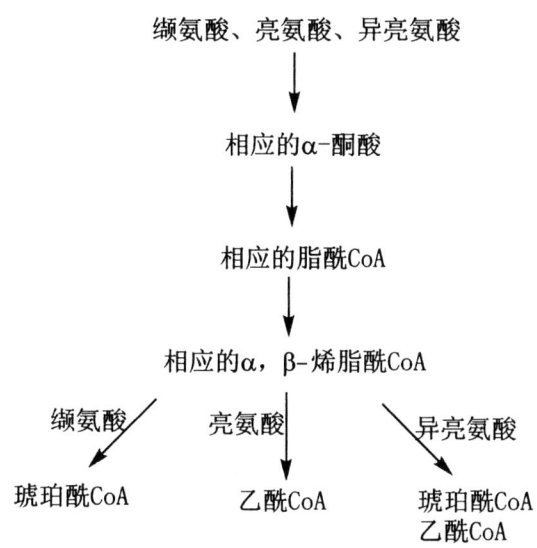

各种氨基酸除了作为合成蛋白质的原料外,还可以转变成其他多种含氮的生理活性物质(表8-3)。

表8-3 氨基酸衍生的重要含氮化合物

化合物	氨基酸前体
嘌呤碱(含氮碱基、核酸成分)	天冬氨酸、谷氨酰胺、甘氨酸
嘧啶碱(含氮碱基、核酸成分)	天冬氨酸
卟啉化合物(血红素、细胞色素成分)	甘氨酸
肌酸、磷酸肌酸(能量储存)	甘氨酸、精氨酸、甲硫氨酸
尼克酸(维生素)	色氨酸
多巴胺、肾上腺素、去甲肾上腺素(神经递质、激素)	苯丙氨酸、酪氨酸
甲状腺素(激素)	酪氨酸
黑色素(皮肤色素)	苯丙氨酸、酪氨酸
5-羟色胺(血管收缩剂、神经递质)	色氨酸
组胺(血管舒张剂)	组氨酸
γ-氨基丁酸(神经递质)	谷氨酸
精胺、精脒(细胞增殖促进剂)	甲硫氨酸、精(鸟)氨酸
一氧化氮(细胞信号转导分子)	精氨酸

同步练习

(一)选择题

A 型题

1. 哪种酶先天缺乏可产生尿黑酸症 ( )
   A. 酪氨酸酶　　　　　　　B. 尿黑酸氧化酶
   C. 酪氨酸转氨酶　　　　　D. 酪氨酸羟化酶
   E. 苯丙氨酸羟化酶

2. 下列哪种不是必需氨基酸 ( )
   A. 甲硫氨酸　　　　　　　B. 苏氨酸
   C. 组氨酸　　　　　　　　D. 赖氨酸
   E. 缬氨酸

3. 苯丙酮尿症是由于先天缺乏 ( )
   A. 酪氨酸酶　　　　　　　B. 酪氨酸羟化酶
   C. 酪氨酸转氨酶　　　　　D. 苯丙氨酸转氨酶
   E. 苯丙氨酸羟化酶

4. 不参与构成蛋白质的氨基酸是 ( )
   A. 谷氨酸　　　　　　　　B. 谷氨酰胺
   C. 鸟氨酸　　　　　　　　D. 精氨酸
   E. 脯氨酸

5. 体内氨基酸脱氨基的主要方式是 ( )
   A. 转氨基　　　　　　　　B. 联合脱氨基
   C. 氧化脱氨基　　　　　　D. 非氧化脱氨基
   E. 脱水脱氨基

6. 肌肉组织中氨基酸脱氨基的主要方式是 ( )
   A. 转氨基　　　　　　　　B. 嘌呤核苷酸循环
   C. 氧化脱氨基　　　　　　D. 转氨基与谷氨酸氧化脱氨基联合
   E. 丙氨酸-葡萄糖循环

7. 体内氨的主要代谢去路是 ( )
   A. 合成尿素　　　　　　　B. 生成谷氨酰胺
   C. 合成非必需氨基酸　　　D. 渗入肠道
   E. 肾泌氨排出

8. 脑组织中氨的主要代谢去路是 ( )
   A. 合成非必需氨基酸　　　B. 合成谷氨酰胺
   C. 合成尿素　　　　　　　D. 合成嘧啶
   E. 扩散入血

9. 下列哪种物质是氨的运输形式 ( )
   A. 谷氨酰胺　　　　　　　B. 天冬酰胺
   C. 谷胱甘肽　　　　　　　D. 精氨酸
   E. 瓜氨酸

10. 属于 S-腺苷甲硫氨酸的功能的是 ( )
    A. 合成嘌呤　　　　　　　B. 合成嘧啶

C. 合成四氢叶酸 D. 甲基供体
E. 生成黑色素

11. ALT 活性最高的组织是 ( )
    A. 血清 B. 心肌
    C. 脾脏 D. 肝脏
    E. 肺

12. 在鸟氨酸循环中,下列哪种物质要穿出线粒体进行后续反应 ( )
    A. 鸟氨酸 B. 瓜氨酸
    C. 精氨酸 D. 天冬氨酸
    E. 延胡索酸

13. 下列哪组维生素参与转氨基与氧化脱氨基偶联的脱氨基作用 ( )
    A. 维生素 B_1,维生素 B_2
    B. 维生素 B_1,维生素 B_6
    C. 泛酸,维生素 B_6
    D. 维生素 B_6,烟酸
    E. 叶酸,维生素 B_2

14. 哪种氨基酸脱氨基产生草酰乙酸 ( )
    A. 谷氨酸 B. 谷氨酰胺
    C. 天冬氨酸 D. 天冬酰胺
    E. 丝氨酸

15. 氨基酸脱羧的产物是 ( )
    A. 胺和二氧化碳 B. 氨和二氧化碳
    C. α-酮酸和胺 D. α-酮酸和氨
    E. 草酰乙酸和氨

16. 下列哪种物质对巯基酶有保护作用 ( )
    A. 活性硫酸根 B. 生物素
    C. 泛酸 D. GSH
    E. $FADH_2$

17. 哪种物质缺乏可引起白化病 ( )
    A. 苯丙氨酸羟化酶 B. 酪氨酸转氨酶
    C. 酪氨酸酶 D. 酪氨酸脱羧酶
    E. 酪氨酸羟化酶

18. 体内哪种氨基酸代谢后可转变为 NAD^+ ( )
    A. 半胱氨酸 B. 甲硫氨酸
    C. 苯丙氨酸 D. 酪氨酸
    E. 色氨酸

19. 可产生一碳单位的氨基酸是 ( )
    A. 丙氨酸 B. 甘氨酸
    C. 缬氨酸 D. 苏氨酸
    E. 半胱氨酸

20. 下列哪种物质不是由酪氨酸代谢生成 ( )
    A. 苯丙氨酸 B. 多巴胺
    C. 去甲肾上腺素 D. 黑色素
    E. 肾上腺素

21. 肾产生的氨主要来自 ( )
   A. 尿素水解   B. 谷氨酰胺水解
   C. 氨基酸脱氨基   D. 胺的氧化
   E. 血液中的氨

B 型题

(25~29 题共用备选答案) ( )
   A. 鸟氨酸循环   B. 甲硫氨酸循环
   C. γ-谷氨酰循环   D. 嘌呤核苷酸循环
   E. 丙氨酸-葡萄糖循环

25. 合成尿素的过程是 ( )
26. 参与氨基酸脱氨基作用的是 ( )
27. 生成SAM以提供甲基的是 ( )
28. 参与氨基酸吸收的是 ( )
29. 作为氨的一种转运方式的是 ( )

X 型题

30. 氨在组织间转运的主要形式有 ( )
   A. 尿素   B. 铵离子
   C. 氨   D. 丙氨酸
   E. 谷氨酰胺

31. 关于谷氨酰胺的叙述正确的是 ( )
   A. 氨的转运形式   B. 氨的储存形式
   C. 氨的解毒产物   D. 必需氨基酸
   E. 非必需氨基酸

32. α-酮酸的代谢去路有 ( )
   A. 可转变为糖   B. 可转变为脂肪
   C. 生成非必需氨基酸   D. 氧化生成水和二氧化碳
   E. 生成必需氨基酸

33. 下列哪些物质属于多胺 ( )
   A. 精胺   B. 精脒
   C. 组胺   D. γ-氨基丁酸
   E. 腐胺

(二) 思考题

1. 简述体内氨基酸的来源与去路。
2. 简述高血氨症导致昏迷的生化基础。
3. 什么是转氨基作用？体内重要的转氨酶有哪几种？测定血清中这些转氨酶活性的意义是什么？
4. 何谓一碳单位？一碳单位代谢的意义是什么？

(南阳医学高等专科学校　雷　呈)

第九章 核酸的结构、功能与核苷酸代谢

学习目标

- ◆ 掌握 DNA 的二级结构特点，mRNA 和 tRNA 的结构特征及主要功能。
- ◆ 熟悉 核苷酸的分子构成、连接键及书写方式。能阐述嘌呤和嘧啶核苷酸合成的元素来源，分解代谢产物，核糖单核苷酸向脱氧核糖单核苷酸的转变。
- ◆ 了解 体内核苷酸合成的途径，核苷酸类抗代谢作用的生化环节和核苷酸的生理功能。

核酸是重要的生物大分子，为生命的最基本物质之一，是生物化学与分子生物学研究的重要对象和领域。

核酸一般分为脱氧核糖核酸（deoxyribonucleic acid, DNA）和核糖核酸（ribonucleic acid, RNA）两大类。RNA 根据其结构和功能的不同主要分为三类：信使 RNA（messenger RNA, mRNA）、转运 RNA（transfer RNA, tRNA）和核糖体 RNA（ribosomal RNA, rRNA）。在真核细胞中，DNA 绝大部分（约98%）存在于细胞核染色质中，其余分布于细胞器（如线粒体、叶绿体）中；RNA 绝大部分（约90%）分布在细胞质中，其余分布在细胞核内。DNA 是遗传信息的储存和携带者，RNA 主要是转录、传递 DNA 上的遗传信息，直接参与细胞蛋白质的生物合成。

第一节 核酸的化学组成

核酸是一种多聚核苷酸，包括 DNA 和 RNA 两大类。它的组成单位是核苷酸，核苷酸是由碱基、戊糖与磷酸三种成分组成。

（一）核酸的元素组成

组成核酸的元素有 C、H、O、N、P 等，其中 P 元素的含量较多并且恒定，占 9% ~ 10%。DNA 平均含磷量为 9.9%，RNA 平均含磷量为 9.4%。因此，只要测出核酸样品的含磷量，就可以计算出该样品的核酸含量。

（二）核苷酸

核酸经水解可得到很多核苷酸，因此核苷酸是核酸的基本单位。核酸就是由很多

单核苷酸聚合形成的多聚核苷酸。核苷酸可被水解产生核苷和磷酸,核苷再进一步水解,产生戊糖和含氮碱基。

$$核酸 \longrightarrow 核苷酸 \longrightarrow \begin{cases} 磷酸 \\ 核苷 \begin{cases} 戊糖 \\ 碱基 \end{cases} \end{cases}$$

核苷酸分为核糖核苷酸和脱氧核糖核苷酸两类,核糖核苷酸是 RNA 的基本组成单位,脱氧核糖核苷酸是 DNA 的基本组成单位。两者基本化学结构相同,只是所含戊糖不同,分别为核糖和脱氧核糖,个别嘧啶碱基不同,核糖核苷酸的嘧啶碱基为胞嘧啶和尿嘧啶,而脱氧核糖核苷酸为胞嘧啶和胸腺嘧啶(表 9-1)。细胞内还有各种游离的核苷酸和核苷酸衍生物,他们具有重要的生理功能。

表 9-1 两类核苷酸的基本化学组成

组成成分		脱氧核糖核苷酸	核糖核苷酸
碱基	嘌呤碱	腺嘌呤(A)、鸟嘌呤(G)	腺嘌呤(A)、鸟嘌呤(G)
	嘧啶碱	胞嘧啶(C)、胸腺嘧啶(T)	胞嘧啶(C)、尿嘧啶(U)
戊糖		D-2-脱氧核糖	D-核糖
酸		磷酸	磷酸

1. **戊糖** 核酸中的戊糖有 β-D-核糖和 β-D-2-脱氧核糖两种,分别存在于核糖核苷酸和脱氧核糖核苷酸中。为了与碱基各原子的标号相区别,通常将戊糖的 C 原子编号都加上"′",如 C1′、C2′表示糖的第一和第二碳原子(图 9-1)。

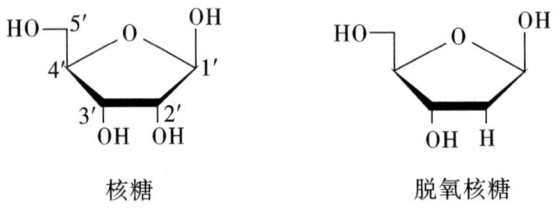

图 9-1 构成核苷酸的戊糖

2. **含氮碱基** 核酸中的含氮碱基均为含氮杂环化合物,包括嘌呤碱和嘧啶碱两大类。嘌呤碱主要有腺嘌呤(adenine,A)和鸟嘌呤(gaunine,G)。嘧啶碱主要有胞嘧啶(cytosine,C)、尿嘧啶(uracil,U)和胸腺嘧啶(thymine,T)。含氮碱杂环中 C 和 N 的编号以不加撇号的 1,2,3…表示。DNA 和 RNA 都含有鸟嘌呤(G)、腺嘌呤(A)和胞嘧啶(C);胸腺嘧啶(T)一般只存在于 DNA 中,不存在于 RNA 中;而尿嘧啶(U)只存在于 RNA 中,不存在于 DNA 中。它们的结构式如图 9-2 所示。

某些核酸分子中含有一些微量的修饰碱基或稀有碱基,如次黄嘌呤、二氢尿嘧啶、6-巯基嘌呤等。这些碱基可能是正常碱基不同部位甲基化或进行其他的化学修饰而形成的衍生物,或复制转录过程中掺入的非正常碱基。目前已知稀有碱基和核苷达近百种。

3. **核苷** 戊糖和碱基以糖苷键连接而成核苷。通常是由戊糖 C1′上的羟基与嘌呤碱 N-9 或嘧啶碱 N-1 上的氢原子经脱水缩合形成糖苷键。根据核苷所含戊糖的不同分为核糖核苷和脱氧核糖核苷(表9-2),如胞嘧啶核苷和腺嘌呤核苷(图9-3)。由稀有碱基形成的核苷称稀有核苷,如假尿嘧啶核苷、次黄嘌呤核苷等。

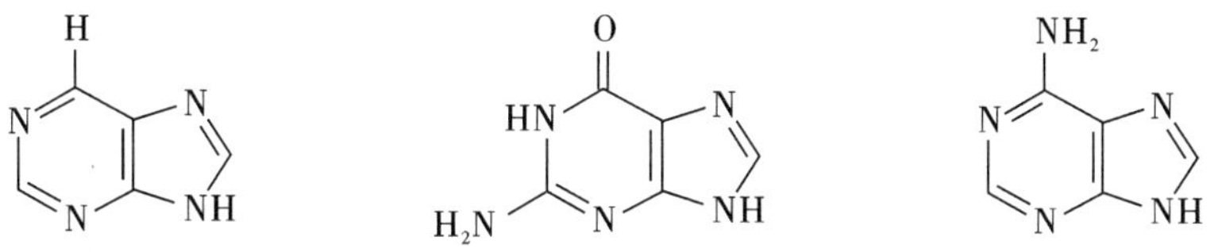

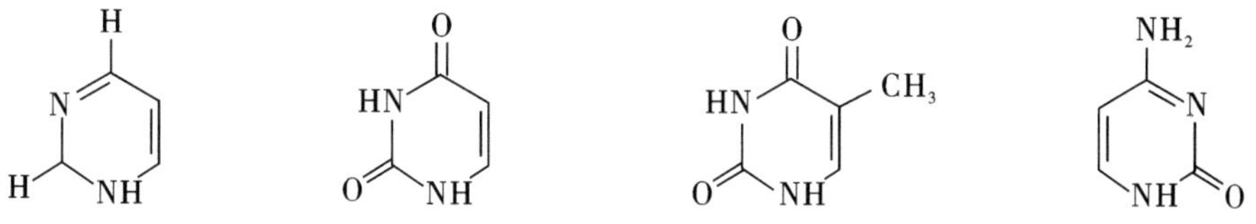

图 9-2 构成核苷酸的含氮碱基

表 9-2 各种常见核苷的名称

碱基	核糖核苷	脱氧核糖核苷
A	腺嘌呤核苷(AR)	腺嘌呤脱氧核苷(dAR)
G	鸟嘌呤核苷(GR)	鸟嘌呤脱氧核苷(dGR)
C	胞嘧啶核苷(CR)	胞嘧啶脱氧核苷(dCR)
U	尿嘧啶核苷(UR)	-
T	-	胸腺嘧啶脱氧核苷(dTR)

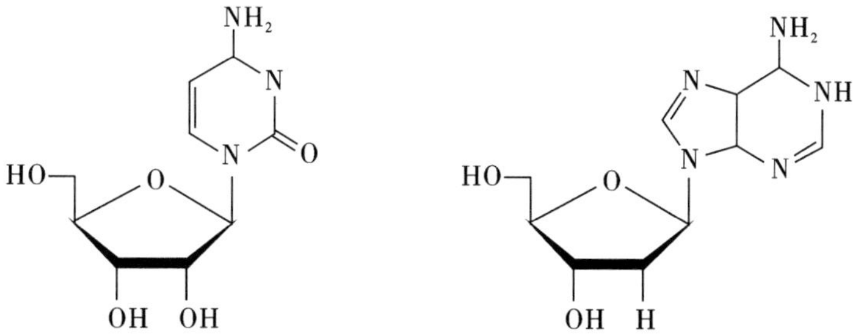

图 9-3 核苷结构模式

4. 核苷酸　核苷中戊糖的羟基与磷酸通过磷酸酯键连接而成核苷酸或脱氧核糖核苷酸。生物体内游离存在的核苷酸大多数是核糖或脱氧核糖的 C5′ 上羟基被磷酸酯化,形成 5′-核苷酸(5′-常可省略不写)。核糖核苷酸是组成 RNA 的基本单位,脱氧核糖核苷酸是组成 DNA 的基本单位(表9-3)。

表9-3 常见的核苷酸的名称及代号

碱基	核糖核苷酸	脱氧核糖核苷酸
A	腺嘌呤核苷酸(AMP)	腺嘌呤脱氧核苷酸(dAMP)
G	鸟嘌呤核苷酸(GMP)	鸟嘌呤脱氧核苷酸(dGMP)
C	胞嘧啶核苷酸(CMP)	胞嘧啶脱氧核苷酸(dCMP)
U	尿嘧啶核苷酸(UMP)	-
T	-	胸腺嘧啶脱氧核苷酸(dTMP)

核苷酸

生物体内各种5′-核苷酸和5′-脱氧核苷酸还可以在5′位上进一步磷酸化,形成二磷酸核苷(NDP和dNDP)和三磷酸核苷(NTP和dNTP),其中NTP是合成RNA的原料,dNTP是合成DNA的原料。核苷酸除了构成核酸外,在体内具有许多重要功能。如NTP和dNTP是高能磷酸化合物,含两个高能磷酸酯键,水解能放出较大的能量,在多种物质合成中起活化作用,其中ATP是体内能量的直接来源和利用形式。此外许多辅酶成分中含有核苷酸,如AMP是NAD^+、$NADP^+$、FAD、CoA等的组成成分。

核苷酸还有环化的形式。它们主要是3′,5′-环化腺苷酸(cAMP)和3′,5′-环化鸟苷酸(cGMP),它们的含量甚微,但具有重要的生理活性,是一些激素作用的第二信使,在细胞内代谢的调节和跨细胞膜信号转导过程中具有重要调控作用(图9-4)。

外源cAMP不易通过细胞膜,cAMP的衍生物双丁酰cAMP可通过细胞膜,此药物已应用于临床,对心绞痛及心肌梗死有一定的疗效。

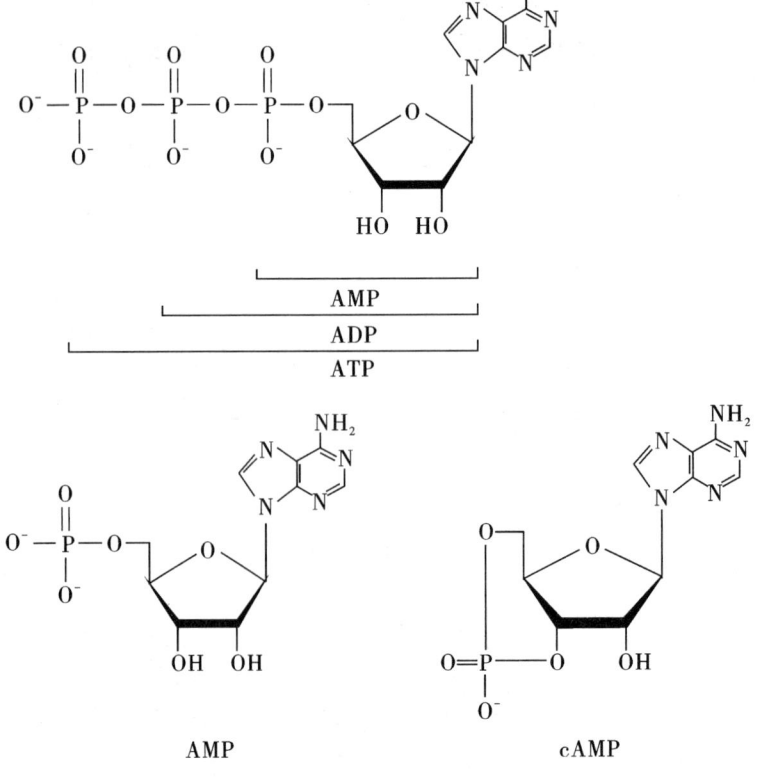

图9-4 部分核苷酸与环腺苷酸

(三)核苷酸的连接方式

一个核苷酸分子戊糖的 3′-羟基和另一个核苷酸分子戊糖的 5′-磷酸可脱水缩合形成 3′,5′-磷酸二酯键。多个核苷酸通过磷酸二酯键相连形成多聚核苷酸,呈线状展开,称为多聚核苷酸链,它是核酸的基本结构形式。多聚核苷酸链有两个末端,戊糖 5′位带有游离磷酸基的称为 5′末端,戊糖 3′位带有游离羟基的一端称为 3′末端,因此核酸分子具有方向性。

第二节 DNA 的结构与功能

(一) DNA 的一级结构

核酸是由多个单核苷酸聚合形成的多聚核苷酸,DNA 的一级结构是指 DNA 分子中脱氧核苷酸从 5′末端到 3′末端的排列顺序,由于核苷酸之间的差异仅仅是碱基的不同,故又可称为碱基顺序。核苷酸之间的连接是通过一个核苷酸的 5′位磷酸与下一位核苷酸的 3′-OH 形成 3′,5′磷酸二酯键,构成不分支的线性大分子,其中磷酸基和戊糖基构成 DNA 链的骨架,碱基排列顺序为可变部分。

由于核酸分子结构除了两端和碱基排列顺序不同外,其他的均相同。另外核酸是有方向性的分子,每条核苷酸链具有不同的末端,带有游离磷酸基的末端称为 5′末端,带有游离羟基的末端称为 3′末端,两个末端并不相同,生物学特性也有差异。因此,在核酸分子结构的简式表示方法中,注明哪一端是 5′末端,哪一端是 3′末端,末端有无磷酸基,以及核酸分子中的碱基顺序即可。如未特别注明 5′和 3′末端,可以直接由左向右书写,左侧是 5′末端,右侧为 3′末端,包括 DNA 和 RNA 两大类(图 9-5)。

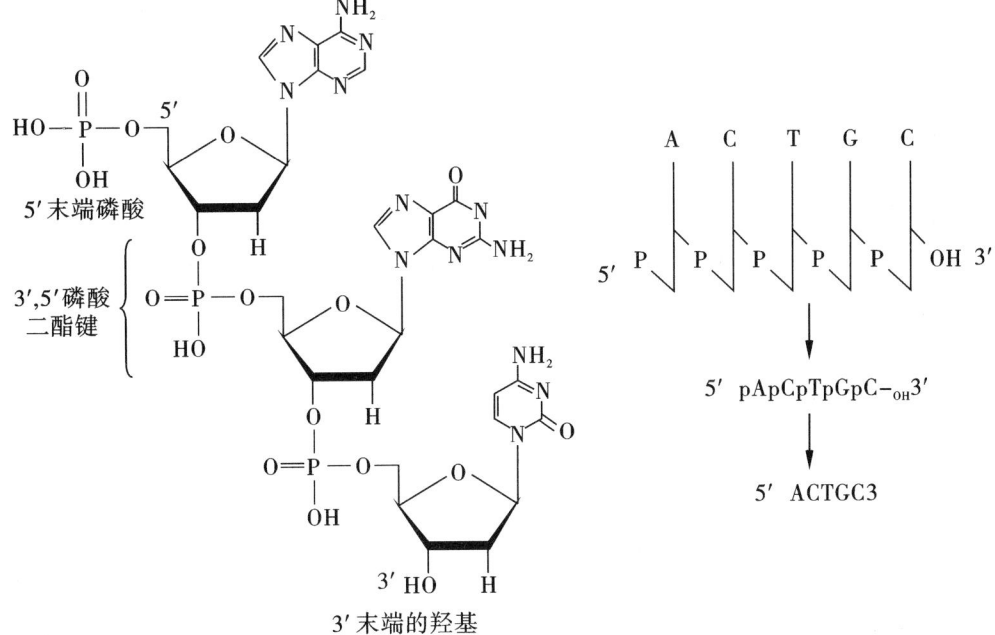

A. 核苷酸的连接方式　　　　　　　　B. DNA 的书写方式

图 9-5　核酸分子结构的表示方式

(二) DNA 的空间结构

1. DNA 的碱基组成特点　DNA 双螺旋结构模型建立之前,早在 1868 年,Miescher 已经从脓细胞提取到核酸与蛋白质的复合物,当时称为核素。但核酸在生命活动中的重要地位,却迟至 21 世纪 50 年代才被认识。

20 世纪 20 年代,Levene 研究了核酸的化学结构并提出四核苷酸假说;20 世纪 40 年代末,Avery、Hershey 和 Chase 的实验严密地证实了 DNA 就是遗传物质;20 世纪 50 年代初,Chargaff 应用紫外分光光度法结合纸层析等简单技术,对多种生物 DNA 做碱基定量分析,发现 DNA 碱基组成有如下规律。

(1) 各种生物的 DNA 分子中腺嘌呤与胸腺嘧啶的摩尔数相等,即 A=T;鸟嘌呤与胞嘧啶的摩尔数相等,即 G=C。因此,嘌呤碱的总数等于嘧啶碱的总数,即 A+G=C+T。

(2) DNA 的碱基组成具有种属特异性,即不同生物种属的 DNA 具有各自特异的碱基组成,如人、猪和大肠埃希菌的 DNA 碱基组成比例是不一样的。

(3) DNA 的碱基组成没有组织器官特异性,即同一生物体的各种不同器官或组织 DNA 的碱基组成相似。例如,猩猩的肝、胰、脾、肾和胸腺等器官的 DNA 碱基组成十分相近而无明显差别。

(4) 生物体内的碱基组成一般不受年龄、生长状况、营养状况和环境等因素的影响。这就是说,每种生物的 DNA 具有各自特异的碱基组成,与生物的遗传特性有关。

DNA 碱基组成的这些规律称 Chargaff 规则,这些规律为研究 DNA 双螺旋结构提供了重要依据。

2. 二级结构　1953 年由美国的 Watson 和英国的 Crick 两位科学家共同提出 DNA 双螺旋结构模型,它揭示了生物界遗传性形状得以世代相传的分子机制,从本质上揭示了生物遗传性状得以世代相传的分子奥秘,这是生物学发展的重大里程碑。J. Waston 和 F. Crick 获得了 1962 年诺贝尔生理学和医学奖。双螺旋结构模型的基本内容如下。

(1) 主干链反向平行　DNA 分子是一个由两条平行的脱氧多核苷酸链围绕同一个中心轴盘曲形成的右手螺旋结构,两条链行走方向相反,一条链为 5′→3′ 走向,另一条链为 3′→5′ 走向。两股链之间在空间上形成一条大沟和一条小沟,这是蛋白质识别 DNA 的碱基序列,与其发生相互作用的基础。

(2) 磷酸基和脱氧核糖基构成链的骨架,位于双螺旋的外侧;碱基位于双螺旋的内侧。碱基平面与中轴垂直。侧链碱基互补配对:A 与 T 配对,其间形成两个氢键;G 与 C 配对,其间形成三个氢键。这种配对规律称为碱基互补配对原则(图 9-6)。

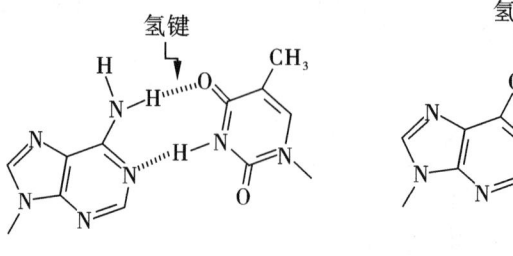

图 9-6　碱基互补配对

(3) 双螺旋立体结构 DNA双螺旋的直径为2 nm,一圈螺旋含10个碱基对,每一碱基平面间的轴向距离为0.34 nm,故每一螺旋的螺距为3.4 nm,每个碱基的旋转角度为36°(图9-7)。

(4) 维持DNA双螺旋结构横向稳定性靠碱基对之间的氢键维系,纵向稳定性则靠碱基平面间的疏水性碱基堆积力维系。

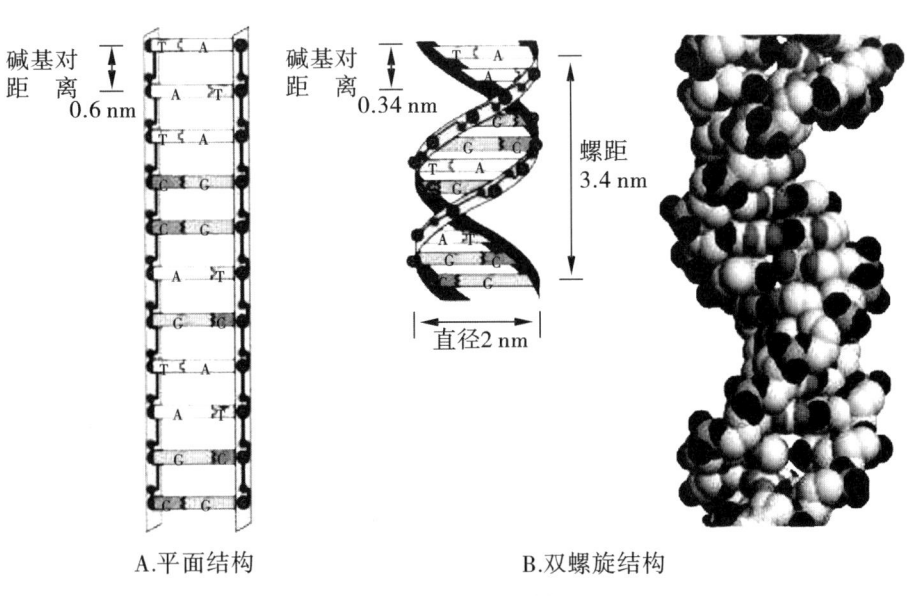

图 9-7 DNA 结构模型

3. DNA结构的多样性 Watson和Crick提出的DNA双螺旋结构模型是以在生理盐溶液中抽出的DNA纤维在92%相对湿度下进行X射线衍射图谱为依据进行推测的,这是DNA分子在水性环境和生理条件下最稳定的结构。当改变溶液的离子强度和相对湿度时,DNA螺旋结构中沟的深浅、螺距、旋转都会发生改变。当相对湿度为75%时,DNA分子的X射线衍射图给出的是A构象,大沟变窄、变深,小沟变宽、变浅。

1979年,Wang和Rich等人在研究人工合成的CGCGCG单晶的X-射线衍射图谱时出人意料地发现这种六聚体是左手双螺旋,分子长链中磷原子不是平滑延伸而是锯齿形排列,有如"之"字形一样,因此人们称之为Z型DNA(表9-4)。

表 9-4 不同类型 DNA 的结构参数

DNA 类型	螺旋旋向	螺旋直径(nm)	碱基对/螺旋	螺距(nm)	相邻碱基对之间的垂直间距(nm)
A 型 DNA	右手螺旋	2.55	11	2.53	0.23
B 型 DNA	右手螺旋	2.37	10.4	3.54	0.34
Z 型 DNA	左手螺旋	1.84	12	4.56	0.38

总之,DNA的双螺旋结构永远处于动态平衡中,DNA分子构象的变化与糖基和碱基之间空间结构相对位置有关,不同类型的DNA在功能上可能有差异,与基因表达的调节和控制相适应(图9-8)。

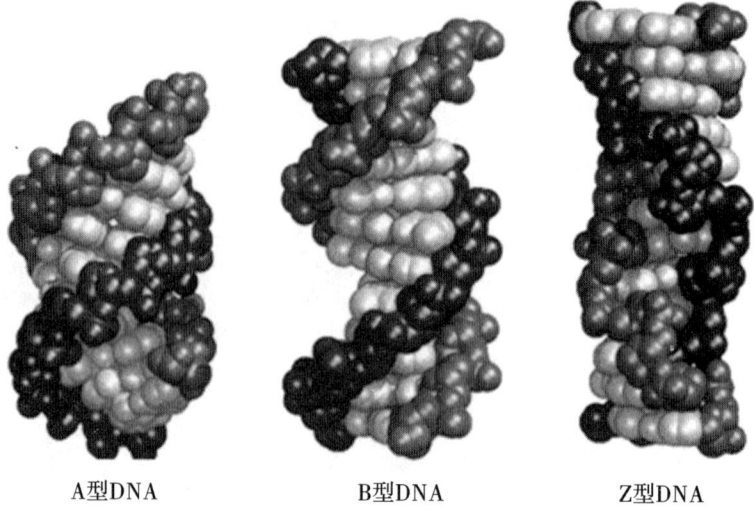

A型DNA　　　　B型DNA　　　　Z型DNA

图9-8　不同类型的DNA双螺旋结构

4. 三级结构　DNA双螺旋结构进一步盘曲形成更加复杂的结构,称为DNA的三级结构。超螺旋是DNA三级结构的主要形式。绝大部分原核生物的DNA都是共价封闭的环状双螺旋分子,这种双螺旋分子还需再次螺旋化形成超螺旋结构(图9-9)。在其生活周期的某一阶段,也必将其染色体变为超螺旋形式。对于真核生物来说,虽然其染色体多为线形分子,但其DNA均与蛋白质相结合,两个结合点之间的DNA形成一个突环结构,类似于CCC分子,同样具有超螺旋形式。超螺旋是DNA三级结构的最常见的形式。超螺旋方向与双螺旋方向相反,使螺旋变松者,叫作负超螺旋;超螺旋方向与双螺旋方向相同,使螺旋变紧者,叫作正超螺旋。

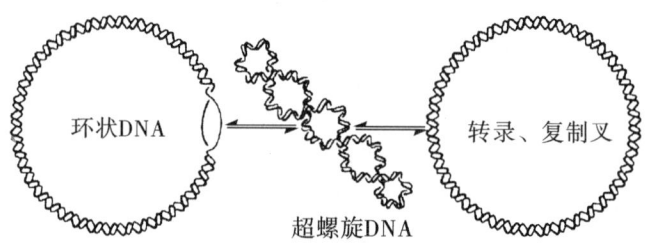

图9-9　环状DNA结构示意

(三)真核生物染色体的组装

在真核生物的染色质中,DNA的三级结构与蛋白质的结合有关。构成染色质的基本单位是核小体。核小体由核小体核心和连接区组成(图9-10)。核小体核心由组蛋白八聚体(由H_2A、H_2B、H_3、H_4各两分子组成)和盘绕其上的一段约含146个碱基对(base pair,bp)的DNA双链组成,连接区含有组蛋白H_1和一小段DNA双链(约60个碱基对)。核小体是DNA紧缩的第一阶段,在此基础上,DNA链进一步折叠成每圈六个核小体、直径为30 nm的纤维状结构,这种30 nm纤维再扭曲成襻,许多襻环绕染色体骨架形成棒状的染色体,这样,DNA的长度被压缩近8 000万~10 000万倍。这样,才使每个染色体中几厘米长(如人染色体的 DNA 分子平均长度为 4 cm)的 DNA 分子容纳在直径数微米的细胞核中。

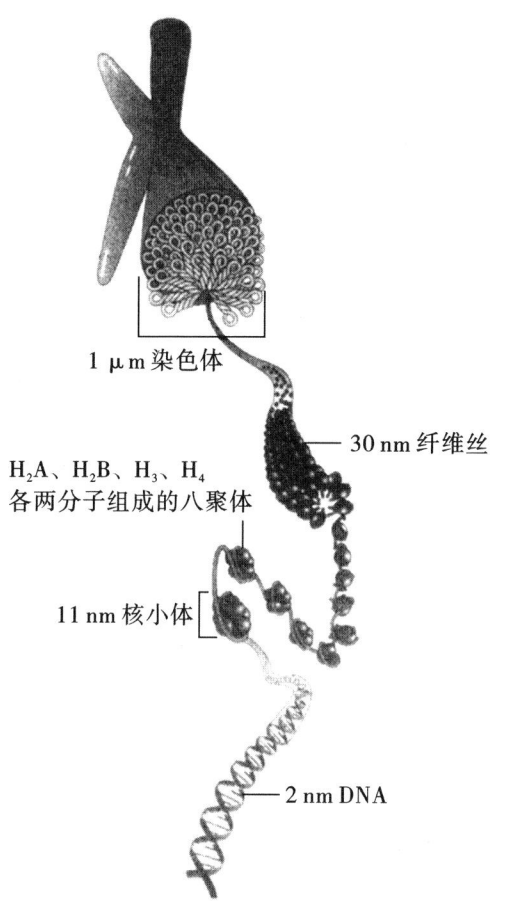

图 9-10 DNA 折叠、盘绕形成染色体

第三节 RNA 的结构与功能

RNA 的一级结构是指多聚核糖核苷酸链中核糖核苷酸的排列顺序。RNA 分子中相邻的两个核糖核苷酸也是以 3′,5′-磷酸二酯键连接形成多聚核糖核苷酸链。RNA 分子比 DNA 小得多,从数十个核苷酸到数千个核苷酸长度不等,但它的种类、大小、结构多种多样,其功能也各不相同。对细胞中全部 RNA 分子的结构与功能进行系统研究,从整体水平阐述 RNA 的生物学意义即为 RNA 组学。

(一)信使 RNA 的结构与功能

在真核生物细胞核内合成的 mRNA 初级产物被称为不均一核 RNA(hnRNA),它们在核内迅速被加工、剪接成为成熟的 mRNA 并透出核膜到细胞质。

mRNA 的含量最少,约占 RNA 总量的 2%。mRNA 一般都不稳定,代谢活跃,更新迅速,半衰期短。细胞内 mRNA 的种类很多,分子大小不一,由几百至几千个核苷酸组成。成熟的 mRNA 分子中从 5′末端到 3′末端每三个相邻的核苷酸组成的三联体代表氨基酸信息,称为密码子。mRNA 的生物学功能是传递 DNA 的遗传信息,指导蛋白质的生物合成。真核生物 mRNA 的一级结构有如下特点(图9-11)。

1. mRNA 的 3′末端有一段含 30~200 个核苷酸残基组成的多聚腺苷酸(polyA)。此段 polyA 不是直接从 DNA 转录而来,而是转录后逐个添加上去的。原核生物一般无 polyA 结构。随着 mRNA 存在时间的延续,这段聚 A 尾巴慢慢变短,此结构与可能与增加转录活性、mRNA 由胞核转位胞质及维持 mRNA 的结构稳定有关,它的长度决定 mRNA 的半衰期,使 mRNA 趋于相对稳定有关。

2. mRNA 的 5′末端有一个 7-甲基鸟嘌呤核苷三磷酸($^{m7}Gppp$)的"帽"式结构。此结构在蛋白质的生物合成过程中可促进核蛋白体与 mRNA 结合,加速翻译起始速度,并增强 mRNA 的稳定性,防止 mRNA 从头水解。

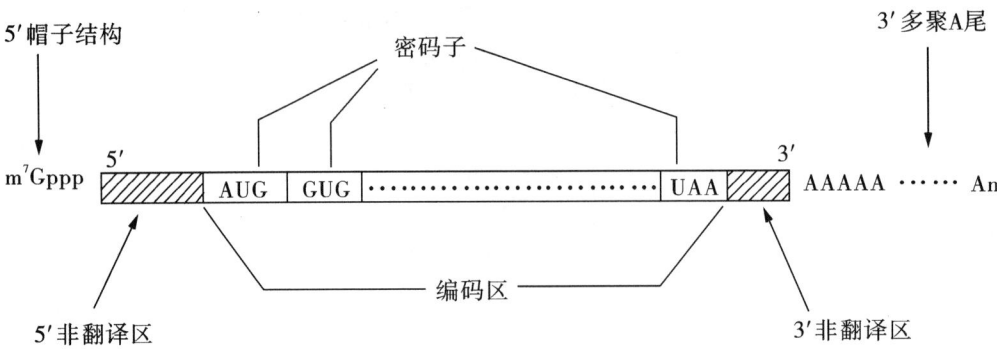

图 9-11 哺乳动物成熟 mRNA 的结构特点

(二)转移 RNA 的结构与功能

tRNA 含 70~100 个核苷酸残基,是分子量最小的 RNA,占 RNA 总量的 15%,现已发现有 100 多种。tRNA 的主要生物学功能是转运活化了的氨基酸,参与蛋白质的生物合成,所有 tRNA 具有以下特点。

1. 各种 tRNA 的一级结构互不相同,但它们的二级结构都呈三叶草形。这种三叶草形结构含有四个螺旋区、三个环和一个附加叉,其中含有 3′末端的螺旋区称为氨基酸臂,此臂的 3′末端都是 C-C-A-OH 序列,可与氨基酸连接。位于两侧的发夹结构以含有稀有碱基为特征,分别称为二氢尿嘧啶环(DHU 环)和 TψC 环。其中 DHU 环与识别氨基酰-tRNA 合成酶有关,TψC 环可能与结合核糖体有关,位于下侧的为反密码环,可识别 mRNA 分子上的密码子,在蛋白质生物合成中起重要的翻译作用。

通过 X 射线衍射等结构分析方法,发现 tRNA 的共同三级结构均呈倒"L"形(图9-12),其中 3′末端含 CCA-OH 的氨基酸臂位于一端,反密码子环位于另一端,DHU 环和 Tψ 环虽在二级结构上各处一方,但在三级结构上却相互邻近,提示这种空间结构与 tRNA 的功能有密切关系(图9-12)。

2. tRNA 分子中稀有碱基的数量是所有核酸分子中比例最高的,这些稀有碱基的来源是转录之后经过加工修饰形成的,如假尿嘧啶(ψ)、双氢尿嘧啶(DHU)、次黄嘌呤(I)等(图9-13)。

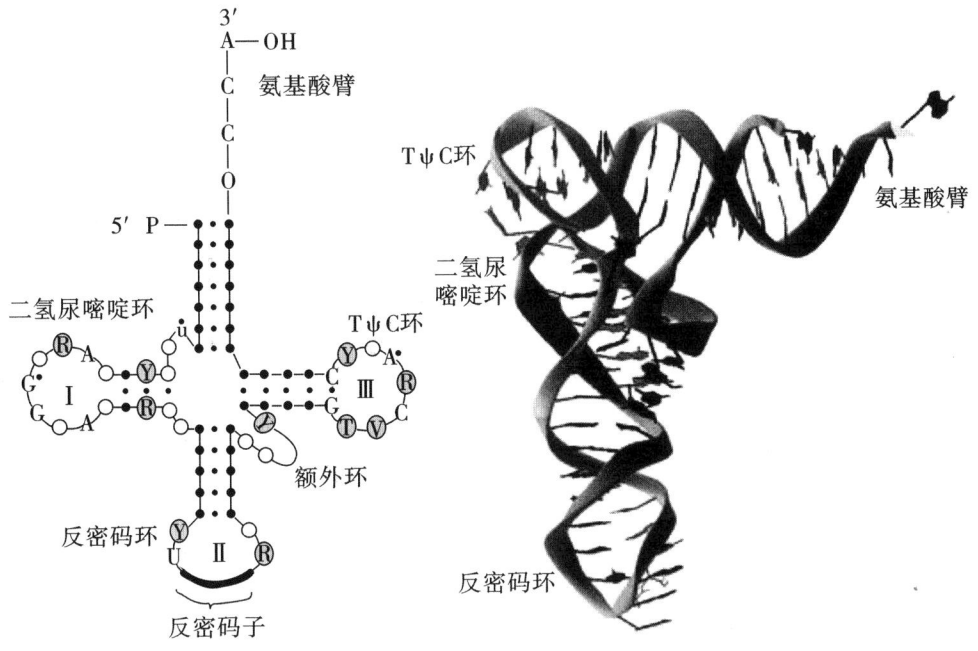

A.三叶草形二级结构　　　　B.倒"L"形三级结构

图 9-12　tRNA 的一级结构和空间结构

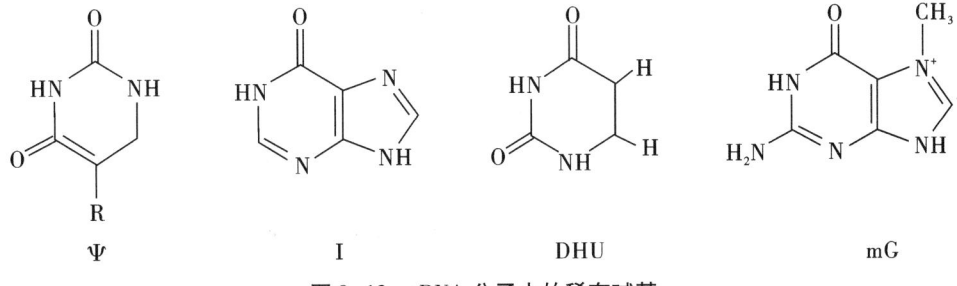

图 9-13　tRNA 分子中的稀有碱基

(三) 核蛋白体 RNA 的结构与功能

rRNA 是细胞中含量最多的 RNA，约占 RNA 总量的 82%。rRNA 与多种蛋白质结合成核糖体，作为蛋白质生物合成的"装配机"。

rRNA 的分子量较大，结构相当复杂，目前虽然已测出不少 rRNA 分子的一级结构和二级结构，如真核生物的 18S rRNA 的二级结构呈花状(图 9-14)，众多的茎环结构为核糖体蛋白的结合和组装提供了结构基础。原核生物的 16S rRNA 的二级结构与真核生物的 18S rRNA 极为相似。

原核生物的 rRNA 分三类：5S rRNA、16S rRNA 和 23S rRNA。真核生物的 rRNA 分四类：5S rRNA、5.8S rRNA、18S rRNA 和 28S rRNA。原核生物和真核生物的核糖体均由大、小两种亚基组成。以大肠埃希菌和小鼠肝为例，各亚基所含 rRNA 和蛋白质的种类和数目如表 9-5。

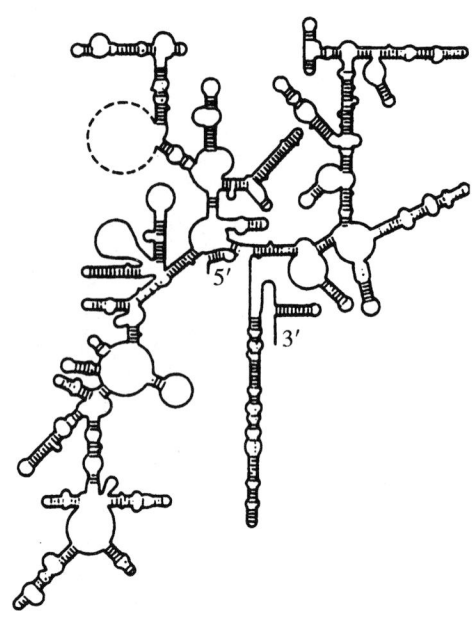

图9-14 真核生物18S rRNA的二级结构

表9-5 核糖体中包含的rRNA种类和蛋白质

来源	亚基	rRNA种类	蛋白质种类数
原核生物 （大肠埃希菌）	大亚基(50S) 小亚基(30S)	5S、23S 16S	31 21
真核生物 （小鼠肝）	大亚基(60S) 小亚基(30S)	5S、5.8S、28S 18S	49 33

（四）其他小分子RNA

除了上述三种RNA外，细胞的不同部位还存在着其他一些小分子的RNA，他们分别为小核RNA、小核仁RNA、小胞质RNA等。这些小RNA分别参与hnRNA和rRNA的转运和加工。

（五）核酶

核酶是具有催化功能的RNA分子。核酶化学本质是RNA，却具有酶的催化功能。核酶的作用底物可以是不同的分子，有些作用底物就是同一RNA分子中的某些部位。核酶的功能很多，有的能够切割RNA，有的能够切割DNA，有些还具有RNA连接酶、磷酸酶等活性。与蛋白质酶相比，核酶的催化效率较低，是一种较为原始的催化酶。

随着对核酶的深入研究，人们已经认识到核酶在遗传病、肿瘤和病毒性疾病治疗上的潜力。对于艾滋病病毒即人类免疫缺陷病毒（HIV）的转录信息来源于RNA而非DNA，核酶能够在特定位点切断RNA，使它失去活性。如果一个能专一识别HIV的RNA的核酶存在于被病毒感染的细胞内，那么它就能建立抵抗入侵的第一防线。甚至,HIV确实进入到了细胞并进行了复制,RNA也可以在病毒生活史的不同阶段切断HIV的RNA而不影响自身的RNA。又如,白血病是造血系统的恶性肿瘤,目前尚缺少有效的治疗方法。核酶的发现,尤其是锤头状核酶(图9-15),为白血病的基因治疗带来了新的希望。近些年,在国外的一些国家已经在小白鼠体内得到较好的效果。

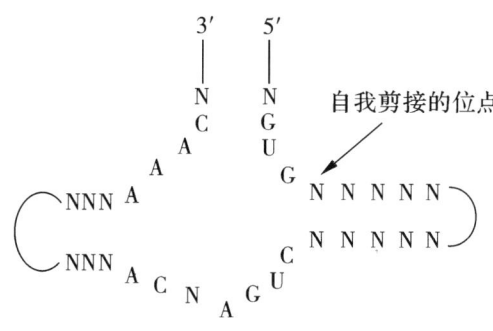

图9-15 锤头状核酶的结构

第四节 核酸的理化性质

(一)核酸的一般理化性质

1. 核酸的酸碱性质 核酸分子中含有酸性的磷酸基和碱性的含氮碱基,决定了核酸是两性化合物。因磷酸基酸性相对较强,所以核酸通常表现为酸性。由于碱基对之间的氢键性质与其解离状态有关,而解离状态又与pH值有关。所以,溶液的pH值范围直接影响核酸双螺旋结构中碱基对间的稳定性。

2. 核酸的溶解度与黏度 核酸都是极性化合物,都微溶于水,而不溶于乙醇、乙醚、氯仿等有机溶剂。核酸溶于10%左右的氯化钠溶液,但在50%左右的乙醇溶液中溶解度很小,核酸提取时常利用这些性质。

由于是高分子物质,其溶液黏度大。RNA分子比较短,呈无定形,所以RNA的黏度较小。当DNA被加热或在其他因素作用下,其螺旋结构转为无规则线团结构时,其黏度大为降低。

3. 核酸酸的紫外吸收 由于嘌呤、嘧啶碱基的环状结构中带有共轭双键,使核酸也具有了强烈的紫外吸收性质,其最大吸收值在波长260 nm处。利用这一性质,可鉴别核酸中的蛋白质杂质,也可对核酸进行定量测定。

(二)DNA的变性、复性与分子杂交

1. 核酸的变性 在某些理化因素的作用下,DNA分子空间结构被破坏,从而引起理化性质和生物学功能的改变,这种现象称为核酸的变性。能引起DNA变性的理化因素有加热、pH值改变、乙醇、尿素等。

DNA发生变性后,双螺旋被解开,有更多的碱基共轭双键暴露,对波长260 nm的紫外光吸收增强,这种现象称为增色效应。如果在连续加热DNA的过程中以温度对紫外光吸收值作图,所得的曲线称为解链曲线(图9-16)。从曲线中可以看出,DNA

DNA的变性

的变性从开始解链到完全解链,是在一个相当狭窄的温度内完成,在这一范围内,紫外光吸收值达到最大值的50%时的温度称为 DNA 的解链温度,又称融解温度(T_m)。DNA 的 T_m 值大小与 DNA 分子中 G、C 的含量有关,因为 G-C 之间有三个氢键,而 A-T 之间只有两个氢键,G、C 越多的 DNA,其分子结构越稳定,T_m 值较高。变性后的 DNA 旋光性下降,黏度降低,生物学功能丧失或改变。

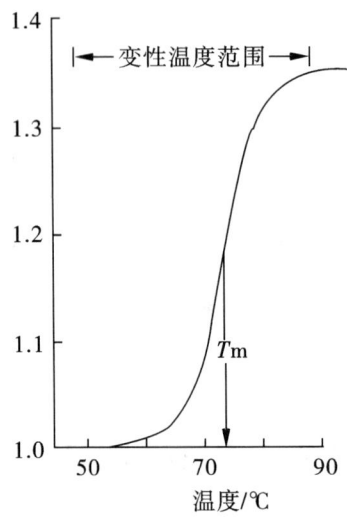

图 9-16 DNA 解链曲线

2. DNA 的复性和分子杂交 DNA 的变性是可逆的。当去掉外界的变性因素,被解开的两条链又可重新互补结合,恢复成原来完整的 DNA 双螺旋结构分子。这一过程称为 DNA 复性。如将热变性后的 DNA 溶液缓慢冷却,在低于变性温度 25~30 ℃ 的条件下保温一段时间(退火),则变性的两条单链 DNA 可以重新互补而形成原来的双螺旋结构并恢复原有的性质。

不同来源的核酸变性后合并在一起进行复性,只要它们存在大致相同的碱基互补配对序列,就可形成杂化双链,称为分子杂交(图 9-17)。杂交分子可以是 DNA/DNA、DNA/RNA 或 RNA/DNA。通过杂交反应就可确定待测核酸是否含有与之相同的序列。核酸杂交技术是目前研究核酸结构、功能常用手段之一,可用来检验核酸的缺失、插入,考察不同生物种类在核酸分子中的共同序列和不同序列以确定它们在进化中的关系。杂交反应已广泛应用于遗传性疾病的诊断、对肿瘤病因学及基因工程的研究。

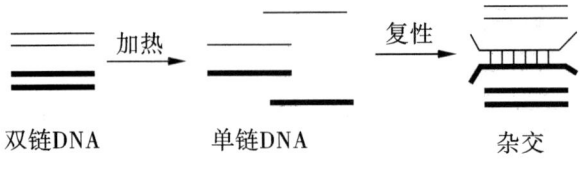

图 9-17 核酸的分子杂交示意

第五节 核苷酸代谢

核苷酸是核酸的基本结构单位,是体内合成大分子 DNA 和 RNA 的前体,人体内的核苷酸来源主要由机体细胞自身合成。因此,食物提供的核苷酸不是人体健康存活的必需物质。

食物中的核酸多与蛋白质结合为核蛋白,在胃中受胃酸的作用,或在小肠中受蛋白酶作用,分解为核酸和蛋白质。核酸主要在十二指肠由胰核酸酶和小肠磷酸二酯酶降解为单核苷酸。核苷酸由不同的碱基特异性核苷酸酶和非特异性磷酸酶催化,水解为核苷和磷酸。核苷可直接被小肠黏膜吸收,或在核苷酶和核苷磷酸化酶作用下,水解为碱基、戊糖或1-磷酸戊糖。

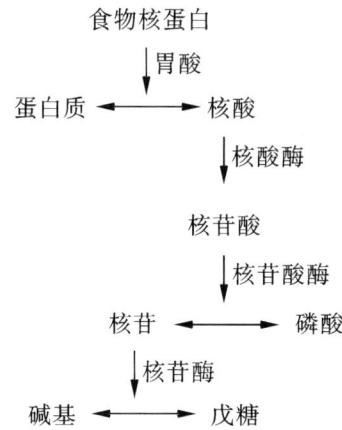

一、嘌呤核苷酸的合成代谢

哺乳类细胞嘌呤核苷酸的合成有两种形式:从头合成途径和补救合成途径。从头合成途径是指用简单小分子磷酸核糖、氨基酸、一碳单位及 CO_2 等为原料,经过多步酶促反应,进行嘌呤核苷酸的合成。从头合成是嘌呤核苷酸的主要合成途径。补救合成途径是指以细胞已有的嘌呤或嘌呤核苷为前体,经过酶促反应直接合成嘌呤核苷酸。二者在不同组织中的重要性各不相同,例如,肝组织通过从头合成途径合成嘌呤核苷酸;脑、骨髓等进行补救合成。

(一)嘌呤核苷酸的从头合成

1. 原料　除某些细菌外,几乎所有的生物体都能合成嘌呤碱试验证明,嘌呤核苷酸从头合成的前体物质是5-磷酸核糖、谷氨酰胺、一碳单位、甘氨酸、CO_2 和天冬氨酸。5-磷酸核糖来自磷酸戊糖途径。图9-18 表示嘌呤碱合成的元素来源。

2. 主要特点　①体内嘌呤核苷酸从头合成的主要器官是肝,其次是小肠黏膜和胸腺,反应过程是在细胞液中进行。②细胞是在5-磷酸核糖的基础上逐渐合成嘌呤碱。③嘌呤核苷酸从头合成过程在胞液中进行,涉及多个酶促反应。首先合成次黄嘌呤核苷酸(inosine monophosphate,IMP),然后 IMP 分别转变成腺嘌呤核苷酸(adenosine

monophosphate,AMP)与鸟嘌呤核苷酸(guanosine monophosphate,GMP)。合成过程是耗能过程,由 ATP 供能。

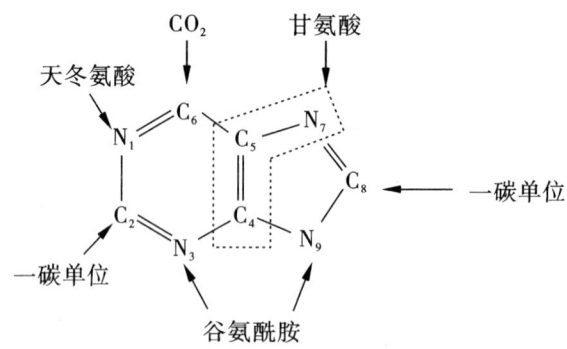

图 9-18 嘌呤碱合成的元素来源

3. 合成过程　嘌呤核苷酸的从头合成的反应步骤比较复杂,可分为两个步骤。

(1) IMP 的合成　嘌呤核苷酸的从头合成的起始或定向步骤是谷氨酰胺提供酰胺基与 5-磷酸核糖-1-焦磷酸(PRPP)反应,形成 5-磷酸核糖胺(PRA),催化此反应的酶为谷氨酰胺磷酸核糖酰胺转移酶,此酶是一种别构酶,是调节嘌呤核苷酸合成的重要酶。接着的反应是加甘氨酸,N^5,N^{10}-甲炔四氢叶酸提供甲酰基,谷氨酰胺氮原子的转移,然后脱水及环化而成 5-氨基咪唑核苷酸(AIR),即先合成嘌呤环中的五元环部分。下一步的反应是 AIR 的羧基化,天冬氨酸的加合及延胡索酸的去除反应,使天冬氨酸的氨基留下,再次由 N^{10}-甲酰四氢叶酸提供甲酰基,最后脱水及环化而成 IMP。上述反应都由相应的酶催化,并且有不少步骤消耗 ATP(图 9-19)。

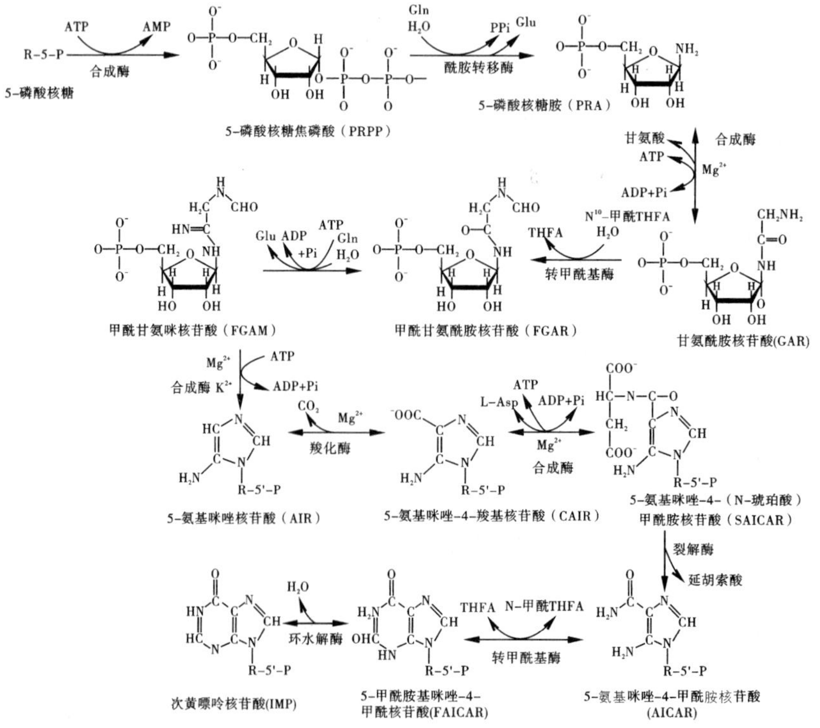

图 9-19　IMP 的合成

（2）AMP 和 GMP 的生成　AMP 的生成反应由两步反应完成。天冬氨酸与 IMP 在腺苷酸代琥珀酸合成酶催化下生成腺苷酸代琥珀酸,在腺苷酸代琥珀酸裂解酶作用下裂解为延胡索酸和 AMP。

GMP 的生成也由两步反应完成。①IMP 由 IMP 脱氢酶催化,以 NAD^+ 为受氢体,氧化生成黄嘌呤核苷酸(xanthosine monophosphate, XMP)。②谷氨酰胺在 GMP 合成酶催化下,ATP 供能,谷氨酰胺提供氨基,XMP 被氨基化生成 GMP（图 9-20）。

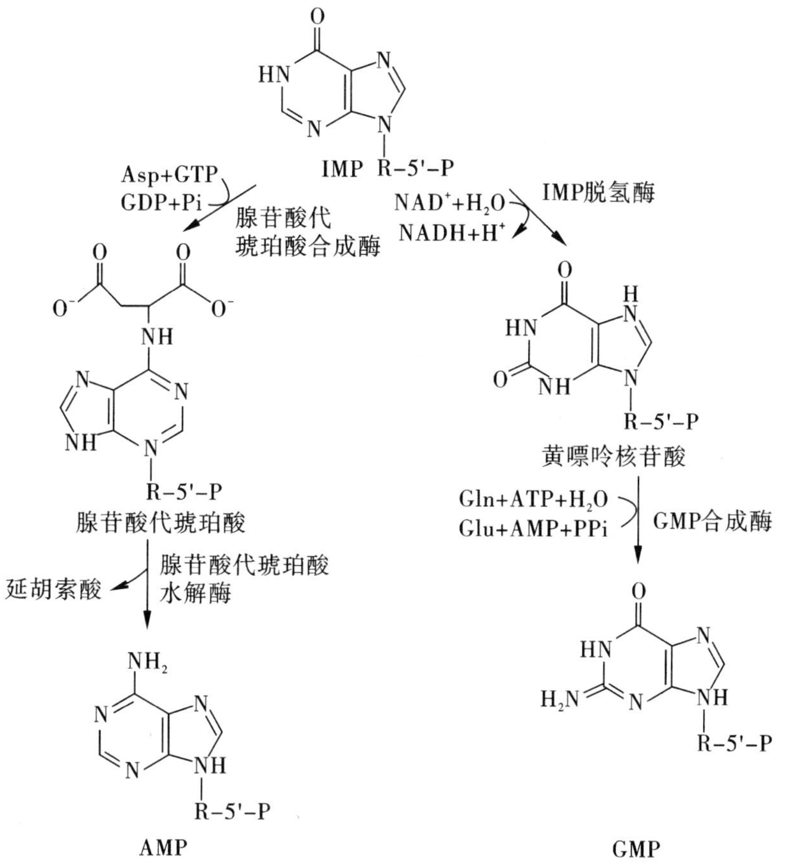

图 9-20　IMP 分别生成 AMP 和 GMP

嘌呤核苷酸的合成是在磷酸核糖分子上逐步合成嘌呤环,而不是先完成嘌呤碱合成后再与磷酸核糖结合。这与嘧啶核苷酸的从头合成不同,体内从头合成嘌呤核苷酸的主要器官是肝,其次是小肠黏膜及胸腺。

4. 从头合成的调节　体内嘌呤核苷酸主要依靠从头合成的方式产生,需要消耗氨基酸等原料及大量 ATP。机体对其合成速度进行着精确的调节,调节合成嘌呤核苷酸的含量、相互比例、合成时间等方面,以适应机体合成核酸时对嘌呤核苷酸的需要,并以最大的可能节省物质和能量（图 9-21）。调节的机制是对途径关键酶催化的调节。

（1）主要是合成产物对酶的反馈抑制:IMP、AMP、GMP、ADP、GDP 抑制 PRPP 合成酶;IMP、AMP、GMP 抑制 PRPP 酰胺转移酶。

（2）R-5-P 和 PRPP 则分别增强 PRPP 合成酶、PRPP 酰胺转移酶的活性。

（3）ATP 和 GTP 分别正反馈促进 GMP 和 AMP 的合成。ATP 促进 XMP→GMP;

GTP 促进 IMP→腺苷酸代琥珀酸。反应活性进行反馈调节。

另外,AMP 抑制 IMP→腺苷酸代琥珀酸;GMP 抑制 IMP→XMP。

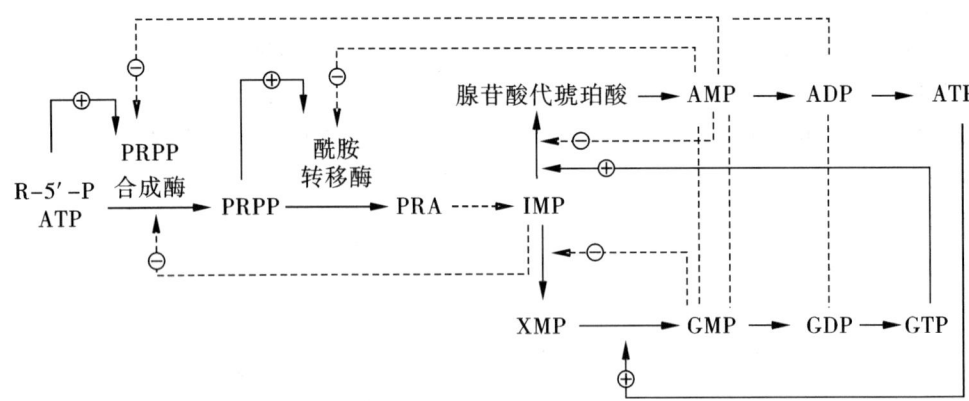

图 9-21 嘌呤核苷酸从头合成的调节

(二) 补救途径

虽然从头合成途径是嘌呤核苷酸的主要合成途径,但嘌呤核苷酸从头合成酶系在哺乳动物的某些组织(脑、骨髓)中不存在,细胞只能直接利用细胞内或饮食中核酸分解代谢产生的嘌呤碱或嘌呤核苷重新合成嘌呤核苷酸,称为补救合成。补救合成的过程比从头合成简单得多,消耗 ATP 少,且可节省一些氨基酸的消耗。有两种酶参与补救合成,腺嘌呤磷酸核糖转移酶(adenine phosphoribosyl transferase,APRT)和次黄嘌呤-鸟嘌呤磷酸核糖转移酶(hypoxanthine-guanine phosphoribosyl transferase,HGPRT)。补救合成同样由 PRPP 提供磷酸核糖。

$$腺嘌呤 + PRPP \xrightarrow{APRT} AMP + PPi$$

$$次黄嘌呤(或鸟嘌呤) + PRPP \xrightarrow{HGPRT} IMP(或GMP) + PPi$$

腺嘌呤核苷通过腺苷激酶的作用可变成 AMP 而重新利用。类似地,其他核苷也可由相应的激酶磷酸化得到相应的核苷酸。

嘌呤核苷酸补救合成的生理意义:一是可节省从头合成时的能量和一些氨基酸前体的消耗,二是机体的某些组织器官的缺陷,如脑、红细胞、多形核白细胞等从头合成嘌呤核苷酸的酶活性缺陷,它们只能利用肝细胞产生的自由嘌呤碱及嘌呤核苷补救合成嘌呤核苷酸。补救合成途径对这些组织细胞具有更重要的意义。例如,由于基因缺欠而导致的 HGPRT 完全缺失的患儿,表现为自毁容貌征或称 Lesch-Nyhan 综合征,表现为智力减退、有自身残毁行为等,并伴有高尿酸血症。这是一种遗传代谢病。

(三) 嘌呤核苷酸的互变和 ATP、GTP 的生成

体内的嘌呤核苷酸之间可以相互转变,以保持彼此平衡。前面已经讨论了 IMP 可以转变成 ATP、GTP。其实 ATP、GTP 也可以转变成 IMP。由此,ATP 和 GTP 之间也可以相互生成(图 9-22)。

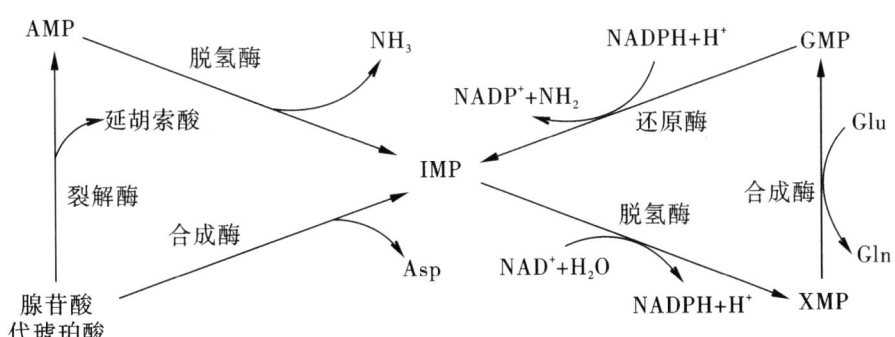

图 9-22　嘌呤核苷酸的互变

(四)嘌呤核苷酸的抗代谢物

嘌呤核苷酸的抗代谢药物主要是指一些嘌呤、氨基酸或叶酸等的类似物。嘌呤核苷酸的抗代谢药物以竞争抑制的方式干扰或阻断嘌呤核苷酸的合成,从而阻止了核酸和蛋白质的合成。利用这一原理,这些抗代谢药物通过抑制肿瘤细胞的核酸和蛋白质的旺盛合成而达到治疗作用。

嘌呤类似物有 6-巯基嘌呤(6-mercaptopurine,6-MP)、6-巯基鸟嘌呤、8-氮杂鸟嘌呤等。6-MP 可在体内经磷酸核糖化生成 6-MP 核苷酸,抑制 IMP 转化成 AMP 及 GMP。6-MP 通过竞争抑制次黄嘌呤-鸟嘌呤磷酸核糖转移酶,阻止了嘌呤核苷酸的补救途径。另外,6-MP 核苷酸结构与 IMP 相似,因而抑制了 PRPP 酰胺转移酶活性,干扰了磷酸核糖胺的合成,阻断了嘌呤核苷酸的从头合成(图 9-23)。

6-MP　　　IMP

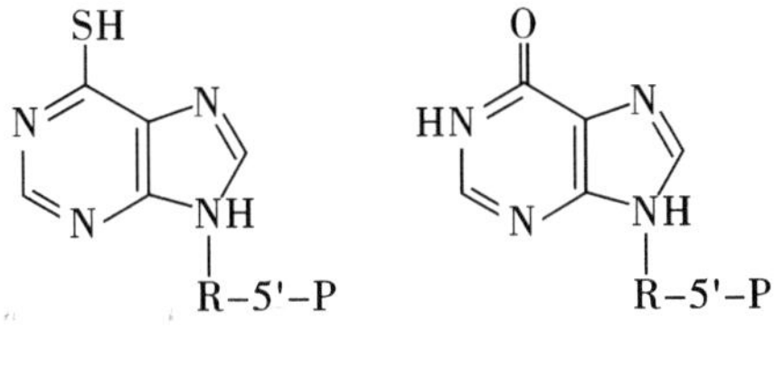

图 9-23　嘌呤类似物

氨基酸的类似物有氮杂丝氨酸及 6-重氮-5-氧正亮氨酸等。由于结构与谷氨酰胺相似,干扰了谷氨酰胺在嘌呤核苷酸合成中的作用(图 9-24)。

谷氨酰胺

6-重氮-5-氧正亮氨酸

氮杂丝氨酸

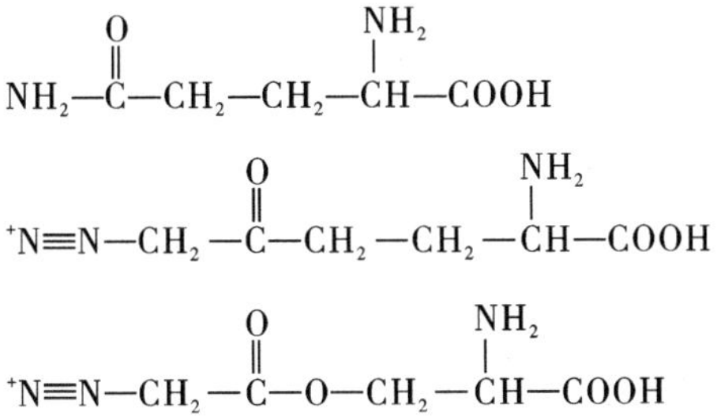

图 9-24　氨基酸类似物

叶酸的类似物有氨蝶呤及甲氨蝶呤（methotrexate，MTX），能竞争性抑制二氢叶酸还原酶，从而抑制四氢叶酸的合成，抑制了嘌呤核苷酸合成时一碳单位的供给。MTX在临床上用于治疗白血病等癌症（图9-25）。

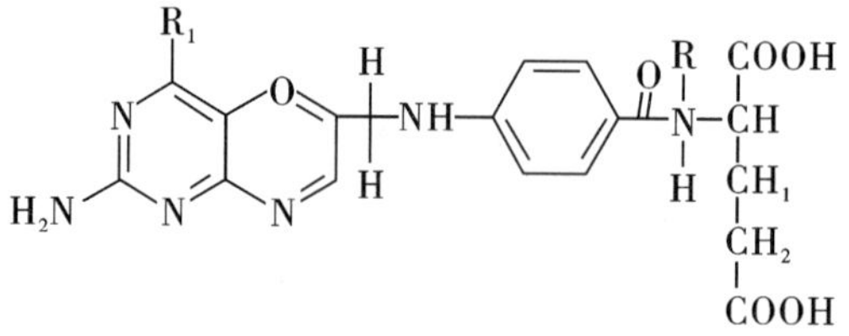

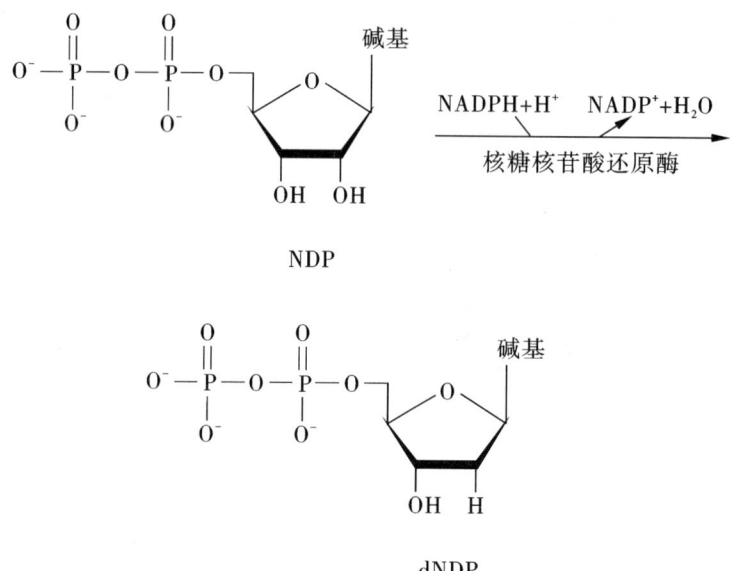

图9-25 叶酸类似物

应该注意，抗代谢药物缺乏对肿瘤细胞的特异性，在对癌症治疗的同时对增殖旺盛的某些组织也有杀伤性，显示出较大的副作用。

（五）脱氧核糖核苷酸的合成

DNA由4种脱氧核糖核苷酸组成，因此在细胞分裂增殖时DNA生物合成增加，需要大量脱氧核苷酸供应DNA生物合成。体内的脱氧核苷酸通过以氢取代其核糖分子中2位碳原子的羟基而直接还原产生，这种还原反应基本上在相应核糖核苷酸的二磷酸核苷（NDP）水平直接进行（图9-26）。

图9-26 脱氧核苷酸的生成

催化脱氧核糖核苷酸生成的酶是核糖核苷酸还原酶。已发现有三种不同的核糖核苷酸还原酶，此反应过程较复杂。核糖核苷酸还原酶催化循环反应的最后一步是酶分子中的二硫键还原为具还原活性的巯基的酶再生过程。硫氧化还原蛋白含有一对邻近的半胱氨酸残基，所含巯基在核糖核苷酸还原酶作用下氧化为二硫键，后者再在硫氧化还原蛋白还原酶催化，由NADPH供氢重新还原为还原型的硫氧化还原蛋白。因此，NADPH是NDP还原为dNDP的最终还原剂（图9-27）。

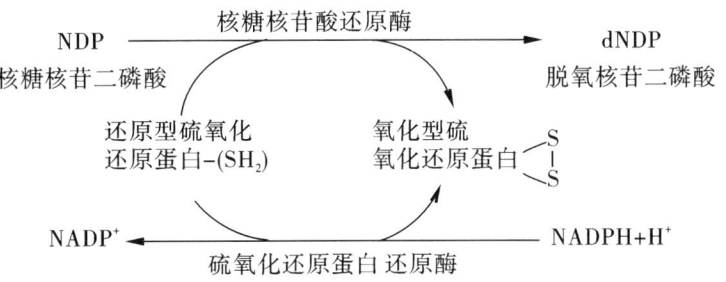

图9-27 脱氧核苷酸的生成

二、嘌呤核苷酸的分解代谢

嘌呤核苷酸分解主要在肝、小肠及肾进行。在核苷酸酶催化下各种核苷酸水解成嘌呤核苷，嘌呤核苷经核苷磷酸化酶磷酸解生成游离的嘌呤碱基及1-磷酸核糖。1-磷酸核糖可进入糖代谢，转变为5-磷酸核糖，成为PRPP的原料，用于合成新的核苷酸；也可经磷酸戊糖途径氧化分解。游离的嘌呤碱既可以参加核苷酸的补救合成，也可在体内分解最终生成尿酸，随尿排出体外（图9-28）。

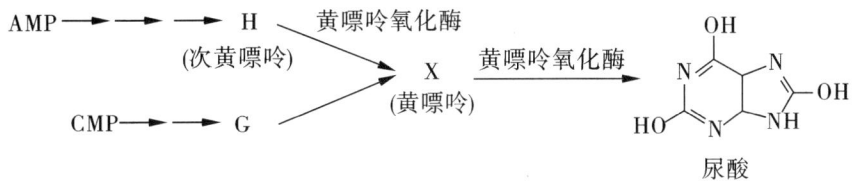

图9-28 嘌呤核苷酸的分解代谢

AMP生成次黄嘌呤，并在黄嘌呤氧化酶的催化下逐步氧化为黄嘌呤和尿酸。GDP生成鸟苷酸，然后转变成黄嘌呤，最后也生成尿酸。

体内嘌呤核苷酸的分解代谢主要在肝、小肠及肾中进行。正常生理情况下，嘌呤合成与分解处于相对平衡状态，所以尿酸的生成与排泄也较恒定。正常人血浆中尿酸含量为0.12~0.36 mmol/L（2~6 mg/dL）。男性平均为0.27 mmol/L（4.5 mg/dL），女性平均为0.21 mmol/L（3.5 mg/dL）。当体内核酸大量分解（白血病、恶性肿瘤等）或食入高嘌呤食物时，血中尿酸水平升高，当超过0.48 mmol/L（8 mg/dL）时，尿酸盐将过饱合而形成结晶，沉积于关节、软组织、软骨及肾等处，而导致关节炎、尿路结石及肾病，称为痛风症。痛风症多见于成年男性，其发病机制尚未阐明，可能由于某些嘌呤核苷酸代谢相关酶遗传性缺陷，从而导致嘌呤核苷酸过量产生，引起高尿酸血症。另外，进食高嘌呤饮食、体内核酸大量分解（如白血病、恶性肿瘤等）或肾病而尿酸排泄障碍，也可能导致血中尿酸升高。临床上常用次黄嘌呤结构类似物别嘌呤醇治疗痛风症。别嘌呤醇通过竞争性抑制黄嘌呤氧化酶，而抑制尿酸的生成；或转变为IMP类似的别嘌呤核苷酸，反馈抑制嘌呤核苷酸的从头合成，减少尿酸产生量，阻断嘌呤核苷酸的从头合成。

痛风的表征、分子机制和别嘌呤醇的治疗

三、嘧啶核苷酸的合成代谢

嘧啶核苷酸合成也有两条途径,即从头合成和补救合成。本节主要论述其从头合成途径。研究证明,嘧啶核苷酸从头合成的原料来自天冬氨酸、谷氨酰胺和CO_2。

(一)嘧啶核苷酸的从头合成

从头合成途径是指利用一些简单的前体物逐步合成嘧啶核苷酸的过程。该过程主要在肝的胞液中进行。研究证明,构成嘧啶环的 N_1、C_4、C_5 及 C_6 均由天冬氨酸提供,C_2 来源于 CO_2,N_3 来源于谷氨酰胺(图9-29)。嘧啶核苷酸的合成是先合成嘧啶环,然后再与磷酸核糖相连而成。

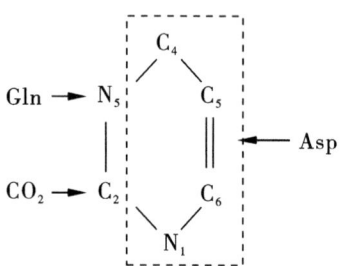

图9-29 嘧啶环合成的原料来源

1.尿嘧啶核苷酸(UMP)的合成(图9-30) 嘧啶环的合成由6步反应完成。第一步是生成氨基甲酰磷酸。肝细胞中存在两种氨基甲酰磷酸合成酶(CPS)。在肝细胞线粒体中氨基甲酰磷酸合成酶Ⅰ(CPS-Ⅰ)催化生成氨基甲酰磷酸用于合成尿素;而肝细胞液中存在氨基甲酰磷酸合成酶Ⅱ(CPS-Ⅱ),以谷胱氨胺、CO_2、ATP 为原料合成氨基甲酰磷酸。后者在天冬氨酸转氨甲酰酶的催化下,转移一分子天冬氨酸,从而合成氨甲酰天冬氨酸,然后再经脱氢、脱羧、环化等反应,合成第一个嘧啶核苷酸,即 UMP。

嘧啶合成的第一步是生成氨基甲酰磷酸,由 CPS-Ⅱ 催化 CO_2 与谷氨酰胺缩合生成。

此外,在真核生物细胞中,嘧啶核苷酸合成的前三个酶,即 CPS-Ⅱ、天冬氨酸氨基甲酰转移酶和二氢乳清酸酶,位于分子量约 210 kD 的同一多肽链上的多功能酶,这样更有利于以均匀的速度参与嘧啶核苷酸的合成。与此相类似,乳清酸磷酸核糖转移酶和 OMP 脱羧酶也位于同一条多肽链上。这些多功能酶的中间产物并不释放到介质中,而在连续的酶间移动,这种机制能加速多步反应的总速度,同时防止细胞中其他酶的破坏。

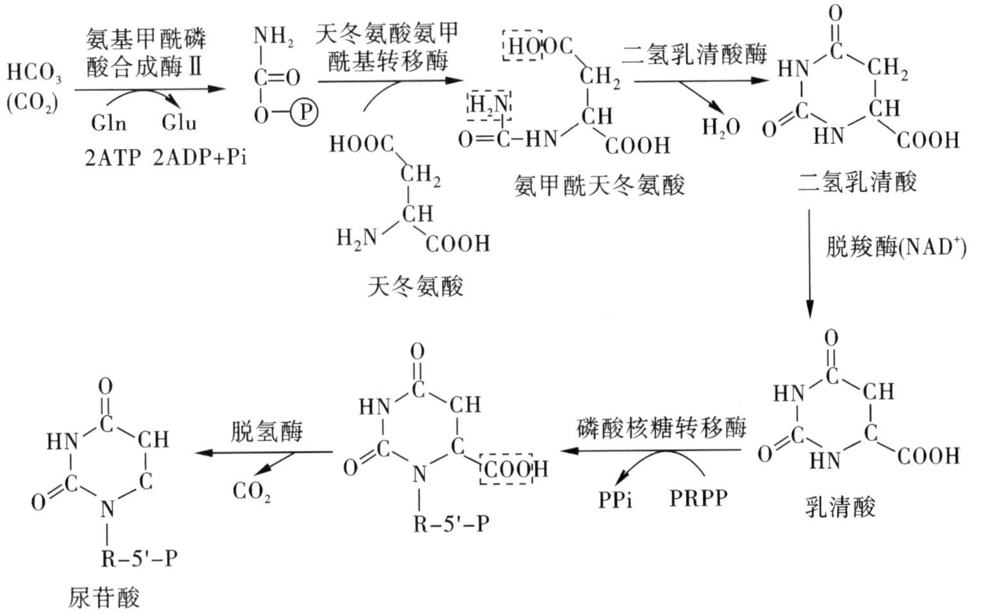

图 9-30　UMP 的生物合成

2. UTP 和 CTP 的合成　三磷酸尿苷(UTP)的合成与三磷酸嘌呤核苷的合成相似。

$$UMP + ATP \rightleftharpoons UDP + ADP$$

$$UDP + ATP \rightleftharpoons UTP + ADP$$

三磷酸胞苷(CTP)由 CTP 合成酶催化 UTP 加氨生成(图 9-31)。动物体内,氨基由谷氨酰胺提供,在细菌则直接由 NH_3 提供。此反应消耗 1 分子 ATP。

3. 脱氧胸腺嘧啶核苷酸(dTMP)的生成　脱氧胸腺嘧啶核苷酸是由脱氧尿嘧啶核苷酸(dUMP)甲基化生成。而 dUMP 由 dUTP 水解生成:

$$dUTP + H_2O \rightleftharpoons dUMP + PPi$$

dUMP 甲基化生成 dTMP 由胸腺嘧啶合成酶(thymidylate synthetase,TS)催化,N^5,N^{10}-甲烯四氢叶酸提供甲基。N^5,N^{10}-甲烯-THF 提供甲基后生成的二氢叶酸又可以再经二氢叶酸还原酶的作,重新生成四氢叶酸。dUMP 可由 dUDP 水解生成,也可由 dGMP 脱氨生成,以后者为主(图 9-32)。

胸苷酸合酶和二氢叶酸还原酶可被用于恶性肿瘤化疗的靶点。

3. 嘧啶核苷酸从头合成的调节　在细菌中,天冬氨酸氨基甲酰转移酶(ATCase)是嘧啶核苷酸从头合成的主要调节酶。在大肠埃希菌中,ATCase 受 ATP 的变构激活,而 CTP 为其变构抑制剂。而在许多细菌中,UTP 是 ATCase 的主要变构抑制剂。

在动物细胞中,ATCase 不是调节酶。嘧啶核苷酸合成主要由 CPS-Ⅱ调控。UDP 和 UTP 抑制其活性,而 ATP 和 PRPP 为其激活剂。PRPP 合成酶可以同时受嘌呤及嘧啶核苷酸的反馈调节(图 9-33)。

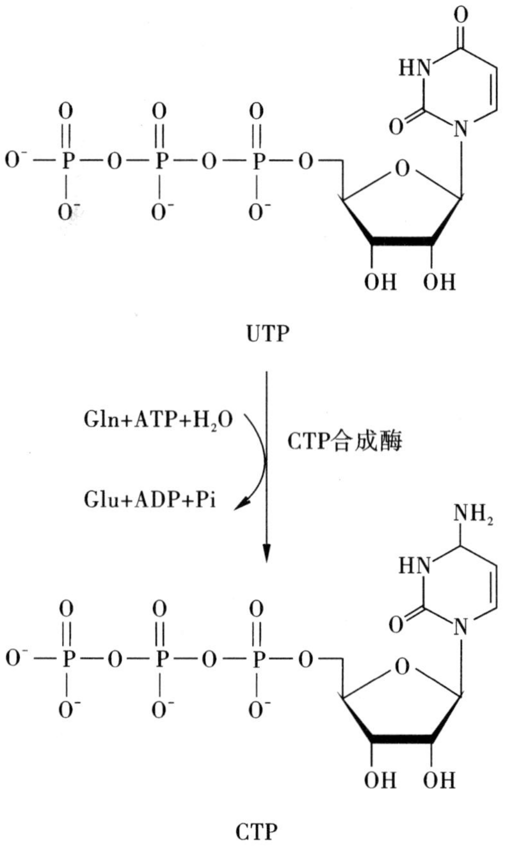

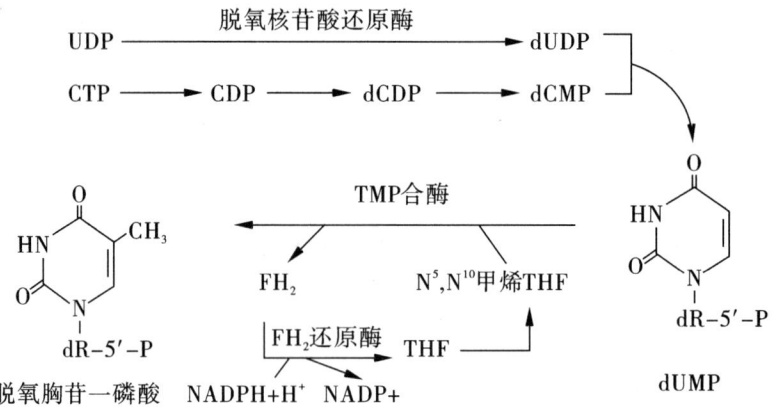

图 9-31 由 UTP 合成 CTP

图 9-32 脱氧胸腺嘧啶核苷酸(dTMP)的生成

4. 乳清酸尿症　乳清酸尿症是一种遗传性疾病,主要表现为尿中排出大量乳清酸、生长迟缓和重度贫血,是由于催化嘧啶核苷酸从头合成反应的乳清酸磷酸核糖转移酶和乳清酸核苷酸脱羧酶的缺陷所致。临床用尿嘧啶或胞嘧啶治疗。尿嘧啶经磷酸化可生成 UMP、抑制 CPS-Ⅱ 活性,从而抑制嘧啶核苷酸的从头合成。

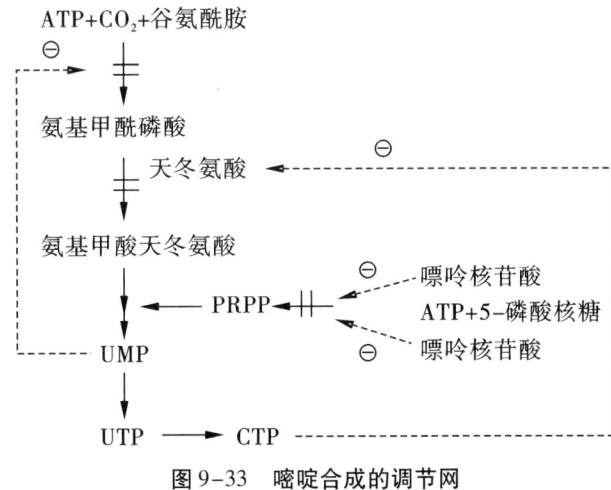

图 9-33 嘧啶合成的调节网

实线代表代谢途径,虚线代表调节途径,⊖代表抑制

(二)补救合成途径

嘧啶核苷酸的补救合成途径一般和嘌呤核苷酸的补救合成途径相似,嘧啶核苷酸核糖转移酶是其补救合成的主要酶,它能利用尿嘧啶、胸腺嘧啶和乳清酸作为底物,催化生成相应的嘧啶核苷酸,但对胞嘧啶不起作用。实际上,此酶和前述的乳清酸磷酸转移酶是同一种酶。

$$U + PRPP \xrightarrow{\text{嘧啶磷酸核糖转移酶}} UMP + PPi$$

另外,尿苷激酶可催化尿苷生成尿苷酸。

脱氧胸苷可在胸苷激酶的催化下生成 dTMP,该酶在正常肝中活性较低,但在再生中活性升高,恶性肿瘤中明显升高,并与肿瘤恶性程度有关。

(三)嘧啶核苷酸的抗代谢物——嘧啶、氨基酸、叶酸类似物。

嘧啶核苷酸的抗代谢物同样是一些嘧啶、氨基酸、叶酸类似物,其抗代谢作用的机制与嘌呤核苷酸抗代谢物相似,在临床具有抗肿瘤作用。

嘧啶的类似物主要有 5-氟尿嘧啶(5-fluorouracil,5-FU),结构与胸腺嘧啶相似。5-FU 本身无生物学活性,在体内转变成磷酸脱氧核糖氟尿嘧啶核苷(FdUMP)及三磷酸氟尿嘧啶核苷(FUTP),FdUMP 与 dUMP 结构相似,抑制胸苷酸合成酶,阻断 dUMP 的合成。FUTP 水解产生的 FUMP 可以参加 RNA 的生物合成,FUTP 则作为 RNA 合成的原料,以 FUMP 形式掺入 RNA 分子,取代 UMP 而破坏 RNA 的结构和功能。

氨基酸类似物有氮杂丝氨酸、6-重氮-5-氧正亮氨酸等。结构与谷氨酰胺类似,可以干扰谷氨酰胺在嘧啶核苷酸合成中的作用,抑制 CTP 的合成。

叶酸类似物氨蝶呤、氨甲蝶呤(MTX)都是叶酸类似物。

竞争性抑制二氢叶酸还原酶,使叶酸不能还原成二氢叶酸和 THF,影响一碳单位代谢,使 dUMP 不能利用一碳单位甲基化成 TMP。

核苷类似物阿糖胞苷抑制 CDP 还原成 dCDP,影响 DNA 的合成,具有抗癌作用。

5-氟尿嘧啶　　阿糖胞苷　　环糖苷

四、嘧啶核苷酸的分解代谢

嘧啶核苷酸的分解代谢途径与嘌呤核苷酸相似。首先通过核苷酸酶及核苷磷酸化酶的作用,分别除去磷酸和核糖,产生的嘧啶碱再进一步分解。胞嘧啶脱氨基转变为尿嘧啶。尿嘧啶和胸腺嘧啶先在二氢嘧啶脱氢酶的催化下,由 NADPH+H$^+$ 供氢,分别还原为二氢尿嘧啶和二氢胸腺嘧啶。二氢嘧啶酶催化嘧啶环水解,分别生成 β-丙氨酸和 β-氨基异丁酸。β-丙氨酸和 β 氨基异丁酸可继续分解代谢。B-氨基异丁酸亦可随尿排出体外。食入含 DNA 丰富的食物、经放射线治疗或化学治疗的患者,以及白血病患者,尿中 β-氨基异丁酸排出量增多。嘧啶核苷酸分解代谢见图 9-34。

和嘌呤碱分解代谢不同,嘧啶碱的分解产物都有很强的水溶性,因而可直接从尿中排除或进一步分解。临床发现,白血病患者或经放疗、化疗的癌症患者,由于 DNA 大量破坏降解,尿中 β-氨基异丁酸排出量增多。

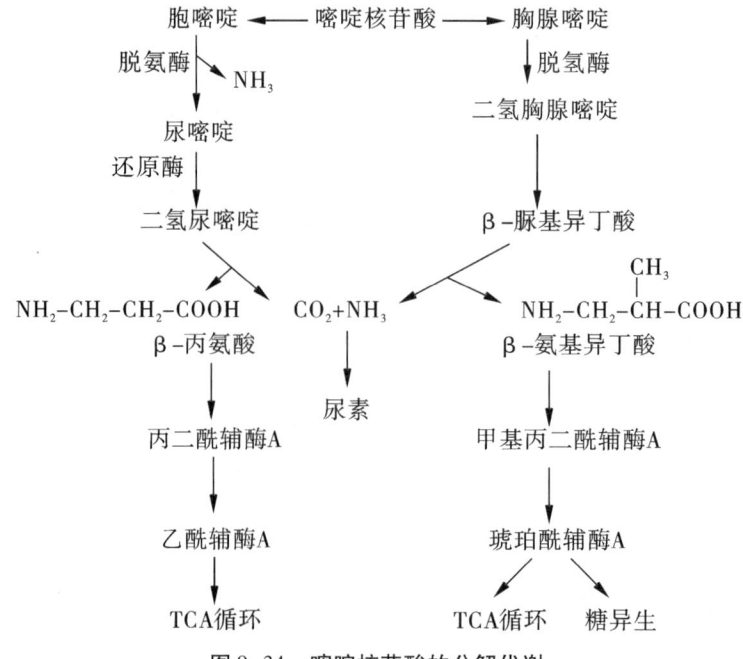

图 9-34　嘧啶核苷酸的分解代谢

同步练习

(一)选择题

1. 下列哪种碱基只存在于 mRNA 而不存在于 DNA 中 ( )
   - A. 腺嘌呤
   - B. 胞嘧啶
   - C. 尿嘧啶
   - D. 鸟嘌呤
   - E. 胸腺嘧啶

2. 核酸中核苷酸之间的连接方式是 ( )
   - A. 3′,5′-磷酸二酯键
   - B. 糖苷键
   - C. 2′,3′-磷酸二酯键
   - D. 肽键
   - E. 2′,5′-磷酸二酯键

3. Watson-Crick 的 DNA 结构模型是指 ( )
   - A. 三叶草结构
   - B. 核小体结构
   - C. α-螺旋结构
   - D. 左手双螺旋结构
   - E. 右手双螺旋结构

4. 在适宜条件下,核酸分子两条链通过杂交作用可自行形成双螺旋,取决于 ( )
   - A. DNA 的 T_m 值
   - B. 序列的重复程度
   - C. 核酸链的长短
   - D. 碱基序列的互补
   - E. T 的含量

5. 单链 DNA:5′-pCpGpGpTpA-3′,能与下列哪一种 RNA 杂交 ( )
   - A. 5′-pUpApCpCpG-3′
   - B. 5′-pGpCpCpApU-3′
   - C. 5′-pGpCpCpTpA-3′
   - D. 5′-pApApGpGpC-3′
   - E. 5′-pApUpCpCpG-3′

6. 关于 rRNA 的叙述,不正确的是 ( )
   - A. 主要存在于胞质中
   - B. 含量多,占总 RNA 的 80%
   - C. 与多种蛋白组成核糖体
   - D. 已知核酶多属于 rRNA
   - E. rRNA 是多肽链合成的装配机

7. 关于嘌呤核苷酸合成的描述,正确的是 ( )
   - A. 利用氨基酸、一碳单位和 CO_2 为原料,首先合成嘌呤环,再与 5-磷酸核糖结合而成
   - B. 以一碳单位、CO_2、NH_3 和 5-磷酸核糖为原料直接合成
   - C. 5-磷酸核糖为起始物,在酶的催化下与 ATP 作用生成 PRPP,再与氨基酸、CO_2 和一碳单位作用,逐步形成嘌呤核苷酸
   - D. 在氨基甲酰磷酸的基础上,逐步合成嘌呤核苷酸
   - E. 首先合成黄嘌呤核苷酸(XMP),再转变成 AMP 和 GMP

8. 痛风症患者血中含量升高的物质是 ( )
   - A. 尿素
   - B. NH_3
   - C. 胆红素
   - D. 尿酸
   - E. 肌酸

9. 合成嘌呤和嘧啶环的共同原料是 ( )
   - A. 一碳单位
   - B. 甘氨酸
   - C. 谷氨酸
   - D. 蛋氨酸
   - E. 天冬氨酸

10. 治疗痛风症有效的别嘌呤醇 （　　）
   A. 可抑制鸟嘌呤脱氨酶　　B. 可抑制腺苷脱氨酶
   C. 可抑制尿酸氧化酶　　　D. 可抑制黄嘌呤氧化酶
   E. 对以上酶都无抑制作用

(二)思考题

1. 细胞内有哪几类主要的 RNA？其主要功能是什么？
2. 试述 DNA 双螺旋结构模型的特点。
3. 试述 tRNA 的结构特点。
4. 比较嘌呤核苷酸和嘧啶核苷酸从头合成的异同。
5. 比较 CPS-Ⅰ、CPS-Ⅱ 的异同。

（漯河医学高等专科学校　李先佳）

第十章 DNA 的生物合成

学习目标

- ◆ 掌握 分子生物学的中心法则，DNA 复制的概念、原料、基本规律及主要酶，反转录的概念。
- ◆ 熟悉 DNA 复制的基本过程，DNA 损伤的概念、类型及主要修复方法，逆转录过程。
- ◆ 了解 DNA 损伤的影响，反转录意义。

恩格斯说："没有蛋白质就没有生命。"那没有核酸会不会有生命呢？科学的研究证明，DNA 是生命得以繁衍不息、物种得以保存的物质基础，是携带着遗传信息的生命载体。生物体的遗传信息是由 DNA 分子内特定的核苷酸序列以密码的形式编码，并通过复制的方式由亲代传递给子代，子代生长和发育的整个过程即为遗传信息不断传递及表达的过程（图 10-1）。以亲代 DNA 为模板合成子代 DNA，将遗传信息准确地传递到子代 DNA 分子上，这一过程称为复制；以 DNA 为模板合成与 DNA 某段碱基排列顺序互补的 RNA（mRNA、rRNA、tRNA），从而将遗传信息传递至 RNA 分子上，这一过程称为转录；以 mRNA 为模板指导蛋白质的生物合成，这一过程称为翻译。DNA 不断复制，DNA 携带的遗传信息再通过转录的方式传递给 RNA，然后翻译成蛋白质，由蛋白质执行各种生命功能，此即为细胞分裂的物质基础、生物表现出具有和亲代相似生命性状的物质基础。故有"种瓜得瓜，种豆得豆""龙生龙，凤生凤，老鼠生来会打洞"之古语。因此，没有核酸生命也难以存在。

1958 年，Crick 将遗传信息通常按 DNA→RNA→蛋白质方向传递的规律称为分子生物学的中心法则。1970 年，H. Temin 和 D. Baltimore 分别从致癌 RNA 病毒中发现逆转录酶，以 RNA 为模板指导 DNA 的合成，这种遗传信息的传递方向和上述转录过程正好相反，故称逆转录或反转录。后来又发现某些病毒中的 RNA 也可进行复制，因此就对中心法则进行了补充和修正，如图 10-2。

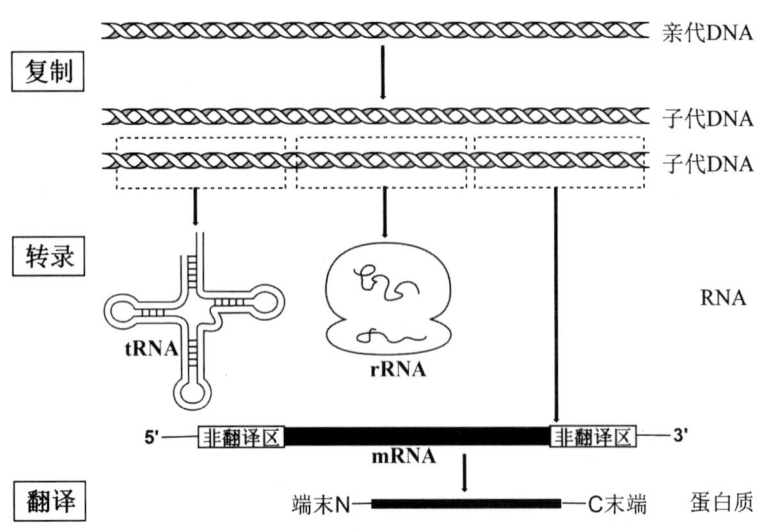

图 10-1　遗传信息的传递与表达

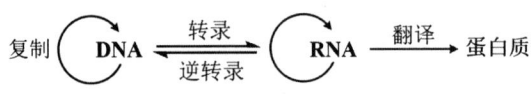

图 10-2　分子生物学的中心法则

第一节　DNA 复制的基本规律与体系

DNA 生物合成方式主要包括 DNA 复制、DNA 的损伤修复及逆转录，其中 DNA 复制是 DNA 生物合成的主要方式。

一、DNA 复制的基本规律

DNA 复制的基本规律：半保留复制、双向复制、半不连续复制。DNA 的复制具有高保真性。

（一）半保留复制

DNA 复制时，亲代 DNA 双链解开成为两股单链，各自作为模板，按照 Watson-Crick 碱基配对规律，合成与其互补的子链，形成两个相同子代 DNA 分子。子代细胞的 DNA 分子中，一条链来自亲代，另一条链是新合成的，这种复制方式称为半保留复制。

亲代 DNA 模板在子代 DNA 中的存留有 3 种可能性：全保留式、半保留式和混合式。1958 年 Matthew Meselson 和 Franklin Stahl 用氮的同位素示踪实验证实了自然界的 DNA 复制方式是半保留式的（图 10-3）。他们利用氮的同位素重氮（^{15}N）标记大肠埃希菌（Escherichia coli，E. coli）DNA，将 E. coli 首先在以 $^{15}NH_4Cl$ 为唯一氮源的培养基中连续培养数代,使所有 DNA 几乎都为^{15}N 所标记。^{15}N-DNA 的密度比普通轻氮(^{14}N)-DNA 的密度大约高 1%,在运用氯化铯密度梯度离心时,^{15}N-DNA 形成的区带(重密度带)位于^{14}N-DNA 区带(轻密度带)的下方。然后,将^{15}N 标记的 E. coli 转移至普通培养基(^{14}NH$_4$Cl)中培养一代,得到一条中密度带,提示其为^{14}N-DNA 链与^{15}N-DNA 链的杂交分子,即 DNA 分子的一半含^{15}N、另一半含^{14}N;培养至第二代时,则出现了等量中密度带和轻密度带,表明^{14}N-DNA 双链与^{15}N-^{14}N 杂合 DNA 双链相等。随着在普通培养基中培养代数增加,子代中密度带所占比例越来越少,而轻密度带占的比例却越来越大。这一实验结果证实,亲代 DNA 复制后是以半保留形式存在于子代 DNA 分子中的,排除了其他复制方式的可能性。

半保留复制

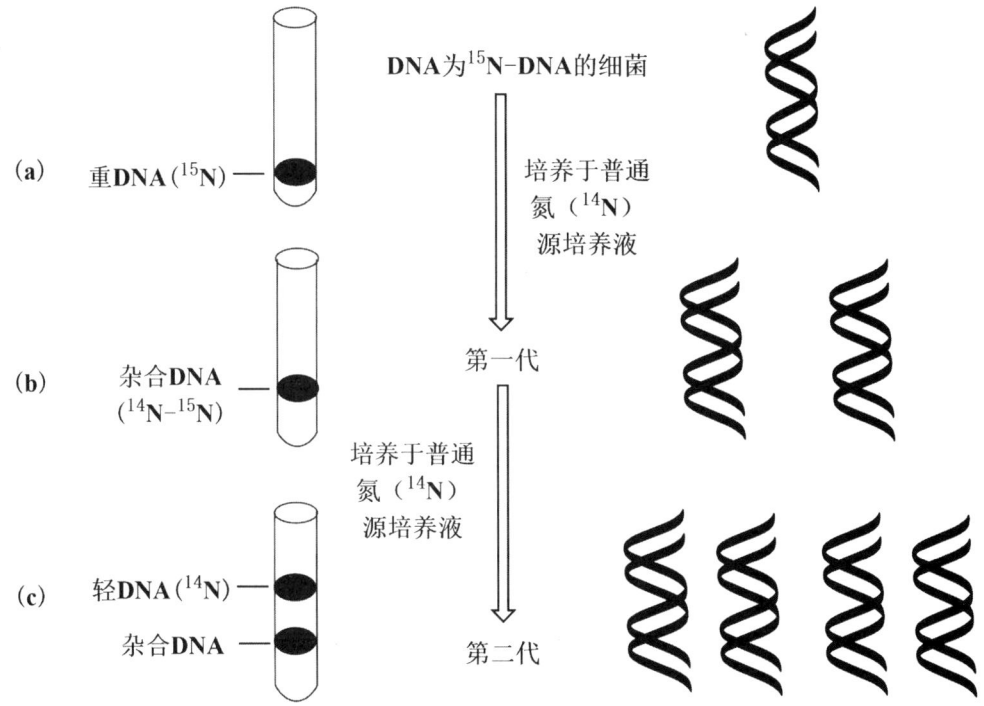

图 10-3　Meselson-Stahl 半保留复制验证实验

(a) 细胞在仅有重氮^{15}N 的培养基中培养数代,从而使所有DNA分子标记上^{15}N,在氯化铯密度梯度离心时,仅有一条高密度区带(深红色)
(b) 将^{15}N标记的细胞转移至仅有氮^{14}N的培养基中培养一代后,出现一条密度介于^{14}N-DNA和^{15}N-DNA之间的中密度带(紫色)
(c) 培养二代后,出现一条杂合DNA中密度带和一条^{14}N-DNA低密度带(蓝色)

(二) 双向复制

Ross Inman 课题组运用变性定位技术证明:DNA 复制时对起始部位具有严格选择性,常始于分子上具有一段特殊碱基序列(富含 AT 的序列),并将这个部位称为复制起始点(origin of replication,ori)。DNA 复制时,在起始点处解开局部双链形成两股单链,各自作为模板,合成的子链沿模板链延长。解开的两股单链和将要解开的双链形成一个 Y 形结构,称为复制叉,此结构由 John Cairnsu 运用 ^{3}HdT 标记 T 的放射自显影技术发现,复制开始时电镜下观察到呈"眼睛状"的空泡结构,形象地称为"复制眼"。生物在复制时,DNA 从起始点向两个方向解链,形成两个延伸方向相反的复制叉,称为双向复制。

原核生物基因组、质粒 DNA、真核生物细胞器 DNA 都是环状双链分子,只有一个复制起始点,双链复制至两个复制叉汇合时终止,一个环状双链 DNA 经复制变成两个。真核生物基因组庞大而复杂,由多个染色体组成,全部染色体均需复制,每个染色体又有多个复制起始点,呈多起点双向复制特征(图 10-4)。复制时,每个复制点都产生两个方向相反的复制叉,复制完成时,复制叉相遇并汇合连接。复制子是含有一个复制起点的独立完成复制的功能单位。高等生物具有数以万计的复制子,复制子的长度差别很大,在 13~900 kb 之间。

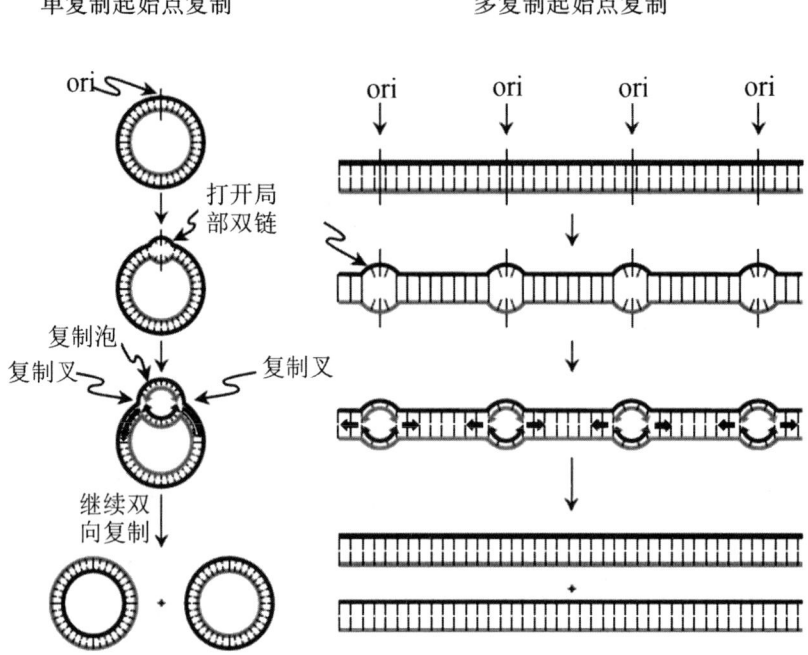

图 10-4 复制起始点和复制叉

(三)半不连续复制

亲代 DNA 双螺旋的两股单链反向平行,一条链的走向是 5′→3′,另一条链是 3′→5′,复制时 DNA 的两条链各自作为模板。DNA 聚合酶只能沿模板 3′→5′方向延伸,催化合成 5′→3′DNA 子链。因此,在复制时,一条链的合成方向与复制叉前进方向(解链方向)相同,可以连续合成,而另一条链的合成方向与复制叉前进的方向相反,它不能等待 DNA 全部解链,那么它是如何合成的呢?

1968 年,日本科学家冈崎用电子显微镜结合放射自显影技术观察到一些较短的新 DNA 片段。后来的研究者证实这些片段只出现在同一复制叉的一股链上。由此证实了 DNA 的复制是半不连续复制(图 10-5)。

目前认为,在 DNA 复制过程中,沿着解链方向生成的子链 DNA 的合成是连续进行的,这段链称为领头链;另一股链因复制方向与解链方向相反,不能连续延长,只能随着模板链解开一段,生成引物,沿5′→3′方向合成一段,模板再打开一段,再起始合成另一段子链,将这条逐段合成的子链称为随从链。DNA 复制时,领头链可连续合成而随从链不连续合成的这种方式称为半不连续复制。将复制中沿着随从链合成的新 DNA 片段命名为冈崎片段。原核生物中冈崎片段为 1 000~2 000 个核苷酸残基,真核生物中冈崎片段为 100~200 个核苷酸残基。

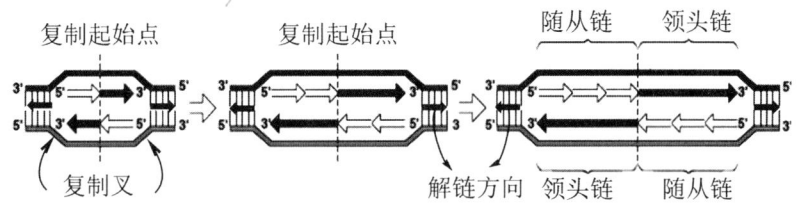

图 10-5 半不连续复制

病毒 DNA 分子组成及存在形式多种多样,其复制方式也是多种多样,其复制过程不完全符合以上规律。

二、DNA 复制体系

DNA 复制是酶促核苷酸聚合反应,需要底物(原料)、DNA 聚合酶、模板、引物、蛋白质因子及 ATP、GTP 等多种物质共同参与。

(一)原料

DNA 合成的原料是 4 种脱氧核苷三磷酸(dNTP),即 dATP、dGTP、dCTP 及 dTTP。DNA 的基本结构单位是脱氧核苷一磷酸(dNMP),因此在复制过程中,每一个脱氧核苷三磷酸聚合时都将释放一分子的焦磷酸(PPi),形成 dNMP 而参与 DNA 的构成。反应方程式如下:

$$(dNMP)_n + dNTP \rightarrow (dNMP)_{n+1} + PPi$$

式中:N 代表 4 种碱基的任一种,$(dNMP)_n$ 代表 DNA 多聚核苷酸单链,$(dNMP)_{n+1}$ 代表延长一个核苷酸的 DNA 多聚核苷酸单链。

(二)模板

DNA 复制的模板是亲代 DNA 分子解链打开的两股单链,每股单链都作为模板。复制时沿各自模板链 3′→5′方向延伸,新生子链 DNA 聚合是沿着 5′→3′方向不断延长。

(三)引物

DNA 聚合酶不能直接催化两个 dNTP 之间形成一个 3′-磷酸酯键(以往教材认为此键为 3′,5′-磷酸二酯键,实则 5′-磷酸酯键仅为核苷酸内部磷酸酯键,核酸链中核苷酸两两间相连仅通过一个磷酸酯键即 3′-磷酸酯键相连),仅能将 dNTP 逐个加在核酸片段的 3′-OH 末端,该核酸片段通常为一段寡核苷酸,即一小段 RNA。这种与对应模板链互补并提供 3′-OH 末端的核酸片段称为引物。DNA 开始合成时,领头链和随从链都需要引物,且随从链上的每一个冈崎片段都需要一个引物。

(四)主要酶及蛋白质

1. DNA 聚合酶　DNA 复制过程中,以亲代 DNA 单股链为模板,按照碱基配对规律将 dNTP 以 dNMP 方式逐一聚合在引物提供的 3′-OH 末端生成子代 DNA 的一类酶称为 DNA 聚合酶,又称为依赖 DNA 的 DNA 聚合酶(DNA-dependent DNA polymerase, DDDP 或 DNA-pol),由 Arthur. Kornberg 于 1958 年首先在 E. coli 中发现。DNA-pol 除了催化 dNTP 聚合活性外,还具有 3′→5′方向或 5′→3′方向的外切酶活性,即能催化 DNA 分子由 3′端或 5′端水解。

原核生物 E. coli 的 DNA-pol 主要有 DNA-pol Ⅰ、DNA-pol Ⅱ 和 DNA-pol Ⅲ 三种。

DNA-pol Ⅰ 由一条多肽链组成,功能:①具有 5′→3′聚合酶活性,催化 DNA 沿 5′→3′方向延长,每分子 DNA-pol Ⅰ 每分约催化 1 000 个核苷酸聚合,主要填补 DNA 复制中的空隙及 DNA 修复和重组;②具有 3′→5′外切酶活性,能够识别和催化切除新生链中错配核苷酸,起校对作用;③具有 5′→3′外切酶活性,可催化切除引物和突变的 DNA 片段,在 DNA 损伤修复中起重要作用,在复制中为修复酶而不是复制酶。

DNA-pol Ⅱ 具有 5′→3′聚合酶活性,每分子 DNA-pol Ⅱ 每分约催化 2 400 个核苷酸聚合,活力尽管比 DNA-pol Ⅰ 高,但仅能催化核苷酸链延长,持续催化能力仍然很低,故不是复制延长过程中主要的聚合酶;兼有 3′→5′外切酶活性。故 DNA-pol Ⅱ 在复制中也是修复酶。

DNA-pol Ⅲ 是由 α、β、γ、δ、δ′、ε、θ、τ、χ 和 ψ 10 种亚基及金属离子组成的异二聚体,10 种亚基形成核心酶、β 滑动"夹"和"夹子安装器"三个组装体(图 10-6)。核心酶由 α、ε 和 θ 亚基共同组成:α 亚基具有 5′→3′聚合酶催化活性;ε 亚基具有 3′→5′外切酶催化活性,起校对作用;θ 亚基可能起组建的作用。β 滑动"夹"是两个 β 亚基夹住 DNA 分子并可向前滑动,使聚合酶在完成复制前不再脱离 DNA,从而提高了酶的持续合成能力。"夹子安装器"为由 γ 亚基与另外 5 个亚基构成 γ 复合物(γδδ′τχψ)组成,γ 亚基是一种依赖 DNA 的 ATP 酶,使两个 β 亚基封闭环打开,帮助 β 亚基夹住 DNA,故称为夹子安装器。DNA-pol Ⅲ 各亚基作用时相互协调,使 DNA 解开的双链可同时进行复制,每分子 DNA-pol Ⅲ 每分能催化 15 000~60 000 个核苷酸聚合,其 5′→3′聚合酶活性远高于 DNA-pol Ⅰ 和 DNA-pol Ⅲ;校对功能的存在使其掺入核苷酸错误率由 7×10^{-6} 降至 7×10^{-9}。同时,实验也证明在 DNA-pol Ⅰ 基因缺陷的菌株中照常可进行 DNA 复制。因此,DNA-pol Ⅲ 是复制延长中真正起催化新链核苷酸聚合作用的复制酶,复杂的亚基结构使其在复制过程中具有更高的保真性、协调性和持续性。

E. coli 三种 DNA pol 的性质比较见表 10-1。

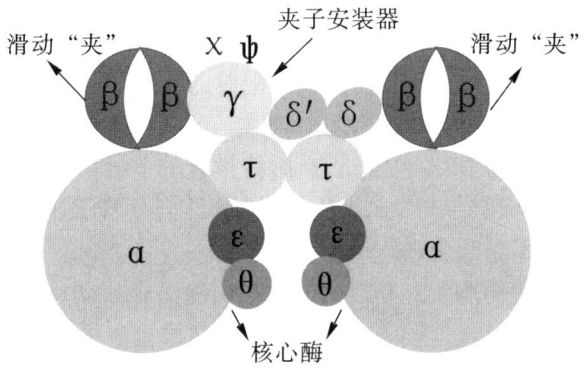

在夹子安装器帮助下，β 滑动"夹"夹住模板与引物双链并与核心酶结合，开始DNA复制

图 10-6　E.coli DNA-pol Ⅲ 异二聚体的亚基结构示意

表 10-1　E.coli 三种 DNA pol 的性质比较

项目	DNA-pol Ⅰ	DNA-pol Ⅱ	DNA-pol Ⅲ
分子量	103 000	88 000	130 000
组成	单体	单体	多亚基异二聚体
5′→3′聚合酶活性	有	有	有
聚合速度(核苷酸/min)	1 000~1 200	2 400	15 000~60 000
持续合成能力	3~200	1 500	≥500 000
5′→3′外切酶活性	有	无	无
3′→5′外切酶活性	有	有	有
基因突变后的致死性	可能	不可能	可能
功能	切除引物、修复	修复	复制

真核生物的 DNA-pol 主要有 DNA-pol α、DNA-pol β、DNA-pol γ、DNA-pol δ 和 DNA-pol ε 5 种，同细菌 DNA-pol 的基本性质相同。DNA-pol α 为多亚基酶，其中 2 个亚基具有 RNA 引物合成酶活性，另 2 个亚基具有 DNA-pol 活性，合成引物后还可聚合 20~30 个多聚脱氧核苷酸一小段链。DNA-pol β 复制的保真度低，具有外切酶活性，可能是参与应急修复的酶。DNA-pol γ 是线粒体 DNA 的合成酶。在 DNA 链延长中起催化作用的主要是 2 个 DNA-pol δ，分别合成前导链和随从链，相当于 E.coli 的 DNA-pol Ⅲ，并具有解旋酶的活性。DNA-pol ε 与 E.coli 的 DNA-pol Ⅰ 相似，在复制中起校对、修复和填补引物去除后缺口的作用。

2. 解旋酶　DNA 复制的模板为单链 DNA，所以复制时亲代 DNA 双链需在酶参与下通过 ATP 供能破坏双链间的氢键而解链，这种酶称为解旋酶(DNA)，复制时沿着复制叉的伸展方向向前移动。E.coli 中早期发现的与 DNA 复制相关基因曾被命名为 dnaA、dnaB……dnaX，分别编码 DnaA、DnaB 等蛋白分子，复制起始解链由 DnaA、DnaB

与 DnaC 相关蛋白分子共同作用而发生,其中 DnaA 主要作用是辨认起始点,DnaB 为催化解开 DNA 双链的解旋酶,DnaC 帮助运送和协同 DnaB 结合于起始点。

3. 单链结合蛋白　DNA 分子只要有碱基配对,就会有形成双链的倾向,复制过程中产生的模板单链也倾向于再次形成双链 DNA。单链结合蛋白(single strand binding protein,SSB)能与已解开的 DNA 单链结合,维持模板的单链稳定状态并保护单链免遭胞内广泛存在的核酸酶降解。SSB 与 DNA 单链的结合不像 DNA 聚合酶那样沿着复制方向向前移动,而是不断结合、脱落,反复进行。

4. DNA 拓扑异构酶　DNA 复制时,DNA 双螺旋沿轴旋转,复制解链也沿同一轴反向旋转,复制速度快,旋转可达 100 次/s,因此会造成复制叉前方的 DNA 分子打结、缠绕、连环现象,即形成超螺旋。此时需要 DNA 拓扑异构酶(DNA topoisomerase,简称拓扑酶)发挥作用,改变 DNA 分子的拓扑构象,理顺 DNA 结构,来配合复制进程。拓扑酶可催化 DNA 分子中磷酸酯键水解断开,又能连接 DNA 分子中的磷酸酯键,可将要打结或已打结处切口,下游的 DNA 穿越切口并做一定程度旋转,把结打开或解松,然后旋转复位连接。亲代模板链 DNA 与新合成链也会互相缠绕,形成打结或连环,也需拓扑异构酶的作用。DNA 分子一边解链一边复制,因此复制整个过程都需要拓扑酶。

拓扑异构酶广泛存在于原核及真核生物,主要分为 I 型和 II 型两种。拓扑异构酶 I 可切断 DNA 双链中的一股,使 DNA 在解链旋转中不致打结,适当时候又把切口封闭,使 DNA 变为松弛状态,这一反应无须 ATP。拓扑异构酶 II 可在一定位置上切断处于正超螺旋状态的 DNA 双链,使超螺旋松弛,然后利用 ATP 供能,松弛状态 DNA 断端在同一个酶的催化下连接恢复。

5. 引物酶　引物酶是复制起始时催化合成 RNA 引物的一类特殊 RNA 聚合酶。复制开始时,引物酶在模板起始部位催化与模板互补的 NTP 进行聚合,形成短片段的 RNA,为后续 DNA-pol 催化 dNTP 聚合提供 3'-OH。E. coli 的 DnaG 具有引物酶活性。

6. DNA 连接酶　DNA 聚合酶仅能催化多核苷酸链的延长反应,不能催化链之间连接。而 DNA 复制时,随从链切除引物后需要将各片段连接形成完整的单链。DNA 连接酶(DNA ligase)就是催化双链 DNA 切口处 5'-O-PO$_3^{2-}$ 与 3'-OH 连接形成 3'-磷酸酯键,从而使两个相邻 DNA 片段连接起来的酶。连接酶催化的反应需要消耗 ATP。实验证明,DNA 连接酶只能连接双链中的单链缺口,不具有连接单独存在的 DNA 单链或 RNA 单链的作用。另外,DNA 连接酶在 DNA 修复、重组中也起接合缺口作用。如果 DNA 两股都有单链缺口,只要缺口前后的碱基互补,连接酶也可催化其连接。连接酶是基因工程的重要工具酶之一。

E. coli DNA 复制主要的酶和蛋白质见表 10-2。

表 10-2　E. coli DNA 复制主要的酶和蛋白质

名称	功能
解旋酶	催化 DNA 双链打开
拓扑异构酶	催化 DNA 超螺旋的松解
SSB	结合、稳定、保护 DNA 单股链

续表10-2

名称	功能
引物酶	催化合成引物
DNA-pol Ⅲ	催化DNA新链合成
DNA-pol Ⅰ	催化引物的切除、空隙填补
DNA连接酶	催化DNA片段的连接

第二节　DNA复制过程

生物体内的复制是一个连续的过程，为了便于学习，通常将整个过程划分为起始、延长和终止3个阶段。原核生物和真核生物都可这样划分，但各个阶段都有一定的差别。

(一)原核生物DNA复制过程

下面以E.coli的DNA复制为例，简述原核生物DNA复制的过程和特点。

1. **复制的起始**　此阶段主要是打开双链形成复制叉和合成引物。DNA复制具有固定的起始点，E.coli的复制起点称为ori C。在复制的起始点部位，解旋酶、DNA拓扑异构酶和多种蛋白质因子协同作用，使得模板DNA分子的构象改变，解开双螺旋及双链结构，成为两股DNA单链，SSB结合到解开的单链DNA并维持其稳定的单链状态，形成复制叉。同时，引物酶和DNA复制起始区域结合，同解旋酶和SSB等蛋白质因子一起形成复合结构，称为引发体。引物酶以4种NTP为原料，以解开的一段DNA单链为模板，沿5′→3′方向合成长为十几个至几十个核苷酸不等的一段RNA。随着引物的合成，DNA-pol Ⅲ加入，DNA复制进入延长阶段。

2. **复制的延长**　在复制叉处，DNA-pol Ⅲ以单股DNA链为模板，按照碱基互补配对规律催化dNTP以dNMP方式通过形成3′-磷酸酯键逐个连接于引物或延长子链的3′-OH上，使子链不断延长(图10-7)。复制时，随从链延长方向与解链方向相反，不能连续延长，因此要不断生成引物并合成冈崎片段。在DNA-pol Ⅲ催化下，冈崎片段不断延长，当后一个冈崎片段延长至前一个冈崎片段的引物处时，由DNA-pol Ⅰ置换DNA-pol Ⅲ，或者领头链合成进入终止区时，进入DNA复制的终止阶段。

3. **复制的终止**　DNA复制终止阶段主要是在DNA-pol Ⅰ催化下切除引物、填补空隙及DNA连接酶催化连接缺口，合成子代DNA(图10-8)。DNA复制至模板上具有特定碱基序列的复制终止区域时，参与复制的多种蛋白质终止因子结合至终止区域，在DNA-pol Ⅰ的作用下，切除领头链和随从链的RNA引物，并沿5′→3′方向延长DNA以填补引物水解后留下的空隙，连接酶催化随从链中前一个冈崎片段与后一个冈崎片段通过形成3′-磷酸酯键而连接，使随从链形成为完整的DNA子链，连接反应需要ATP提供能量。

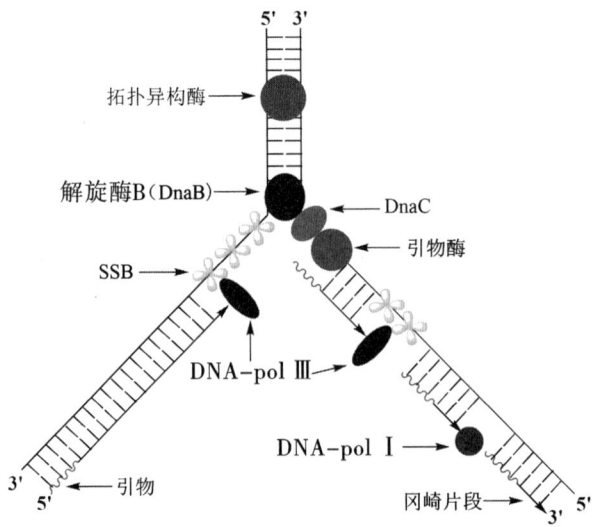

图10-7 原核生物DNA复制延长阶段示意

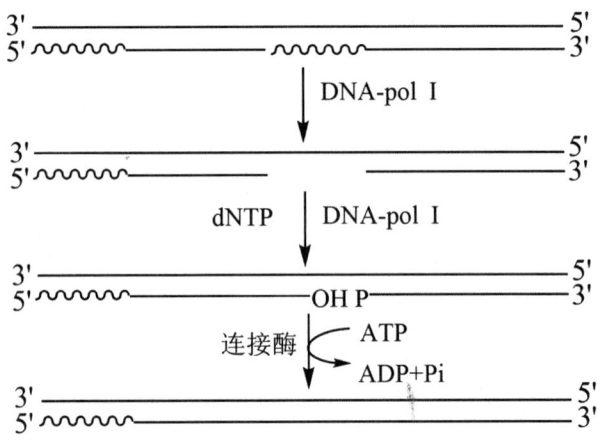

图10-8 原核生物DNA复制终止阶段示意

(二) 真核生物DNA复制过程

真核生物DNA分布在许多染色体上,各自进行复制。真核生物DNA复制是在细胞周期的合成期(S期)进行,复制的机制与原核生物E. coli相似,但也存在很大差别。真核生物DNA的复制子多、冈崎片段短、复制叉前进速度慢,整个复制过程参与复制的酶种类、数量更多,过程更复杂。

1. 复制起始阶段 包括打开双链形成复制叉、引发体和合成RNA引物。真核生物每个染色体有多达上千个复制起始点,但复制起始点的起始序列比E. coli的ori C短。复制子以分组方式激活而不是同步启动,复制具有时序性。真核生物参与复制起始的物质除DNA-pol α、DNA-pol δ外,还需要增殖细胞核抗原(proliferating cell nuclear antigen,PCNA)、拓扑酶、复制因子(replication factor,RF)及细胞周期蛋白依赖性蛋白激酶等多种蛋白质参与。引物主要是RNA,但也有小分子的DNA片段。

2. 复制延长阶段　真核生物由DNA-pol δ催化延长DNA子链,其还具有校对功能。真核生物随从链上多次合成的引物包含有DNA片段;引物和冈崎片段都比较短,约200 bp;单个复制点的速度较慢,但复制点比较多,因而总复制速度也很快。

3. 复制终止阶段　真核生物染色体DNA是线状,染色体两端DNA子链上最后复制的RNA引物,被去除后留下空隙,若不填补成双链,则亲代DNA单链就会被核内Dnase酶水解,产生缩短的染色体。但事实却非如此,因为染色体两个末端有称为端粒(富含T-G短序列的多次重复)的特殊结构来维持DNA稳定和复制完整性。

端粒酶由RNA和酶蛋白组成。人类端粒酶兼有提供RNA模板和催化逆转录的功能。复制终止时,染色体端粒区域的DNA有可能缩短或断裂。端粒酶通过一种称为爬行模型的机制维持染色体的完整。在端粒酶的参与下,染色体末端的端粒以端粒酶的RNA为模板合成一段DNA填补引物去除后留下的空隙。此外,引物切除需Rnase和核酸外切酶,引物切除留下的空隙由DNA-pol ε填补。复制中不仅需要连接冈崎片段,还需要连接各独立复制子。

无论是原核生物还是真核生物DNA复制时,都严格遵守Watson-Crick碱基配对规律,使复制出的子代DNA碱基序列和亲代DNA两条模板链的碱基序列一致。DNA复制过程是一个多种物质参与的复杂过程,即使复制过程中偶尔出现碱基错配现象,DNA-pol中修复酶也会校对并修复。另外,生物体内存在完善的修复体系,进一步保证复制出DNA的正确性。总之,体内校对、修复机制的存在,协同保证DNA复制时的忠实性或保真性,确保遗传信息的完整传递,保持物种稳定。

第三节　反转录

绝大多数生物的遗传物质是双链DNA,但某些病毒的遗传物质却是RNA,其复制的方式是反转录。

(一)反转录酶

反转录是指以RNA为模板,以4种dNTP为原料,在逆转录酶的催化下,合成与RNA互补的DNA的过程,又称为逆转录。逆转录的信息流动方向为RNA→DNA,与转录过程DNA→RNA方向相反。

反转录酶全称为依赖RNA的DNA聚合酶(RNA-dependent DNA polymerase,RDDP)。1970年,H. Temin和D. Baltimore分别从致癌RNA病毒中发现此酶。反转录酶主要有3种功能。①依赖RNA的DNA聚合酶活性:以RNA为模板,以4种dNTP为原料,按照碱基互补规律,沿5′→3′方向催化合成DNA,由RNA病毒中tRNA作为引物提供3′-OH端。②核糖核酸酶(ribonuclease,RNase)活性:催化RNA-DNA杂交体的RNA部分水解。③依赖DNA的DNA聚合酶活性:以单链DNA为模板催化合成与其互补的DNA。逆转录酶不具有外切酶活性,因此不具有校对功能,致使反转录的错误率相对较高,这可能是反转录病毒能较快出现新毒株的原因之一。所有已知的致癌RNA病毒都含有反转录酶,因此被称为反转录病毒。如人类免疫缺陷病毒(Human Immunodeficiency Virus,HIV)就属于反转录病毒。

RNA的转录过程

反转录病毒感染细胞后,一般并不杀死宿主细胞,而是发生病毒基因组的整合,遗传信息由病毒单链 RNA 整合到宿主双链 DNA。反转录病毒在细胞内复制的过程可分为四步(图 10-9):①反转录酶以病毒 RNA 为模板,催化 dNTP 聚合生成与其互补的 DNA 单链,合成的 DNA 单链称为互补 DNA(complementary DNA,cDNA),cDNA 与模板 RNA 形成 RNA/DNA 杂化双链;②杂化双链中的 RNA 被反转录酶中有 RNase 活性的组分水解,被感染细胞内的 RNase H(H=hybrid)也可水解 RNA 链。③剩下的单链 DNA 再作为模板,由反转录酶催化合成与模板互补 DNA 链。RNA 病毒在细胞内反转录复制成 DNA 双链的前病毒。前病毒保留了 RNA 病毒全部遗传信息,并可在细胞内独立繁殖。在某些情况下,前病毒基因组通过基因重组插入细胞基因组内,并随宿主基因一起复制和表达。这种重组方式称为整合。前病毒独立繁殖或整合,都可成为致病的原因。

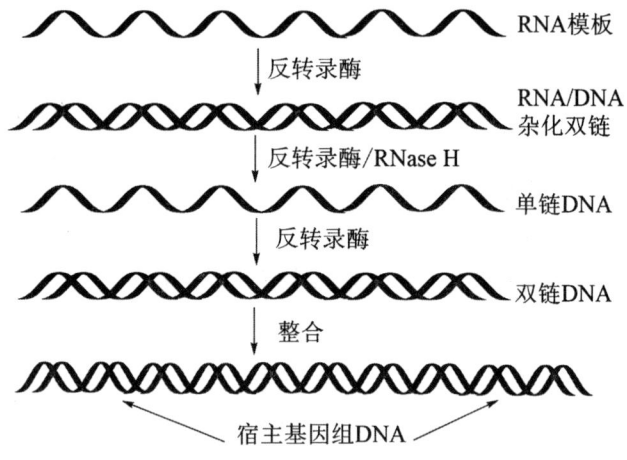

图 10-9 反转录病毒在宿主细胞内复制和整合

(二)反转录的意义

1. **扩充了生物学的中心法则** 传统的中心法则表明 DNA 兼有遗传信息的传代和表达,处于生命活动的中心位置。反转录酶和反转录现象的发现及研究成果证明,某些生物 RNA 同样兼有遗传信息传代与表达功能。反转录的存在进一步扩充和发展了生物学的中心法则。

2. **拓宽了病毒致癌理论** 目前,已从反转录病毒中发现了数十种病毒癌基因(viral oncogene,v-onc),这些 v-onc 可以整合到宿主细胞染色体 DNA 中,使宿主细胞发生癌变。近年来,利用重组 DNA 和核酸探针技术发现,正常真核细胞基因组中均含有和 v-onc 相同的碱基序列,称为细胞癌基因(cell oncogene,c-onc),又称原癌基因。正常状态下,c-onc 可有限地表达;但在化学致癌物或其他致癌物的存在下,这些基因可加快表达。另外,发现反转录病毒能够转导宿主的染色体 DNA 序列,通过重组,前病毒 DNA 可以与宿主染色体 DNA 组合在一起。如果重组病毒携带了控制细胞生长分裂的 c-onc,使其异常高的水平表达,或经突变失去了调节机制,就成为癌基因。反转录过程的发现,有助于对癌症分子机制的深入研究,并对肿瘤的防治提供重要线索和途径。

3. 发展了基因工程技术　反转录病毒的基因组可以很容易地整合到宿主基因组中,利用这一特点,转基因技术可以采用反转录病毒、反转录酶向真核生物转移基因,用于疾病的治疗,可能成为未来生物药物的新生产手段。

反转录酶已经成为研究 DNA-RNA 关系及 DNA 克隆的试剂,分子生物学研究还应用反转录酶作为获取基因工程目的基因的重要方法之一,此法称为 cDNA 法。哺乳动物真核细胞内的基因组庞大,已知一个细胞的单拷贝基因组包含 $2.9×10^9$ bp,约 10^5 不同的基因,从中选取某一目的基因相当困难。在某些情况下,获取某一特定的 RNA 进行提取、纯化,通过反转录方式在试管操作获得目的 DNA,较为可行。

第四节　DNA 损伤与修复

遗传物质 DNA 遗传的保真性是维持物种相对稳定的主要因素。然而,在长期生命演进的过程中,生物体时刻受到来自内、外环境中各种因素的影响,DNA 的改变不可避免。

一、DNA 损伤的概念与类型

通常将各种体内外因素所导致的 DNA 组成与结构的变化,称为 DNA 损伤或突变。DNA 损伤有点突变、缺失突变、插入突变、框移突变等多种类型。

1. 点突变　DNA 分子中自发突变和化学诱变所引起 DNA 上某一碱基的置换,使得子代新生成链上的核苷酸与模板 DNA 对应位置上核苷酸不配对,这种 DNA 分子上的碱基错配又称为点突变。碱基错配可以分为转换和颠换两类,转换是指嘌呤和嘌呤或嘧啶和嘧啶之间的替换,颠换是指嘌呤和嘧啶之间的替换。例如,亚硝酸盐可使 C→U,原有的 C→G 配对变为 U→G,DNA 上没有 U,经复制后,C→G 最后变为 A→T 配对。突变的结果使翻译出来的蛋白质改变某一个氨基酸或造成一个无意义突变,如镰刀形红细胞贫血。

2. 缺失突变　是指 DNA 分子中一个核苷酸或一段核苷酸链丢失。突变会造成部分遗传信息丢失。

3. 插入突变　是指一个核苷酸或一段核苷酸链插入到原有 DNA 分子中。化学诱变剂吖啶橙能引起碱基的插入,造成部分遗传信息增加。

4. 框移突变　缺失或插入的核苷酸数目如果不是 3 的倍数,可导致三联体密码阅读移位,从而导致缺失或插入后的 DNA 序列遗传信息改变,这种突变称为框移突变(图 10-10)。

5. 重排突变　是指 DNA 分子内部发生的 DNA 片段交换。如珠蛋白 δ 链和 β 链基因错误联合,产生不等交换,形成融合基因 δβ(Hb Lepore)和 βδ(Hb Anti-Lepore),从而合成融合链的异常血红蛋白,这就是引起两种地中海贫血的分子基础(图 10-11)。

笔记栏

DNA模板链
mRNA
多肽链
3'—TAC CTT AGG ATC CC—5' → 5'—AUG GAA UCC UAG GG—3' → N—Met-Glu-Ser-终止—C
丢失A
3'—TAC CAT TAG GAT CCC—5' → 5'—AUG GUA AUC CUA GGG—3' → N—Met-Val-Ile-Leu-Gly—C
插入C
3'—TAC CCA TTA GGA TCC C—5' → 5'—AUG GGU AAU CCU AGG G—3' → N—Met-Gly-Asn-Pro-Arg—C

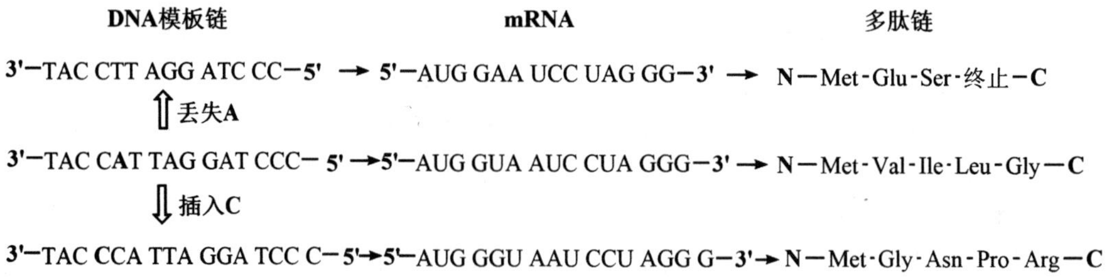

图 10-10　插入与缺失引起移码突变

ε
γ1
γ2
δ
β
位于11号染色体上的Hbβ基因家族
δ
β
Hb Anti-Lepore
Hb Lepore

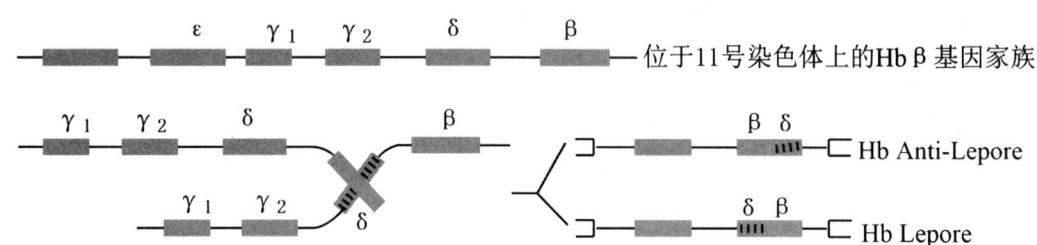

图 10-11　由基因重排引起的两种地中海贫血基因型

二、引发 DNA 损伤的因素和后果

(一)引发 DNA 损伤的因素

引起突变的重要因素主要是 DNA 复制欠准确性和遗传物质的化学损伤。理化因素和外源 DNA 整合导致的突变称为诱发突变;DNA 复制过程中发生的突变为自发突变,其发生频率约为 10^{-9}。

1. 诱发突变因素

(1)物理因素　常见的有紫外线和电离辐射。紫外线照射 DNA 后,DNA 多核苷酸链上相邻两碱基可形成嘧啶二聚体,如 T-T、C-C、C-T 二聚体。

(2)化学因素　通常为化学诱变剂或致癌剂,常见有烷化剂(如氮芥)、脱氨基(如亚硝酸盐、亚硝胺等)、碱基类似物(如 5-FU、6-MP 等)、DNA 加合剂(如苯并芘)、吖啶剂(如溴乙锭)、抗生素类(如放线菌素 D、阿霉素等)。

(3)生物因素　主要有致癌病毒,如反转录病毒感染后产生的双链 DNA 可整合到宿主染色体 DNA 中,导致 DNA 碱基序列改变。

2. 自发因素

(1)DNA 复制错误　由于 DNA 复制的半保留性和高保真性,确保了遗传的稳定性,但由于 DNA 复制速度非常快,复制时可能发生碱基的错配而致突变,其突变率约为 10^{-10}。

(2)不明原因的碱基损伤　如碱基发生自身水解、脱落、脱氨基等。

(二)引发 DNA 损伤的后果

1. 生物进化　遗传的稳定性和变异性是对立统一的,没有变异就没有生物进化。

DNA突变引起蛋白质结构和功能的改变,这种改变可能使生物个体性能更加优越,生物种属得到改良,因此突变是生物进化的分子基础。

2. 基因多态性　突变改变了基因型,但不影响其基本表型,体现了个体之间基因型的差异,称为基因多态性。如ABO血型就体现了基因多态性。基因多态性是个体识别、亲子鉴定及器官移植配型的分子基础。

3. 致病　DNA突变最终导致蛋白质结构和功能的改变,进而可能导致生物体某些功能的改变或缺失而产生疾病,如遗传病和肿瘤,这是基因病发生的分子基础。

4. 死亡　与生命攸关的重要基因发生突变,可导致细胞或生物个体的死亡。

三、DNA损伤的修复

纠正突变、恢复DNA正常碱基序列的过程称为DNA修复。DNA修复可提高遗传信息的稳定性,减少突变对生物细胞或个体带来的不利影响。其修复方式主要有光修复、切除修复、重组修复和SOS修复等。对损伤的DNA修复是通过一系列酶的催化而实现的。

(一)光修复

DNA链上的嘧啶二聚体能够被生物体内的一种光修复酶所识别并结合,在波长300~500 nm作用下,光修复酶可催化嘧啶二聚体解聚为原来的单体形式,完成修复。光修复酶最初在低等生物中发现,高等生物虽然也存在光修复酶,但是光修复并不是高等生物修复嘧啶二聚体的主要方式。

(二)切除修复

切除修复是指在一系列酶的作用下,将DNA分子中受损伤部分切除掉,再以另一条完整的链为模板,合成被切除部分的多聚核苷酸链,填补空隙,最后通过连接酶将DNA片段连接形成完整的DNA链。切除修复是生物界最普遍的一种DNA修复方式,可切除含有嘧啶二聚体、烷基化引起的交联和其他多种DNA损伤。主要包括碱基切除修复和核苷酸切除修复。

1. 碱基切除修复　生物体内存在一类特异的DNA糖基化酶。当单个碱基发生突变时,此酶可特异性识别DNA链中已受损的碱基,并催化该碱基与脱氧核糖连接的糖苷键断裂,从而将该碱基去除,产生一个无碱基位点;在AP位点的5′端,核酸内切酶催化DNA链的3′-磷酸酯键断裂,裂解酶催化去除剩余的脱氧磷酸核糖;DNA-pol在缺口处以另一条链为模板修补合成互补序列;最后,DNA连接酶催化切口端重新连接,使DNA恢复正常结构(图10-12)。

2. 核苷酸切除修复　DNA损伤造成DNA双螺旋结构发生较大变形,则需要核苷酸切除修复。修复过程与碱基切除修复相似(图10-13)。如对E. coli中DNA因紫外线照射形成的嘧啶二聚体的修复,主要有Uvr A、Uvr B、Uvr C和Uvr D(ultra violet resistant,Uvr)4种蛋白质参与修复,Uvr A和Uvr B蛋白复合物可识别并结合于DNA损伤部位,消耗ATP使DNA双链结构改变,具有核酸内切酶活性的Uvr C置换Uvr A,并于DNA损伤处两侧切断DNA单链,再由具有解旋酶活性的Uvr D去除切断的DNA单链,然后由DNA-pol Ⅰ填补空隙,DNA连接酶催化切口DNA片段连接。

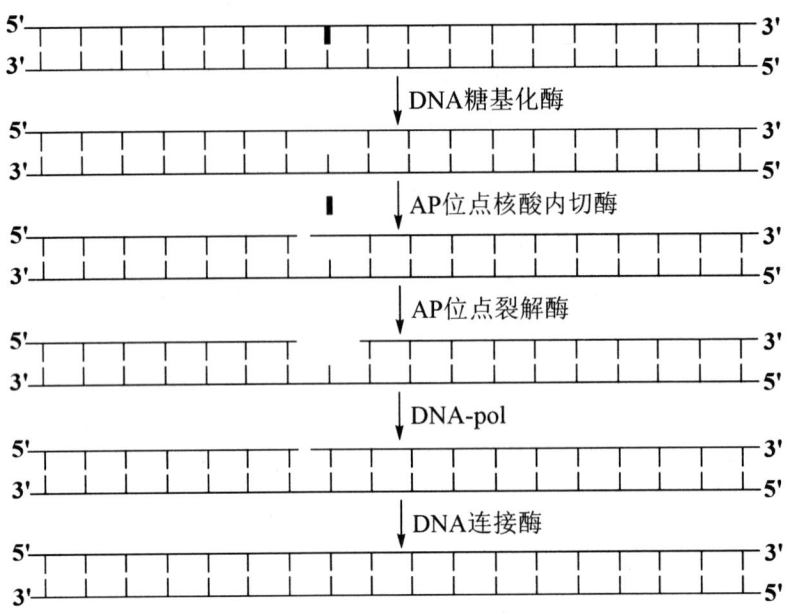

图 10-12　碱基切除修复

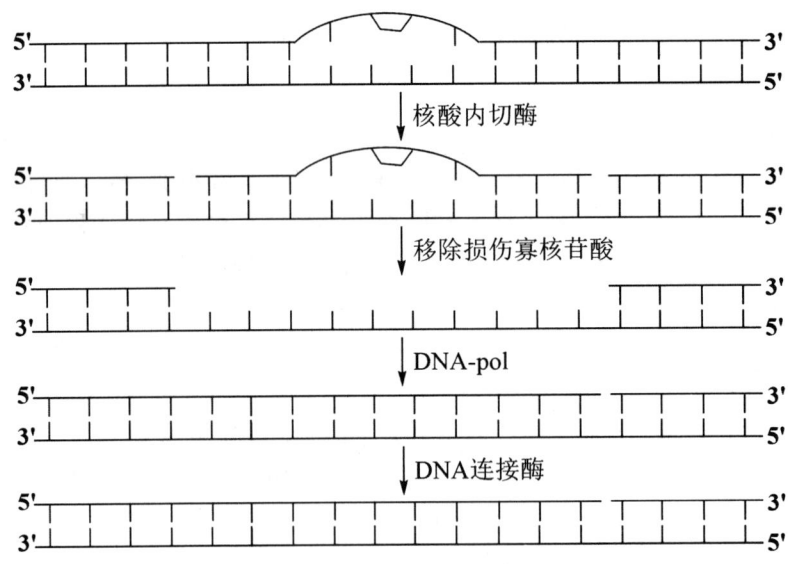

图 10-13　核苷酸切除修复

若 DNA 损伤核苷酸切除修复体系基因缺陷，基因损伤修复受阻，将导致遗传信息的重大改变甚至消失，如患上遗传性着色性干皮病（xeroderma pigmentosum, XP）、Cockyne 综合征和人毛发二硫键营养不良症等疾病。遗传性 XP 是由于患者对紫外线照射造成的皮肤细胞的 DNA 损伤的切除修复缺陷，患者的皮肤在阳光照射下极易受损伤。因此对阳光极度敏感，幼年时即会罹患皮肤癌；同时伴有智力发育迟缓及神经系统功能紊乱等症状。可见切除修复系统的障碍可能是癌症发生的一个原因。

(三)重组修复

重组修复是先复制后修复。当损伤面较大又不能及时修复的 DNA 仍然可以进行复制,但是复制酶系在损伤部位无法通过碱基配对合成子代 DNA 链,于是跨过损伤部位,在下一个冈崎片段的起始位置或领头链的相应位置上重新启动合成,导致子代新生成链在模板损伤相应处留下缺口。在体内,修复这种遗传信息缺损的子代 DNA 分子的方式是重组修复。修复时,重组蛋白 Rec A 发挥核酸酶的活性,把另一股正常模板链的同源序列核苷酸片段移至受损子链缺口处,形成完整的 DNA 子链;DNA 重组后正常模板链合成子链出现缺口,再由 DNA-pol Ⅰ 和 DNA 连接酶修补及连接(图10-14)。这种修复方式并未修复母链上原有损伤,但复制若干代后,在后代细胞群中子代 DNA 中的损伤已被稀释,实际上消除了损伤的影响。

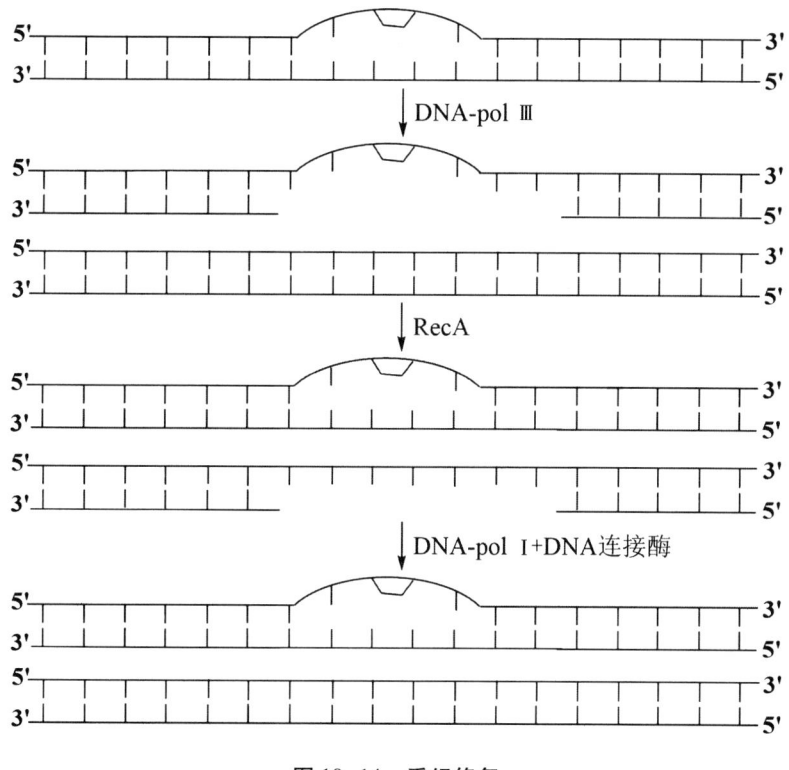

图10-14　重组修复

重组修复机制的缺陷,极有可能导致癌症。如与重组修复相关的基因 Brca 1 和 Brca 2 缺陷,80% 的概率可能会发生乳腺癌。

(四)SOS 修复

DNA 损伤十分严重,如双链断裂、双链交联、损伤链的对应链不存在或不正常时,上述修复途径无法进行。此时细胞复制受抑制,并应急产生一系列复杂的诱导效应,称为应急反应,这种反应是细胞处于危急状态下诱导产生的一种修复方式,称为 SOS 修复。SOS 修复可诱导切除修复和重组修复中某些关键酶和蛋白质的产生,使这些酶和蛋白质在细胞内活性或含量升高,从而加强切除修复和重组修复的能力。此外,SOS 修复还能诱导缺乏校对功能 DNA-pol 的产生,它能跨越 DNA 损伤部位进行复制而避免了细胞死亡,可是却带来了高的变异率。通过这种修复方式,DNA保留的错误较多,会引起长期、广泛的突变,细胞癌变可能与SOS修复有关。目前有关致癌物的一些简便检测方法即是根据SOS修复原理而设计的。

遗传物质保持代代持续传递依赖于把突变概率维持在一定的低水平。活细胞需要成千上万的基因正确行使职能,生殖细胞系中高频突变将摧毁物种,体细胞中高频突变将摧毁个体。可见,DNA修复体系完整性是维持遗传信息稳定传代极为重要的因素。

同步练习

(一)选择题

1. DNA合成的原料是 ( )
   A. dNMP B. dNTP
   C. NTP D. NMP
   E. Dndp

2. 1958年Matthew Meselson和Franklin Stahl利用氮的同位素重氮(^{15}N)标记大肠埃希菌DNA,首先证明了 ( )
   A. DNA能被复制 B. DNA的基因可以被转录为mRNA
   C. DNA的半保留复制方式 D. DNA全保留复制方式
   E. DNA复制为双向复制

3. 在DNA复制过程中需要的酶类,尚具有修复作用的酶是 ( )
   A. DNA连接酶 B. 解螺旋酶
   C. DNA聚合酶 D. 引物酶
   E. 拓扑异构酶

4. 参与原核生物复制起始的酶不包括 ( )
   A. DnaA B. DnaB
   C. DnaC D. 拓扑异构酶
   E. DNA-pol α

5. DNA复制时,以5′-ATGGCT-3′一段序列为模板,复制出的产物是 ( )
   A. 5′-TACCGA-3′ B. 5′-AGCCAT-3′
   C. 5′-UACCGA-3′ D. 5′-AGCCAU-3′
   E. 5′-ATGGCT-3′

6. 下列关于复制和转录过程异同点的叙述,错误的是 ( )
   A. 复制和转录的合成方向均为5′→3′
   B. 均需以RNA为引物
   C. 复制、转录的原料分别为dNTP和NTP
   D. 聚合酶均催化形成磷酸酯键
   E. DNA的双股链中只有一条链转录,两条链均可被复制

7. E.coli DNA复制的基本规律不包括 ( )
   A. 半保留复制 B. 双向复制
   C. 半不连续复制 D. 复制的起始点的不固定性
   E. 复制的忠实性/保真性

8. 冈崎片段是 ( )

A. DNA 模板上的 DNA 片段

B. 引物酶催化合成的 RNA 片段

C. 随从链上合成的 DNA 片段

D. 前导链上合成的 DNA 片段

E. 合成的杂交 DNA 片段

9. 反转录的遗传信息流向是 ( )

 A. DNA→DNA   B. DNA→RNA

 C. RNA→DNA   D. RNA→RNA

 E. RNA→蛋白质

10. 反转录酶不具有的活性是 ( )

 A. DDDP   B. DDRP

 C. RNase   D. DNA-pol 的聚合活性

 E. DNA-pol 的校对功能

11. 地中海贫血 Hb-Lepore 和地中海贫血 Hb Anti-Lepore 突变类型属于 ( )

 A. 点突变   B. 插入突变

 C. 缺失突变   D. 框移突变

 E. 重排突变

(二)思考题

1. 生物的遗传信息如何由亲代传递给子代?
2. 原核生物 DNA 复制体系主要包括哪些物质?各有何作用?
3. E.coli DNA 复制过程分为哪几个阶段?分别是什么?
4. RNA 病毒致病的基本过程是什么?
5. 何谓突变?突变有哪些类型?突变与细胞癌变有何关系?

(河南医学高等专科学校 杜秀红)

第十一章 RNA 的生物合成

学习目标

- ◆ 掌握 不对称转录、模板链和编码链，原核生物的 RNA 聚合酶及其亚基组成，原核生物转录的起始、延长、终止过程，真核生物 mRNA 的转录后加工过程。
- ◆ 熟悉 真核生物与原核生物转录过程的异同，tRNA 和 rRNA 的转录后加工过程。
- ◆ 了解 真核生物的 RNA 聚合酶。

以 DNA 为模板指导合成 RNA 的过程称为转录。转录是生物界 RNA 合成的主要方式，是遗传信息由 DNA 向 RNA 传递的过程，也是基因表达的开始。转录也是一种酶促的核苷酸聚合过程，所需的酶叫作依赖 DNA 的 RNA 聚合酶（DNA-dependent RNA polymerase，DDRP 或 RNA pol）。转录产生初级转录产物即 A 前体，除原核生物 mRNA 外，必须经过加工过程变为成熟的 RNA，才能表现其生物活性。

转录和复制都是酶促的核苷酸聚合反应，有许多相似之处，例如，都以 DNA 为模板；都需依赖 DNA 的 RNA 聚合酶；多核苷酸链的合成都是以 5′→3′的方向，在 3′-OH 末端与加入的核苷酸形成 3′,5′磷酸二酯键；都遵循碱基互补配对原则等。但是，两者之间又有区别（表 11-1）。

表 11-1 复制和转录的区别

项目	复制	转录
模板	两股链均复制	模板链转录（不对称转录）
原料	dNTP	NTP
酶	DNA 聚合酶	RNA 聚合酶（RNA-pol）
产物	子代双链 DNA（半保留复制）	mRNA，tRNA，rRNA
配对	A-T,G-C	A-U,T-A,G-C

除此以外，转录又具有其特点：①对于一个基因组来说，转录只发生在一部分基因，而且每个基因的转录都受到相对独立的控制；②转录是不对称的；③转录时不需要

引物,而且 RNA 链是连续合成的。

第一节　RNA 转录的基本规律与体系

一、不对称转录

在细胞不同的发育阶段、生存条件和生理需要,基因组中只有少部分的基因发生转录。基因是遗传物质的最小功能单位,相当于 DNA 的一个片段。能转录出 RNA 的 DNA 片段称为结构基因。在 DNA 分子双链上,按照碱基互补配对规律能指导转录生成 RNA 的一股链作为模板指导转录,另一股链则不转录,这种模板选择性被称为不对称转录,它有两个方面的含义:一是在 DNA 分子双链上,一股链作为模板指导转录,另一股链不转录;其二是模板链并不是固定在线性大分子 DNA 的同一条单链上(图 11-1)。

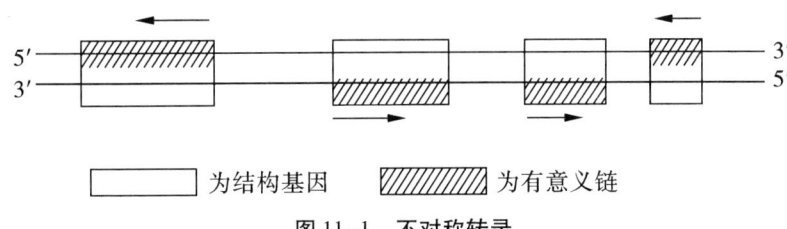

图 11-1　不对称转录
箭头所指为转录产物的生成方向

在 DNA 的两条多苷酸链中只有其中一条链作为模板,按碱基互补配对原则指导合成与其互补的 RNA,这条链称为模板链。DNA 双链中另一条链称为编码链,编码链的核苷酸序列与产物 RNA 的序列相同,只是 mRNA 的碱基序列用 U 代替编码链上的 T。

从图 11-1 可以看出,在 DNA 双链的某一区段,以其中一条单链为模板链,在另一区段,也可以其对应单链为模板链;处于不同单链的模板链转录方向相反;转录和复制一样,产物链总是从 5′端向 3′端延伸。

二、RNA 转录体系

DNA 依赖的 RNA 聚合酶催化 RNA 的转录合成,真核和原核细胞内都存在 RNA 聚合酶,有以下特点:①都以 DNA 为模板;②都以四种三磷酸核苷(ATP、GTP、UTP 和 CTP)为原料;③都遵循碱基配对原则,即 A-U、T-A、C-G;④RNA 链的延长方向是 5′→3′方向的连续合成;⑤需要 Mg^{2+} 或 Mn^{2+} 离子作为辅基;⑥不需要引物,RNA 聚合酶能从头启动 RNA 链的合成。由于 RNA 聚合酶缺乏 3′→5′外切酶活性,所以没有校正功能。

RNA 聚合酶催化下列反应:

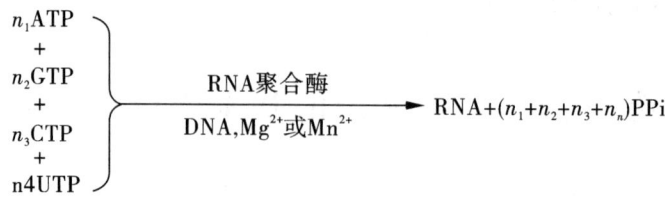

RNA 聚合酶即转录酶，全称为依赖 DNA 的 RNA 聚合酶（DNA-dependent RNA polymerase，DDRP 或 RNA pol）。原核生物和真核生物的 RNA 聚合酶有所不同：原核生物的 RNA 聚合酶是一种多亚基蛋白质，真核生物的 RNA 聚合酶主要有三种，分别转录产生不同种类的 RNA。

（一）原核生物的 RNA 聚合酶

原核生物的 RNA 聚合酶具有高度保守性，在亚基组成、分子质量及功能上极其相似。大肠埃希菌（E. coli）RNA 聚合酶是目前研究得比较透彻的分子，这是一个分子量达 480 kDa，由五个亚基（$\alpha_2\beta\beta'\sigma$）组成的寡聚体蛋白质。大肠埃希菌 RNA 聚合酶各亚基及功能见表 11-2。

表 11-2　大肠埃希菌 RNA 聚合酶组分和功能

亚基	分子量	每分子酶中亚基数目	功能
α	36 512	2	决定哪种基因被转录
β	150 618	1	催化 3′,5′磷酸二酯键的形成
β'	155 613	1	与 DNA 模板结合
σ	70 263	1	识别启动子，促进转录的起始

大肠埃希菌的 RNA pol 四个主要亚基 $\alpha_2\beta\beta'$ 称为核心酶。σ 亚基加上核心酶称为全酶（$\alpha_2\beta\beta'\sigma$）。$\sigma$ 亚基的功能是辨认转录起始点，目前已发现多种 δ 亚基，根据相对分子质量不同命名为 σ^{70}、σ^{32} 等，在 E. coli 中最常用的是 σ^{70} 亚基。体外实验发现 σ 亚基与核心酶的结合并不紧密，容易脱落。活细胞的转录起始，需要全酶，转录延长阶段则仅需核心酶。RNA 聚合酶全酶在转录起始区的结合见图 11-2。

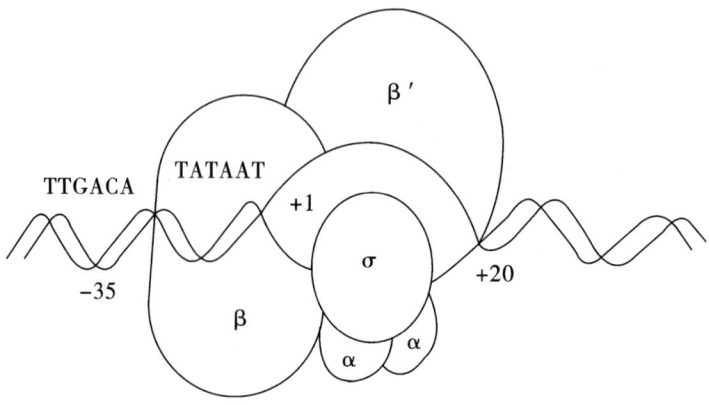

图 11-2　原核生物的 RNA 聚合酶全酶及其与转录起始区的结合

DNA 双链已打开，σ 因子尚未脱落

抗生素利福平或利福霉素可以特异性地抑制原核生物的 RNA 聚合酶活性,成为抗结核菌治疗的药物。它专一性地结合在 RNA pol 的 β 亚基上,抑制 β 亚基的催化功能从而抑制原核生物的 RNA 聚合酶的活性。若在转录开始后才加入利福平,仍能发挥其抑制转录的作用,这说明 β 亚基在转录全过程都起作用。

(二)真核生物的 RNA 聚合酶

真核生物的 RNA 聚合酶有三种,分别称为 RNA 聚合酶Ⅰ(RNA polⅠ)、RNA 聚合酶Ⅱ(RNA polⅡ)和 RNA 聚合酶Ⅲ(RNA polⅢ),分子量大致都在 500 kDa,它们专一性地转录不同的基因,因此由它们催化的转录产物也各不相同。RNA 聚合酶Ⅰ合成 RNA 的活性最显著,它位于核仁中,负责转录编码 rRNA 的基因。RNA 聚合酶Ⅱ位于核质中,负责核内不均一 RNA(hnRNA)的合成,hnRNA 是 mRNA 的前体。RNA 聚合酶Ⅲ负责合成 tRNA 和许多核内小 RNA(snRNA)。RNA 聚合酶不仅在功能和理化性质上不同,而且对一种毒蘑菇含有的环八肽毒素——α-鹅膏蕈碱的敏感性也不同(表 11-3)。

表 11-3 真核生物的 RNA 聚合酶的种类和功能

酶的种类	功能	对 α-鹅膏蕈碱的敏感性
RNA 聚合酶Ⅰ	转录产物是 45S rRNA 前体,经加工产生 5.8S rRNA、18S rRNA 和 28S rRNA	耐受
RNA 聚合酶Ⅱ	转录所有编码蛋白质和大多数 snRNA 的基因	极敏感
RNA 聚合酶Ⅲ	转录小 RNA 的基因,包括 tRNA、5S rRNA 和 snRNA	中度敏感

(三)模板与酶的辨认结合

RNA 聚合酶与模板的辨认、结合是转录起始的关键步骤。转录是不连续、分区段进行的。转录是从 DNA 分子的特定部位开始的,这个部位也是 RNA 聚合酶全酶结合的部位,称为启动子。为什么 RNA 聚合酶能够在启动子处结合呢?显然启动子处的核苷酸序列具有特殊性。为了方便,人们将在 DNA 上开始转录的第一个碱基定为 +1,上游的核苷酸序列用负值表示。

原核生物以 σ 亚基辨认启动子,在其他亚基相互配合下,RNA 聚合酶全酶结合到 DNA 的启动子上而开始转录。采用 RNA-pol 保护法,对原核生物的 100 多个启动子的序列进行研究,比较后发现:大部分 DNA 片段被核酸外切酶水解成游离核苷酸,但总有一段 40~60 bp 的 DNA 片段与 RNA 聚合酶结合而受到保护,而这段被保护的 DNA 片段又总在结构基因的上游。这一段被保护的 DNA 片段,被证明是 RNA 聚合酶辨认和结合 DNA 并在这里开始转录的区域(图 11-3)。

分析这段被保护的 DNA 片段,发现该区 A-T 配对较多,A-T 配对相对集中,表明该片段的 DNA 容易解链。在 RNA 转录起始点上游大约 -10 bp 和 -35 bp 处有两个保守的序列,-10 区的一致性序列 TATAAT,这是 Pribnow 首先发现的称为 Pribnow 盒,是 RNA 聚合酶的结合部位。-35 区的一致性序列 TTGACA,已被证实与转录起始的辨认有关,是 RNA 聚合酶中的 σ 亚基识别并结合的位置,-35 区的重要性还在于在很大程度上决定了启动子的强度。RNA-pol 在 -35 区辨认并稳定转录起始点,然后酶向下游移动,到达 Pribnow 盒,酶已跨入了转录起始点,形成相对稳定的酶-DNA 复合物,转录起始。

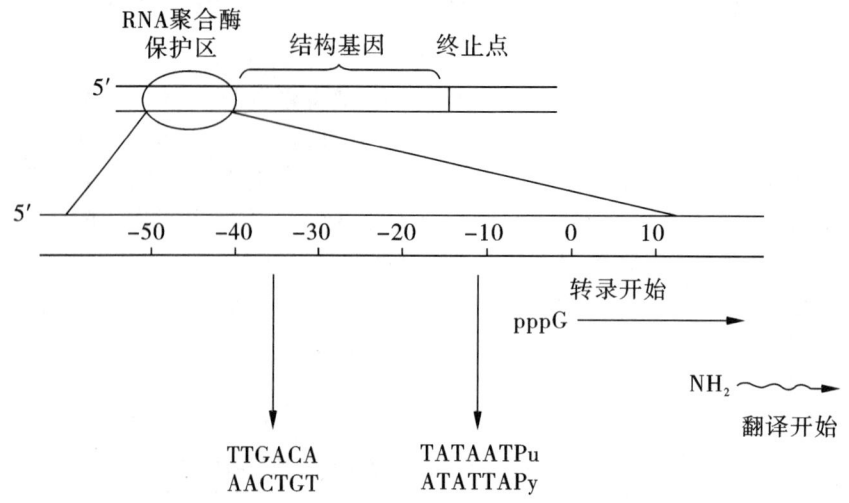

图 11-3 利用 RNA 聚合酶保护法研究转录起始区

真核生物的启动子有其特殊性,真核生物有三种 RNA 聚合酶,每一种都有自己的启动子类型。真核生物的启动子由转录因子而不是 RNA 聚合酶所识别,多种转录因子和 RNA 聚合酶在起点上形成转录起始复合物而促进转录。启动子通常由一些短的保守的序列组成,它们被适当种类的辅助因子识别。RNA 聚合酶 Ⅱ 的启动子序列多种多样,基本上由各种顺式作用元件组合而成,它们分散在转录起点上游大约 200 bp 的范围内。人们比较了上百个真核生物 RNA 聚合酶 Ⅱ 的启动子核苷酸序列后发现,在 -25 区有 TATA 盒(TATA box),又称为 Hogness 框或 Goldberg-Hogness 框。该序列为中心在 -25 至 -30 左右的 7 bp 保守区,其碱基频率如下:

$$T_{82}A_{97}A_{93}A_{85}{A_{63} \atop T_{37}}A_{82}{A_{60} \atop T_{37}}$$

Hogness 框基本上都由 A-T 碱基对所组成,仅少数启动子中含有一个 G-C 对,离体转录实验表明,TATA box 的功能与 RNA 聚合酶的定位有关,其决定了转录起点的选择。天然缺少 TATA box 的基本可以从一个以上的位点开始转录。在 -75 区有 CAAT 框,其一致的序列为 GGTCAATCT。有实验表明 CAAT 框与转录起始频率有关,如缺失 CAAT 框,兔子的 β 珠蛋白基因转录效率只有原来的 12%。

除启动子外,真核生物转录起始点上游处还有一个称为增强子的序列,它能极大地增强启动子的活性,它的位置往往不固定,可存在于启动子上游或下游,对启动子来说它们正向排列和反向排列均有效,对异源的基因也起到增强作用,但许多实验证实它仍可能具有组织特异性,如免疫球蛋白基因的增强子只有在 B 淋巴细胞内活性最高,胰岛素基因和胰凝乳蛋白酶基因的增强子也都有很高的组织特异性。

第二节 原核生物 RNA 转录的过程

转录是以 DNA 单链为模板，NTP 为原料，在依赖 DNA 的 RNA 聚合酶催化下合成 RNA 链的过程。原核生物的转录过程分为起始、延长、终止连续的三个过程。真核生物的转录过程，除延长过程相似外，起始、终止都与原核生物有较大的不同。

转录全过程均需 RNA 聚合酶催化，原核生物转录起始过程需全酶参与，延长过程需要核心酶的催化（图 11-4）。

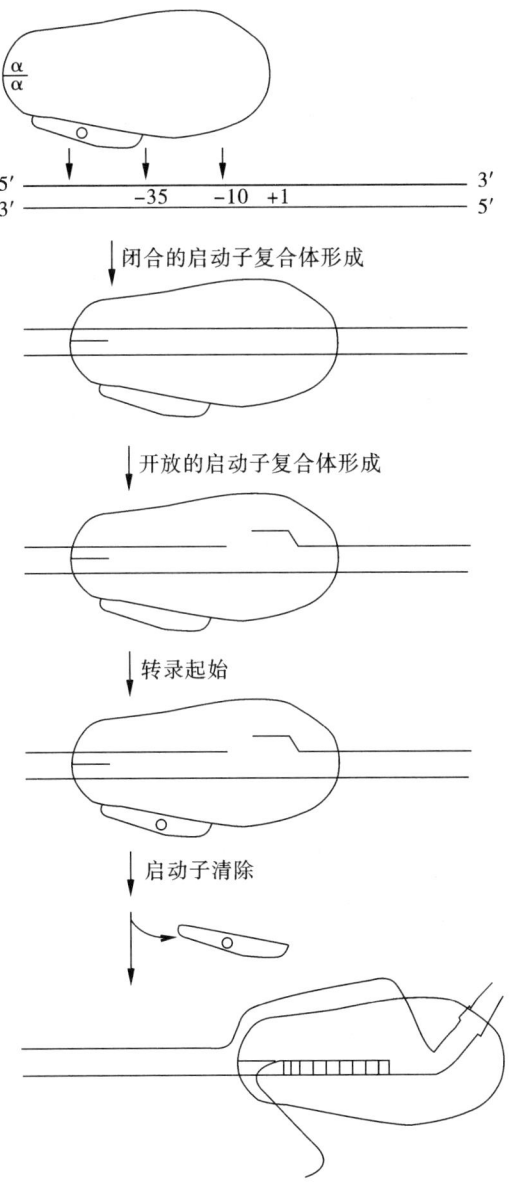

图 11-4 大肠埃希菌的转录起始和延长

（一）转录起始

在原核生物中，转录的起始由 RNA 聚合酶与 DNA 模板的启动子结合。当 RNA 聚合酶的 σ 亚基识别启动子，全酶就与启动子的 -35 区序列结合形成一个封闭式转录起始复合体。由于全酶分子较大，其另一端可到 -10 区的序列，此时酶与模板的结合松弛，整个酶分子向 -10 序列转移并与之牢固结合。在此处发生局部 DNA 12~17 bp 的解链，形成全酶和启动子的开放式转录复合体。在开放性启动子复合物中起始位点和延长位点被相应的核苷酸前体充满，转录起始不需要引物，在 RNA 聚合酶 β 亚基催化下，两个与模板配对的相邻核苷酸形成 RNA 的第一个磷酸二酸键。RNA 合成的第一个核苷酸多为 GTP 或 ATP，以 GTP 常见。当 5'-GTP 与第二位 NTP 聚合生成磷酸二酯键后，仍保留其 5' 端三个磷酸，也就是 1、2 位核苷酸聚合后，生成 5'pppGpN-OH3'，它的 3' 端有游离羟基，可以加入 NTP 使 RNA 链延长。RNA 链 5' 端结构在延长中一直保留，直至转录完成。由此可见，转录的起始就是生成一个起始复合物。

转录起始复合物 = RNA-pol($\alpha_2\beta\beta'$)-DNA-pppGpN-OH 3'

第一个磷酸二酯键生成后，σ 因子从全酶解离下来，靠核心酶在 DNA 链上向下游滑动，转录进入延长阶段，而脱落的 σ 因子与另一个核心酶结合成全酶反复利用。

（二）转录延长

RNA 链的延长靠核心酶的催化，在起始复合物上第一个 GTP 的核糖 3'-OH 上与 DNA 模板能配对的第二个三磷酸核苷酸起反应形成磷酸二酯键。聚合进去的核苷酸又有核糖 3'-OH 游离，这样就可按模板 DNA 的指引，一个接一个地延长下去。因此 RNA 链的合成方面也是 5'→3'。由于 DNA 链与合成的 RNA 链具有反平行关系，所以 RNA 聚合酶是沿着 DNA 链 3'→5' 方向移动。整个转录过程是由同一个 RNA 聚合酶来完成的一个连续不断的反应，转录本 RNA 生成后，暂时与 DNA 模板链形成 DNA-RNA 杂交体，长度约为 12 bp，形成一个转录空泡（图 11-5）。

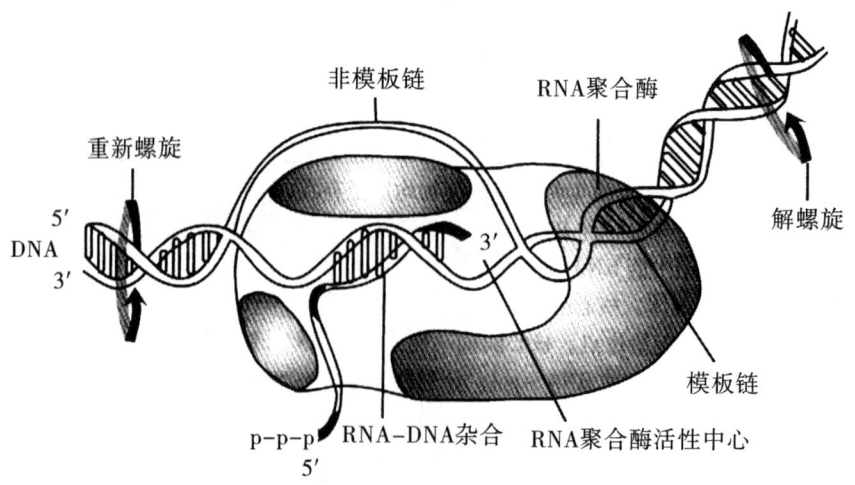

图 11-5 原核生物的转录空泡

转录速度为每秒 30~50 个核苷酸，但并不是以恒定速度进行的。在电子显微镜下观察转录现象，可以看到同一 DNA 模板上有长短不一的新合成的 RNA 链散开成羽毛状图形,这说明在同一 DNA 基因上可以有很多的 RNA 聚合酶在同时催化转录,生成相应的 RNA 链,而且较长的 RNA 链上已看到核糖体附着,形成多聚核糖体(图 11-6)。在原核生物中,由于没有核膜的阻隔,转录过程未完全终止,即已开始进行翻译。

图 11-6　电子显微镜下原核生物的转录现象

(三) 转录终止

转录是在 DNA 模板某一位置上停止的,人们比较了若干原核生物 RNA 转录终止位点附近的 DNA 序列,发现 DNA 模板上的转录终止信号有两种情况,一类是不依赖于蛋白质因子而实现的终止作用,另一类是依赖蛋白质因子(ρ因子)才能实现终止作用。

两类终止信号有共同的序列特征,在转录终止之前有一段回文结构,回文序列是一段方向相反、碱基互补的序列,在这段互补序列之间由几个碱基隔开。

1. 依赖 ρ 因子的转录终止　ρ 因子是由 Rho 基因编码的由相同亚基组成的六聚体蛋白质,亚基分子量为 46 kDa。目前认为,ρ 因子终止转录的作用是与 RNA 转录产物相结合,结合后 ρ 因子与 RNA 聚合酶都可发生构象变化,从而使 RNA 聚合酶停顿,ρ 因子的解螺旋酶活性使 DNA-RNA 的杂化双链解链,新合成的 RNA 从 RNA 聚合酶和模板上释放下来,转录终止(图 11-7)。

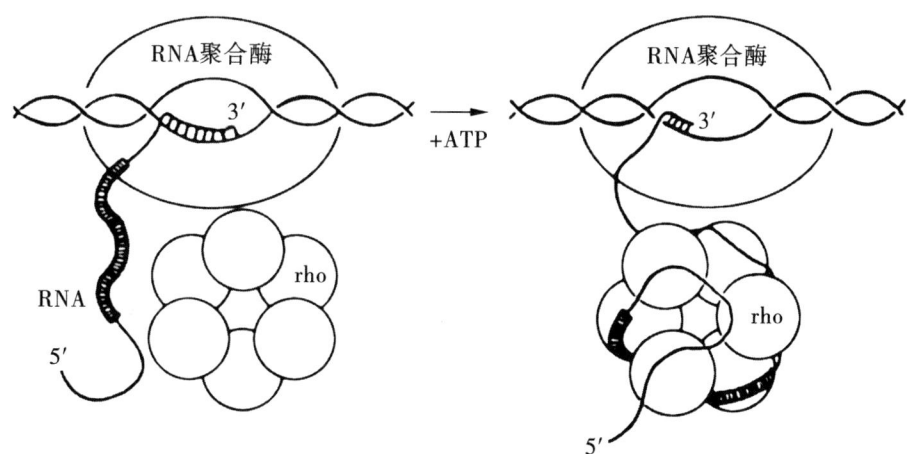

图 11-7　ρ 因子的作用机制

ρ因子与RNA转录产物(3'端富含C)结合后,ρ因子和RNA聚合酶构象变化,使RNA聚合酶停顿,解螺旋酶的活性使DNA/RNA杂化双链拆离,有利于产物从转录复合物中释放。

2. 不依赖ρ因子的转录终止　不依赖ρ因子的终止序列中富含G-C碱基对,其下游6~8个A,其转录生成的RNA可形成鼓槌状的茎环或称发夹的二级结构(图11-8),这样的二级结构可能与RNA聚合酶某种特定的空间结构相嵌合,阻碍了RNA聚合酶进一步发挥作用。其机制为:①茎环结构在RNA分子形成,可能改变RNA聚合酶的构象;由于酶的构象导致酶-模板结合方式的改变,使酶不再向下游移动,使RNA聚合酶脱落,于是转录终止;②转录复合物上有局部的DNA-RNA杂化双链,RNA分子要形成自己的局部双螺旋,DNA分子也有恢复双螺旋的倾向,杂化双链更不稳定,转录复合物趋于解体。接着一串寡聚U是使RNA链从模板上脱落的促进因素,因为所有的碱基配对中,以rU/dA最为不稳定。

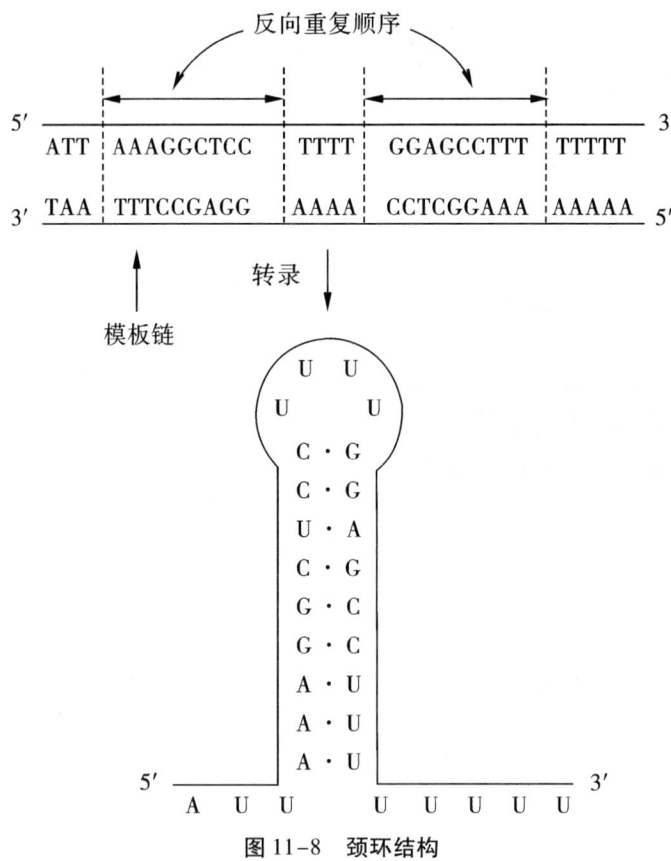

图11-8　颈环结构

除DNA模板本身的终止信号外,在λ噬菌体中,发现一些蛋白质有协助RNA聚合酶跨越终止部位的作用,叫作抗转录终止蛋白,如噬菌体的N基因产物。

第三节 真核生物 RNA 转录过程及转录后加工修饰

一、真核生物 RNA 转录过程

真核生物的转录过程与原核生物的转录过程相似,但更为复杂。真核生物的 RNA 聚合酶主要有三种:Ⅰ、Ⅱ、Ⅲ,分别负责合成 rRNA 前体、hnRNA、tRNA 及 snRNA。除了三种 RNA 聚合酶外,还需要多种转录因子(transcription factors,TF)参与。真核生物 RNA 聚合酶不直接结合模板,转录因子识别转录起始部位;转录起始上游区段比原核生物多样化,需要启动子、增强子等顺式作用元件参与。真核生物转录生成的初级转录产物,需要经过一系列加工修饰过程才能成为成熟的 RNA 分子。

(一)转录起始

真核生物的转录也需要 RNA 聚合酶辨认和结合特殊的 DNA 序列,但不同物种、不同细胞或不同基因,转录起始点上游可以有不同的 DNA 序列,统称为顺式作用元件。能直接或间接辨认、结合转录上游区段 DNA 的蛋白质,统称为反式作用因子。典型的真核生物启动子序列由核心启动子和上游启动子元件两部分组成。在转录起始点上游的 -25~-30 bp 区段多数有共同的 TATA 序列,称为 Hogness 盒或 TATA 盒,通常认为这是启动子的核心序列,TATA 盒精确地决定 RNA 合成的起始位点,其序列的完整与准确对维持启动子的功能是必需的。上游启动子元件是位于 TATA 盒上游的 DNA 序列,多位于 -40~-100 bp,比较常见的是 GC 盒和 CAAT 盒。真核生物的上游(部分在下游区)还有增强子序列。这些序列为反式作用因子的结合位点(图 11-9)。

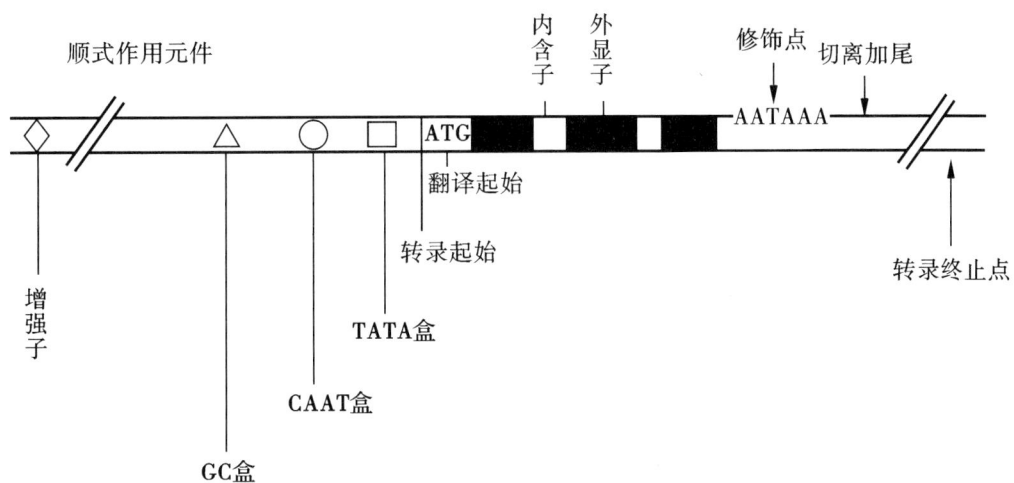

图 11-9 真核生物 RNA 聚合酶Ⅱ转录的基因及其转录起始上游序列

反式作用因子中,直接或间接结合 RNA 聚合酶的则称为转录因子(transcription factors,TF)。在转录起始时,RNA 聚合酶与 DNA 模板并不直接结合,而是在多种转录因子协同下完成这个过程。转录因子可分为 TFⅠ、TFⅡ、TFⅢ,其中最为重要的是与

RNA 聚合酶Ⅱ相关的 TFⅡ类转录因子。TFⅡ又分为几种亚型，分别是 TFⅡA、TFⅡB、TFⅡD 等，其功能各不相同（表 11-4）。

表 11-4　参与 RNA 聚合酶Ⅱ转录的 TFⅡ

转录因子	亚基和(或)分子量	功能
TFⅡA	12,19,35	稳定ⅡD-DNA 复合物
TFⅡB	33	结合 RNA-polⅡ
TFⅡD	TBP,38	结合 TATA 盒
	TAF	辅助 TBP-DNA 结合
TFⅡE	57(α),34(β)	ATPase
TFⅡF	30,74	解螺旋酶
TFⅡH		解螺旋酶,蛋白激酶,使 CTD 磷酸化

真核生物转录起始首先是 TFⅡD 的 TATA 结合蛋白（TATA-binding protein,TBP）亚基结合启动子的 TATA 盒，然后 TFⅡA 及 TFⅡB 识别并结合于 TFⅡD，随后，RNA 聚合酶在 TFⅡF 的辅助下与 TFⅡB 结合。RNA 聚合酶就位后，转录因子 TFⅡE 及 TFⅡH 加入，形成转录起始前复合物（pre-initiation complex,PIC）并开始转录（图 11-10）。

（二）转录延长

真核生物转录延长的机制与原核生物基本一致，当转录起始复合物形成后，按碱基序列，从 5′→3′方向 RNA 聚合酶即开始催化核苷酸按碱基配对的关系逐个加入。与原核生物不同的是真核生物有核膜相隔，转录和翻译在不同的细胞内区间进行，没有转录、翻译同步的现象。

（三）转录终止

真核生物的转录终止机制目前还不十分清楚。其终止和转录后修饰有着密切的关系，真核生物 mRNA 3′端有多聚腺苷酸（polyA）尾巴，这是转录后才加进去的，因为在模板链上没有相应的 polyA 序列。在结构基因最后一个外显子的 3′端常有一组共同序列 AATAAA，其下游还有相当多的 GT 序列，这些序列称为转录终止修饰点。转录越过修饰点，mRNA 在修饰点处被切断，随即加入 3′端 polyA 尾巴及 5′端帽子结构。下游的 RNA 虽然继续转录，但很快被 RNA 酶降解。

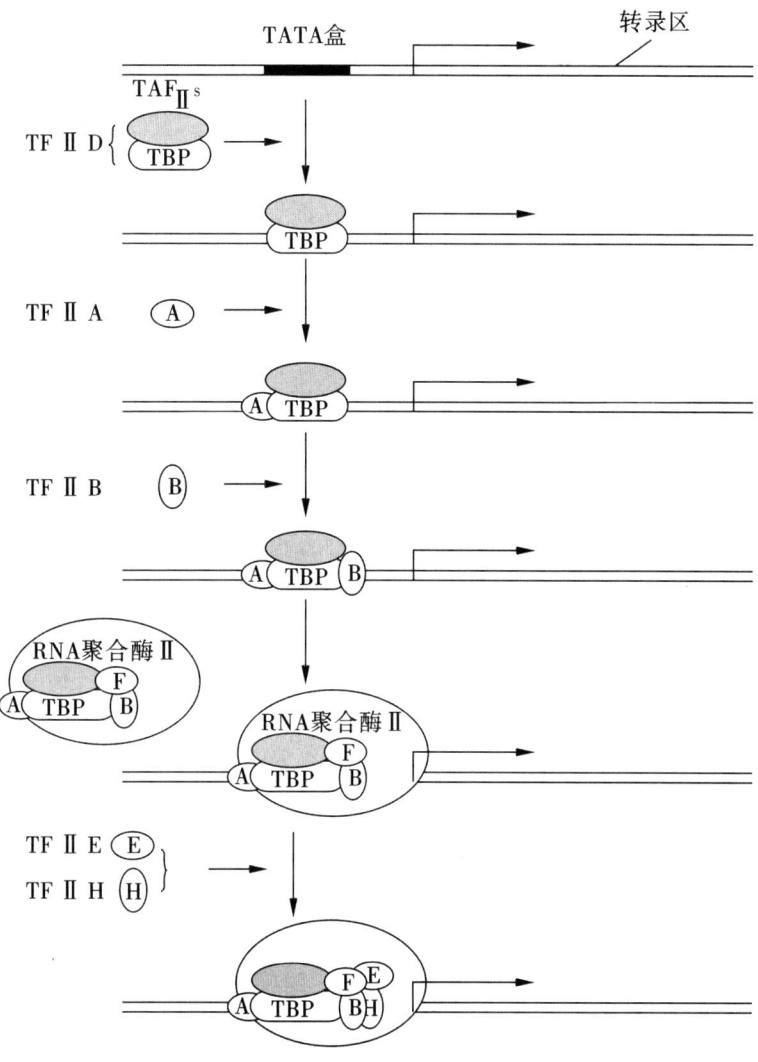

图 11-10 真核生物 RNA 聚合酶 Ⅱ 的转录起始

二、转录后的加工修饰

真核生物中,几乎所有转录生成的都是初级转录产物,它们需要经过一定程度的加工才能成为成熟的、具有生物活性的 RNA。原核生物 mRNA 的初级转录产物不需经过加工就能作为翻译的模板,而 tRNA 和 rRNA 的初级转录产物需要经过加工才能成为成熟的 tRNA 和 rRNA。

(一) mRNA 转录后的加工

原核生物的 mRNA 不需要加工和修饰,在它 3′端尚未完成转录前,其 5′端已与核糖体结合,开始蛋白质的合成。真核生物 mRNA 的前身为 hnRNA 或非均一核 RNA,在细胞核中合成后,必须进行 5′端和 3′端的修饰及剪接等一系列处理,才能到达胞质指导蛋白质的合成。

1. 5′端帽子结构的形成　转录产物第一个核苷酸往往是 5′-三磷酸鸟苷（pppG）。mRNA 成熟过程中先由磷酸酶催化水解，释放出 5′末端的 pi 或 ppi，然后在鸟苷酸转移酶作用下连接另一分子 GTP，生成三磷酸双鸟苷（GpppGp-），再在甲基转移酶催化下进行甲基修饰，形成 5′m^7GpppNp- 的帽子结构。帽子结构常见于核内的 RNA，其形成是在核内完成的，且先于剪接过程。帽子结构可以保护 mRNA 免受核酸酶的水解，并且更容易被蛋白质合成的起始因子所识别，从而促进蛋白质的合成。

2. 3′端多聚腺苷酸的加入　mRNA 前体先经特异核酸外切酶切去 3′末端一些多余的核苷酸，再由多聚腺苷酸聚合酶催化，以 ATP 为供体，进行聚合反应，形成 polyA 尾巴。polyA 是 mRNA 由细胞核进入细胞质所必需的形式，它极大地提高了 mRNA 在细胞质中的稳定性。其长度很难确定，真核生物胞质内出现的 mRNA 其 polyA 长度为 100~200 个核苷酸之间，且长度随 mRNA 的寿命而缩短。

3. hnRNA 的剪接　核内转录初级产物与胞质内的 mRNA 相比较，分子量要大得多，哺乳类动物细胞核内的 hnRNA 分子中的核苷酸序列有 50%~70% 不出现在胞质的 mRNA 中。核酸杂交试验证明，hnRNA 和 DNA 模板链可以完全配对，成熟的 mRNA 与模板链杂交，出现部分的配对双链区域和中间相当多鼓泡状突起的单链区段，由此提出了真核生物基因的"断裂"概念。

断裂基因是指真核生物的结构基因由若干个编码区和非编码区相互间隔开但又连续镶嵌而成，去除非编码区再连接后，可翻译出由连续氨基酸组成的完整蛋白质。断裂基因中具有表达活性的编码序列称为外显子，没有表达活性的间隔序列称为内含子。在转录过程中，外显子和内含子序列均转录到 hnRNA 中。剪接就是在细胞核中，由特定的酶催化，切除由内含子转录而来的非信息区，然后将由外显子转录而来的信息区进行拼接，使之成为具有翻译功能的模板。这一过程必须依赖细胞核中的小核糖体蛋白（small nuclear ribonucleoprotein，snRNP）协助完成。Klessing 提出了剪接的套索模式，即在剪接过程中，hnRNA 分子中的非编码区（内含子）先弯成套索状，称为套索 RNA，从而使各编码区（外显子）相互接近，由特定的 RNA 酶切断编码区与非编码区之间的磷酸二酯键后，再使编码区相互连接，生成成熟的 mRNA（图 11-11）。

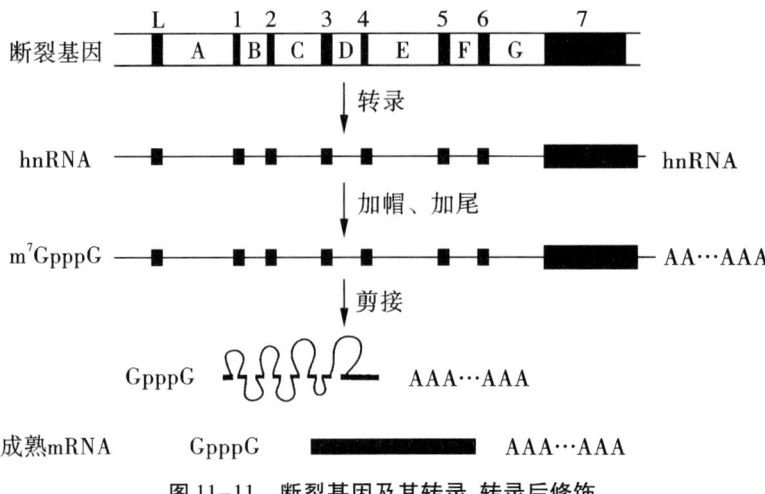

图 11-11　断裂基因及其转录、转录后修饰

(二) tRNA 转录后的加工

原核生物和真核生物 tRNA 前体分子的加工基本相同。

1. **剪切** 原核生物和真核生物的 tRNA 基因均转录生成较大的 tRNA 前体,故转录后的 tRNA 前体存在插入序列,需将其切除,此过程由多种核糖核酸酶来完成。分别在 5′端和 3′端切除一定的核苷酸序列及 tRNA 反密码环的部分插入序列(图 11-12)。

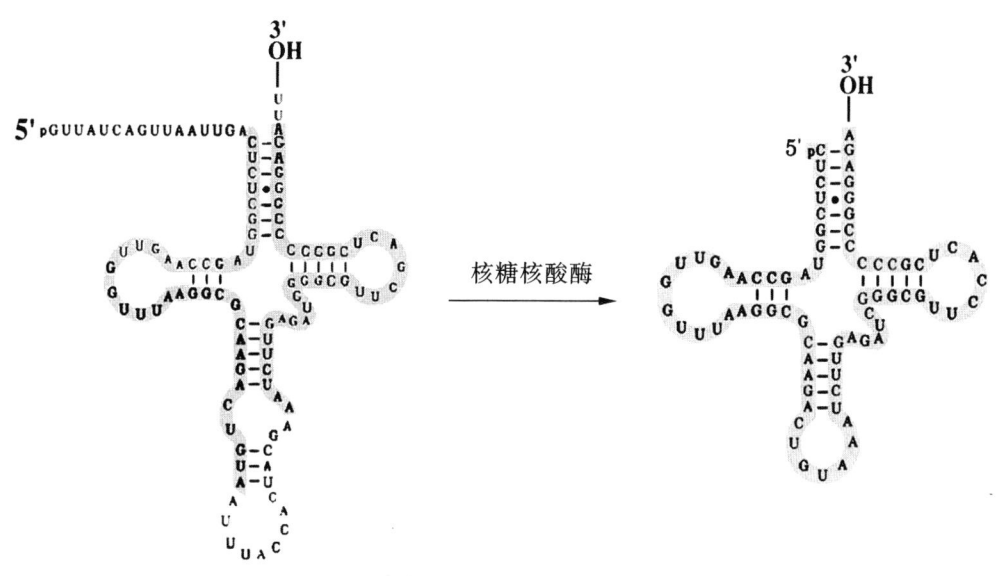

图 11-12 tRNA 前体的剪切

2. **加上 CCA-OH 的 3′末端** 在核苷酸转移酶的催化下,以 CTP、ATP 为供体,在 tRNA 前体的 3′末端加上 CCA-OH 结构,使 tRNA 具有携带氨基酸的能力。

3. **碱基的修饰** 即 RNA 分子中稀有碱基的生成,由高度专一的修饰酶来实现,包括:①A→^{m}A,G→^{m}G;②还原反应,尿嘧啶(U)还原为二氢尿嘧啶(DHU);③脱氨基反应,腺嘌呤(A)→次黄嘌呤(I);④碱基转位反应,U→Ψ。

(三) rRNA 转录后的加工

rRNA 的转录和加工与核糖体的形成是同时进行的,即一边转录,一边有蛋白质结合到 rRNA 上形成核蛋白颗粒。

原核生物的 rRNA 前体为 30S,在各种核酸内切酶的作用下切除 28% 左右的核苷酸,最终生成成熟的 16S rRNA、23S rRNA 和 5S rRNA。此外还有碱基和核糖的甲基化。

真核生物的 rRNA 前体为 45S,首先剪掉 5′末端序列,形成 41S 的中间体,然后将 41S rRNA 裂解成 32S 和 20S 两段,最后,32S 经裂解和修饰后生成 28S rRNA、5.8S rRNA,20S rRNA 经修剪生成 18S rRNA。此外还需要甲基化反应及尿嘧啶转化为假尿嘧啶。rRNA 成熟后,就在核仁上装配,28S rRNA、5.8S rRNA 与由 RNA 聚合酶Ⅲ催化生成的 5S rRNA 及多种蛋白质分子一起组装成为核糖体大亚基,而 18S rRNA 与相关蛋白质一起,装配成核糖体的小亚基(图 11-13),然后,通过核孔转移到细胞质,作为蛋白质生物合成的场所。

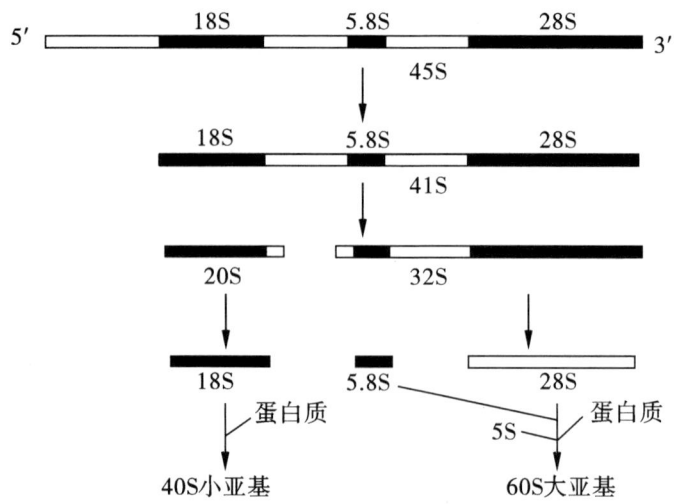

图 11-13 真核生物 rRNA 前体的加工示意

(四) RNA 的编辑加工

有些基因的蛋白质产物的氨基酸序列与基因初始转录物的序列并不完全对应,因为 mRNA 上的一些序列经过编辑过程发生了改变。这是一种从病毒到高等动物普遍存在的加工方式,经 RNA 编辑扩展了原基因编码 mRNA 的能力,使同一基因能产生不同的 mRNA 并指导多种多肽链的合成。如人类载脂蛋白 B(apolipoprotein B,ApoB)基因转录后也发生 RNA 编辑,该基因在肝中表达生成分子量为 513 kDa 的 $ApoB_{100}$,而在小肠黏膜细胞中则生成分子量为 250 kDa 的 $ApoB_{48}$。这是因为该基因转录生成的 mRNA,在小肠黏膜细胞中经编辑后,第 6 666 位的胞苷酸发生脱氨转变为尿苷酸,从而使 mRNA 上的 CAA 转变为终止密码 UAA,生成仅含 2 153 个残基的 $ApoB_{48}$。

此外,某些小分子 RNA 也可参与转录后加工,从而影响基因表达。如某些小分子干扰 RNA(small interfering RNA,siRNA)能激发与之互补的目标 mRNA 沉默,阻断翻译过程,称为 RNA 沉默。

(五) RNA 的复制

有些生物体,如 RNA 病毒,其遗传信息储存在 RNA,RNA 通过复制可将遗传信息传递至子代。研究人员已经从感染 RNA 病毒的细胞中分离出 RNA 复制酶,又称 RNA 指导的 RNA 聚合酶(RNA dependent RNA polymerase,RDRP),以病毒 RNA 作模板,以 4 种三磷酸核苷为原料复制 RNA,因此 RNA 复制也是指 RNA 合成的一种方式。RNA 病毒的种类很多,其复制方式多种多样。

同步练习

(一) 单选题

1. 对于 RNA 聚合酶的叙述,不正确的是 ( )
   A. 由核心酶和 σ 因子构成

B. 核心酶由 α₂ββ' 组成

C. 全酶与核心酶的差别在于 β 亚单位的存在

D. 全酶包括 σ 因子

E. σ 因子仅与转录起动有关

2. 在 DNA 生物合成中,具有催化 RNA 指导的 DNA 聚合反应,RNA 水解及 DNA 指导的 DNA 聚合反应三种功能的酶是 （   ）
   A. DNA 聚合酶   B. RNA 聚合酶
   C. 反转录酶   D. DNA 水解酶
   E. 连接酶

3. 真核细胞中经 RNA 聚合酶Ⅲ催化转录的产物是 （   ）
   A. hnRNA   B. tRNA
   C. mRNA   D. U4,U5 snRNA
   E. 5.8S rRNA,18S rRNA,28S rRNA 前体

4. 真核细胞中经 RNA 聚合酶Ⅰ催化转录的产物是 （   ）
   A. hnRNA   B. tRNA
   C. 5S rRNA   D. U4,U5 snRNA
   E. 5.8S rRNA,18S rRNA,28S rRNA 前体

5. 转录过程中需要的酶是 （   ）
   A. DNA 指导的 DNA 聚合酶   B. 核酸酶
   C. RNA 指导的 RNA 聚合酶   D. DNA 指导的 RNA 聚合酶
   E. RNA 指导的 DNA 聚合酶

6. 下列关于 σ 因子的叙述正确的是 （   ）
   A. 参与识别 DNA 模板上转录 RNA 的特殊起始点
   B. 参与识别 DNA 模板上的终止信号
   C. 催化 RNA 链的双向聚合反应
   D. 是一种小分子的有机化合物
   E. 参与逆转录过程

7. 催化真核 mRNA 的转录的酶是 （   ）
   A. RNA 聚合酶Ⅰ   B. mtRNA 聚合酶
   C. RNA 聚合酶Ⅲ   D. RNA 复制酶
   E. RNA 聚合酶Ⅱ

8. 催化原核 mRNA 转录的酶是 （   ）
   A. RNA 复制酶   B. RNA 聚合酶
   C. DNA 聚合酶   D. RNA 聚合酶Ⅱ
   E. RNA 聚合酶Ⅰ

(二)思考题

1. DNA 聚合酶、RNA 聚合酶、反转录酶和 RNA 复制酶的作用特点有何异同?
2. 何谓启动子? 转录时启动子的功能是什么?
3. 原核生物与真核生物的转录有何异同?

(新乡医学院三全学院　李晓坤
漯河医学高等专科学校　梁树才)

第十二章 蛋白质的生物合成

学习目标

- ◆ **掌握** 蛋白质生物合成的原料,3 种 RNA 的作用,遗传密码的概念及特点。
- ◆ **熟悉** 蛋白质生物合成的基本过程,蛋白质延长阶段反应特点。
- ◆ **了解** 蛋白质翻译后加工的方式,分泌性蛋白质的转运过程,抗生素的作用机制。

蛋白质的生物合成是遗传信息传递及表达的最后阶段,其本质就是将 mRNA 分子中 4 种核苷酸序列编码的遗传信息,解读为蛋白质中 20 种氨基酸的排列顺序,因此蛋白质生物合成也称为翻译。蛋白质是细胞功能的主要负荷者,它具有复杂的结构和众多的活性基团,其生物合成是机体新陈代谢途径中最复杂的过程。形形色色的蛋白质执行着所有生物丰富多彩的生命活动,因此任何影响蛋白质合成的因素,都将会影响生命的正常活动。

第一节 蛋白质生物合成的体系

蛋白质的生物合成需要上百种不同的蛋白质和数十种 RNA 的参与。20 种编码氨基酸是蛋白质生物合成的基本原料,mRNA、tRNA 和核糖体分别作为合成的模板、特异的氨基酸"搬运工具"和蛋白质装配场所,另外还需多种酶、蛋白质因子、某些无机离子及提供能量的 ATP 或 GTP 等参与。

一、参与蛋白质生物合成的原料和酶类

(一)合成原料

蛋白质是由氨基酸通过肽键相连而成的一类含氮生物大分子,组成人体蛋白质的氨基酸仅有 20 种,因此蛋白质合成的基本原料通常是 20 种编码氨基酸。蛋白质生物合成过程是一个能量消耗过程,反应还需要 ATP 和 GTP。

(二)酶及蛋白因子

1. **氨基酰-tRNA 合成酶** 该酶存在于胞液,在 ATP 存在下催化氨基酸的活化及

与对应 tRNA 结合的反应,具有绝对特异性,对底物氨基酸和 tRNA 都能高度特异地识别。细胞内至少存在 20 种氨基酰-tRNA 合成酶。该酶的绝对特异性是保证翻译准确性的关键因素。

2. 蛋白因子　蛋白质生物合成过程需要多种其他核糖体之外的蛋白因子,包括起始因子(initiation factor,IF)、延长因子(elongation factor,EF)和释放因子(release factor,RF)[又称为终止因子(termination factor,TF)],分别在蛋白质生物合成的不同阶段发挥作用,原核生物和真核生物蛋白因子分别用 IF、EF、RF(表 12-1)及 eIF、eEF、eRF(表 12-2)表示。

表 12-1　原核生物多肽链合成相关蛋白质因子

种类		生物学功能
起始因子	IF-1	占据 A 位,防止 A 位结合其他 tRNA
	IF-2	促进 fMet-tRNA$_i^{fMet}$ 与小亚基结合
	IF-3	促进大、小亚基分离;提高 P 位结合 fMet-tRNA$_i^{fMet}$ 的敏感性
延长因子	EF-Tu	促进氨基酰-tRNA 进入 A 位,结合并促进 GTP 分解
	EF-Ts	EF-Tu 的调节亚基
	EF-G	有转位酶活性,促进 mRNA-肽酰-tRNA 由 A 位移至 P 位,促进 tRNA 卸载与释放
释放因子	RF-1	特异识别终止密码子 UAA、UAG,诱导转肽酶转变为酯酶
	RF-2	特异识别终止密码子 UAA、UGA,诱导转肽酶转变为酯酶
	RF-3	具有 GTP 酶活性,介导 RF-1 及 RF-2 与核糖体的相互作用

表 12-2　真核生物多肽链合成相关蛋白质因子

种类		生物学功能
起始因子	eIF-1	多功能因子,参与翻译的多个步骤
	eIF-2	促进 Met-tRNA$_i^{Met}$ 与小亚基结合
	eIF-2B	结合小亚基,促进大、小亚基分离
	eIF-3	结合小亚基,促进大、小亚基分离;介导 eIF-4F 复合物-mRNA 与小亚基结合
	eIF-4A	eIF-4F 复合物成分;有 RNA 解旋酶活性,解除 mRNA 5′端发夹结构,使其与小亚基结合
	eIF-4B	结合 mRNA,协助 mRNA 扫描定位起始 AUG
	eIF-4E	eIF-4F 复合物成分,识别结合 mRNA 的 5′-帽结构
	eIF-4G	eIF-4F 复合物成分,结合 eIF-4E、eIF-3 和 PABP
	eIF-5	促进各种起始因子从小亚基解离
	eIF-6	促进大、小亚基分离
延长因子	eEF-1α	促进氨基酰-tRNA 进入 A 位,结合并促进 GTP 分,相当于 EF-Tu
	eEF-1βγ	调节亚基,相当于 EF-Ts
	eEF-2	有转位酶活性,促进 mRNA-肽酰-tRNA 由 A 位移至 P 位;促进 tRNA 卸载与释放,相当于 EF-G
释放因子	eRF	识别所有终止密码子,具有原核生物所有 RF 的功能

IF 是一类与多肽链合成起始相关的蛋白因子,主要是促进核糖体小亚基、起始 tRNA 与模板 mRNA 的结合及促进大、小亚基的分离。原核生物中存在 IF-1、IF-2 和 IF-3 共 3 种。真核生物中存在 9 种 eIF。

EF 是参与蛋白质合成延长阶段的一类蛋白因子,主要是促使氨基酰-tRNA 进入核糖体"A 位",并促进转位过程。原核生物有 EF-Tu、EF-Ts 和 EF-G 3 种 EF,真核生物有 eEF-1 和 eEF-2 两种 EF。

RF 是一类能够识别 mRNA 上所有终止密码子、诱导转肽酶改变为酯酶活性,从而使肽链从核糖体上释放的蛋白因子。原核生物有 RF-1、RF-2 和 RF-3 3 种 RF。真核生物中存在 1 种 eRF。

3. 转肽酶 该酶催化 N-甲酰甲硫氨酰-tRNA(原核生物)、甲硫氨酰-tRNA(真核生物)或肽酰-tRNA 水解掉相应的 tRNA,再与下一个氨基酰-tRNA 上氨基酰通过肽键而连接。原核生物核糖体大亚基中 23S rRNA 具有转肽酶的活性,在真核生物中由大亚基 28S rRNA 发挥该酶活性,其化学本质为 RNA 而不是蛋白质,因此属于一种核糖核酸酶。

4. 转位酶 该酶催化核糖体沿 mRNA 向其 3′端移动一个密码子的距离。转位需要 GTP 及延长因子。原核生物延长因子 EF-G 具有转位酶活性。真核生物延长因子 eEF-2 具有转位酶活性,其含量与活性直接影响蛋白质合成速度,因此在细胞适应环境变化过程中是一个重要的调控靶点。

5. 无机离子 参与蛋白质合成的无机离子有 Mg^{2+} 和 K^+ 等。

二、mRNA 与遗传密码

mRNA 是蛋白质生物合成的直接模板。在 mRNA 分子编码区,从翻译起始序列开始沿 5′→3′方向,每相邻的 3 个核苷酸组成一组,代表一种氨基酸或翻译的起始或终止信号,称为遗传密码或密码子。mRNA 以遗传密码的方式,决定了蛋白质分子中氨基酸的排列顺序和基本结构。原核生物中,数个功能相关的结构基因串联在一起,构成一个转录单位,转录生成的一段 mRNA 往往编码几种功能相关的蛋白质。真核生物 mRNA,5′端为帽子结构,3′端为 polyA 尾,两端非翻译区内存在调控序列,一个 mRNA 中翻译区仅编码一种蛋白质。生物体内共有 64 个密码子,其中 61 个分别代表 20 种编码氨基酸(表 12-3)。AUG 既为蛋氨酸的密码子,又为肽链合成的起始信号,称为起始密码子。UAA、UAG、UGA 代表多肽链合成的终止信号,称为终止密码。

表 12-3 遗传密码表

第一个核苷酸(5′)	第二个核苷酸				第三个核苷酸(3′)
	U	C	A	G	
U	苯丙氨酸	丝氨酸	酪氨酸	半胱氨酸	U
	苯丙氨酸	丝氨酸	酪氨酸	半胱氨酸	C
	亮氨酸	丝氨酸	终止密码	终止密码	A
	亮氨酸	丝氨酸	终止密码	色氨酸	G

续表 12-3

第一个核苷酸 (5′)	第二个核苷酸				第三个核苷酸 (3′)
	U	C	A	G	
C	亮氨酸	脯氨酸	组氨酸	精氨酸	U
	亮氨酸	脯氨酸	组氨酸	精氨酸	C
	亮氨酸	脯氨酸	谷氨酰胺	精氨酸	A
	亮氨酸	脯氨酸	谷氨酰胺	精氨酸	G
A	异亮氨酸	苏氨酸	天冬酰胺	丝氨酸	U
	异亮氨酸	苏氨酸	天冬酰胺	丝氨酸	C
	异亮氨酸	苏氨酸	赖氨酸	精氨酸	A
	甲硫氨酸	苏氨酸	赖氨酸	精氨酸	G
G	缬氨酸	丙氨酸	天冬氨酸	甘氨酸	U
	缬氨酸	丙氨酸	天冬氨酸	甘氨酸	C
	缬氨酸	丙氨酸	谷氨酸	甘氨酸	A
	缬氨酸	丙氨酸	谷氨酸	甘氨酸	G

遗传密码具有以下特点。

1. 方向性 mRNA 中密码子阅读方向是 5′→3′，即起始密码总是位于 mRNA 翻译区的 5′端，而终止密码位于 mRNA 翻译区的 3′端，密码子中的三个碱基也是由 5′→3′，即第一位碱基为 5′端，第三位碱基位于 3′端。遗传信息在 mRNA 中的这种方向性排列决定了多肽链合成的方向由 N 端→C 端。

2. 连续性 mRNA 密码子之间没有间隔核苷酸，从 5′端起始密码子 AUG 开始，密码子被连续阅读直至 3′端终止密码子，各个三联体密码连续排列编码一条蛋白质多肽链，称为开放阅读框架（open reading frame，ORF）。如 mRNA 一段序列 5′-AGCUG-GAUACAU-3′读作 5′-AGC UGG AUA CAU-3′。由于密码子的连续性，mRNA 中碱基的插入或缺失都会造成密码子的阅读框架改变，使后序翻译出的氨基酸序列大部分被改变，其编码的蛋白质功能彻底改变或丧失，称为框移突变。

3. 简并性 61 个密码子编码 20 种氨基酸，因此有的氨基酸可由多个密码子编码，这种一个氨基酸具有 2 个或 2 个以上密码子的现象称为简并性。除了色氨酸和甲硫氨酸各有 1 个密码子外，其他氨基酸都有 2~6 个密码子。例如，AUU、AUC 和 AUA 都是异亮氨酸的密码子。通常将编码同一种氨基酸的各密码子称为简并性密码子或同义密码子。多数情况下，同义密码子的前两位碱基相同，第三位碱基有差异，即密码子的特异性主要由前两位核苷酸决定，若第三位碱基发生突变一般不会造成翻译出蛋白质氨基酸序列的改变。遗传密码的简并性可降低基因突变引起的一系列生物学效应，对维持物种的稳定性具有一定意义。

4. 摆动性 mRNA 上密码子与 tRNA 上反密码子配对辨认时，有时不完全遵照 Watson-Crick 碱基配对规律，尤其是 mRNA 上密码子的第 3 位碱基与反密码子的第 1 位碱基见表 12-4，不严格互补也能相互辨认，这种现象称为摆动性。如携带异亮氨酸的 tRNA 反密码子为 GAU(5′→3′)，可分别与异亮氨酸的兼并密码子 AUU 和 AUC 相互辨认(图12-1)。这一特性使一种tRNA可识别mRNA的多种兼并性密码子。

表12-4 反密码子与密码子碱基配对时摆动现象

反密码子的第1个碱基	A	C	G	U	I
密码子的第3个碱基	U	G	C,U	A,G	A,C,U

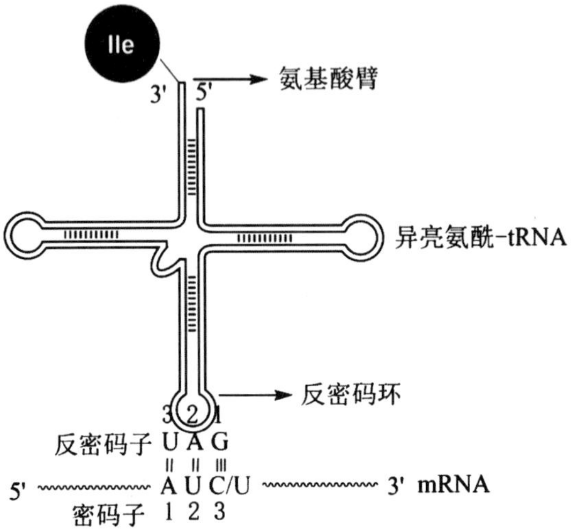

图12-1 密码子的摆动性

5. 通用性 一般来说,从病毒、细菌到人类几乎都使用同一套遗传密码。只有某些生物或在动物细胞的线粒体、植物细胞叶绿体等存在个别例外,如在哺乳动物的线粒体密码子UAG代表色氨酸而非终止信号。密码子通用性为地球上生物来自同一起源的进化论提供了有力依据,同时也为我们利用细菌等生物来制造人类蛋白质成为可能的理论基础。

三、rRNA与核糖体

rRNA与多种蛋白质共同构成的超分子复合体称为核糖体,又称核蛋白体,是多肽链合成的场所,参与蛋白质合成的各种成分,均需结合于核糖体上,再将氨基酸按模板链mRNA上密码子的顺序脱水缩合成多肽链,因此核糖体被称为蛋白质生物合成的"装配机"。

核糖体有两种存在形式:一种是游离态;另一种是,在原核生物中,与mRNA结合形成串珠状的多聚核糖体形式存在;在真核生物中,与细胞内质网相结合形成粗面内质网形式存在。核糖体都有大、小两个亚基组成,每个亚基都由多种核糖体蛋白(ribosomal protein, rp)和rRNA组成。原核生物核糖体为70S:大亚基50S,由5S rRNA、23S rRNA和31种蛋白质构成;小亚基30S,由16S rRNA和21种蛋白质构成。真核生物核糖体为80S:大亚基60S,由5S rRNA、5.8S rRNA、28S rRNA和约49种蛋白质构成;小亚基40S,由18S rRNA和约33种蛋白质构成(图12-2)。

核糖体在蛋白质的生物合成中具有重要作用。原核生物核糖体有 3 个 tRNA 结合位点：结合氨基酰-tRNA 的氨基酰位（aminoacyl site，A 位），称为受位或 A 位；结合肽酰-tRNA 的肽酰位（peptidyl site，P 位），称为给位或 P 位；空载 tRNA 的占据位点，称为出位（exit site，E 位），简称 E 位。真核生物核糖体无 E 位。另外，小亚基具有容纳 mRNA 的通道，可结合 mRNA，并可与 ATP 结合并催进其水解；大亚基具有转肽酶活性部位，可催化肽键的形成，并可与 IF、EF 及 RF 等多种蛋白因子结合。

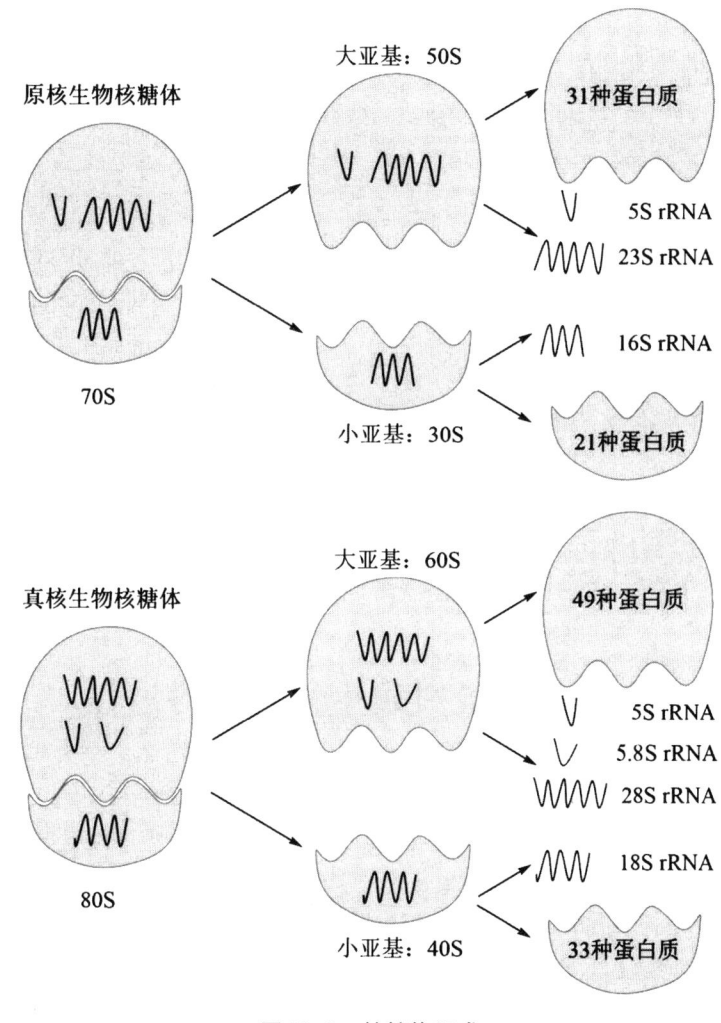

图 12-2　核糖体组成

四、tRNA 与氨基酸活化

在蛋白质生物合成过程中，tRNA 负责转运氨基酸至核糖体。tRNA3′末端的氨基酸臂可与氨基酸结合，使其活化为氨基酰-tRNA，具有活化、携带氨基酸的功能；tRNA 的反密码环上反密码子通过与 mRNA 上的密码子反向平行互补配对，具有识别结合 mRNA 上密码子的作用，并按照 mRNA 密码子序列转运相应氨基酸的功能。除此之外，还可识别核糖体和氨基酰-tRNA 合成酶。

生物体内发现数十种tRNA,因此一种氨基酸可由2~6种tRNA转运,但每一种tRNA仅能特异地转运某一种氨基酸。密码子具有摆动性,所以一种tRNA可以结合几种同义密码子。

氨基酸的α-COOH与特异tRNA3′末端CCA-OH结合形成氨基酰-tRNA的过程称为氨基酸活化。此反应在氨基酰-tRNA合成酶(E)催化下及ATP供能情况下分两步进行:第一步,氨基酰-tRNA合成酶识别其所作用的氨基酸及ATP,催化氨基酸α-COOH与AMP的磷酸基团之间形成一个酯键,形成氨基酰-AMP-E的中间复合物,并释放相应量PPi。第二步,氨基酰-AMP-E的中间复合物与相应tRNA作用生成氨基酰-tRNA,并重新释放AMP和酶,再重新参与氨基酸活化。

$$氨基酸+ATP-E \longrightarrow 氨基酰-AMP-E+PPi$$
$$氨基酰-AMP-E+tRNA \longrightarrow 氨基酰-tRNA+AMP+E$$

总反应式为:

$$氨基酸+ATP+tRNA \xrightarrow{\text{氨基酰-tRNA合成酶}} 氨基酰-tRNA+AMP+PPi$$

氨基酰-tRNA合成酶还具有校正活性,也称编辑活性,即具有酯酶的活性,能催化与tRNA错配的氨基酸水解下来,再换上与反密码子相对应的氨基酸,使tRNA装载氨基酸反应的错误率小于10^{-4}。

不同的tRNA命名采用在其右上角标注所携带氨基酸的三字母英文缩写,如$tRNA^{Tyr}$表示此tRNA特异转运酪氨酸,携带氨基酸的tRNA则在相应tRNA前加上氨基酸的三字母英文缩写,如$Tyr-tRNA^{Tyr}$表示酪氨酰-tRNA。起始密码子AUG代表甲硫氨酸,所以转运起始氨基酸的tRNA为$tRNA_i^{Met}$。原核生物中,$Met-tRNA_i^{Met}$中氨基甲酰形成N-甲酰甲硫氨酰-tRNA,用$fMet-tRNA_i^{fMet}$表示,起始密码子只辨认$fMet-tRNA_i^{fMet}$。

第二节 蛋白质生物合成的过程

蛋白质生物合成过程是从mRNA的起始密码子AUG开始,沿5′→3′方向逐一读码直至终止密码子。延长中的肽链从起始甲硫氨酸开始,从N端向C端延长,直至终止密码子前一个密码子所编码的氨基酸。蛋白质生物合成是最复杂的生物化学过程之一,为了便于叙述,常将整个反应过程分为起始、延长和终止三个阶段。伴随着起始和延长,氨基酰-tRNA不断地进行合成。此外合成的蛋白质还需要加工修饰。

一、原核生物蛋白质合成过程

蛋白质生物合成十分复杂,采用无细胞体系研究基本证明了蛋白质的生物合成过程。原核生物蛋白质合成过程仍以E. coli为例进行说明。

(一)起始阶段

翻译起始阶段是指mRNA、$fMet-tRNA_i^{fMet}$与核糖体结合形成翻译起始复合物的过程。反应过程中还需要GTP、IF及Mg^{2+}的参与。

1. 核糖体大、小亚基分离　肽链的合成是一个连续的过程,上一轮合成的终止紧接着下一轮合成的起始,核糖体循环利用。参与完成多肽链合成的核糖体需要大、小亚基分离,才可以重新使 mRNA、氨基酰-tRNA 与小亚基结合,起始新一轮的合成过程。IF-1、IF-3 与核糖体小亚基结合,促进大、小亚基分离,同时防止其重新聚合。

2. **小亚基与 mRNA 定位结合** 一条 mRNA 模板链可具有多个起始密码子 AUG,形成多个 ORF,编码出多条多肽链。核糖体小亚基与 mRNA 结合时,如何在众多的 AUG 起始位点中识别一个合适的,形成一个特异的 ORF,准确地翻译出目的蛋白质。Shine 和 Dalgarno 在 20 世纪 70 年代初期回答了这个问题。他们发现在细菌 mRNA 起始密码子 AUG 上游约 10 个碱基位置,通常含有一段富含嘌呤碱基(-AGGAGG-)的特殊保守序列,称为 SD 序列(Shine-Dalgarno sequence),可被核糖体小亚基 16S rRNA 3′端富含嘧啶碱基的短序列(-UCCUCC-)辨认互补结合。同时,mRNA 序列上紧接 SD 序列后的一小段核苷酸序列,可被核糖体小亚基蛋白-1 识别并与之结合。

通过上述 RNA-RNA、RNA-蛋白质相互作用,核糖体即可在 mRNA 序列上的起始 AUG 准确定位而形成复合体。

3. **fMet-tRNA$_i^{fMet}$ 的结合** 翻译起始时,IF-1 占据核糖体的 A 位,阻止氨基酰-tRNA 的进入,同时阻止大、小亚基的结合。fMet-tRNA$_i^{fMet}$、IF-2 和 GTP 结合形成复合体,识别并结合于对应小亚基 P 位的 mRNA 起始密码子 AUG,进一步促进 mRNA 的准确就位。

4. **核糖体大亚基结合** IF-2 有核糖体依赖的 GTP 酶活性,当结合了 fMet-tRNA$_i^{fMet}$、mRNA 的小亚基再与大亚基结合形成完整核糖体时,IF-2 催化与之结合的 GTP 水解,释放能量促使 3 种 IF 释放,形成由完整核糖体、fMet-tRNA$_i^{fMet}$ 和 mRNA 组成的翻译起始复合物。此时,结合起始密码子 AUG 的 fMet-tRNA$_i^{fMet}$ 占据 P 位,A 位留空,并对应 mRNA 上 AUG 后的下一个密码子,为下一个相应氨基酰-tRNA 进入即肽链延长做准备。

(二) 延长阶段

肽链的延长阶段是指翻译起始复合物形成之后,各种氨基酰-tRNA 按照 mRNA 密码子的顺序依次进入核糖体 A 位,逐个以肽键缩合连接,使多肽链不断从 N 端向 C 端延长的过程。肽链每延长一个氨基酸单位都包括进位、成肽和转位三步反应。这一过程除 mRNA、rRNA 和核糖体外,尚需多种 EF 和 GTP 等参与。

1. **进位** 进位又称注册,是指根据 mRNA 下一遗传密码的指导,相应氨基酰-tRNA 进入核糖体 A 位的过程。这一过程需要 EF-T 的参与。进位时,氨基酰-tRNA 与 EF-Tu-GTP 构成复合物,并通过其反密码子识别 mRNA 模板上的密码子,进入 A 位。此时,EF-Tu 具有 GTP 酶活性,能催化 GTP 水解释放能量,驱动 EF-Tu 和 GDP 从核糖体释出,重新与 EF-Ts 形成 EF-Tu-Ts 二聚体。

2. **成肽** 是指在大亚基上转肽酶催化下肽键形成的过程。进位后,核糖体 A 位结合了氨基酰-tRNA,P 位结合了 fMet-tRNA$_i^{fMet}$ 或肽酰-tRNA,然后,P 位上 fMet-tRNA$_i^{fMet}$ 所携甲酰甲硫氨酸或肽酰-tRNA 所携肽链上 α-COOH 与 A 位上氨基酰-tRNA 所携氨基酸 α-NH$_2$ 形成肽键。该反应需要 K$^+$ 和 Mg^{2+} 参与。

3. **转位** 转位即指核糖体沿 mRNA 向其 3′端移动一个密码子的距离。成肽后,肽酰-tRNA 占据核糖体 A 位,卸载的 tRNA 留在 P 位。转位后,肽酰-tRNA 由 A 位移至 P 位,A 位空出并对应下一个密码子,为下一个氨基酰-tRNA 进位做准备,而卸载的tRNA进入E位,并由此排出。转位依赖于EF-G和GTP,EF-G具有转位酶活性,可结合并催化GTP水解提供能量,促进核糖体沿mRNA移动至下一个密码子。

新生肽链每增加一个氨基酸残基都需要经过上述进位、成肽和转位三步反应,如此不断循环,核糖体沿模板mRNA 5'→3'方向依次逐一阅读密码子,肽链不断由N端向C端延长,直至终止密码子前一个密码子所编码的氨基酸,即终止密码子对应于核糖体的A位时结束。肽链延长阶段,是在同一个核糖体上重复进行的循环过程,故又称为狭义的核糖体循环。

(三)终止阶段

当肽链延长至终止密码子前一个氨基酸残基时,翻译进入终止阶段,此时多肽链延长停止,肽链从肽酰-tRNA释出,核糖体大、小亚基解离,同时释放tRNA和mRNA。此过程需要RF的参与。

当多肽链延长至A位出现终止密码子UAA、UAG和UGA中任何一个时,终止密码子不为任一氨基酰-rRNA识别进位,此时,RF-1或RF-2在RF-3-GTP帮助下识别并结合A位处终止密码子,诱导核糖体转肽酶改变为酯酶活性,催化P位上肽酰-tRNA内酯键水解,释出合成的新生肽链;在GTP供能作用下,tRNA和RF释出,核糖体与mRNA模板分离。此条多肽链的合成结束。

原核生物整个多肽链合成过程:起始阶段→延长阶段(进位、成肽、转位)→终止阶段(图12-3、图12-4)。

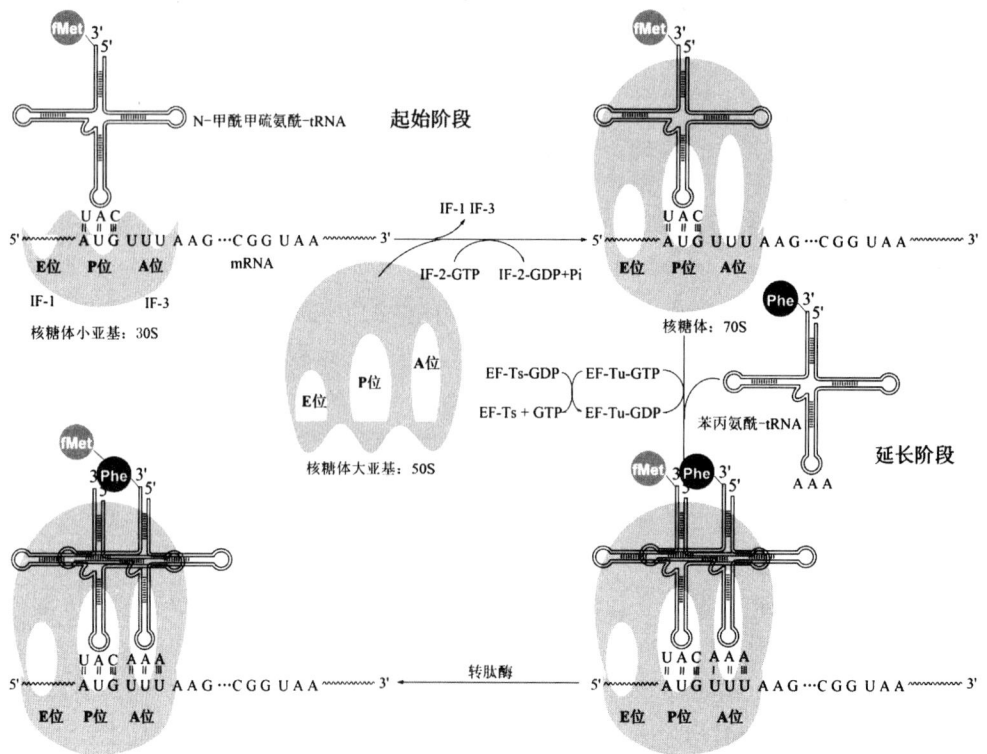

图12-3 原核生物蛋白质生物合成过程(1)

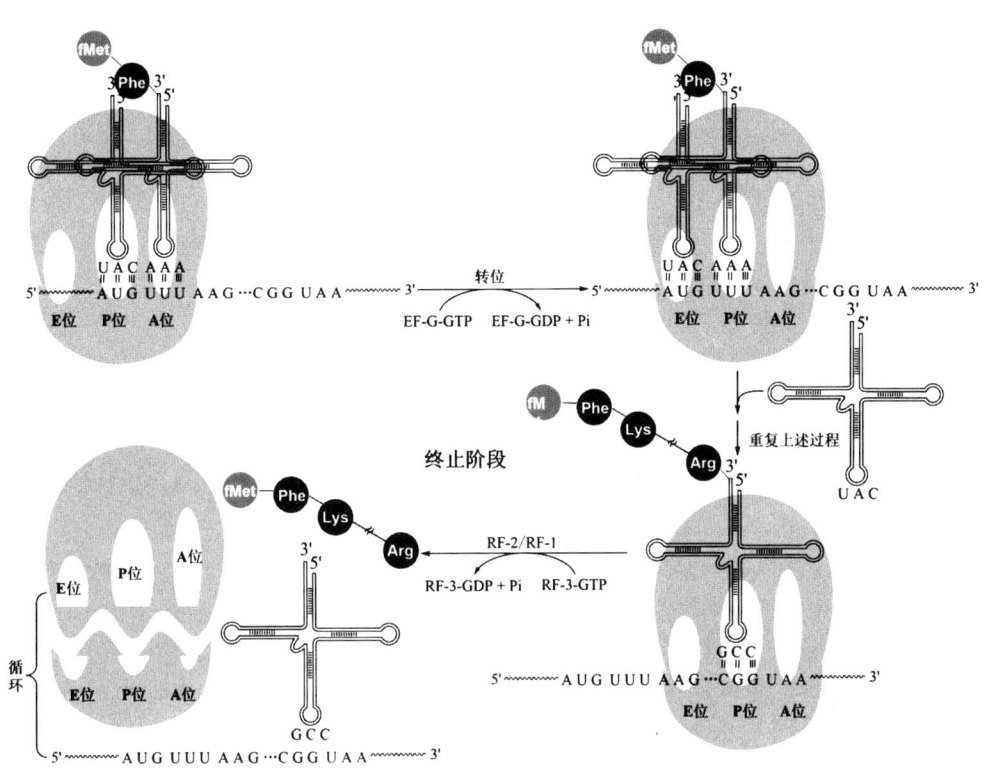

图 12-4 原核生物蛋白质生物合成过程(2)

核糖体从以上翻译过程中游离出来后,在 IF 作用下,其大、小亚基分离并重新去参与多肽链合成。电镜下观察正在被翻译 mRNA 时,发现多个核糖体附着在同一条 mRNA 链上,呈串珠状排列,同时进行多条多肽链的合成,这种多个核糖体和 mRNA 的聚合物称为多聚核糖体(图 12-5)。原核生物 mRNA 转录后不需要加工即可作为模板,转录和翻译偶联进行,因此,在电子显微镜下可看到,DNA 分子上连接着长短不一正在转录的 mRNA,每条 mRNA 又附着多个核糖体进行翻译,呈现羽毛状现象。

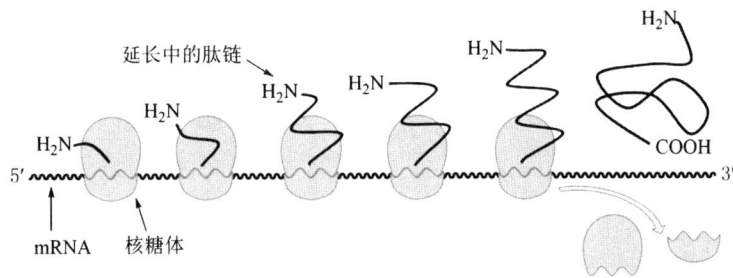

图 12-5 多聚核糖体

二、真核生物蛋白质合成过程

真核生物与原核生物的肽链合成过程基本相似,只是反应更复杂、参与的蛋白质因子等更多。

真核生物与原核生物肽链合成起始阶段差异较大,主要有:第一,参与形成翻译起始复合物的成分不同。真核生物的核糖体为80S,大小亚基所含蛋白质和rRNA的种类更多;参与真核生物翻译起始复合物的装配需要的IF更多更复杂,有eIF-2B、eIF-3、eIF-6等10种IF参与;作为模板链的mRNA具有5′-帽子和3′-polyA尾的特征结构。起始氨基酰-tRNA为Met-tRNA$_i^{Met}$而非fMet-tRNA$_i^{fMet}$。第二,保真性机制不同。mRNA具有5′-帽和3′-poly A尾特征结构及多种IF也是保证翻译正确起始的重要因素。Met-tRNA$_i^{Met}$-小亚基复合体不会将阅读框内部的AUG错认为起始密码子,这是由于eIF-4F复合物,亦称为帽结合蛋白复合物的特殊作用。eIF-4F复合物包括eIF-4E、eIF-4G、IF-4A等组分,其中有些组分如eIF-4E负责结合mRNA的5′-帽结构,有些组分如eIF-4G结合polyA尾结合蛋白(polyA binding protein,PABP),促进Met-tRNA$_i^{Met}$识别起始密码子。此外,和原核生物保真性机制相似的是rRNA和rp都参与对起始密码子周围序列的识别以绝对真正的肽链合成起始点,真核生物的起始密码子常位于一段共有序列CCA/GCCAUGG中,该序列被称为Kozak共有序列(Kozak consequence),为18S rRNA提供识别和结合位点。通过蛋白质-蛋白质、RNA-RNA、RNA-蛋白质相互作用,核糖体即可在mRNA序列上的起始AUG准确定位而形成复合体。第三,装配顺序不同。Met-tRNA$_i^{Met}$先于mRNA结合在小亚基上,与原核生物装配顺序不同。

真核生物与原核生物肽链延长阶段基本相似,只是反应体系和EF不同。其中,eEF-1α、eEF-1β、eEF-2分别相当于原核生物中的EF-Tu、EF-Ts及EF-G;真核生物核糖体大亚基中28S rRNA具有转肽酶的活性,相当于原核生物核糖体大亚基中23S rRNA。最大区别在于,原核生物成肽反应后位于P位的空载tRNA要先进入核糖体的E位再排出,而真核生物的空载tRNA直接脱落。

真核生物与原核生物肽链合成终止阶段类似,主要区别是原核生物有3种RF,而真核生物仅有1种RF。

另外,真核生物细胞内也具有多聚核糖体现象。

第三节 蛋白质合成后加工和靶向输送

从核糖体上释放出的新生多肽链,其按照一级结构中氨基酸排列及侧链情况可自行卷曲成一定构象的蛋白质,但并不具有生物活性,必须经过正确折叠及加工修饰才能转变为具有天然构象的成熟蛋白质,这一过程称为翻译后加工。

新生肽链通常边合成边折叠,以防止侧链疏水基团暴露并产生分子内、外的聚集倾向,并在合成过程中不断调整其已折叠的结构,折叠常需其他酶或蛋白质的辅助,从而指导新生肽链按特定方式正确折叠,其中辅助性蛋白质被称为分子伴侣。合成中或合成后多肽链在分子伴侣和一些酶的辅助下,经过正确折叠,形成天然的空间结构后,方可具有生理活性。

新生多肽链往往不具有生物学活性，多肽链常需经过有限水解、氨基酸残基共价修饰等多种方式的加工修饰，才成形成成熟的蛋白质。加工修饰主要包括肽链一级结构的修饰和空间结构的修饰。

细胞液内核糖体上合成的蛋白质，还需要输送到特定的细胞部位才能发挥其生物学功能。常将蛋白质合成后在细胞内被定向输送至其发挥作用部位的过程称为蛋白质靶向输送或蛋白质分选。

（一）一级结构的加工修饰

1. **多肽链末端修饰** 新合成多肽链 N 端第一个氨基酸残基总是 Met（真核生物）或者 fMet（原核生物），但天然的蛋白质多肽链 N 端第一个氨基酸残基并非都是 Met 或 fMet，因此，多肽链在离开核糖体后，大部分即由特异的蛋白水解酶切除。原核细胞中约半数成熟蛋白质的 N-端经脱甲酰基酶催化切除 N-甲酰基而保留 Met，另一部分被氨基肽酶催化水解将 fMet 完全去除。真核细胞分泌性蛋白和跨膜蛋白成熟过程，也需要将相应前体 N 端的一段名为信号肽的 13~36 个以疏水性氨基酸残基为主的肽段切除，信号肽在引导蛋白质穿越质膜（细菌）或内质网膜（真核生物）后，即被信号肽酶催化切除。有时候，C 端的一些氨基酸残基也可根据需要被切除。

2. **氨基酸的共价修饰** 蛋白质生物合成的基本原料是 20 种氨基酸，但现已发现蛋白质中存在着 100 多种不同于编码氨基酸的修饰氨基酸。可见这些修饰氨基酸是多肽链合成后经加工修饰上去的。对氨基酸的修饰可进一步改变蛋白质溶解度、稳定性、亚细胞定位及与其他细胞蛋白质的相互作用等性质，使蛋白质功能多样化，对蛋白质的生物学特性和代谢至关重要。体内常见的蛋白质翻译后发生共价修饰的氨基酸残基见表 12-5。这些共价修饰均为酶促反应，主要有蛋白激酶、糖基转移酶、羟化酶及甲基转移酶等催化。

表 12-5　体内常见的蛋白质翻译后发生共价修饰的氨基酸残基

共价修饰种类	常见被修饰氨基酸残基
磷酸化	丝氨酸、苏氨酸、酪氨酸
N-糖基化	天冬氨酰
O-糖基化	丝氨酸、苏氨酸
羟基化	脯氨酸、赖氨酸
甲基化	赖氨酸、精氨酸、组氨酸、天冬酰胺、天冬氨酸、谷氨酸
乙酰化	赖氨酸、丝氨酸
硒化	半胱氨酸

另外，许多蛋白质的链内或链间二硫键也是蛋白质多肽链合成后由半胱氨酸两两结合形成的，二硫键对于维系蛋白质的空间结构很重要。

3. **多肽链酶促变短或成为多个活性片段** 某些无活性的蛋白质前体可经蛋白酶水解，生成具有活性的蛋白质或多肽，即蛋白酶原的激活，如胰岛素原被酶解而生成胰岛素。有些多肽链经水解可以产生数种小分子活性肽，如阿黑皮素原（pro-opiomelanocortin，POMC）可被水解而生成促肾上腺皮质激素、β-促脂解素、α-促黑激素、促皮质素样中叶肽、γ-内啡肽及α-内啡肽等9种活性物质。

（二）空间结构的加工修饰

蛋白质多肽链在一级结构的基础之上，经过正确弯曲折叠形成完整的空间结构后，蛋白质才能具有天然的生物学功能。对于有非蛋白质部分组成的活性蛋白质，则需要在多肽链合成过程中或合成后在连接相应的组分，形成完整结构的生理活性蛋白质。

1. 亚基聚合　具有四级结构的蛋白质由两条以上多肽链通过非共价键结合在一起。新合成多肽单链需要相互聚合，有的还需要加上非蛋白组分，才能形成具有活性的蛋白质。如成人血红蛋白由2条α链、2条β链及4个血红素分子组成，合成的α链从核糖体释放后，与尚未从核糖体释放的β链结合，并同时离开核糖体，形成α, β-游离二聚体。此二聚体再继续与线粒体内生成的血红素结合，最后形成完整结构的血红蛋白。

2. 连接辅基　对于结合蛋白如糖蛋白、脂蛋白、色蛋白、金属蛋白及其他各种带有辅基的酶类等，其非蛋白质部分（辅基）都是合成后连接上去的，这类蛋白只有结合了相应的辅基，才能成为天然有活性的蛋白质。如金属蛋白的金属离子，血红蛋白的血红素，黄素蛋白的含核黄素辅基等。

3. 连接疏水脂链、糖链　Ras蛋白、G蛋白等，翻译后通过在肽链特定位点将脂链嵌入疏水膜脂双层，定位成为特殊质膜内在蛋白，才成为具有特定生物活性的蛋白质。糖蛋白也是肽链合成过程中或合成后某些位点被连以糖类侧链的。

（三）靶向输送

在细胞质合成的蛋白质必须准确地到达其发挥功能的亚细胞区域或分泌到细胞外。蛋白质的亚细胞定位信息存在于其自身结构中，靶向输送的蛋白质一级结构中都存在分选信号，可引导蛋白质转移到细胞的适当部位。这类序列称为信号序列，是决定蛋白质靶向输送特性的最重要元件。这些序列有的在肽链的N端，有的在C端，有的在肽链内部；有的输送完成后切除，有的保留。

多数靶向输送到溶酶体、质膜或分泌到细胞外的蛋白质，其肽链的N末端一般都带有一段保守的氨基酸序列，此类序列称为信号肽。常见的信号肽由13~36个氨基酸残基组成，N端为带正电荷的碱性氨基酸残基，中间为疏水的核心区，而C端由极性、侧链极短的氨基酸残基组成，可被信号肽酶识别并裂解。

分泌型蛋白质的靶向输送，就是靠信号肽与胞质中的信号肽识别颗粒（signal recognition particle，SRP）识别并特异结合，然后再通过SRP与内质网膜上的SRP受体（亦称为SRP对接蛋白）识别并结合后，将分泌型蛋白质定位于特定的亚细胞部分如内质网等。

线粒体蛋白和细胞核蛋白的靶向输送各有其特定的过程。

第四节　蛋白质生物合成和医学

蛋白质生物合成的阻断剂很多,其作用部位也各有不同,或作用于翻译过程,直接影响蛋白质的生物合成(如多数抗生素),或作用于转录过程,对蛋白质的生物合成间接产生影响。此外也有作用于复制过程的(如多数抗肿瘤药物),它们由于能影响细胞分裂而间接影响蛋白质的生物合成。

(一) 分子病

由于基因突变导致蛋白质一级结构的改变或量的异常,进而引起生物体某些结构和功能的异常,这种疾病称为分子病。分子病最典型的代表为镰状细胞贫血,该病患者体内血红蛋白 β-链的基因发生点突变,导致合成的链 N 端第 6 位氨基酸残基由亲水的谷氨酸被疏水的缬氨酸取代,使原来水溶性的血红蛋白中形成黏性小区,聚集成丝,容易相互黏着,附着在红细胞膜上,导致红细胞变形成为镰刀状而极易破裂,产生溶血性贫血。

(二) 抗生素

蛋白质生物合成是许多药物和毒素的作用靶点,这些药物或毒素可以通过阻断真核或原核生物蛋白质合成,其中仅仅作用于原核细胞蛋白质合成的抗生素可作为抗菌药,抑制细菌生成和繁殖,预防和治疗感染性疾病;作用于真核细胞蛋白质合成的抗生素可以作为抗肿瘤药。若对原核生物和真核生物都具有抑制作用,则在临床使用时,将具有一定的毒副作用。

抗生素就是一类由某些真菌、细菌等微生物产生的药物,可阻断细菌蛋白质合成而抑制细菌的生长和繁殖,对宿主无毒性的抗生素可用于预防和治疗人、动物和植物的感染性疾病。多种抗生素可作用于从 DNA 复制到蛋白质生物合成的遗传信息传递的各个环节,阻抑细菌或肿瘤的蛋白质合成,从而发挥药理作用。常用抗生素及其作用原理见表 12-6。

表 12-6　常用抗生素及其作用原理

抗生素	作用位点	作用原理	应用
伊短菌素	原核、真核核糖体小亚基	阻碍翻译起始复合物的形成	抗病毒药
四环素	原核核糖体小亚基	抑制氨基酰-tRNA 与小亚基结合	抗菌药
链霉素、新霉素、巴龙霉素	原核核糖体小亚基	改变构象引起读码、抑制起始	抗菌药
氯霉素、林可霉素、红霉素	原核核糖体大亚基	抑制转肽酶、阻断肽链延长	抗菌药
嘌呤霉素	原核、真核核糖体	使肽酰基转移到它的氨基上后脱落	抗肿瘤药
放线菌酮	真核核糖体大亚基	抑制转肽酶、阻断肽链延长	医学研究
夫西地酸、微球菌属	EF-G	抑制 ET-G、阻止转位	抗菌药
大观霉素	原核核糖体小亚基	阻止转位	抗菌药

(三)生物活性物质的干扰

干扰素(interferon,IFN)是真核细胞被病毒感染后分泌的一类具有抗病毒作用的蛋白质,可抑制病毒的繁殖。干扰素通过系列作用致使病毒 eIF-2 失活抑制翻译起始,还可间接促进 2′-5′寡聚腺苷酸(2′-5′A)的生成,活化一种核酸内切酶 RNase L,降解病毒 mRNA,破坏翻译的模板,抑制病毒蛋白质的生物合成,因此具有抗病毒作用。另外,干扰素还可调节细胞生长分化、激活免疫系统等作用,广泛应用于临床。现在我国已可以运用基因工程技术生产人类干扰素。

某些毒素可经不同机制干扰真核生物蛋白质合成而呈现毒性作用。如白喉毒素是由白喉杆菌产生的外毒素,它作为一种修饰酶,使 eEF-2 发生 ADP 糖基化共价修饰,生成 eEF-2 腺苷二磷酸核糖衍生物,使 eEF-2 失活,抑制多肽链合成的转位反应,主要抑制哺乳动物蛋白质合成,具有强烈的细胞毒作用。蓖麻毒素是蓖麻籽中的一种高毒性植物糖蛋白,由 A、B 两条肽链组成,A 链是一种可作用于真核生物大亚基 28S rRNA 上特异腺苷酸发生脱嘌呤基反应,使 28S rRNA 降解而致核糖体大亚基失活,抑制真核细胞内蛋白质的合成,B 链对 A 链毒性的发挥起重要促进作用,所以蓖麻毒素具有强烈的细胞毒性。

同步练习

(一)选择题

1. 下列物质中不属于蛋白质生物合成体系的是 ( )
   A. ATP   B. Mg^{2+}
   C. EF   D. 氨基酰-tRNA 合成酶
   E. RNA-pol

2. 遗传密码的简并性是指 ( )
   A. 蛋氨酸密码可作起始密码   B. 一个密码子可代表多个氨基酸
   C. 多个密码子可代表同一氨基酸   D. 密码子与反密码子之间不严格配对
   E. 所有生物可使用同一套密码

3. 下列氨基酸中无遗传密码的氨基酸是 ( )
   A. 丙氨酸   B. 羟脯氨酸
   C. 苯丙氨酸   D. 酪氨酸
   E. 甲硫氨酸

4. 反密码子 UAG 识别的 mRNA 上的密码子是 ( )
   A. GTC   B. ATC
   C. AUC   D. CUA
   E. CTA

5. tRNA 分子上 3′端序列的功能是 ( )
   A. 辨认 mRNA 上的密码子   B. 剪接修饰作用
   C. 辨认与核糖体结合的组分   D. 提供-OH 基与氨基酸结合
   E. 提供反密码子与密码子结合

6. 以下物质中具有转肽酶活性的是 ( )
   A. 氨基酰-tRNA 合成酶   B. 23S rRNA
   C. 5.8S rRNA   D. 核糖体小亚基

E. EF-G
7. 原核生物新合成多肽链 N 端的第一位氨基酸是　　　　　　　　　　　　（　）
　　A. 缬氨酸　　　　　　　　　B. 谷氨酸
　　C. 甲酰甲硫氨酸　　　　　　D. 色氨酸
　　E. 甲硫氨酸
8. 下列关于蛋白质生物合成的描述,哪一项是错误的　　　　　　　　　　（　）
　　A. 合成过程可分为起始阶段、延长阶段和终止阶段
　　B. 延长阶段实质是进位、成肽和转位三步反应的不断循环
　　C. 氨基酰-tRNA 合成酶具有绝对特异性
　　D. 蛋白质生物合成是个耗能过程
　　E. 影响氨基酸活化的抑制剂对蛋白质合成没有影响
9. 翻译起始复合物的组成　　　　　　　　　　　　　　　　　　　　　　（　）
　　A. DNA 模板+RNA+RNA 聚合酶　　　B. Dna 蛋白+开链 DNA
　　C. 核糖体+起始氨酰 tRNA+mRNA　　D. 翻译起始因子+核糖体
　　E. 核糖体+起始氨基酰-tRNA
10. 原核生物 mRNA 上 SD 序列作用是辅助核糖体小亚基识别　　　　　　（　）
　　A. DNA 合成的起始位点　　　B. RNA 聚合酶与 DNA 模板稳定结合处
　　C. RNA 聚合酶的活性中心　　D. 翻译起始点
　　E. 转录起始点
11. 下列关于翻译延长过程的描述,哪一项是正确的　　　　　　　　　　 （　）
　　A. 核糖体大亚基具有转位酶的活性
　　B. 氨基酰-tRNA 进入受位
　　C. 转位是肽链与 mRNA 从 P 位转到 A 位
　　D. 成肽在延长因子催化下进行的
　　E. 肽链从 C 端向 N 端延长

(二)思考题

1. 蛋白质生物合成中能终止多肽链延长的密码子有几个？各是什么？
2. 原核生物和真核生物多肽链合成起始阶段有何异同？
3. 蛋白质生物合成过程中,三类 RNA 的作用分别是什么？
4. 常见抗生素作用机制是什么？

(河南医学高等专科学校　杜秀红)

第十三章 基因表达调控与癌基因

学习目标

◆ 掌握 基因表达调控的基本概念及规律,乳糖操纵子的调控机制,癌基因和抑癌基因的基本概念。

◆ 熟悉 原核生物及真核生物基因表达在多层次上的调控机制,癌基因和抑癌基因表达产物与肿瘤发生的关系。

基因是生物遗传的基本单位,是能够表达生成一种功能 RNA 或多肽链所必需的一段 DNA 序列,包括编码序列和非编码序列(如调控序列、侧翼序列和插入序列)。某些病毒的基因由 RNA 构成。一般将编码 RNA 或多肽链的基因称为结构基因,而将表达生成调节蛋白并对结构基因表达有调控作用的基因称为调节基因。原核生物操纵子模型中,还有一类基因既不转录生成 RNA 也不翻译表达蛋白质,而只是作为调节基因编码调节蛋白的结合部位,从而控制结构基因转录。

基因表达就是基因转录及翻译的过程,也是基因所携带的遗传信息转变为有功能的 RNA 和蛋白质的过程。在一定调节机制控制下,大多数基因经历转录和翻译过程,产生具有特异生物学功能的蛋白质分子,赋予细胞或个体一定的功能或形态表型。但并非所有基因表达过程都产生蛋白质,如 rRNA、tRNA 编码基因转录产生 RNA 的过程也属于基因表达。

第一节 基因表达调控

各种生物的基因组都含有一定数量的基因,如细菌的基因组约含 4 000 个基因,酵母菌基因组约含 6 000 个左右基因,多细胞生物的基因达数万个,人类基因组含约 2 万个基因。通常情况下,生物基因组中只有小部分基因处于表达状态。例如,大肠埃希菌在一般情况下只有约 5% 的基因处于活跃表达状态,其余大多数基因不表达,或表达水平极低即生成很少的 RNA 或蛋白质。而且,各种基因的表达状态和表达水平随着生物个体生长发育时期及内外环境的改变而不断地发生着变化。例如,与细菌蛋白质生物合成有关的延长因子编码基因表达十分活跃,而参与 DNA 损伤修复有关的酶分子编码基因却极少表达,当有紫外线照射引起 DNA 损伤时,这些修复酶编码基因的表达就变得异常活跃。可见,生物体中具有某种功能的基因产物在细胞中的数量会随时间、环境而变化。中心法则提出后,科学家们一直在探索着究竟是何种机制调控着遗传信息的传递。1961年,F. Jacob和J. Monod提出了著名的操纵子学说,开创了基因表达调控研究的新纪元。基因表达调控是指细胞或生物体在接受内外环境信号刺激时或适应环境变化的过程中,使基因表达状态(开启或关闭)和基因表达水平(升高或降低)改变的过程,从而适应环境,维持生长和增殖,维持细胞分化与个体发育。

基因表达具有时间特异性和空间特异性。所有生物的基因表达都具有严格的规律性,时间特异性是指基因表达按一定的时间顺序发生。例如,编码甲胎蛋白(alphafetal protein,AFP)的基因在胎儿肝细胞中活跃表达,而在成年后这一基因的表达水平很低,几乎检测不到AFP蛋白。但是,当肝细胞发生转化形成肝癌细胞时,编码AFP的基因又重新被激活,大量的AFP被合成。因此,血浆中AFP的水平可以作为肝癌早期诊断的一个重要指标。多细胞生物从受精卵发育成为一个成熟个体,经历很多不同的发育阶段。在每个不同的发育阶段,都会有不同的基因严格按照自己特定的时间顺序开启或关闭,表现为与分化、发育阶段一致的时间性。因此,多细胞生物基因表达的时间特异性又称阶段特异性。空间特异性是指多细胞生物个体在特定生长发育阶段,同一基因在不同的组织器官表达不同,又称细胞特异性或组织特异性。如编码胰岛素的基因只在胰岛的β细胞中表达;编码肌浆蛋白的基因在成纤维细胞和成肌细胞中几乎不表达,而在肌原纤维中有高水平的表达。

基因表达的方式多样化。不同种类的生物遗传背景不同,同种生物不同个体生活环境不完全相同,不同的基因功能和性质也不相同。因此,不同的基因对生物体内、外环境信号刺激的反应性不同。有些基因在生命全过程中持续表达,有些基因的表达则受环境影响。按照对刺激的反应性,基因表达的方式或调节类型存在很大差异。组成型表达只受启动序列或启动子与RNA聚合酶相互作用的影响,而基本不受其他机制调节,因此,这一类基因的表达水平受环境因素影响较小,而且在生物体各个生长阶段的大多数或几乎全部组织中持续表达,或变化很小,与其相关的基因通常被称为管家基因。例如,三羧酸循环是一中枢性代谢途径,催化该途径各阶段反应的酶的编码基因就属于这类基因。与管家基因不同,另有一些基因表达很容易受外界环境变化的影响。随外环境信号变化,这类基因表达水平可以出现升高或降低的现象。可诱导基因在特定环境信号刺激下被激活,基因表达产物增加,其表达方式为诱导型表达。例如,细菌体内修复酶基因在DNA损伤时就会被激活。相反,可阻遏基因对环境信号应答时表达产物水平降低,其表达方式为阻遏型表达。例如,与细菌体内色氨酸合成有关的酶编码基因在培养基中色氨酸供应充分时,其表达就会被抑制。可诱导或可阻遏基因不仅受到启动序列或启动子与RNA聚合酶相互作用的影响,而且还受其他机制调节,因此这类基因的调控序列通常含有针对特异刺激的反应元件。

基因表达涉及多种大分子互作。基因表达的时间、空间特异性由特异的基因启动子(序列)和(或)增强子与调节蛋白相互作用决定。一个生物体的基因组中既有携带遗传信息的基因编码序列,也有能够影响基因表达的调控序列。一般说来,与被调控的编码序列位于同一条DNA链上的调控序列,又称为顺式作用元件,如启动子、增强子。另外一些蛋白质分子能对不在一条DNA链上的结构基因的表达起到调控的作用,因此称为反式作用因子。这些反式作用因子以特定的方式识别和结合在顺式作用元件上,实施精确的基因表达调控。作为反式作用因子的调节蛋白具有特定的空间结构,通过特异性地识别某些DNA序列与顺式作用元件发生相互作用。真核生物基因组结构比较复杂,使得有些调节蛋白不能够直接与DNA相互作用,而是首先形成蛋白质白质的复合物,然后再与DNA结合参与基因表达的调控。因此,蛋白质-DNA及蛋白质-蛋白质的相互作用是基因表达调控的分子基础。

基因表达调控呈现多层次和复杂性机制。无论是原核生物还是真核生物,基因表达调控体现在基因表达的全过程中,即在RNA转录合成和蛋白质翻译两个阶段都有控制其表达的机制。因此基因表达的调控是多层次的复杂过程,改变其中任何环节均会导致基因表达的变化。首先是DNA水平上的调控机制。遗传信息以基因的形式储存于DNA分子中,基因拷贝数越多,其表达产物也会越多,因此基因组DNA的部分扩增可影响基因表达。在多细胞生物,某一特定类型细胞的选择性扩增可能就是通过这种机制使某种或某些蛋白质分子高表达的结果。为适应某种特定需要而进行的DNA重排(DNA rearrangement)、DNA甲基化(DNA methylation)及DNA扩增等均可在遗传信息水平上影响基因表达。对于真核生物而言,染色质结构改变和组蛋白共价修饰也会影响基因的表达活性。其次是转录及转录后加工修饰水平上的调控机制。遗传信息经转录由DNA传向RNA过程中的许多环节,是基因表达调控最重要、最复杂的一个层次。在真核细胞,初始转录产物需经转录后加工修饰才能成为有功能的成熟mRNA并由细胞核转运至细胞质,对其转录后加工修饰及转运过程的控制也是调节某些基因表达的重要方式。近年来,以miRNA为代表的非编码RNA对基因表达调控的作用也日益受到重视,使我们可以在一个新的层面上理解基因表达调控。最后是翻译及翻译后加工修饰水平上的调控机制。翻译与翻译后加工可直接、快速地改变蛋白质的结构与功能,因而对此过程的调控是细胞对外环境变化或某些特异刺激应答时的快速反应机制。总之,在遗传信息传递的各个水平上均可进行基因表达调控。尽管基因表达调控可发生在遗传信息传递过程的任何环节,但转录水平,尤其是转录起始水平的调节,对基因表达起着至关重要的调控作用,因此转录起始是基因表达的基本控制点。

原核生物体系和真核生物体系在基因表达调控上都遵循一些共同的基本规律,如时空特异性、调控方式多样化、大分子互作和多层次等。然而,原核生物体系和真核生物体系在基因组结构及细胞结构上的差异使得它们的基因表达调控方式有所不同。原核细胞没有细胞核,遗传信息的转录和翻译发生在同一空间,并以偶联的方式进行。真核细胞具有细胞核,使得转录和翻译不仅具有空间分布的特征,而且还有时间上的先后顺序。

一、原核生物基因表达调控

原核生物基因组是具有超螺旋结构的闭合环状双链DNA分子,在结构上有以下特点:①结构基因在基因组中以操纵子为单位排列;②编码蛋白质的结构基因多为单拷贝基因,rRNA基因为多拷贝基因;③编码序列在基因组中所占的比例较大(约50%);④基因组的转录和翻译可以在同一时空内完成。原核生物基因表达调控可发生在DNA、转录和转录后、翻译和翻译后等环节,其中转录是主要调控点。

(一)原核生物基因表达的转录水平调控通常以操纵子模式实现

原核生物在转录水平的调控主要取决于转录起始速度,即主要调节的是转录起始复合物形成的速度。大多数基因表达调控是通过操纵子机制实现的。一个操纵子由结构基因区、转录调控区和调控蛋白组成。结构基因区通常是由若干个功能相关的基因串联排列在一起共同构成编码区。这些结构基因共用一个转录调控区和调控蛋白,因此 mRNA 是从几个首尾相连的结构基因一次转录而成,这样的 mRNA 分子携带了几个多肽链的编码信息,被称为多顺反子 mRNA。转录调控区包括启动子、操纵元件(也称操纵基因)及特殊 DNA 序列(如 cAMP-CAP 结合位点)。启动子是 RNA 聚合酶和调控蛋白作用的部位,是决定基因表达效率的关键元件。操纵元件并非编码功能蛋白的基因,而是一段与启动序列毗邻或重叠,且能被特异的调控蛋白识别和结合的 DNA 序列。与操纵序列结合的调控蛋白,可以分为三类:特异因子、阻遏蛋白和激活蛋白。这些调控蛋白的作用:①特异因子如 σ 决定 RNA 聚合酶对一个或一套启动序列的特异性识别和结合能力;②阻遏蛋白如 *Lac I* 基因编码产物可以识别、结合特异 DNA 序列—操纵序列,抑制基因转录,介导负调控;阻遏蛋白介导的负调控机制在原核生物中普遍存在;③激活蛋白可结合启动子邻近的特殊 DNA 序列,提高 RNA 聚合酶与启动序列的结合能力,从而增强 RNA 聚合酶的转录活性,介导正调控。分解代谢物基因激活蛋白(catabolitegene activator protein,CAP)就是一种典型的激活蛋白。有些基因在没有激活蛋白存在时,RNA 聚合酶很少或根本不能结合启动子,所以基因不能转录。诱导剂介导的诱导基因表达和阻遏剂介导的阻遏基因表达既存在于正调控也存在于负调控。

1. 乳糖操纵子(Lac)是典型的诱导型调控　E.coli 的乳糖操纵子含 Z、Y 及 A 三个结构基因,分别编码 β-半乳糖苷酶、半乳糖苷通透酶和半乳糖苷乙酰转移酶,三个酶的编码基因即由同一调控区和调控蛋白调节,实现基因产物的协调表达。调控区包括一个操纵序列、一个启动子及上游 CAP 结合位点。调控蛋白包括 *Lac I* 基因编码的 Lac I 阻遏蛋白和 CAP 蛋白,CAP 为同二聚体,分子内有 DNA 结合域及 cAMP 结合位点两个功能部位。

乳糖代谢酶基因的表达特点:在环境中没有乳糖时,这些基因处于关闭状态;只有当环境中有乳糖时,这些基因才被诱导开放,合成代谢乳糖所需要的酶。乳糖并非真正的诱导剂,乳糖操纵子的天然诱导剂是由乳糖异构化而来的半乳糖。在基因工程领域和分子生物学实验中,半乳糖的类似物异丙基硫代半乳糖苷(IPTG)被广泛应用,是一种作用极强的诱导剂,不被细菌代谢而十分稳定(图 13-1)。

当培养基中没有乳糖时,Lac 操纵子处于阻遏状态,Lac I 蛋白介导负调控。RNA 聚合酶与启动子序列无法结合,从而抑制 Z、Y 及 A 三个结构基因的转录启动。

当培养基中有乳糖却没有葡萄糖时,Lac 操纵子即可被诱导,并有 CAP 蛋白介导正调控。乳糖经半乳糖苷通透酶催化、转运进入细胞,再经原先存在于细胞中的少数 β-半乳糖苷酶催化,转变为半乳糖,后者作为一种诱导剂分子结合 Lac I 阻遏蛋白,使蛋白质构象变化,导致 Lac I 阻遏蛋白与操纵序列解离,发生转录。同时,cAMP 浓度增高,cAMP 与 CAP 结合在 Lac 启动序列附近的 CAP 位点,可刺激 Z、Y 及 A 三个结构基因的 RNA 转录活性,使之提高 50 倍。

Lac I 蛋白负调控与 CAP 蛋白正调控两种调节机制根据存在的碳源性质及水平

协调调节 Lac 操纵子的表达。当 Lac I 阻遏蛋白抑制结构基因转录时,CAP 蛋白对 Lac 操纵子不能发挥作用;但即使 Lac I 阻遏蛋白从操纵序列上解聚仍几乎没有转录活性,因为只有 CAP 蛋白才能提高转录活性。可见,两种机制相辅相成、互相协调、相互制约。

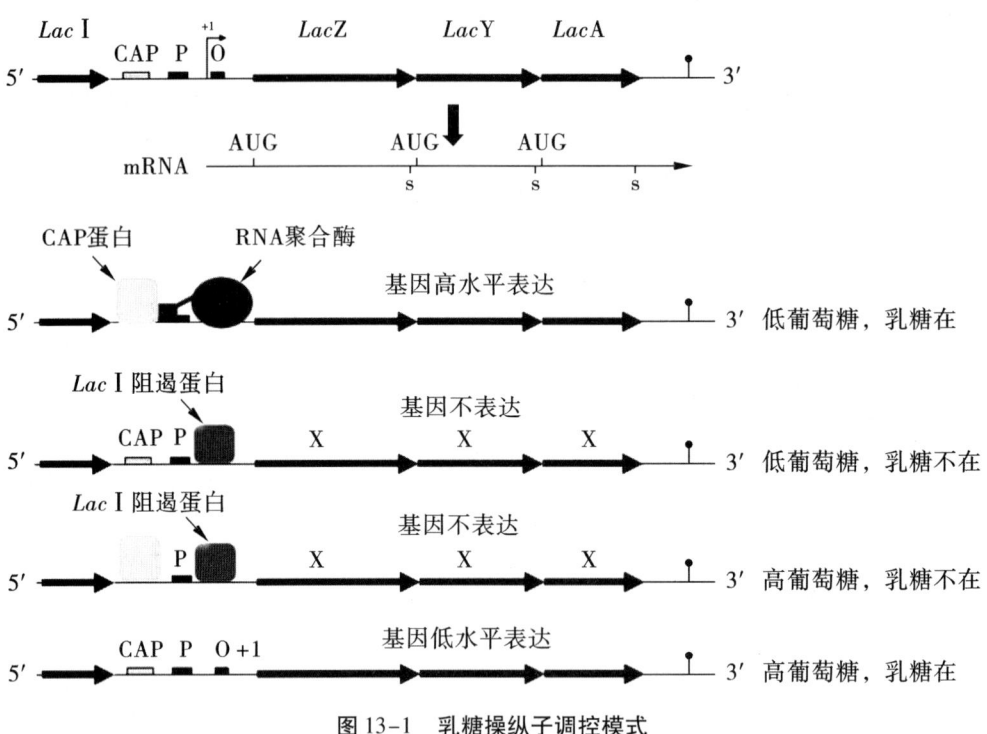

图 13-1　乳糖操纵子调控模式

2. 色氨酸操纵子(Trp)是典型的阻遏型调控　与乳糖操纵子相反,大肠埃希菌色氨酸操纵子是一个阻遏型操纵子。在细胞内无色氨酸时,阻遏蛋白不能与操纵序列结合,因此色氨酸操纵子处于开放状态,结构基因得以表达。当细胞内色氨酸的浓度较高时,色氨酸作为辅阻遏物与阻遏蛋白形成复合物并结合到操纵序列上,关闭色氨酸操纵子,停止用于合成色氨酸各种酶的表达。

3. 转录终止阶段有不同的调控机制　大肠埃希菌中存在两种终止调节方式,一种为衰减,另一种为抗终止。前者导致 RNA 链的过早终止,后者则阻止前者的发生,使下游基因得以表达。色氨酸操纵子通过利用原核生物中转录与翻译过程偶联进行,即首先翻译合成一段前导序列 L 从而实现转录衰减和有效关闭。色氨酸操纵子前导序列的结构特点及其发挥衰减作用的机制如图 13-2 所示。

前导序列 L 的结构特点:长度为 162 bp、内含 4 个特殊短序列,可分为 1、2、3 和 4 区域;区域 1 和 2 之间、区域 2 和 3 之间、区域 3 和 4 之间存在一些互补序列,都可以形成发夹结构,形成发夹结构的能力依次是 1/2 发夹>2/3 发夹>3/4 发夹;区域 3 和区域 4 互补结合后可形成不依赖于 ρ 因子的转录终止信号结构。

转录衰减的机制:色氨酸操纵子的转录与翻译是偶联进行的。当色氨酸的浓度较低时,前导肽的翻译因色氨酸量的不足,使核糖体结合在区域 1 上,停滞在连续两个色氨酸密码子部位,因此前导 mRNA 倾向于形成 2/3 发夹结构,转录继续进行;色氨酸的浓度较高时,前导肽的翻译顺利完成,核糖体快速前进到区域2,因此发夹结构在区域3和区域4形成,连同其下游的多聚U使得转录中途终止,表现出转录衰减。原核生物在色氨酸浓度高时,通过阻遏作用和转录衰减机制共同关闭基因表达的方式,保证了营养物质和能量的合理利用。前导序列发挥了随色氨酸浓度升高而降低转录的作用,故将这段序列称为衰减子。在Trp操纵子中,阻遏蛋白对结构基因转录的负调控起到粗调的作用,而衰减子起到精调的作用。

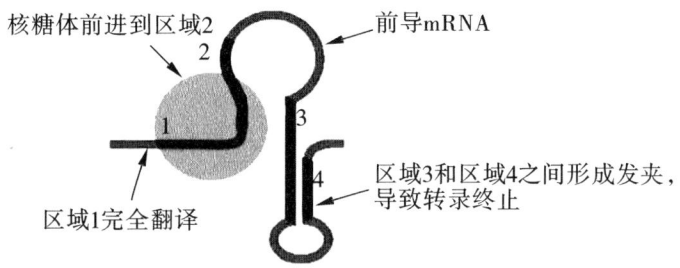

A.高浓度色氨酸,衰减mRNA

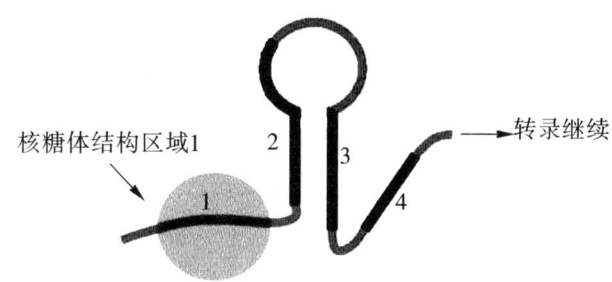

B.低浓度色氨酸,Trp mRNA

图13-2　色氨酸操纵子转录衰减机制

(二) 原核生物基因表达的翻译水平调控

与转录类似,翻译一般在起始和终止阶段受到调节,尤其是起始阶段。翻译起始的调节主要表现为调节分子直接或间接决定翻译起始位点能否为核糖体所利用。

1. SD序列对翻译的调控　细菌mRNA起始密码子上游约10个核苷酸之前的SD序列与16S rRNA序列互补的程度强烈地影响翻译起始的效率。不同基因的mRNA有不同的SD序列,它们与16S rRNA的结合能力也不同,从而控制着单位时间内翻译过程中起始复合物形成的数目,最终控制着翻译的速度。

2. 调节分子对翻译的调控　调节蛋白可以结合到起始密码子上,阻断与核糖体的结合,从而影响翻译起始。例如,S8是组成核糖体小亚基的一个蛋白质,可以与16S rRNA的茎环结构结合;L5是组成核糖体大亚基的一个蛋白质,它的mRNA的5′末端也能形成一个与16S rRNA的茎环结构相类似的结构。因此S8也能与L5的mRNA结合。当16S rRNA含量充足时,可以与所有的S8蛋白结合,不影响L5蛋白的合成;而当16S rRNA含量不足时,多余的S8则与L5 mRNA结合,阻遏L5蛋白质的合成,防止L5合成过量。

3. 反义 RNA 对翻译的调控 在一些细菌和病毒中还存在一类调节基因,能够转录产生反义 RNA,其含有与特定 mRNA 翻译起始部位互补的序列,通过与 mRNA 杂交阻断 30S 小亚基对起始密码子的识别及与 SD 序列的结合,抑制翻译起始。

4. mRNA 密码子的编码频率对翻译的调控 当基因中的密码子是常用密码子时,mRNA 的翻译速度快,反之,mRNA 的翻译速度慢。大肠埃希菌 *dnaG* 基因是引物酶编码基因,含有较多的稀有密码子,使得 mRNA 的翻译速度缓慢,防止引物酶合成过多。

二、真核生物基因表达调控

与原核细胞的基因表达调控机制相比,真核生物的基因组结构要复杂得多,加之细胞间广泛存在的信号通信网络,其基因表达调控的多样性和复杂性具有以下特点:①真核生物 DNA 与组蛋白紧密结合形成核小体并进一步折叠成染色质或染色体,因此真核生物基因表达时,常需要先解开核小体;②真核生物基因组中只有 10% 的序列编码蛋白质、rRNA、tRNA 等,其余 90% 的序列包括大量的重复序列功能尚不清楚;③真核生物编码蛋白质的基因转录后需要剪接去除内含子,这就增加了基因表达调控的层次,即转录后加工修饰;④真核生物转录产物是单顺反子 mRNA,许多功能相关的蛋白涉及多个基因的协调表达;⑤真核生物的遗传信息包括核 DNA 和线粒体 DNA,核内基因与线粒体基因的表达调控既相互独立又需要协调;⑥真核生物基因表达调控有正调控和负调控两种,但正调控在真核生物中占主导地位。真核基因表达调控过程包括了染色质激活、转录起始、转录后加工修饰、转录产物的细胞内转运、翻译起始、翻译后加工修饰等多个步骤。每一个环节都可以对基因表达进行干预,从而使得基因表达调控呈现出多层次和综合协调的特点。但是,转录起始的调控仍然是基因表达调控较为关键的环节。

(一) 染色质水平的调控

以染色质形式组装在细胞核内的 DNA 所携带的遗传信息表达直接受到染色质结构的制约。当基因被激活转录时,染色质一些区域结构松散,转录活性很高,这些区域被称为常染色质或活性染色质;另一些区域结构紧密,转录活性很低,则被称为异染色质。

1. 核酸酶对染色质转录活化的影响 活性染色质结构松散,缺乏或没有核小体结合的裸露 DNA 链对核酸酶高度敏感。超敏位点通常位于被活化基因的 5′侧翼区内。

2. 组蛋白对染色质转录活化的影响 在真核细胞中,核小体是染色质的基本结构单位,四种组蛋白(H2A、H2B、H3 和 H4 各 2 个分子)组成的八聚体构成核小体的核心颗粒,其外面盘绕着 146 bp 的 DNA 双螺旋链,两个相邻的核小体之间有一连接区,由长约 60 bp DNA 片段和 H1 组成。转录活跃区域的染色质组蛋白的特点:富含赖氨酸的 H1 组蛋白含量降低;H2A-H2B 组蛋白二聚体的不稳定性增加,使它们容易从核小体核心中被置换出来;核心组蛋白中富含的赖氨酸、精氨酸、组氨酸等带有正电荷的碱性氨基酸进行了乙酰化、磷酸化、甲基化、ADP-核糖基化和泛素化等修饰过程。这些特点都使得核小体的结构变得松弛而不稳定,降低核小体对 DNA 的亲和力,从而影响基因的转录活性。尤其是组蛋白的共价修饰对染色质转录活化有很大的影响。各种不同修饰的效应可能是协同的,也可能是相反的;可能是同时发生,也可能是在不同时刻;修饰的组蛋白底物可能相同,也可能不同。

组蛋白乙酰化酶介导催化的乙酰化修饰能够使组蛋白尾巴上碱性氨基酸 Lys 的正电荷减少,导致组蛋白八聚体与带有负电荷的 DNA 之间的亲和力降低,相应染色质区域的结构变得松散,有利于转录因子与 DNA 启动子结合启动基因的转录,增强其表达水平,而乙酰基化的组蛋白可在组蛋白脱乙酰基酶的催化下,脱去乙酰辅酶 A 提供的乙酰基,使基因恢复非活性状态。除了组蛋白乙酰化酶和组蛋白去乙酰化酶发挥共价修饰,组蛋白甲基转移酶与组蛋白脱甲基酶也在染色质水平的基因表达调控中具有重要作用。由 S-腺苷甲硫氨酸为甲基供体进行的组蛋白甲基化修饰能够增加碱性氨基酸 Lys、Arg 的疏水性,因而增强其与 DNA 的亲和力,抑制基因转录。组蛋白的磷酸化修饰主要发生在 Ser 和 Thr 残基上,由特异性蛋白激酶催化中和组蛋白分子中的正电荷,降低组蛋白与 DNA 的亲和力,促进基因的转录,因此在细胞有丝分裂和减数分裂期间染色体浓缩及基因转录激活过程中发挥重要的调节作用。

3. DNA 甲基化对染色质转录活化的影响　DNA 甲基化是指由 DNA 甲基转移酶催化,S-腺苷甲硫氨酸为甲基供体,在真核基因组中胞嘧啶的第 5 位碳原子添加甲基后修饰为 5-甲基胞嘧啶的反应过程,以序列 CG 中的胞嘧啶甲基化最为常见。DNA 甲基化是真核生物在染色质水平控制基因转录的重要机制。人们将这些 CpG 成串出现在 DNA 分子中的区段称作 CpG 岛。CpG 岛主要位于基因的启动子和第一外显子区域,约有 60% 以上基因的启动子含有 CpG 岛。在处于转录活跃状态的染色质中,CpG 岛的甲基化程度下降,而 CpG 岛的高甲基化促进染色质形成致密结构,因而不利于基因表达。因此 CpG 岛的甲基化是诱导突变,产生癌症等疾病的罪魁祸首。

DNA 甲基化,组蛋白的乙酰化、甲基化等修饰这些甲基化可以遗传给子代细胞,这种现象称为表观遗传。这种遗传信息不是蕴藏在 DNA 序列中,而是通过对染色质结构的影响及基因表达调控而实现的。

4. DNA 重排对染色质转录活化的影响　DNA 重排是指某些基因片段改变了原来存在的顺序而重新组合形成一个新的转录单位。

5. DNA 扩增对染色质转录活化的影响　DNA 扩增是指生物细胞在增殖过程中,某些基因的拷贝数增加的现象。它使得细胞在短期内产生大量的基因产物以满足机体适应环境变化或生长发育的需要。但是,不适当的基因扩增可造成疾病的发生,如细胞癌变。

(二)顺式作用元件是转录水平起始调控的关键调节部位

与原核细胞一样,转录起始是真核生物基因表达调控的关键,绝大多数真核基因调控机制几乎普遍涉及顺式作用元件与反式作用因子的相互作用。顺式作用元件是指对基因转录有调控作用的 DNA 序列。根据顺式作用元件在基因中的位置、转录激活作用的性质及发挥作用的方式,可将真核基因的这些功能元件分为启动子、增强子及沉默子等。

1. 启动子对转录水平起始调控的影响　真核生物启动子一般包括转录起始点及其上游 100~200 bp 序列,上游序列包含若干具有独立功能的 DNA 序列(保守序列)元件,每个元件长 7~30 bp。例如,最具典型意义的就是 TATA 盒,它的共有序列是 TATAAAA。TATA 盒通常位于转录因子 TFⅡD 的结合位点,控制转录起始的准确性及频率。真核生物有三种 RNA 聚合酶,它们分别结合在 3 类不同的启动子上负责转录不同的RNA。

2. 增强子对转录水平起始调控的影响　增强子是一类能够提高转录效率的顺式作用元件,长度大约是200 bp,可使基因转录效率提高100倍或更多。增强子也是由若干功能组件组成,其核心组件常为8~12 bp,以单拷贝或多拷贝串联的形式存在。在酵母,有一种类似高等真核增强子样作用的序列,称为上游激活序列,其在转录激活中的作用方式与增强子类似。增强子的功能及其作用特征:①增强子是组织特异性转录因子的结合部位,当某些细胞或组织中存在能够与之相结合的特异转录因子时方能表现活性;②增强子不仅能够在基因的上游或下游起作用,而且还可以远距离实施调节作用(通常情况为1~4 kb);③增强子作用与序列的方向性无关;④增强子需要有启动子才能发挥作用,没有启动子存在,增强子不能表现活性;⑤增强子对启动子没有严格的专一性,同一增强子可以影响不同类型启动子的转录。

3. 沉默子对转录水平起始调控的影响　沉默子是一类降低基因转录效率的负性调控元件。沉默子一般处于结构基因远端上游区,当其结合特异性转录因子时,临近区域DNA构象发生变化,导致基因沉默,最初在酵母中发现。

(三) 反式作用因子是转录水平起始调控的关键分子

绝大多数真核转录调节因子(TF)由其编码基因表达后,通过识别、结合特异的顺式作用元件而增强或降低靶基因的表达,因此,转录因子也被称为反式作用蛋白或反式作用因子。真核生物转录调控的基本方式就是反式作用因子对顺式作用元件的识别与结合,即通过DNA—蛋白质的相互作用实施调控。并不是所有真核转录调节蛋白都起反式作用,也有些基因产物可特异识别、结合自身基因的调节序列,调节自身基因的开启或关闭,这就是顺式调节作用。具有这种调节方式的调节蛋白称为顺式作用蛋白。依据功能特性,可将转录因子分为通用转录因子和特异转录因子两大类。

1. 通用转录因子　这些转录因子是RNA聚合酶介导基因转录时所必需的一类辅助蛋白质,帮助聚合酶与启动子结合并起始转录,对所有基因都是必需的。因被视为RNA聚合酶的组成成分或亚基,故又称为基本转录因子。通用转录因子的存在没有组织特异性,因而对于基因表达的时空选择性并不重要。

2. 特异转录因子　这些转录因子为个别基因转录所必需,因自身的含量、活性和细胞内定位随时都受到细胞所处环境的影响,从而决定个别基因表达的时空特异性,故称特异转录因子。特异性转录因子在细胞分化和组织发育过程中具有重要作用。例如,胚胎干细胞的分化方向在相当大的程度上是由细胞内转录因子的种类所决定。阐明各种组织细胞所特有的转录因子种类,就有可能控制细胞的分化方向。

特异转录因子有的起转录激活作用,有的起转录抑制作用。前者称转录激活因子,后者称转录抑制因子。转录激活因子通常是一些增强子结合蛋白(enhancer binding protein,EBP);多数转录抑制因子是沉默子结合蛋白,但也有抑制因子以不依赖DNA的方式起作用,而是通过蛋白质-蛋白质相互作用"中和"转录激活因子或基本转录因子TFIID,降低它们在细胞内的有效浓度,抑制基因转录。

RNA聚合酶与启动子的结合、启动转录需要多种蛋白质因子的协同作用。因子和因子之间互相辨认、结合,以准确地控制基因是否转录、何时转录。

3. 转录因子作用的结构特点　大多数转录因子是DNA结合蛋白,至少包括两个不同的结构域:DNA结合域和转录激活域;此外,很多转录因子还包含一个介导蛋白质-蛋白质相互作用的结构域,最常见的是二聚化结构域。

转录因子的 DNA 结合结构域主要有以下几种。①锌指模体结构是一类含锌离子的形似手指的蛋白模体。每个重复的"指"状结构约含 23 个氨基酸残基,锌离子与肽链上的组氨酸(His)或半胱氨酸(Cys)残基结合,这 4 个氨基酸残基与二价锌离子之间形成配位键(图 13-3)。主要有 2 种类型的锌指:Cys2/Cys2 锌指和 Cys2/His2 锌指。反式作用因子可有多个这样的锌指重复单位。每一个单位可将其指部伸入 DNA 双螺旋的大沟和小沟内,接触 5 个核苷酸。例如,与 GC 盒结合的人成纤维细胞转录因子 SPI 中就有 3 个锌指重复结构。②碱性螺旋-环-螺旋(basic helix-loop-helix, HLH)模体结构由 40~50 个氨基酸形成 2 个两性 α-螺旋,中间由一个短肽段形成的环所连接,其中一个 α-螺旋的 N-末端富含碱性氨基酸残基,是与 DNA 结合的结合域。bHLH 模体通常以二聚体形式存在,而且两个 α-螺旋的碱性区之间的距离大约与 DNA 双螺旋的一个螺距相近,使两个 α-螺旋的碱性区刚好分别嵌入 DNA 双螺旋的大沟内。③碱性亮氨酸拉链(basic leucine zipper, bZIP)模体结构的特点是蛋白质 C-末端的 35 个氨基酸形成 α-螺旋,每隔 6 个氨基酸出现一个疏水性的亮氨酸残基。而 α-螺旋的另一侧是带电荷的氨基酸残基,形成亲水区。通过疏水区相互作用,使两个 α-螺旋彼此通过疏水区结合形成二聚体结构,犹如拉链一样。该二聚体的 N-末端是富含碱性氨基酸的区域,可以借助其正电荷与 DNA 骨架上的磷酸基团结合(图 13-4)。

不同的转录因子具有不同的转录激活结构域,根据氨基酸的组成特点,转录激活结构域可分为三类。①酸性激活结构域:是一段富含酸性氨基酸的保守序列,常形成带负电荷的 β-折叠,通过与 TFⅡD 的相互作用协助转录起始复合物的组装,促进转录。②富含谷氨酰胺结构域:N-末端的谷氨酰胺残基含量可高达 25% 左右,通过与 GC 盒结合发挥转录激活作用。③富含脯氨酸结构域:C-末端的脯氨酸残基含量可高达 20%~30%,通过与 CAAT 盒结合来激活转录。

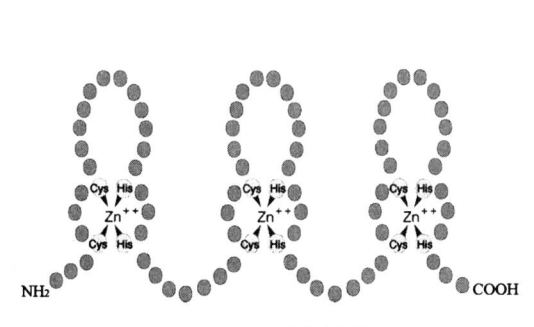

图 13-3 锌指模体

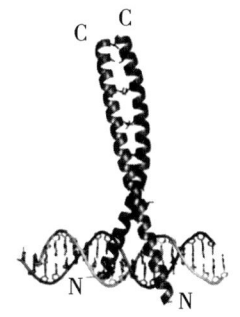

图 13-4 碱性亮氨酸拉链模体

蛋白质结合域:即蛋白质-蛋白质相互作用的结构域,又称二聚化结构域。二聚化作用与 bZIP 的亮氨酸拉链、bHLH 的螺旋-环-螺旋结构有关,也是反式作用因子调控基因表达的重要方式。

(四)转录后水平的调控

真核生物的 RNA 产物要被运送至细胞质中去执行功能,其稳定性如何以及其降解过程都可以影响基因表达的最终结果。

1. mRNA 的稳定性对转录后水平调控的影响　作为蛋白质生物合成的模板，mRNA 的稳定性将直接影响基因表达最终产物的数量，因此是转录后对基因表达进行调控的一个重要因素。真核生物 mRNA 分子的半衰期差别很大，有的可长达数十小时以上，而有的则只有几十分或更短。影响细胞内 mRNA 稳定性的因素很多，主要有下面几点：①5′端的帽子结构可以增加 mRNA 的稳定性该结构，可以使得 mRNA 免于在 5′核酸外切酶的作用下被降解，从而延长了 mRNA 的半衰期；此外，帽子结构还可以通过与相应的帽子结合蛋白结合而提高翻译的效率，并参与 mRNA 从细胞核向细胞质的转运；②3′端的 polyA 及其结合蛋白可以防止 3′核酸外切酶降解 mRNA，增加 mRNA 的稳定性。

2. mRNA 前体的选择性剪接对转录后水平调控的影响　通常状态下，mRNA 前体经过去除内含子序列后成为一个成熟的 mRNA，并被翻译成为一条相应的多肽链。但是参与拼接的外显子可以不按照其在基因组内的线性分布次序拼接，内含子也可以不完全被切除，由此产生了选择性剪接。选择性剪接的结果是由同一条 RNA 前体产生了不同的成熟 mRNA，并由此产生了完全不同的蛋白质。这些蛋白质的功能可以完全不同，显示了基因调控对生物多样性的决定作用。

（五）翻译及翻译后水平的调控

在翻译水平上，目前发现的一些调节点主要在起始阶段和延长阶段，尤其是起始阶段。如对起始因子活性的调节、Met-tRNA 与小亚基结合的调节、mRNA 与小亚基结合的调节等。其中通过磷酸化作用改变起始因子活性这一点成为新的研究热点。

1. 起始因子的活性对翻译水平调控的影响　蛋白质合成速率的快速变化在很大程度上取决于起始水平，通过磷酸化调节真核翻译起始因子（eukaryotic initiation factor, eIF）的活性对起始阶段有重要的控制作用。细胞内翻译起始因子 eIF-2 有磷酸化和去磷酸化两种形式。eIF-2 主要参与起始 Met-tRNA$_i$ 的进位过程，其活性因磷酸化与 GDP 及鸟苷酸交换因子（guanine nucleotide exchange factor, GEF，又称 eIF-2B）结合形成紧密复合物而降低，导致蛋白质合成受到抑制。因此，eIF-2 只有在去磷酸化状态下才表现出活性。在病毒感染的细胞中，细胞抗病毒机制之一即是通过双链 RNA 激活一种蛋白激酶，使 eIF-2 磷酸化，从而抑制蛋白质合成的起始。

2. eIF-4E 和 eIF-4E 结合蛋白对翻译水平调控的影响　帽结合蛋白 eIF-4E 与 mRNA 帽结构的结合是翻译起始的限速步骤，磷酸化的 eIF-4E 与帽子结构的结合力显著增强，因而可提高翻译的效率。磷酸化修饰及与抑制物蛋白的结合均可调节 eIF-4E 的活性。胰岛素及其他一些生长因子都可增加 eIF-4E 的磷酸化而加快翻译，促进细胞生长。此外，胰岛素还可以通过激活特异性蛋白激酶而使 eIF-4E 结合蛋白（eIF-4E 的抑制物）磷酸化，磷酸化后的抑制物蛋白会与 eIF-4E 解离，激活 eIF-4E。

3. RNA 结合蛋白对翻译水平调控的影响　RNA 结合蛋白是指那些能够与 RNA 特异序列结合的蛋白质。基因表达调控的许多环节都有 RNA 结合蛋白的参与，铁蛋白相关基因的 mRNA 翻译调节就是 RNA 结合蛋白参与基因表达调控的典型例子。作为特异 RNA 结合蛋白，IRE 结合蛋白在调节铁转运蛋白受体 mRNA 稳定性方面起重要作用。IRE 位于铁蛋白 mRNA 的 5′UTR。当细胞内铁浓度降低时，IRE 结合蛋白处于活化状态，结合 IRE 而阻碍 40S 小亚基与 mRNA 5′端起始部位结合，抑制铁蛋白的翻译起始；铁浓度上升时，IRE 结合蛋白从 mRNA 5′端的 IRE 上脱落，蛋白质翻译抑制解除，铁蛋白合成加速。

4. 翻译产物水平及活性的调节对翻译后水平调控的影响　许多蛋白质需要在合成后经过特定的修饰才具有功能活性。通过对蛋白质的可逆的磷酸化、甲基化、酰基化修饰等共价修饰，可以达到调节蛋白质功能的作用，是基因表达的快速调节方式。此外，新合成蛋白质的半衰期长短是决定蛋白质生物学功能的重要影响因素。因此，通过对新生肽链的水解和运输，可以控制蛋白质的浓度在特定的部位或亚细胞器保持在合适的水平。

5. miRNA 的介导对转录后水平调控的影响　miRNA 是由一段具有发夹环结构的前体加工后形成的小分子非编码单链 RNA，长度为 20~25 个碱基。miRNA 基因以单拷贝、多拷贝或基因簇等多种形式存在于基因组中，而且绝大部分位于基因间隔区。miRNA 序列在不同生物中具有一定的保守性，具有明显的表达阶段特异性和组织特异性，miRNA 的广泛性和多样性提示它们可能具有非常重要的生物学功能。miRNA 在细胞内首先形成长度为 70~90 个碱基的单链 RNA 前体（pre-miRNA），再经一种称为 Dicer 酶的 RNA 酶进行剪切后形成。这些成熟的 miRNA 与其他蛋白质一起组成 RNA 诱导的沉默复合体（RNA-induced silencing complex，RISC），通过与其靶 mRNA 分子的 3′端非翻译区域（3′UTR）互补匹配，从而抑制该 mRNA 分子的翻译。

6. siRNA 的介导对转录后水平调控的影响　与 miRNA 一样，干扰小 RNA（siRNA）也属于非编码小分子 RNA，它们具有一些共同的特点：均由 Dicer 切割产生；长度都在 22 个碱基左右；都与 RISC 形成复合体，与 mRNA 作用而引起基因沉默。

siRNA 是细胞内的一类双链 RNA（double-stranded RNA，dsRNA），在特定情况下通过一定酶切机制，转变为具有特定长度（21~23 个碱基）和特定序列的小片段 RNA。双链 siRNA 参与 RISC 组成，与特异的靶 mRNA 完全互补结合，导致靶 mRNA 降解，阻断翻译过程。这种由 siRNA 介导的基因表达抑制作用被称为 RNA 干扰（RNA interference，RNAi）（图 13-5）。RNAi 实际上是通过降解识别、清除外源 dsRNA 或同源单链 RNA、在转录后水平发生的一种基因表达调节机制，是生物体本身固有的一种对抗外源基因侵害的自我保护现象。同时，由于外源 dsRNA 导入细胞后也可以引起与 dsRNA 同源的 mRNA 降解，进而抑制其相应的基因表达，RNAi 又被作为一种新技术广泛应用于功能基因组研究中。

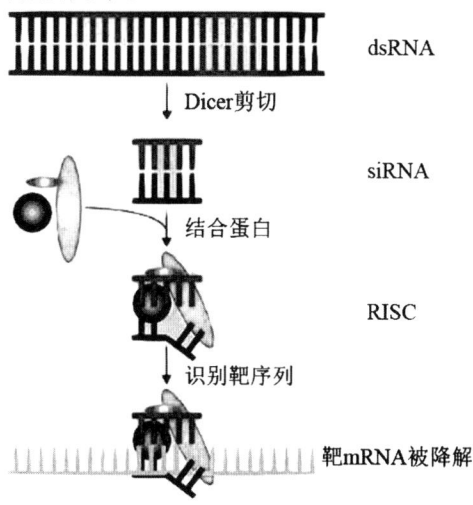

图 13-5　RNA 干扰作用机制

第二节 癌基因与抑癌基因

正常机体内,细胞增殖与分化是在正、负两类调控信号分子精密调控下有条不紊地进行的。正调控信号促进细胞生长和增殖,阻碍细胞终极分化,支持细胞存活;负调控信号抑制增殖、促进分化和凋亡。两类信号在细胞内的效应相互拮抗,维持平衡。当这些调控信号失衡时,细胞的增殖、分化与凋亡出现紊乱,甚至导致癌变而成为肿瘤细胞。目前,癌基因和肿瘤抑制基因从基因角度阐述肿瘤发生和发展的分子机制从而形成重要的理论,为肿瘤的分子靶向治疗奠定了基础。如针对癌基因产物 EGFR 的易瑞沙用于治疗肺癌,针对 PDGFR 和 Raf 等癌基因表达产物的索拉菲尼用于治疗肾癌、肺癌和肝癌。

一、癌基因

癌基因是基因组内正常存在的基因,其编码产物通常作为正调控信号,促进细胞的增殖和生长。癌基因的突变或表达异常是细胞恶性转化(癌变)的重要原因。

(一)癌基因的基本概念

目前认为广义的"癌基因"概念是指凡能编码生长因子、生长因子受体、细胞内信号转导分子及与生长有关的转录调节因子等的基因。癌基因原本就存在于大部分生物的正常基因组中,因而癌基因又被称为细胞癌基因(cellular oncogene,c-onc)或原癌基因(proto-oncogenes,pro-onc)。存在于病毒中的被称为病毒癌基因(virus oncogene,c-onc)。

1. 细胞癌基因　肿瘤发生是由于细胞中的原癌基因在致癌因素的作用下激活或突变为致癌基因而引起。细胞癌基因在进化上高度保守,从单细胞酵母、无脊椎生物到脊椎动物乃至人类的正常细胞都存在着这些基因。细胞癌基因的表达产物对细胞正常生长、繁殖、发育和分化起着精确的调控作用。在某些因素(如放射线、有害化学物质等)作用下,这类基因结构发生异常或表达失控,导致细胞生长增殖和分化异常,部分细胞发生恶变从而形成肿瘤。目前,可以依据对其编码产物功能的认识,将细胞癌基因进行分类。重要的癌基因家族有 ras、src、erb、myc 等。

src 家族包括 src、abl、lck 等多个基因。该基因家族的产物在细胞内常位于膜的内侧部分,具有蛋白酪氨酸激酶活性,接受蛋白酪氨酸激酶类受体的活化信号而激活,促进增殖信号的转导。这些酶因突变而导致的持续活化是其促进肿瘤发生的主要原因。

ras 家族包括 h-ras、k-ras、n-ras 等成员。在肿瘤中发生的突变主要引起 GTP 酶活性的丧失,Ras 始终以 GTP 结合形式存在,即处于持续活化状态,导致细胞内的增殖信号通路持续开放。

myc 家族包括 c-myc、n-myc、l-myc 等数种基因。这些基因编码核内转录因子,直接调节与细胞增殖相关的基因转录。

2. 病毒癌基因　癌基因最早发现于反转录病毒中。1911 年,F. Rous 医生首次提出病毒引起肿瘤,但直到 20 世纪 50 年代才得到实验证实,命名为罗氏肉瘤病毒(Rous

sarcom virus, RSV)。以后又在其他反转录病毒中又陆续发现了一些使宿主患肿瘤的基因。为区别于后来发现的细胞原癌基因,将这一类存在于病毒中的致癌基因称为病毒癌基因(v-onc),如 *v-src*。目前已发现的病毒癌基因有 30 多种,主要是 RNA 病毒,大多数是反转录病毒,如 RSV;也可以是 DNA 病毒,如乙型肝炎病毒。

RSV 感染宿主后,会以病毒 RNA 为模板,在反转录酶催化下合成双链 DNA 的前病毒,随后病毒 DNA 随机整合于宿主细胞基因组内,通过重排或重组,将细胞中的原癌基因 src 导入 rsv 基因组内,使 RSV 转变成为携带 SRC 的病毒,获得致癌能力。虽然病毒癌基因来源于宿主细胞,但是整合重组过程中,其结构发生了许多变化,如内含子缺失、编码区截短及突变等。正是由于这些变化,病毒癌基因对细胞的恶性转化能力明显强于细胞中的原癌基因。

(二)癌基因活化的机制

细胞原癌基因在物理、化学及生物因素的作用下发生突变即原癌基因的活化,使其表达产物和表达方式发生改变,导致细胞脱离正常的信号控制引发恶性转化。细胞原癌基因活化的机制主要有下述四种。

1. **病毒启动子或增强子插入原癌基因** 反转录病毒基因组中的长末端重复序列(LTR)内具有活性较强的启动子或增强子元件,感染细胞时可随机整合到宿主细胞的原癌基因附近或内部中,导致该基因的过量表达。如禽类白细胞增生病毒引起的淋巴瘤,就是因为该病毒的 LTR 序列整合到宿主的 *c-myc* 基因附近,LTR 中的强启动子可使 *c-myc* 的表达比正常高出 30~100 倍。

2. **原癌基因染色体易位** 染色体易位和重排可使原来无活性的原癌基因转位至强的启动子或增强子的附近而被活化,导致肿瘤的发生。例如,人 Burkitt 淋巴瘤细胞中,位于 8 号染色体上的 *c-myc* 基因移到 14 号染色体上,与免疫球蛋白重链基因的启动子连接在一起,使 *c-myc* 转录水平升高,翻译产生大量的 MYC 蛋白。

3. **原癌基因扩增** 通过基因扩增,原癌基因拷贝数可升高几十甚至上千倍不等,从而导致编码产物过量表达,细胞发生转化。例如,小细胞肺癌中 *c-myc* 的扩增和乳腺癌中 *her2/neu* 的扩增都在肿瘤发生中具有重要作用。

4. **原癌点突变** 在射线或化学致癌剂作用下,原癌基因可能发生点突变,从而改变表达蛋白的氨基酸的组成,造成蛋白质结构变异。如 H-RAS 中的第 12 位密码子 GCC,在膀胱癌中突变为 GTC,使得表达产物 Ras 的第 12 位甘氨酸变为缬氨酸,结果使其丧失 GTP 酶活性,Ras 始终以 GTP 结合的活性形式存在。

(三)原癌基因的产物与功能

原癌基因编码产物的主要功能是参与调控细胞增殖、分化与生长等各个环节。依据它们在细胞信号转导系统中的作用分为以下四类。

1. **细胞外生长因子** 生长因子作用于膜受体,经过各种信号通路如 MAPK 通路等,引发一系列细胞增殖相关基因的转录激活。目前已知与恶性肿瘤发生和发展有关的生长因子有血小板源生长因子(plantelet derived growth factor, PDGF)、表皮生长因子(epidermal growth factor, EGF)、转化生长因子-β(transforming growth factor-β, TGF-β)、成纤维细胞生长因子(fibroblast growth factor, FGF)、类胰岛素生长因子-1(insulin-like growth factor-1, IGF-1)等。

2. **跨膜生长因子受体** 主要为两类：一类为酪氨酸蛋白激酶类受体，另一类为非酪氨酸蛋白激酶类受体。酪氨酸蛋白激酶类受体在接受胞外的生长刺激信号后，通过各种信号通路如MAPK通路、PI-3K-Akt通路等加速增殖信号在胞内转导。

3. **细胞内信号转导分子** 胞外生长因子与膜受体结合后，借助一系列胞内信号转导体系，将接收到的生长信号传递至核内，促进细胞增殖。这些信号转导分子多数是原癌基因的产物，或者通过这些基因产物的作用影响第二信使，如cAMP、DAG、Ca^{2+}等。作为胞内信号转导分子的原癌基因产物包括非受体酪氨酸激酶SRC、ABL等，蛋白丝/苏氨酸激酶RAF等，低分子量G蛋白RAS等。

4. **核内转录因子** 某些癌基因表达的蛋白质是反式作用因子，通过与靶基因的顺式作用元件相结合，直接促进细胞增殖靶基因的转录。

二、抑癌基因

癌基因和抑癌基因相互制约，维持细胞增殖正负调控信号的相对稳定。与癌基因一样，抑癌基因也是调节细胞正常生长和增殖的基因，又称肿瘤抑制基因或抗癌基因。当抑癌基因不能表达，或者当它们的产物失去活性时，细胞就会异常生长和增殖，最终导致细胞癌变。

早在20世纪20年代，T. Biveri就提出正常细胞中存在特异的抑制细胞增殖的因素，肿瘤细胞因失去某种抑制性染色体而能无限增殖。20世纪60年代，H. Harris开创了杂合细胞的致癌性研究，提示正常细胞中有抑制肿瘤的基因即抑癌基因。A. Knudson在研究视网膜母细胞瘤（retinoblastoma，Rb）的流行病学中发现家族性Rb患者的肿瘤与rb基因的突变失活有关。

抑癌基因对生长起着负调控作用，能抑制细胞的恶性增长。其编码产物的功能主要有诱导细胞分化、维持基因组稳定、触发或诱导细胞凋亡等。

三、癌基因和抑癌基因与肿瘤发生

（一）癌基因表达产物促进肿瘤发生发展

在许多人类肿瘤中都存在某些癌基因的过度活化，从而在肿瘤的发病机制中扮演着重要的角色，也为肿瘤治疗提供了靶位，以下述3个基因为例。

1. *braf* BRAF蛋白质属于蛋白丝/苏氨酸激酶，是MAPK信号通路的重要组成分子，在调控细胞增殖、分化等方面发挥重要作用。肿瘤中*braf*基因存在不同比例的基因突变，其中约60%的黑素瘤中BRAF蛋白第600位氨基酸从缬氨酸突变为谷氨酸最为常见，导致B-Raf的持续激活。已有针对这类突变的分子靶向药物威罗菲尼用于临床，该药可阻断突变B-Raf的活性，从而抑制肿瘤生长。

2. *her2* HER2是表皮生长因子受体家族成员，具有蛋白酪氨酸激酶活性，能激活下游信号通路，从而促进细胞增殖和抑制细胞凋亡。30%的乳腺癌患者中，*her2*基因发生扩增或过度表达，其表达水平与治疗后复发率及不良预后显著相关。针对其过度表达的单克隆抗体药物赫赛汀已在临床使用。

3. *bcr-abl* 慢性粒细胞白血病患者细胞内存在一种费城染色体（Philadelphia chromosome，Ph），是由9号染色体与22号染色体之间发生易位而形成的，从而产生癌

基因 *bcr-abl*，编码的蛋白质具有持续活化的蛋白酪氨酸激酶活性，能促进细胞增殖，并增加基因组的不稳定性。95%的慢性粒细胞白血病患者都伴有 *bcr-abl* 融合基因的产生，在一些急性淋巴白血病患者中也有发现。针对 BCR-ABL 融合蛋白的药物伊马替尼 2001 年被美国食品药品监督管理局批准用于临床治疗。

(二) 抑癌基因失活促进肿瘤发生突变

以 *rb*、*p53*、*pten* 这三个抑癌基因为例，简要介绍抑癌基因的失活在肿瘤发生发展中的作用机制。

1. *rb* 基因　*rb* 基因位于染色体 13q14，有 27 个外显子，mRNA 长 4.7 kb，编码蛋白产物为 105 kDa。*rb* 基因失活不仅与 *rb* 及骨肉瘤有关，在许多散发性肿瘤，如 50%~85% 的小细胞性肺癌、10%~30% 的乳腺癌、膀胱癌和前列腺癌中都有发现 *rRb* 基因失活。

Rb 蛋白有磷酸化和去磷酸化两种形式，Rb 蛋白的磷酸化作用随细胞周期发生改变，其磷酸化程度受细胞周期蛋白（cyclin）及细胞周期蛋白依赖性激酶（cyclin-dependent kinase, CDK）直接控制。低磷酸化 Rb 通过与转录因子 E2F-1 结合并使之失活，导致 S 期必需基因产物如二氢叶酸还原酶、胸苷激酶、DNA 聚合酶 α 等的合成受限，细胞周期的进展受到抑制。而高磷酸化 Rb 不能与 E2F-1 结合，将导致这些基因开放，促进细胞通过 G1-S 关卡。*rb* 基因的缺失使得细胞丧失了该关卡的"守卫"，细胞周期进程失控，细胞异常增生。

2. *p53* 基因　人的 *p53* 基因定位于 17p13，全长 16~20 kb，含有 11 个外显子，转录 2.8 kb 的 mRNA，编码蛋白为 P53，具有转录因子活性。P53 基因是目前研究最多也是迄今发现在人类肿瘤中发生突变最广泛的抑癌基因。P53 蛋白由 393 个氨基酸残基构成，在体内以四聚体形式存在。

正常情况下，细胞中 P53 蛋白含量很低，但在维持细胞正常生长、抑制恶性增殖时，可升高 5~100 倍以上，因而被冠以"基因卫士"称号。*p53* 基因与细胞生长、增殖、凋亡、DNA 修复等过程紧密相关，目前的研究认为约 50% 的恶性肿瘤中存在 *p53* 基因突变或蛋白功能缺失，如肝癌、胃癌、肺癌、乳腺癌等。

3. *pten* 基因　*pten* 基因（第 10 号染色体缺失的磷酸酶及张力蛋白同源基因）是继 *p53* 基因后发现的另一个与肿瘤发生关系密切的抑癌基因。人的 *pten* 基因定位于 10q23.3，共有 9 个外显子和 8 个内含子，编码 5.15 kb 的 mRNA，PTEN 蛋白由 403 个氨基酸残基组成，分子量约为 56 kDa。

pten 是迄今为止发现的第一个具有双特异磷酸酶活性的抑癌基因，其编码产物 PTEN 具有磷脂酰肌醇-3,4,5-三磷酸 3-磷酸酶活性，催化水解磷脂酰肌醇-3,4,5-三磷酸（PIP_3）成为 PIP_2，而 PIP3 是胰岛素、表皮生长因子等细胞生长因子的信号转导分子，从而抑制 PI-3K/Akt 信号通路，起到细胞生长负调节性的作用。

4. 其他基因　另一个备受研究人员关注的抑癌基因是 *apc*，它在 85% 的结肠癌中发生缺失或功能失活。研究表明 *apc* 直接参与 Wnt 信号通路，精确调控该信号通路的活化程度。

vhl 基因也是一类抑癌基因，编码产物 pVHL 参与细胞周期调控、细胞内信号转导、转录调控、血管生成等过程，发挥抑癌作用，该蛋白是 E3 泛素连接酶家族成员，可通过泛素化相关蛋白质而促使其降解。*vhl* 基因失活包括突变、甲基化、杂合性缺失等

机制。研究表明其功能缺失与小细胞肺癌、宫颈癌、肾透明细胞癌关系密切。在正常机体内，pVHL 能够介导缺氧诱导因子（hypoxia-inducible factor, HIF）通过泛素-蛋白酶体途径而降解，从而避免 HIF 积累；而在肾透明细胞癌等多种癌症中，*vhl* 基因失活导致 pVHL 缺失或功能异常，无法组成有功能活性的 E3 泛素连接酶复合体，导致 HIF 异常积累，激活含有缺氧反应元件基因的表达，促进血管生成。

同步练习

（一）选择题

1. 关于管家基因的叙述，错误的是 （　　）
   A. 在生物个体的几乎所有细胞中持续表达
   B. 在生物个体的几乎各个生长阶段持续表达
   C. 在一个物种的几乎所有个体中持续表达
   D. 在生物个体的某一生长阶段持续表达
   E. 在生物个体的全生命过程中几乎所有细胞中表达

2. 关于操纵基因的叙述，下列哪项是正确的 （　　）
   A. 与阻遏蛋白结合的部位　　B. 与 RNA 聚合酶结合的部位
   C. 属于结构基因的一部分　　D. 具有转录活性
   E. 促进结构基因转录

3. 目前认为基因表达调控的主要环节是 （　　）
   A. 基因活化　　　　　　　　B. 转录起始
   C. 转录后加工　　　　　　　D. 翻译起始
   E. 翻译后加工

4. 当培养液中色氨酸浓度较大时，色氨酸操纵子处于 （　　）
   A. 诱导表达　　　　　　　　B. 阻遏表达
   C. 基本表达　　　　　　　　D. 组成表达
   E. 协调表达

5. 关于调节蛋白对基因表达调控，下列叙述哪项正确 （　　）
   A. 抑制结构基因表达　　　　B. 促进结构基因表达
   C. 一种调节蛋白作用于多个操纵子　　D. 必须先变构，才能发挥调节作用
   E. 一定要与其他小分子物质结合，才能有作用

6. 下列哪项决定基因表达的时间性和空间性 （　　）
   A. 特异基因的启动子（序列）和增强子与调节蛋白的相互作用
   B. DNA 聚合酶
   C. RNA 聚合酶
   D. 管家基因
   E. 衰减子与调节蛋白的相互作用

7. 下列哪种因素可能使癌基因活化 （　　）
   A. 癌基因发生点突变　　　　B. 正常基因不表达
   C. 正常基因表达减弱　　　　D. 抑癌基因表达增强
   E. 细胞分化增加

8. 关于原癌基因的叙述，下列哪项错误 （　　）
   A. 正常细胞无此基因

B. 基因突变可激活原癌基因表达
C. 正常细胞均有原癌基因
D. 病毒感染可使该基因活化表达
E. 多种理化因素可活化此基因表达

9. 关于癌基因的叙述,错误的是 （ ）
　A. 是细胞增生的正调节基因
　B. 可诱导细胞凋亡
　C. 能在体外引起细胞转化
　D. 能在体内诱发肿瘤
　E. 包括病毒癌基因和细胞癌基因

10. 关于抑癌基因的叙述,下列哪项正确 （ ）
　A. 发出抗细胞增生信号
　B. 与癌基因表达无关
　C. 缺失对细胞的增生、分化无影响
　D. 不存在于人类正常细胞
　E. 肿瘤细胞出现时才进行表达

(二)思考题
1. 真核生物染色质活化有哪些主要表现?
2. 基因表达的调控机制有哪些?
3. 如何从基因角度抑制恶性肿瘤的发生与发展?

（黄河科技学院　刘晓宁）

第十四章 基因工程

> **学习目标**
> - ◆ 掌握 基因工程的概念,工具酶的种类,基因工程的主要步骤。
> - ◆ 熟悉 基因诊断与基因治疗,PCR的基本原理与反应步骤。
> - ◆ 了解 基因文库、DNA芯片、技术。

基因工程属于生物工程的一个重要分支,它以分子生物学技术为主要手段,将外源基因通过体外重组后导入宿主细胞内进行复制和表达,从而改变生物的遗传性状,获得人类需要的基因产物。分子生物学技术是通过对蛋白质、核酸在分子水平的操作,分析基因结构、表达和功能的改变,为疾病的研究和诊断提供更准确、更科学的信息和依据。基因工程和分子生物学技术现已广泛渗透到生命科学和医学等多个学科当中,在阐明疾病的发病机制、疾病的诊断、药物生产等领域取得了令人瞩目的成就,对医学的发展起着巨大的推动作用。

第一节 基因工程概述

一、基因工程的概念与工具酶

基因工程又称基因拼接技术或DNA重组技术,是在分子水平上对基因进行设计和改造的复杂技术,包括基因重组、克隆和表达。其原理主要是通过类似工程设计的方法,应用酶学方法将所获得的目的基因在体外与载体DNA结合,形成具有自我复制能力的重组DNA。通过转化或转染等方法将重组DNA导入宿主细胞,宿主细胞在繁殖过程中,重组DNA不断复制,从而使目的基因得以大量扩增,结果得到大量的来自同一祖先DNA的相同拷贝,此过程称为DNA克隆。这些拷贝都具有与目的基因相同的遗传信息,它们在蛋白质合成系统中表达,最终产生大量的目的蛋白质产物。因此,实施基因工程技术必须具备四大要素,即工具酶、目的基因、基因载体和宿主(受体)细胞。

(一)工具酶

基因工程常用的工具酶包括限制酶、连接酶、聚合酶、核酸酶和修饰酶五大类。其中,以限制性核酸内切酶和 DNA 连接酶的作用最为突出。

1. 限制性核酸内切酶 能够切割 DNA 核苷酸链中磷酸二酯键的酶称为核酸酶,其中能识别和切割双链 DNA 分子内特异序列的核酸酶称为限制性核酸内切酶,简称限制性内切酶。它可以识别双链 DNA 的特异序列,并在识别位点或其周围切割 DNA,是基因工程的"手术刀"。限制性内切酶存在于细菌体内,并与相伴存在的修饰酶(甲基化酶)共同构成细菌的限制-修饰体系,起限制外来 DNA、保护自身 DNA 的作用。

限制性内切酶大多是从微生物中发现,根据来源的微生物学名来命名。取微生物属名的第一个字母大写与种名的头两个字母小写组成,三个字母均用斜体。如有株名,再加上一个大写字母,其后再按发现的先后写上罗马数字。字母之间、字母与罗马数字之间不加空格。如 EcoRI 是大肠埃希菌(Escherichia coli)RY13 菌株中第一个被分离出来的酶。

通常限制性核酸内切酶的识别位点为 4~6 个碱基对构成的反向重复序列,即回文结构。不同的限制性内切酶识别和切割的特异性不同,结果有 3 种不同的情况:通常双链 DNA 的切口是错开的,错开的两端称为黏性末端。同一种限制性内切酶催化产生的黏性末端相同,相同黏性末端的碱基具有互补性,可在连接酶的作用下将 5′-磷酸和 3′-羟基末端之间形成磷酸二酯键相互连接。少数限制性核酸内切酶切割 DNA 产生双链平齐的断端,称为平末端。

产生 3′黏性末端(3′端单链突出),以 EcoRI 为例:

$$5'\cdots G\downarrow AATTC\cdots 3' \qquad\qquad 5'\cdots G \quad AATTC\cdots 3'$$
$$\xrightarrow{EcoRI}$$
$$3'\cdots CTTAA\uparrow G\cdots 5' \qquad\qquad 3'\cdots CTTAA \quad G\cdots 5'$$

产生 5′黏性末端(5′端单链突出),以 PstI 为例:

$$5'\cdots CTGCA\downarrow G\cdots 3' \qquad\qquad 5'\cdots CTGCA \quad G\cdots 3'$$
$$\xrightarrow{PstI}$$
$$3'\cdots G\uparrow ACGTC\cdots 5' \qquad\qquad 3'\cdots G \quad ACGTC\cdots 5'$$

产生平末端,以 HpaI 为例:

$$5'\cdots GTT\downarrow AAC\cdots 3' \qquad\qquad 5'\cdots GTT \quad AAC\cdots 3'$$
$$\xrightarrow{HpaI}$$
$$3'\cdots CAA\uparrow TTG\cdots 5' \qquad\qquad 3'\cdots CAA \quad TTG\cdots 5'$$

目前已知的限制性核酸内切酶多达 1 800 余种,根据酶的分子组成和裂解方式的不同,将限制性内切酶分为 Ⅰ、Ⅱ、Ⅲ 类(表 14-1)。Ⅱ类限制性内切酶是 DNA 重组技术中最重要的工具,只具有识别切割的作用,修饰作用由其他酶进行,所识别的位置多为短的回文结构,所剪切的碱基序列通常即为所识别的序列。通常所说的限制性内切酶即指此类。

表 14-1 限制性核酸内切酶

名 称	识别序列及切割位点	名 称	识别序列及切割位点
切割后产生5'黏性末端		*Hae* Ⅱ	5'···RGCGC↓Y···3'
*Bam*H Ⅰ	5'···G↓GATCC···3'	*Kpn* Ⅰ	5'···GGTAC↓G···3'
Bgl Ⅱ	5'···A↓GATCT···3'	*Pst* Ⅰ	5'···CTGCA↓G···3'
*Eco*R Ⅰ	5'···G↓AATTC···3'	*Sph* Ⅰ	5'···GCATG↓C···3'
Hind Ⅲ	5'···A↓AGCTT···3'	切割后产生平端	
Hpa Ⅱ	5'···C↓CGG···3'	*Alu* Ⅰ	5'···AG↓CT···3'
Mbo Ⅰ	5'···↓GATC···3'	*Eco*R Ⅴ	5'···GAT↓ATC···3'
Nde Ⅰ	5'···CA↓TATC···3'	*Hae* Ⅲ	5'···GG↓CC···3'
切割后产生3'黏性末端		*Pvu* Ⅱ	5'···CAG↓CTG···3'
Apa Ⅰ	5'···GGGCC↓C···3'	*Sma* Ⅰ	5'···CCC↓GGG···3'

R=A 或 G,Y=C 或 T

此外,在Ⅱ类限制性内切酶中,把能够识别和切割同样的核苷酸靶序列,但来源不同的内切酶称为同裂酶,不同同裂酶对位点的甲基化敏感性有差别。

Bam
5'···G↓GATCC···3'   5'···G   GATCC···3'
                    ⟶
3'···CCTAG↑G···5'   3'···CCTAG   G···5'

Bst
5'···G↓GATCC···3'   5'···G   GATCC···3'
                    ⟶
3'···CCTAG↑G···5'   3'···CCTAG   G···5'

而把识别的靶序列不同,但能产生相同黏性末端的一类限制性核酸内切酶称为同尾酶。如 *Bam*H Ⅰ 和 *Bgl* Ⅱ 是一组同尾酶。由同尾酶产生的黏性末端序列很容易重新连接,但是两种同尾酶消化产生的黏性末端重新连接形成的新片段将不能被该两种酶的任一种所识别。

*Bam*H Ⅰ   *Bgl* Ⅱ
5'···G↓GATCC···3'   5'···A↓GATCT···3'
3'···CCTAG↑G···5'   3'···TCTAG↑A···5'
            ↓   ↓
5'···G   GATCC···3'   5'···A   GATCT···3'
3'···CCTAG   G···5'   3'···TCTAG   A···5'

2. DNA 聚合酶(DNA polymerase) 此类酶发挥作用需要 DNA 模板及引物。它能以 DNA 为模板,以 dNTP 为原料。在引物 3'-OH 端或缺口的 3'-OH 端沿 5'→3'端方向合成 DNA。该酶常有 3'→5' 及 5'→3' 外切酶的活性。5'→3' 外切酶的活性能保证 DNA 复制的准确性,把 DNA 合成过程中错误的碱基配对切除,再把正确的碱基接上。

重要的 DNA 聚合酶有大肠埃希菌 DNA 聚合酶Ⅰ、T4 DNA 聚合酶及 Taq DNA 聚合酶,后者是一类从水栖耐高温细菌中分离到的 DNA 聚合酶,在 95 ℃时半寿期为 35 min,在聚合酶链反应(PCR)中发挥主要作用。

3. DNA 连接酶(DNA ligase)　DNA 连接酶有两种:一种是从噬菌体 T_4 感染的大肠埃希菌中分离的 T_4 DNA 连接酶。另一种是从大肠埃希菌中分离的大肠埃希菌 DNA 连接酶。它们都可催化一个 DNA 链的 5′-P 末端与另一个 DNA 链 3′-OH 末端通过磷酸二酯键连接起来。DNA 连接酶可催化平末端或黏性末端的 DNA 链之间的连接,但催化黏性末端连接的效率远远高于平末端。

4. 其他酶　在基因工程中除上述三种重要的工具酶外,还需要反转录酶、碱性磷酸酶、末端转移酶及 RNA 聚合酶等,它们在基因工程中分别具有不同作用。

(1)反转录酶　反转录酶是依赖于 RNA 的 DNA 聚合酶,主要用于:①真核 mRNA 反转录成 cDNA,构建 cDNA 文库;②对于 5′端突出的双链 DNA 片段,进行 3′端填补和标记,制备 DNA 探针;③DNA 序列测定。

(2)碱性磷酸酶　此酶能特异地切除 DNA 或 RNA 5′端的磷酸基,产生 5′端羟基,以防止载体的自身连接。

(3)末端脱氧核苷酸转移酶　能催化单核苷酸转移到 DNA 的 3′端羟基上。末端转移酶的模板是带有 3′端羟基的 ssDNA 或有延伸 3′端羟基末端的 dsDNA。

(4)T4 多核苷酸激酶　T4 多核苷酸激酶有两种用途:①放射性标记 DNA 链的 5′端;②使缺少 5′-磷酸基的 DNA 磷酸化,用于连接反应。

(二)目的基因

重组 DNA 技术的目的是为了分离、获得某一感兴趣的基因或 DNA 序列,或是为获得感兴趣基因的表达产物——蛋白质。这些感兴趣的基因或 DNA 序列就是目的基因,又称目的 DNA。目的 DNA 有两种类型:cDNA 和基因组 DNA。cDNA 是以 RNA 为模板,经反转录合成的与 RNA 互补的单链 DNA。以 cDNA 为模板经聚合反应可合成双链 cDNA。基因组 DNA 是指代表一个细胞或生物体整套遗传信息的所有 DNA 序列。进行 DNA 克隆时,所构建的重组 DNA 分子是由载体 DNA 与某一来源的 cDNA 或基因组 DNA 连接而成。

(三)基因载体

基因载体又称克隆载体,是携带目的基因进入宿主细胞,实现目的基因无性繁殖或表达有意义的蛋白质所采用的一些 DNA 分子。外源 DNA 一般没有明显的遗传标志,如果将其直接导入宿主细胞,就无法将已导入和未导入外源 DNA 的细胞区分开来。而且,外源 DNA 没有自我复制能力,不能在细胞内进行有效扩增。为使导入的外源 DNA 在细胞内扩增和表达,就需要一个能在宿主细胞内自主复制和表达的载体来携带。这些载体在限制性核酸内切酶的作用下形成切口,使目的基因片段插入载体 DNA 分子中,形成重组体,然后导入宿主细胞进行表达。理想的载体应具备下列条件:①能在宿主细胞中复制繁殖;②容易进入宿主细胞;③具有多个限制性内切酶的单一酶切位点,即为多克隆位点;④容易从宿主细胞中分离纯化;⑤有容易被识别筛选的标志以便于检测。具有转录和翻译所必需的 DNA 序列,可以完成目的基因表达过程的载体称为表达载体。

常用的载体:质粒、噬菌体、黏粒和病毒等,其中应用最广泛的是质粒。

1. 质粒 是存在于细胞染色体外的环状小分子双链 DNA(图 14-1)。一般质粒载体有 2~3 个抗药基因,其抗药性在含重组 DNA 细菌的筛选中具有重要的作用。质粒还具有复制起始点,此复制起始点能利用细菌染色体 DNA 复制和转录的同一套酶系统,在细菌体内独立地进行自我复制及转录。

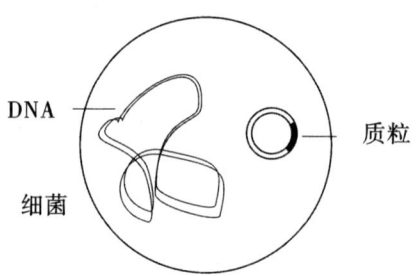

图 14-1 细菌菌体内的质粒

目前已有一系列人工质粒作为商品供应,被广泛用于 DNA 分子克隆。如 pBR322 质粒,长度为 4.3 kb,具有一个复制起始点(ori)、两个抗性基因选择标志(氨苄西林抗性基因 Amp^r 和四环素抗生素抗性基因 Tet^r)和数个单一限制性酶切位点(图 14-2)。另一种广泛应用的质粒是长度为 2.6 kb 含氨苄西林抗性基因的 pUC 系列质粒。质粒一般只能容纳小于 10 kb 的外源 DNA 片段,主要用作亚克隆载体。一般认为,外源 DNA 片段越长,越难插入,越不稳定,转化效率越低。

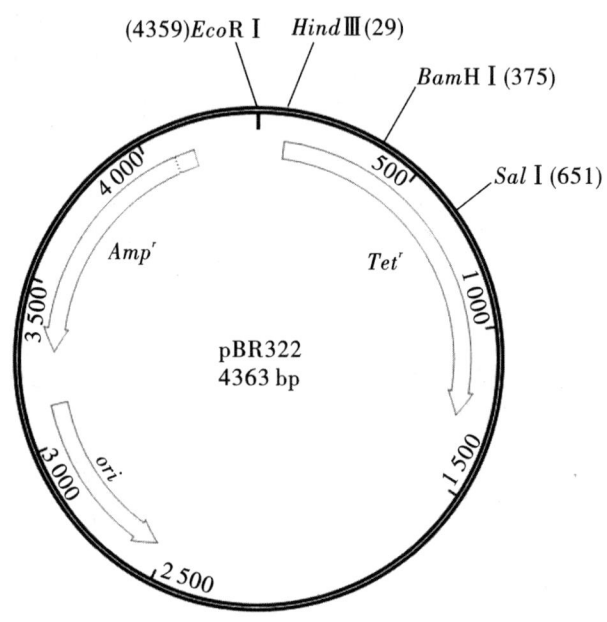

图 14-2 pBR322 质粒结构示意

2. 噬菌体 噬菌体是感染细菌的一类病毒。因为它寄生在细菌中并能溶解细菌细胞,所以称为噬菌体。有的噬菌体基因组较大,如 λ 噬菌体和 T 噬菌体,有的则较小,如 M13、f1、fd 噬菌体等,其中感染大肠埃希菌的 λ 噬菌体改造的载体应用最为广泛。λ 噬菌体由头和尾构成,感染时,λ 噬菌体的 DNA 进入大肠埃希菌后以其两端各有 12 个碱基互补的单链末端(cos 末端)环化成环状双链,可以两种不同的方式繁殖。①溶菌性方式:溶菌性噬菌体感染细菌后连续增殖,直到细菌裂解,释放出的噬菌体又可感染其他细菌;②溶原性方式:溶原性噬菌体感染细菌后,可将自身的 DNA 整合到细菌的染色体中去,和细菌的染色体一起复制。

3. 黏粒 黏粒是将 λ 噬菌体的 cos 区与质粒组合的装配型载体。质粒提供了复制的起始点、酶切位点、抗生素抗性基因,而 cos 区提供了黏粒重组外源 DNA 大片段后的包装基础。黏粒本身为 4~6 kb,但可借 cos 区位点将多个黏粒串联成为一个长链或大环,真核基因 29~45 kb 的大片段插入两个相邻黏粒的限制酶切位点,借 λ 噬菌体的包装系统对两个 cos 位点之间的 DNA 片段进行体外包装。体外包装好的黏粒感染宿主菌后,能像 λ 噬菌体一样环化、复制。由于黏粒可克隆 DNA 大片段,可用作建立真核基因组文库的载体。

4. 病毒 感染人或哺乳动物的病毒,可改造用作动物细胞的载体。所以病毒载体更多地用于真核表达系统,如腺病毒、痘病毒、反转录病毒和猴空泡病毒等。

除了上述载体系统以外,在人类基因组计划中,还使用酵母人工染色体(yeast artificial chromosome,YAC)和细菌人工染色体(bacterial artificial chromosome,BAC)等用于大片段 DNA 的克隆,以构建物理图谱。

二、基因工程的主要步骤

基因工程的主要过程包括五个步骤:①目的基因的制备(分);②目的基因与载体的连接(接);③将 DNA 重组体导入宿主细胞(转);④DNA 重组体的筛选和鉴定(筛);⑤克隆基因的表达(表)。

(一)目的基因的制备

目的基因的制备方法包括化学合成、DNA 文库筛选和 PCR 等,依据构建 DNA 重组体的目的采用不同的方法。

1. 制备基因组 DNA 文库 采用限制性内切酶将基因组 DNA 随机切割成许多片段,每一 DNA 片段都与一个载体拼接成重组 DNA,转入宿主细胞进行扩增,每个细胞内都携带一种重组 DNA 分子的多个拷贝,从而得到全部宿主细胞所携带的基因组 DNA 克隆片段,称为基因组文库。完成 DNA 重组后可通过杂交筛选获得特定的基因片段。

2. 制备 cDNA 文库 是以 mRNA 为模板,利用反转录酶合成与 mRNA 互补的 cDNA,后面的步骤同基因组 DNA 文库的制备,这样构建的是 cDNA 文库。

3. 聚合酶链式反应 如果已经知道目的基因的序列,可以用 PCR 在短时间内从基因组 DNA 中扩增大量目的基因。

4. 化学合成 可根据多肽链中氨基酸的顺序,按照对应的密码子推导出 DNA 的碱基序列,然后用化学方法将这段序列合成出来。目前使用 DNA 合成仪合成的片段长度有限,较长的 DNA 链需分段合成,然后用连接酶进行连接。

(二) 目的基因与载体的连接

根据目的基因的不同选择合适的载体,并选用限制性内切酶切割目的基因和载体。利用 DNA 连接酶将目的基因 DNA 与载体 DNA 连接在一起,形成重组体。其连接方式有黏性末端连接、平端连接、同聚物的加尾连接和人工接头连接等。

黏性末端连接是最常用的连接方式。采用同一种限制性内切酶切开载体和目的 DNA,或者载体 DNA 和目的 DNA 虽然用不同的酶处理,但产生相同的黏性末端,DNA 片段之间就会按照碱基配对以氢键相结合。在 T4 DNA 连接酶的作用下,其末端以磷酸二酯键相连接,成为环状 DNA 重组体(图 14-3)。

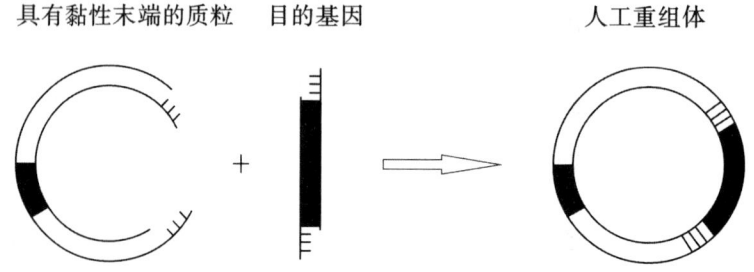

图 14-3 目的基因和质粒的重组

(三) 将 DNA 重组体导入宿主细胞

将重组 DNA 导入宿主细胞有转化、转染和感染方法。宿主细胞包括原核生物细胞(大肠埃希菌)和真核生物细胞(哺乳类动物细胞、酵母和昆虫细胞),对不同的宿主细胞应采取不同的方法导入 DNA,以获得尽可能多的转化宿主细胞。

1. 转化 是指将重组 DNA 导入处于感受态的宿主细胞,使其在细胞内扩增及表达的过程。最常用的宿主细胞是大肠埃希菌。细菌在生长的过程中,只有某一阶段的细菌才能成为转化的接受体,这种细胞称为感受态细胞。转化的方法可分为 $CaCl_2$ 和电穿孔法。①$CaCl_2$ 法:在大肠埃希菌在培养液中加入一定浓度的 $CaCl_2$ 后,细胞壁和细胞膜的通透性增加,有利于 DNA 分子的吸附与吸收。②电穿孔法:利用高压脉冲,在细菌表面形成暂时性的微孔,重组 DNA 从微孔中进入。该法无须制备感受态细胞,转化效率较高。

2. 感染 感染是指以噬菌体进入宿主菌或病毒进入宿主细胞中繁殖的过程。用经人工改造的噬菌体或病毒的外壳蛋白将重组 DNA 包装成有活力的噬菌体或病毒,就能以感染的方式进入宿主细菌或细胞。

(四) DNA 重组体的筛选和鉴定

将外源 DNA 重组体导入宿主细胞后,并非每一个细胞都含有外源基因,必须通过筛选,将含有目的基因的细胞加以扩增,并对 DNA 重组体进行鉴定。筛选的主要方法如下。

1. 遗传学方法 是针对载体携带有某种或某些标志基因和目的基因而设计的筛选方法。如果克隆载体携带有抗药性标志基因,如氨苄青霉素、四环素等,转化后只有含这种抗药基因的转化子才能在含该抗生素的培养基中生存并形成菌落,从而区分重组体和非重组体。

DNA 重组技术

2. 免疫学方法 利用特异性抗体与目的基因表达产物特异结合的方法筛选。免疫学方法特异性强、灵敏度高。

3. 分子杂交方法 利用^{32}P标记的探针与转移至膜上的重组DNA进行分子杂交，直接筛选并鉴定目的基因。

(五) 克隆基因的表达

克隆基因的表达可以生成有价值的蛋白质或多肽。要使克隆基因在宿主细胞中表达，就需要表达载体。克隆基因可以放在不同的宿主细胞中表达，可用大肠埃希菌、酵母、昆虫细胞、培养的哺乳类动物细胞甚至整体动物。对不同的表达系统，需要构建不同的表达载体。大肠埃希菌是目前应用最广泛的蛋白质表达系统。设计外源基因在大肠埃希菌表达就需要外源基因在大肠埃希菌中表达所需要的元件，包括转录起始必需的启动子、翻译起始所必需的核糖体识别序列等。表达载体中要设有适合的多克隆位点，还应具备基因克隆筛选的条件。真核基因在原核细胞中表达产生蛋白质时会出现许多缺陷：只能表达cDNA而不能表达真核的基因组基因；表达的蛋白质经常是无生物活性的不溶性蛋白，会在细菌内聚集成包涵体。也可以设计载体使大肠埃希菌分泌表达出可溶性目的蛋白，但表达量往往不高。

要表达真核生物的蛋白质，常用酵母、昆虫、动物和哺乳类细胞等表达系统。真核表达载体至少要含两类序列：①原核质粒的序列，以便插入真核基因后能很方便地筛选获得目的重组DNA克隆、并复制繁殖得到足够的数量；②在真核宿主细胞中表达重组基因所需要的元件，包括启动子、转录终止序列、能在宿主细胞中复制或增殖的序列，能用在宿主细胞中筛选的标志基因及供外源基因插入的单一限制性内切酶识别位点等。

基因工程的基本步骤见图14-4。

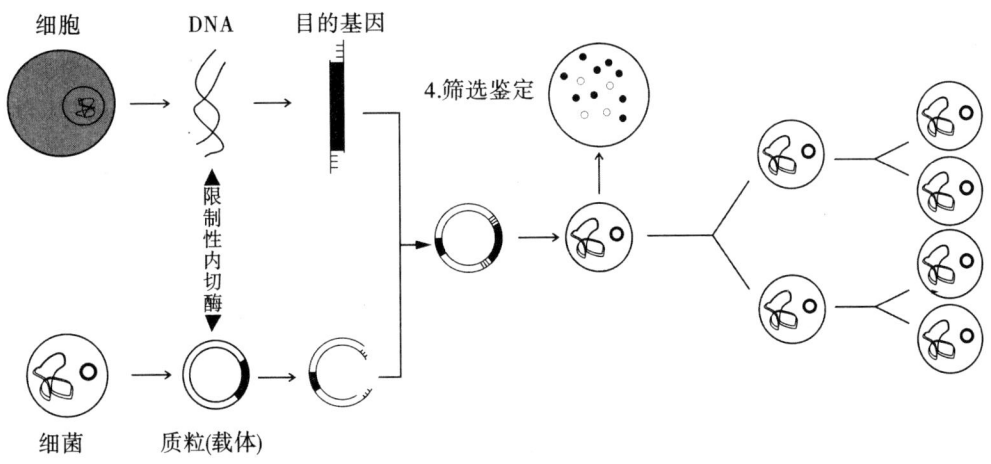

图14-4 基因工程的基本步骤

三、基因诊断与基因治疗

(一)基因诊断

基因诊断是直接检测基因的结构及其表达水平是否正常,从而对疾病做出诊断的方法,其优势在于以基因作为检查材料和探究目标,是一种"病因诊断"。针对特定的基因,诊断的特异性强。所用技术具有放大效应,诊断的灵敏度高,适用性强,诊断范围广。基因诊断的基本方法是建立在核酸分子杂交、PCR 和 DNA 序列测定或几种技术联合使用基础之上的。

基因诊断的临床意义在于不仅能对疾病做出早期确切诊断,而且也能确定个体对疾病的易感性及疾病的分期分型、疗效监测、预后判断等,其原理和方法不仅适用于遗传性疾病(如地中海贫血、苯丙酮尿症等)、遗传易感性疾病(如家族性高脂血症、糖尿病、高血压、自身免疫性疾病和精神心理疾病等)、感染性疾病(如病毒性肝炎、结核病、淋病、艾滋病等)、多种肿瘤的诊断和分型,并且能够应用于司法领域(如亲子鉴定、个体识别、性别鉴定和种属鉴定)和器官移植的组织配型等诸多领域。

(二)基因治疗

基因治疗是指以正常基因矫正、替代缺陷基因,或从基因水平调控细胞中缺陷基因表达的一种治疗疾病的方法。狭义的基因治疗是指目的基因导入靶细胞后与宿主细胞内的基因发生整合,成为宿主基因组的一部分,目的基因的表达产物起治疗疾病的目的。而广义的基因治疗则包括通过基因转移技术或反义核酸技术、核酶技术等,使目的基因得到表达或封闭、剪切致病基因的 mRNA,从而达到治疗疾病的目的。

基因治疗的基本策略:①基因增补,将正常的目的基因导入体内,通过增补基因表达产物,修饰缺陷细胞的功能,改善症状或消除疾病;②基因置换,通过重组方法,用正常的基因原位替换病变细胞内的致病基因,使细胞内的 DNA 完全恢复正常状态,这是最理想的基因治疗方法;③基因矫正,将致病基因的突变碱基纠正过来,而正常部分予以保留;④基因失活,将特定的基因导入细胞后,在转录水平或翻译水平阻断致病基因的异常表达;⑤基因疫苗,将编码外源性抗原的基因插入真核表达质粒中,直接导入人体内,抗原基因在一定时限内表达,刺激机体免疫系统,达到治疗目的。

基因治疗的基本程序:①选择和制备目的基因,在对疾病的分子机制了解清楚的基础上,选择对于疾病治疗特定的目的基因;②选择基因转运载体,载体通常分为病毒载体和非病毒载体两大类,目前多采用反转录病毒、腺病毒、痘苗病毒和单纯疱疹病毒等病毒载体;③选择靶细胞,将受体细胞分为生殖细胞和体细胞两类,理论上讲生殖细胞是最理想的;④转移基因,将外源性治疗基因导入靶细胞并进行表达。

第二节 常用分子生物学技术

20 世纪 50 年代,DNA 双螺旋结构被阐明,揭开了生命科学的新篇章,开创了科学技术的新时代。随着分子生物学基础理论的发展,不断涌现许多新的分子生物学技术,并且越来越广泛地应用到新药设计、工农业生产、临床诊断与治疗的各个方面,为人类社会及发展生产带来重大影响。

一、核酸分子杂交

核酸分子杂交是依据两条核酸单链之间碱基互补、变性和复性的原理,用已知碱基序列的单链核苷酸片段作为探针,检测待测样品中是否存在与其互补的同源核苷酸序列的方法。这一技术可广泛用于遗传病的基因诊断、疾病的相关分析、基因连锁分析、性别分析和亲子鉴定等方面。

(一)探针

探针是与待测核苷酸序列或基因序列互补,经过特殊可检测标记,用于该特定核苷酸序列或基因序列检测的 DNA 或 RNA。理想的探针具有以下特点:①要加以标记,带有示踪物,便于杂交后检测、鉴定杂交分子;②应是单链,若为双链,用前需先行变性为单链;③具有高度特异性,只与靶核酸序列杂交;④探针长度一般是十几个碱基到几千个碱基不等,小片段探针较大片段探针杂交速率快,特异性强,但 15~30 bp 的寡核苷酸探针带有的标记物少,其灵敏度较低;⑤标记的探针应具有高灵敏度、稳定、标记方法简便、安全等特点。实际应用的探针主要是基因组 DNA、cDNA、人工合成的单链 DNA 及 RNA 或反义 RNA。常用的探针标记物是放射性核素、地高辛、生物素或荧光染料。

(二)核酸分子杂交的基本方法

1. Southern 印迹杂交　Southern 印迹杂交是指 DNA 与 DNA 的杂交,将经限制性内切酶消化和变性后电泳分离的待测 DNA 片段转印到一种固相支持物(硝酸纤维素膜)上,然后与标记的 DNA 探针杂交。1975 年英国爱丁堡大学的 Southern 建立了该方法。

利用 Southern 印迹杂交技术可进行克隆基因的酶切图谱分析、基因组中特定基因的定性和定量、基因突变分析及限制性片段长度多态性(restriction fragment length polymorphism,RFLP)分析等,进而在分子克隆、遗传病诊断、法医学、肿瘤的基因水平研究和器官移植等方面发挥重要作用。

2. Northern 印迹杂交　Northern 印迹杂交是指将待测 RNA 样品经电泳分离后转移到固相支持物上,然后与标记的核酸探针进行杂交,是检测 RNA(主要是 mRNA)的方法。其基本原理和基本过程与 Southern 印迹杂交基本相同。Northern 印迹杂交主要用于检测各种基因转录产物的大小、转录的量及其变化。

3. 斑点及狭缝印迹杂交　将 RNA 或 DNA 变性后直接点样于硝酸纤维素膜或尼龙膜上,再与探针杂交,称为斑点印迹。若采用狭缝点样器加样后杂交,其印迹为线状,称为狭缝印迹杂交。与 Southern 和 Northern 印迹法相比,其优点是简单、快速,可在同一张膜上进行多个样品的检测。主要用于基因组中特定基因及其表达的定性及定量研究。

4. 原位杂交　核酸保持在细胞或组织切片中,经适当方法处理细胞或组织后,将标记的核酸探针与细胞或组织中的核酸进行杂交,称为原位杂交。原位杂交不需要从组织或细胞中提取核酸,对组织中含量极低的靶序列有很高的灵敏度,并可完整地保持组织与细胞的形态,更能准确地反映出组织细胞的相互关系及功能状态。

核酸分子杂交见图14-5。

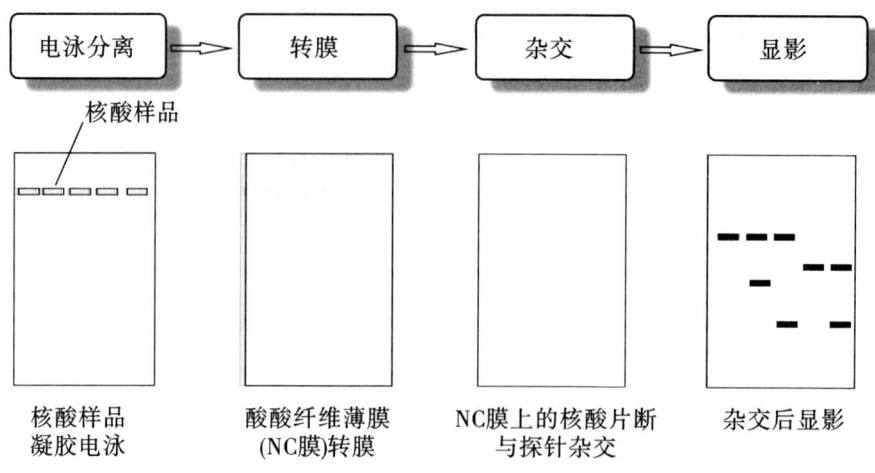

图14-5 核酸分子杂交示意

二、聚合酶链反应

聚合酶链式反应(polymerase chain reaction,PCR)是指在DNA聚合酶催化下,以母链DNA为模板,以特定引物为延伸起点,通过变性、退火、延伸等步骤,体外复制出与母链模板DNA互补的子链DNA的过程。PCR的最大特点是能将微量的DNA在体外大幅扩增。PCR由美国科学家Mullis创建,并因此在1993年获得诺贝尔化学奖。

(一)PCR的基本原理

PCR类似于DNA的天然复制过程,是以待扩增的目的DNA片段为模板,以一对分别与模板5′末端和3′末端互补的寡核苷酸为引物,在DNA聚合酶催化下,按照半保留复制的机制,沿着两条模板链5′→3′方向合成新的DNA,这一过程经过多次重复,即可使目的DNA片段以几何级数扩增,最终得到与目的DNA片段序列相同的大量DNA产物。

(二)PCR的反应步骤

组成PCR反应体系的基本成分有耐热DNA聚合酶、模板DNA、特异性引物、dNTP及含有Mg^{2+}的缓冲液。PCR的基本反应过程包括三个阶段,整个过程均可在PCR仪中进行。① 高温变性:将反应体系加热至95 ℃,持续20~30 s,使模板DNA变性,双螺旋解开形成单链,并消除引物自身和引物之间存在的局部双链。②低温退火:将反应温度降至55 ℃,持续20~40 s,使高浓度的引物与模板DNA链按碱基配对结合。③适温延伸:将反应温度调至72 ℃,此为耐热DNA聚合酶的最适温度。该酶催化四种dNTP按5′→3′方向,从引物的3′-OH末端开始延伸合成特定的DNA片段(引物延伸链)。延伸时间约为60 s。但在最后一周期适温延伸时间改为5 min。上述三个阶段组成一次循环,新合成的DNA片段又可作为下一轮合成模板,经25~30次循环后,DNA片段的拷贝数可扩增一百万倍(图14-6)。

(三) PCR 的应用

1. 医学上应用于遗传性疾病的诊断,如地中海贫血、镰刀状细胞贫血、苯丙酮尿症等;致病病原体的检测,包括细菌、病毒、原虫及寄生虫、霉菌、立克次体等微生物,对于难以培养的病毒(如乙肝)、细菌(如结核、厌氧菌)和原虫(如梅毒螺旋体)等来说尤为适用;癌基因的检测和诊断,如癌基因和抑癌基因中点突变的检测和鉴定。

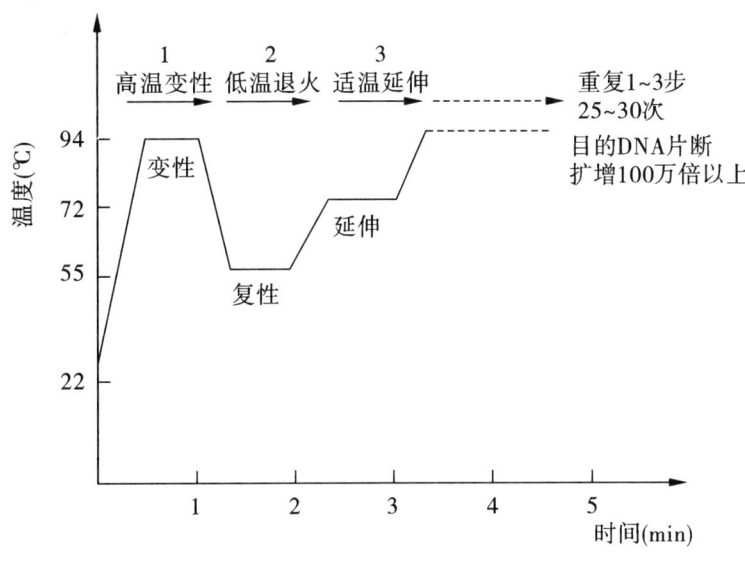

图 14-6　PCR 反应的基本步骤

2. 反转录 PCR 将反转录与 PCR 相偶联,可用来扩增被反转录成 cDNA 形式的特定 RNA 序列。主要用于分析基因转录产物、构建 cDNA 文库、克隆特异 cDNA、合成 cDNA 探针。

另外,PCR 在 DNA 测序、法医鉴定、动植物检疫、生物制药等领域也有广泛的应用。

癌基因、抑癌基因与肿瘤的发生

三、基因文库

基因文库是指一套包含特定生物体所有基因的 DNA 序列,不同的 DNA 序列片段分别被克隆在适当的载体上。例如,人类基因文库是一群带有人类基因克隆的大肠埃希菌细胞,我们可以从这个文库中筛选、鉴定和研究任何人类基因。基因文库可分为基因组 DNA 文库和 cDNA 文库。

1. **基因组 DNA 文库**　一个生物体的基因组 DNA 用限制性内切酶酶切后,将这些 DNA 片段克隆到载体(如 λ 噬菌体)中,以 DNA 片段的形式存储着某一生物体的全部基因组 DNA(包括所有的编码区和非编码区)信息,就构成了这个生物体的基因组文库。基因组文库经过体外包装再感染细菌可获得扩增。

从基因组文库中筛选目的基因可以通过核酸分子杂交的方法进行,即用放射性核素标记已知序列的 DNA 片段,然后与基因组文库中的所有克隆进行杂交,经放射自显影选择阳性克隆,获得目的基因。

2. cDNA文库 以某一组织细胞在一定条件下所表达的mRNA为模板,经反转录酶催化,在体外反转录成cDNA,通过与噬菌体或质粒载体连接后转化受体菌,则每个细菌含有一段cDNA,并能繁殖扩增,这样包含着细胞全部mRNA信息的cDNA克隆集合称为该组织细胞的cDNA文库。

cDNA文库不同于基因组文库,被克隆DNA是从mRNA反转录的DNA。cDNA组成特点是其中不含有非编码区(内含子和其他调控序列)。从cDNA文库中筛选目的基因,同样可以通过核酸分子杂交的方法进行。

四、DNA芯片技术

DNA芯片技术是指将特定序列的DNA或cDNA片段作为探针有序地固化在支持物表面,然后与标记的单链DNA或RNA待测样品分子杂交,通过对杂交信号的检测分析,得出样品分子的遗传信息技术,是近年来由分子生物学、生物信息学、微电子学、微加工和计算机等学科交叉融合而成的一项高新技术。因其固相支持物常用计算机硅芯片,故称为DNA芯片。由于所固定的探针可以是cDNA、寡核苷酸或基因片段,且芯片上形成的是基因探针阵列,故DNA芯片又称之为cDNA芯片、寡核苷酸阵列、基因芯片、DNA阵列等。

1. DNA芯片的主要类型 DNA芯片属于生物芯片的一种,根据制作方式不同分为原位合成芯片与DNA微集阵列两大类。原位合成芯片是指采用显微光蚀刻技术或压电打印技术,在芯片的特定部位原位合成寡核苷酸而制成的芯片;DNA微集阵列是指将预先制备的DNA片段或基因片段探针以显微打印方式有序地固化于支持物表面而制成的芯片。

2. DNA芯片的基本原理 DNA芯片技术的基本原理是核酸分子杂交,是一种大规模集成的固相核酸分子杂交。它以大量已知序列的寡核苷酸片段为探针,将待检测样品进行标记后,再与探针杂交,然后利用特殊仪器采集杂交信号,用相关计算机软件进行图像分析和数据处理,并与探针阵列位点比较,即可得出待检测样品的基因序列及表达的信息。

3. DNA芯片技术的应用 DNA芯片技术应用领域主要有基因表达谱分析、新基因发现、基因突变及多态性分析、基因组文库作图、疾病诊断和预测、药物筛选、基因测序等。另外,基因芯片在农业、食品监督、环境保护、司法鉴定等方面也具有重要作用。鉴于基因芯片的巨大潜力和诱人的前景,基因芯片已成为各国学术界和工业界研究和开发的热点。以DNA芯片为代表的生物芯片技术的深入研究和广泛应用,将对21世纪人类生活和健康产生极其深远的影响。

同步练习

(一)选择题

1. 基因工程中常作为基因载体的一组结构是 ( )
   A. 质粒、线粒体、噬菌体
   B. 染色体、叶绿体、线粒体
   C. 质粒、噬菌体、动植物病毒

D. 细菌、噬菌体、动植物病毒

E. 质粒、叶绿体、线粒体

2. 基因工程的操作是在什么水平上进行的　　　　　　　　　　　　　　(　　)

　　A. 细胞　　　　　　　　　　B. 细胞器

　　C. 分子　　　　　　　　　　D. 原子

　　E. 以上均正确

3. 在基因工程中用来修饰改造生物基因的工具酶是　　　　　　　　　(　　)

　　A. 限制酶和连接酶　　　　　B. 限制酶和水解酶

　　C. 限制酶和载体　　　　　　D. 连接酶和载体

　　E. 以上均不正确

4. 下列哪项不是重组 DNA 技术常用的工具酶　　　　　　　　　　　(　　)

　　A. 限制性核酸内切酶　　　　B. DNA 连接酶

　　C. DNA 聚合酶　　　　　　　D. RNA 聚合酶

　　E. 反转录酶

5. 下列关于质粒的叙述，正确的是　　　　　　　　　　　　　　　　(　　)

　　A. 质粒是广泛存在于细菌细胞中的一种颗粒状细胞器

　　B. 质粒是细菌细胞质中能够自主复制的小型环状 DNA 分子

　　C. 质粒上有细菌生存所必需的基因

　　D. 细菌质粒的复制过程一定是在宿主细胞外独立进行的

　　E. 以上均正确

6. 聚合酶链反应可表示为　　　　　　　　　　　　　　　　　　　　(　　)

　　A. PEC　　　　　　　　　　　B. PER

　　C. PDR　　　　　　　　　　　D. BCR

　　E. PCR

7. 基因工程中通常使用的质粒存在于　　　　　　　　　　　　　　　(　　)

　　A. 细菌染色体　　　　　　　B. 酵母染色体

　　C. 细菌染色体外　　　　　　D. 酵母染色体外

　　E. 以上都不是

8. 重组 DNA 技术中实现目的基因与载体 DNA 拼接的酶是　　　　　(　　)

　　A. DNA 聚合酶　　　　　　　B. RNA 聚合酶

　　C. DNA 连接酶　　　　　　　D. RNA 连接酶

　　E. 限制性核酸内切酶

9. 在已知序列信息的情况下，获取目的基因的最方便方法是　　　　(　　)

　　A. 化学合成法　　　　　　　B. 基因组文库法

　　C. cDNA 文库法　　　　　　 D. 聚合酶链反应

　　E. 以上均不正确

10. 重组 DNA 技术不能应用于　　　　　　　　　　　　　　　　　　(　　)

　　A. 生物制药　　　　　　　　B. 疾病基因的发现

　　C. DNA 序列分析　　　　　　D. 基因诊断

　　E. 基因治疗

11. 催化聚合酶链反应的酶是　　　　　　　　　　　　　　　　　　　(　　)

　　A. DNA 连接酶　　　　　　　B. 反转录酶

　　C. 末端转移酶　　　　　　　D. 碱性磷酸酶

　　E. DNA 聚合酶

12. 基因组代表一个细胞或生物体的 ( )
    A. 部分遗传信息　　　　　　　B. 整套遗传信息
    C. 可转录基因　　　　　　　　D. 非转录基因
    E. 可表达基因

13. 重组DNA的基本构建过程是将 ( )
    A. 任意两段DNA接在一起　　　B. 外源DNA接入人体DNA
    C. 目的基因接入适当载体　　　D. 目的基因接入哺乳类DNA
    E. 外源基因接入宿主基因

14. 限制性核酸内切酶 ( )
    A. 可将单链DNA任意切断　　　B. 可将双链DNA序列特异切开
    C. 可将两个DNA分子连接起来　D. 不受DNA甲基化影响
    E. 由噬菌体提取而得

15. PCR反应过程中,模板DNA变性所需温度一般是 ( )
    A. 95 ℃　　　　　　　　　　B. 85 ℃
    C. 75 ℃　　　　　　　　　　D. 65 ℃
    E. 55 ℃

16. PCR的循环次数一般为 ( )
    A. 5~10次　　　　　　　　　B. 10~15次
    C. 15~20次　　　　　　　　 D. 20~25次
    E. 25~30次

17. PCR技术扩增DNA,需要的条件是( )①目的基因;②引物;③四种dNTP;④DNA聚合酶;⑤mRNA;⑥核糖体
    A. ①②③④　　　　　　　　　B. ②③④⑤
    C. ①③④⑤　　　　　　　　　D. ①②③⑤
    E. ①②④⑥

(二)思考题
1. 基因工程常用的工具酶包括哪几类?
2. 简述基因工程的重要步骤。

(南阳医学高等专科学校　黄川锋)

第十五章 肝的生物化学

学习目标

- **掌握** 生物转化的概念、反应类型,胆汁酸的分类。
- **熟悉** 生物转化的作用特点,胆汁的成分和胆汁酸代谢过程及其功能,胆色素所包含的化合物;胆红素的生成、转运,在肝中的代谢转变,以及在肠道中的转变和排泄。
- **了解** 生物转化的影响因素,胆色素的肠肝循环及血清胆红素和黄疸的关系,黄疸的分类、发病机制及生化指标。

肝是人体内具有多种代谢功能的重要器官,它不仅在糖、脂类、蛋白质、维生素和激素等物质代谢中发挥重要的作用,还参与体内许多物质的分泌、排泄、生物转化等重要过程。

肝具有的诸多代谢功能与它的形态结构和化学组成特点密不可分。一是肝具有肝动脉和门静脉双重血液供应及肝静脉和胆道两条输出管道,从而使肝获得充足的氧气和营养物质,其代谢产物可通过肾和肠道排出。二是肝具有丰富的血窦、酶类和大量的细胞器,血窦血流缓慢,有利于物质交换,肝细胞中有数百种酶,还有许多酶是其特有的,肝细胞含丰富的线粒体、内质网、高尔基复合体、溶酶体等亚细胞结构,为多种代谢提供了物质基础。上述结构和化学组成特点是肝具有多种代谢功能的物质基础。故肝被称为人体的"物质代谢中枢"。肝的结构破坏和功能障碍,将会引起机体代谢紊乱及毒性反应。

第一节 肝在物质代谢中的作用

(一)肝在糖代谢中的作用

肝在糖代谢中的主要作用是维持血糖浓度的相对恒定,确保全身各组织,特别是大脑和红细胞的能量供应。这主要是依靠肝细胞内的糖原合成与分解、糖异生等代谢途径实现的。

1. **糖原合成** 餐后或输入葡萄糖后,血糖浓度升高,肝合成糖原增强。正常成人肝内储存的糖原占肝重的6%~8%,总量可达100 g。由于葡萄糖合成糖原而储存,使血糖很快恢复到正常水平。

2. 糖原分解　饥饿时,血糖不断地被全身各组织细胞摄取利用使血糖水平下降。此时,肝糖原可分解为6-磷酸葡萄糖,在肝内特有的葡萄糖-6-磷酸酶的作用下,释出葡萄糖补充血糖,防止血糖过低。

3. 糖异生作用　肝糖原储备有限,饥饿10 h左右或因病禁食时会被消耗殆尽。但肝具有糖异生作用,此时会加速利用乳酸、甘油、氨基酸等非糖物质转化为葡萄糖并释放入血,以维持饥饿状态下血糖浓度的相对恒定。当空腹24~48 h后,肝的糖异生可达最大速度。糖异生作用不仅可以补充血糖,也是肝补充和恢复糖原储备的重要途径。

由此可见,肝通过肝糖原的合成、分解及糖异生作用,从器官水平上来调节血糖浓度的相对恒定。故当肝功能严重受损时,血糖难以维持稳定,进食后容易出现高血糖;空腹或饥饿时又易发生低血糖。

(二) 肝在脂类代谢中的作用

肝在脂类的消化、吸收、分解、合成及运输等代谢过程中均起着重要的作用。

1. 促进脂类的消化吸收　肝细胞以胆固醇为原料合成胆汁酸,随胆汁排入肠腔,起到乳化脂肪、激活胰脂肪酶,促进脂类食物和脂溶性维生素的消化吸收。故肝胆疾病的患者,肝合成、分泌、排泄胆汁酸盐的能力下降,患者常出现脂类食物消化不良、厌油腻、脂肪泻和脂溶性维生素缺乏症等。

2. 肝是脂肪酸代谢的主要器官　肝是合成脂肪酸、脂肪的主要场所。肝可利用葡萄糖、乙酰辅酶A等原料合成脂肪,以极低密度脂蛋白(VLDL)的形式运往肝外。

肝是氧化分解脂肪酸的重要器官,肝细胞富含脂肪酸β-氧化和酮体合成酶系,故肝中脂肪酸β-氧化非常活跃,合成酮体的能力较强。肝合成的酮体必须运至肝外组织进行氧化,在糖供给不足时,酮体可作为大脑、肌肉和肾等组织的主要能源。肝对吸收来的脂肪酸可进行饱和度及碳链长度的改造,以适应机体的需要。

3. 肝是磷脂、胆固醇和脂蛋白合成的主要场所　肝是合成磷脂和胆固醇最活跃的器官,还可以合成各种载脂蛋白。以上述成分为原料在肝形成高密度脂蛋白(HDL)、VLDL,而低密度脂蛋白(LDL)是由VLDL转变而来,故肝是合成血浆脂蛋白的主要场所。脂蛋白是脂类的运输形式,当肝功能受损时,VLDL合成减少,或合成磷脂的原料(胆碱或蛋氨酸)缺乏,使肝内脂肪输出障碍,可导致脂肪肝。

(三) 肝在蛋白质代谢中的作用

1. 肝是合成蛋白质的重要器官　肝内蛋白质的合成代谢十分活跃,不仅能合成本身所需的各种蛋白质,还能合成多种血浆蛋白。几乎所有的血浆蛋白(除γ球蛋白外)及大多数凝血因子、载体蛋白等均在肝合成。这些蛋白质在维持血浆胶体渗透压、凝血、血压恒定和物质代谢等方面起着重要作用(表15-1)。

表 15-1 肝分泌的主要蛋白质及作用

名称	结合的配体	主要功能
清蛋白	激素、氨基酸、类固醇、维生素、脂肪酸、胆红素	转运、结合蛋白;调节渗透压
α_1 抗胰蛋白酶	组织分泌的蛋白酶	胰蛋白酶和蛋白酶抑制剂
α_1 酸性糖蛋白		参与炎症反应
甲胎蛋白	激素、氨基酸	原发性肝癌的辅助诊断
α_2 巨球蛋白	蛋白酶	蛋白酶抑制剂
抗凝血酶Ⅲ	与蛋白酶 1:1 结合	丝氨酸蛋白酶抑制剂
血浆铜蓝蛋白	6 原子铜/分子	转运铜
C 反应蛋白	补体 C1q	参与炎症反应
结合珠蛋白	与血红蛋白 1:1 结合	结合和转运血红蛋白
血液结合素	与血红素 1:1 结合	与卟啉或血红素结合
铁传递蛋白	2 原子铁/分子	转运铁
载脂蛋白	脂质	装配脂蛋白颗粒
甲状腺素结合球蛋白	T_3、T_4	转运和结合蛋白
纤维蛋白原		纤维蛋白的前体
凝血因子 Ⅱ、Ⅶ、Ⅸ、Ⅹ		血液凝固

　　肝病会导致蛋白质合成障碍,进而引起相应的临床症状。如血浆清蛋白合成不足,患者可出现水肿或腹腔积液;纤维蛋白原、凝血因子合成不足,则可引起凝血时间延长及出血倾向等;清蛋白与球蛋白比值(A/G)常作为肝病的诊断指标,正常值为 1.5~2.5。当肝功能严重受损时,A/G 比值下降甚至倒置;甲胎蛋白(alpha-fetoprotein,AFP)是由胚胎肝细胞合成,与血浆清蛋白结构相似。胎儿出生后 AFP 合成受到抑制,故正常人血浆中几乎没有这种蛋白质。原发性肝癌患者癌细胞中编码 AFP 的基因表达增强,血浆中可检测出这种蛋白质,对原发性肝癌的诊断有一定的意义。

　　肝还是清除血浆蛋白的主要器官。除清蛋白外,血浆蛋白几乎都是糖蛋白,其与肝细胞膜上识别糖基的特异性受体结合后进入肝细胞,被肝溶酶体水解酶清除。

　　2. 肝是氨基酸代谢的重要场所　　肝中氨基酸代谢非常活跃,是氨基酸分解代谢的重要器官,氨基酸的转氨基、脱氨基、脱羧基等反应都主要在肝进行。这是因为肝细胞中含有丰富的参与氨基酸代谢的酶类,如丙氨酸氨基转移酶(ALT)在肝细胞活性最高,病理状态下肝细胞膜通透性发生改变或细胞坏死时,肝细胞内的 ALT 大量进入血液,从而引起血中 ALT 的活性异常升高。临床上测定血清 ALT 的活性有助于急性肝病的诊断。

　　3. 肝是合成尿素的唯一器官　　肝含有合成尿素的全套酶系,无论是氨基酸分解代谢产生的氨,还是肠道细菌作用产生并吸收的氨,均可在肝经鸟氨酸循环合成尿素,这是体内处理氨的主要方式。当肝功能严重受损时,合成尿素的能力降低,引起血氨浓度升高,氨进入脑组织干扰脑的代谢,引起肝性脑病。临床上应用谷氨酸、精氨酸降血氨,可治疗肝性脑病。

(四)肝在维生素代谢中的作用

肝在维生素的吸收、储存、改造和利用等代谢中均起着主要作用。

1. 促进脂溶性维生素的消化吸收　肝合成、分泌的胆汁酸盐既能促进脂类的消化吸收,亦能协助脂溶性维生素 A、维生素 D、维生素 E、维生素 K 的吸收作用。所以,慢性肝胆疾病可引起脂溶性维生素消化吸收不良,导致某些维生素缺乏症。

2. 储存多种维生素　肝是体内含维生素较多的器官,维生素 A、维生素 D、维生素 E、维生素 K 及 B_{12} 等主要在肝储存,其中维生素 A 尤为丰富,占全身总量的 95%。因此,夜盲症和干眼病患者,多食动物肝常可获得满意的疗效。

3. 肝是维生素代谢的重要场所　肝可将从食物中摄入的 β-胡萝卜素(即维生素 A 原)转变为维生素 A;肝可使维生素 D_3 羟化生成 $25-OH-D_3$,在肾进一步转化为活化形式 $1,25-(OH)_2-D_3$ 发挥对钙、磷代谢的调节作用;肝将某些维生素转化为酶的辅助因子,如维生素 B_1 转化为 TPP,维生素 B_2 转化为 FMN 和 FAD,维生素 PP 转化为 NAD^+ 和 $NADP^+$ 等辅基或辅酶,和酶蛋白结合以酶的形式参与物质代谢;维生素 K 在肝内可促进凝血酶原及凝血因子Ⅶ、Ⅸ、Ⅹ等的合成,从而参与凝血。

(五)肝在激素代谢中的作用

肝是激素灭活的重要器官。激素在体内发挥调节作用后,主要在肝被分解转化而降低或失去生物活性,此过程称为激素的灭活。在肝灭活的激素主要有肾上腺皮质激素、性激素和类固醇激素。许多蛋白质、多肽和氨基酸衍生物类激素也在肝灭活,如胰岛素、甲状腺激素、抗利尿激素等。

激素生成过多或灭活障碍,造成激素在体内的蓄积,引起激素调节功能紊乱。当肝功能严重受损时,对激素的灭活作用减弱,血中激素水平增高,导致某些病理变化。如雌激素水平升高,导致局部小动脉扩张,出现蜘蛛痣或肝掌;醛固酮增多,导致水钠潴留引起水肿等。

第二节　肝的生物转化作用

一、生物转化的概念

生物转化是指各种非营养物质在体内经过代谢转变,增加其极性或改变活性,利于随胆汁或尿液排出体外的过程。肝是生物转化的主要器官,肠、肾和肺等组织也有一定的生物转化功能。

非营养物质是机体在物质代谢过程中产生或由外界摄入的某些物质,它们既不参与机体的组成,又不能氧化供能。一类是内源性物质,包括体内产生的各种生物活性物质(如激素、神经递质等)和代谢终产物(如氨、胺、胆红素等);另一类是外源性物质,包括外界摄入的药物、毒物、食品添加剂及从肠道吸收来的腐败产物(腐胺、尸胺、吲哚、苯酚)等,多为有毒物质。一般而言,非营养物质具有脂溶性强、水溶性低或有毒等化学性质,机体需要及时清除才能保证各种生理活动正常进行。

生物转化作用主要使许多非营养物质极性增强,易于随胆汁或尿液排出,或使某些物质生物活性降低或消除,或对有毒物质进行解毒、药物发挥药效等,对机体具有保护作用。但也应该指出,少数物质经生物转化后毒性反而增强,或具有致癌作用,对机体造成损害。例如,黄曲霉素 B_1 在加单氧酶的催化下生成具有致癌作用的黄曲霉素 B_1-2,3-环氧化合物(图 15-1)。

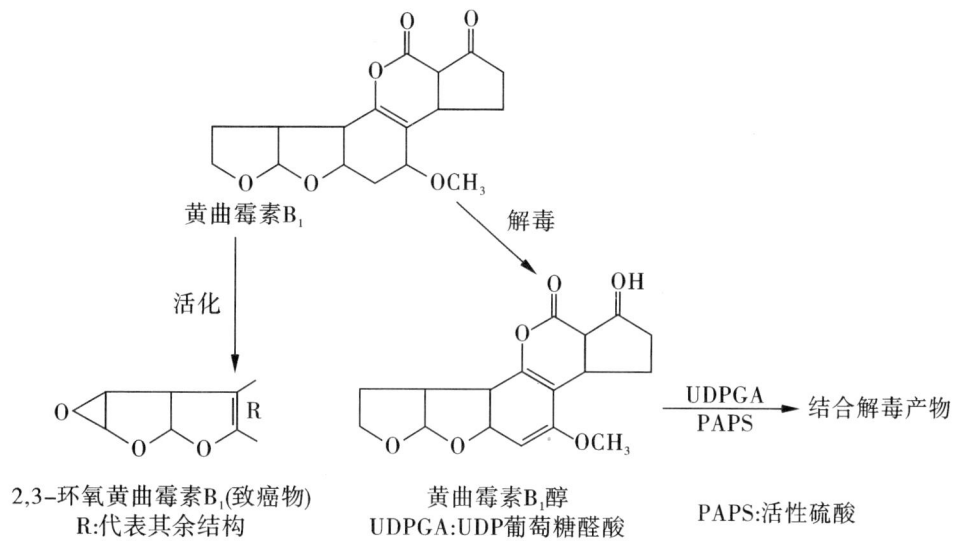

图 15-1 黄曲霉素的生物转化过程

二、生物转化的类型

体内非营养物质的种类繁多,生物转化的途径各异。按其化学反应的性质概括为两相反应:氧化、还原、水解反应称为第一相反应;结合反应称为第二相反应。

(一)第一相反应——氧化、还原、水解反应

1. 氧化反应　氧化反应是最常见的生物转化反应,由多种氧化酶系催化,包括加单氧酶系、胺氧化酶系及脱氢酶系等。

(1)单加氧酶系　是生物转化的氧化反应中最重要的酶,存在于肝细胞的微粒体中,由细胞色素 P 450(血红素蛋白)、NADPH-细胞色素 P 450 还原酶(辅酶为 FAD)组成。该酶能催化氧分子中的一个氧原子加到多种脂溶性底物中,使之羟化生成羟化物或环氧化合物,而另一氧原子则被 NADPH 还原成水。可见,该酶使一个氧分子发挥了两种功能,故又被称为混合功能氧化酶,亦称羟化酶。单加氧酶系催化的反应通式如下:

$$RH + O_2 + NADPH + H^+ \longrightarrow ROH + NADP^+ + H_2O$$
底物　　　　　　　　　氧化产物

单加氧酶系的重要生理意义在于参与药物和毒物的转化。此外,该酶系还参与体

内许多重要物质的羟化过程,如维生素的 D_3 活化、类固醇激素和胆汁酸盐的羟化等。

应该指出的是,有些物质经单加氧酶系作用后可能生成有毒或致癌物,如黄曲霉素 B_1 经该酶系作用生成黄曲霉素 2,3-环氧化物,后者可引起 DNA 突变,成为原发性肝癌的重要危险因素;香烟中的 3,4-苯并芘无致癌作用,但进入人体后,经该酶系催化转变成 7,8-二氢二醇-9,10 环氧化物后具有强致癌作用。

(2) 单胺氧化酶(monoamine oxidase, MAO)　是一类以 FAD 为辅酶的黄素酶,存在于肝的线粒体中,可催化各种胺类物质(组胺、酪胺、腐胺、5-羟色胺、儿茶酚胺等)氧化脱氨基,生成相应的醛类,再由醛脱氢酶催化生成相应的酸,最终生成 H_2O 和 CO_2。其催化的反应通式如下:

$$RCH_2NH_2 + O_2 + H_2O \xrightarrow{\text{单胺氧化酶}} RCHO + NH_3 + H_2O_2$$
　　　胺　　　　　　　　　　　　　　　　醛

(3) 脱氢酶系　主要有醇脱氢酶(alcohol dehydrogenase, ADH)及醛脱氢酶(aldehyde dehydrogenase, ALDH),存在于肝细胞液中,以 NAD^+ 为辅酶。可催化醇或醛脱氢氧化为相应的醛和酸,反应通式如下:

$$RCH_2OH \xrightarrow[NAD^+ \quad NADH+H^+]{\text{醇脱氢酶}} RCHO \xrightarrow[NAD^+ \quad NADH+H^+]{\text{醛脱氢酶}} RCOOH$$
　　醇　　　　　　　　　　　醛　　　　　　　　　　　酸

2. 还原反应　肝细胞微粒体中含有还原酶系,主要是硝基还原酶和偶氮还原酶两类,反应时需要 NADPH 提供氢,还原产物是胺类。

硝基还原酶催化硝基化合物(如硝基苯甲酸、硝基苯、氯霉素等)中的—NO_2 还原成—NH_2。例如,氯霉素被还原而失效。

氯霉素 → 氨基氯霉素 （硝基还原酶）

3. 水解反应　肝细胞的微粒体和胞液中含有多种水解酶类,如酯酶、酰胺酶、糖苷酶等,分别催化脂类、酰胺类、糖苷类化合物水解,以降低或消除其生物活性。这些水解产物往往还需进行结合反应,才能排出体外。例如,乙酰水杨酸(阿司匹林)先经水解反应生成水杨酸,后者再与葡萄糖醛酸发生结合反应,生成葡萄糖醛酸化合物。

乙酰水杨酸 →(水解) 水杨酸 →(氧化) 羟基水杨酸 →(结合反应) 葡萄糖醛酸苷等结合产物

有些非营养物质经第一相反应生成的产物可直接排出体外,有些还需进一步进行第二相反应;有些物质也可直接进入第二相结合反应而转化。

(二)第二相反应——各种结合反应

结合反应是体内最重要的生物转化方式。一些极性较弱的非营养物质不论其是否经过第一相反应,在肝内酶系的作用下均可与某些极性较强的内源性小分子物质结合,从而增加水溶性或改变其生物活性。可供结合的主要有葡萄糖醛酸、硫酸、乙酰基及某些氨基酸等。

1. 葡萄糖醛酸结合反应　是体内生物转化最重要、最普遍的结合反应。该反应由肝细胞微粒体中的 UDP-葡萄糖醛酸转移酶催化,生成相应的葡糖醛酸苷。UDPGA 为葡萄糖醛酸的活性供体。含有醇、酚、胺及羧基等极性基团的化合物,如吗啡、胆红素、类固醇激素和苯巴比妥类药物等,均可在肝中与葡萄糖醛酸发生结合反应,进而排出体外。

$$\text{C}_6\text{H}_5\text{OH} + \text{UDPGA} \xrightarrow{\text{葡萄糖醛酸转移酶}} \text{C}_6\text{H}_5\text{-OGA} + \text{UDP}$$

2. 硫酸结合反应　肝细胞液中含有活泼的硫酸转移酶,可催化各种醇、酚和芳香胺类化合物与硫酸结合。硫酸的供体来自 3′-磷酸腺苷 5′-磷酸硫酸(PAPS),反应产物是硫酸酯。例如,雌酮经此反应生成硫酸雌酮而灭活。

雌酮 + PAPS $\xrightarrow{\text{磷酸转移酶}}$ 雌酮硫酸酯 + PAP

3. 乙酰基结合反应　芳香胺类物质(如苯胺、异烟肼等)在肝细胞乙酰转移酶的催化下与乙酰基结合,形成乙酰化合物,乙酰基来自乙酰辅酶 A。例如,大部分磺胺类药物在肝内经乙酰化而失去活性。

$$\text{H}_2\text{N-C}_6\text{H}_4\text{-SO}_2\text{NH}_2 \xrightarrow[\text{HSCOA}]{\text{CH}_3\text{CO~SCOA},\ \text{乙酰基转移酶}} \text{CH}_3\text{CONH-C}_6\text{H}_4\text{-SO}_2\text{NH}_2$$

氨苯磺胺　　　　　　　　　　　　　乙酰氨苯磺胺

应该指出,磺胺类药物经乙酰化后溶解度反而降低,在酸性尿中容易析出。因此,在服用磺胺药的同时可加服碱性药物(如小苏打),以防磺胺药在尿中形成结晶,还可通过增加饮水的方式增加尿量,使其易于随尿排出体外。

4. 甲基化结合反应　主要参与生物活性物质和药物的生物转化。该反应由肝细胞液和微粒体中的多种甲基转移酶催化,以 S-腺苷甲硫氨酸(SAM)为甲基供体,将含—OH、—SH 和—NH$_3$ 的化合物甲基化成相应的甲基衍生物。例如,儿茶酚胺、5-羟色胺和组胺等可通过甲基化而失去其生物学活性。

儿茶酚胺 → O-甲基儿茶酚胺（甲基转移酶 / SAM）

5. 谷胱甘肽结合反应 该反应由肝细胞液中的谷胱甘肽 S-转移酶催化，谷胱甘肽（GSH）可与许多卤代化合物或环氧化合物等结合，生成含谷胱甘肽的结合产物。致癌物、环境污染物、抗肿瘤药物及内源性活性物质可经此进行生物转化。

6. 甘氨酸结合反应 该反应由肝细胞线粒体的酰基转移酶催化，甘氨酸可与含—COOH 的化合物结合，生成相应的结合产物。游离型胆汁酸向结合型胆汁酸的转变属于此类反应（见本章第四节）。

三、影响生物转化的因素

年龄、性别、疾病、诱导物等因素均可影响非营养物质的生物转化。

1. **肝疾病对生物转化的影响** 肝病变时，参与生物转化的各种酶的活性降低，肝生物转化能力下降。如肝实质性病变时，肝微粒体单加氧酶系及 UDP-葡糖醛酸转移酶等的活性显著下降，患者对许多药物或毒物的摄取、转化发生障碍，可积蓄中毒，因此肝病患者用药需特别慎重。

2. **年龄、性别对生物转化的影响** 新生儿肝中生物转化的酶系发育不完善，对药物及毒物的耐受性差，易发生药物中毒、高胆红素血症及核黄疸。老年人肝的生物转化能力仍属正常，但老年人肝血流量及肾的廓清速率降低，导致老年人血浆药物的清除率降低，药物的半衰期延长，常规剂量用药也可发生药物蓄积，药效增强且副作用增大。故在临床用药时，对婴幼儿及老年人的剂量必须严格控制。此外，女性的生物转化能力一般比男性强，如女性的醇脱氢酶活性高于男性，对乙醇的代谢率高。

3. **毒物或药物的诱导作用** 毒物或药物对生物转化的诱导作用一方面可加速其自身代谢，另一方面有些药物还可诱导肝内相关酶的合成，加速毒物的生物转化速度。例如，苯巴比妥可诱导葡糖醛酸转移酶的合成，加速胆红素的转化。因此，临床上可用苯巴比妥治疗新生儿高胆红素血症，以防止"核黄疸"的发生。此外，一种药物的生物转化可诱导其他同类药物的转化作用，从而产生耐药性。因此，临床用药需考虑药物配伍对药物生物转化的影响，合理用药。

生物转化的意义

第三节 胆汁与胆汁酸代谢

肝除了在营养物质的代谢中发挥重要作用和对非营养物质进行生物转化作用外，还具有分泌和排泄功能。

一、胆汁

(一) 胆汁的性质和成分

胆汁是由肝细胞分泌(25%由胆管细胞生成),储存于胆囊,排泄至肠道的一种液体。正常成人每天分泌 800~1 000 mL 胆汁。肝细胞初分泌的胆汁称为肝胆汁,呈金黄色、微苦、稍偏碱性,比重约 1.010。肝胆汁进入胆囊后,其中的水分和其他一些成分被胆囊壁吸收,同时胆囊壁还分泌黏液,掺入胆汁,使其颜色转变成棕绿色,比重增至约 1.040,称为胆囊胆汁。胆汁的主要成分是胆汁酸、胆色素和胆固醇等,其中胆汁酸占固体物质总量的 50%~70%。另有磷脂、钠、钾、钙、磷酸盐、碳酸盐和少量蛋白质等成分。正常人胆汁的化学组成见表 15-2。

表 15-2　正常人胆汁的化学组成

成分	肝胆汁(%)	胆囊胆汁(%)
水	96~97	80~86
总固体	3~4	14~20
胆汁酸盐	0.2~2	1.5~10
胆色素	0.05~0.17	0.2~1.5
胆固醇	0.05~0.17	0.2~0.9
磷脂	0.05~0.08	0.2~0.5
无机盐	0.2~0.9	0.5~1.1
黏蛋白	0.1~0.9	1~4

此外,胆汁中还含有多种酶类及进入体内的药物、毒物、染料、重金属等。除胆汁酸盐和某些酶类参与消化作用外,其他成分多属于排泄物,可随胆汁排入肠道,随粪便排出体外。

(二) 胆汁酸的生理功能

1. 促进脂类的消化吸收　胆汁酸分子内既有亲水的羟基、羧基、磺酸基等,又有疏水的烃核和甲基。因而构成了胆汁酸立体构型上的亲水和疏水两个侧面,能降低油/水两相之间的表面张力,故胆汁酸是较强的乳化剂,使脂类等在水中乳化成直径仅 3~10 μm 的细小微团,既有利于消化酶发挥作用,又有利于脂类的吸收。

2. 抑制胆固醇结石的形成　胆固醇难溶于水,必须与胆汁酸盐和卵磷脂形成可溶性微团,使其不易结晶沉淀,顺利通过胆道转至肠腔排出体外。若肝合成胆汁酸的能力下降、消化道丢失胆汁酸过多或排入胆汁中的胆固醇过多,均可造成胆汁中胆汁酸、卵磷脂与胆固醇的比值降低(小于 10∶1),导致胆汁中的胆固醇因过饱和而析出形成胆石。

此外,胆盐还能促进脂溶性维生素的吸收,并是促进胆汁分泌的一个体液因素。

胆汁酸的生理功能

二、胆汁酸代谢

(一)胆汁酸的分类

正常人胆汁中的胆汁酸可分为两类,即初级胆汁酸和次级胆汁酸,每类中又有游离型和结合型之分(图15-2)。人胆汁中的胆汁酸以结合型为主,其中甘氨胆汁酸比牛磺胆汁酸含量多,均以钠盐或钾盐的形式存在,故称为胆汁酸盐,简称胆盐。

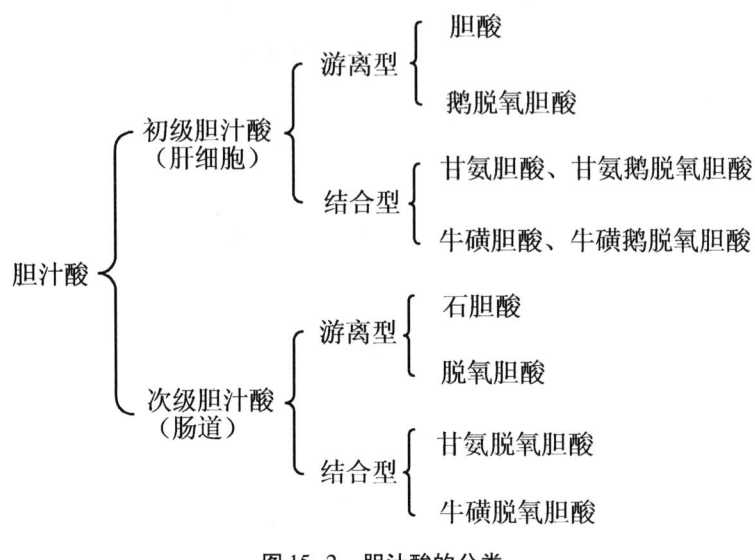

图15-2 胆汁酸的分类

(二)胆汁酸的生成

1. 初级胆汁酸的生成　肝细胞以胆固醇为原料合成初级胆汁酸,每日合成量为0.4~0.6 g,占胆固醇日合成量(1~1.5 g)的2/5。胆固醇在7α-羟化酶的催化下生成7α-羟胆固醇,再继续经氧化、异构、还原、侧链修饰等,生成初级游离胆汁酸,即胆酸和鹅脱氧胆酸。7α-羟化酶是胆汁酸生成的限速酶,受多种因素的调节。胆汁酸可反馈抑制该酶的活性;高胆固醇饮食、糖皮质激素、生长激素可提高该酶的活性;甲状腺素也可使该酶的mRNA合成增加,促进胆固醇转化为胆汁酸,这可能是甲状腺素降低血胆固醇水平的重要原因。

胆酸和鹅脱氧胆酸侧链上的羧基与 CoA 相连,生成胆酰 CoA,再分别与甘氨酸或牛磺酸通过酰胺键连接形成结合型初级胆汁酸,即甘氨胆酸、甘氨鹅脱氧胆酸、牛磺胆酸和牛磺鹅脱氧胆酸。因肝合成牛磺酸的能力有限,所以肝中主要以甘氨酸结合的胆汁酸为主,胆汁中甘氨胆汁酸与牛磺胆汁酸的比例为3∶1。

2. 次级胆汁酸的生成　初级结合型胆汁酸随胆汁排入肠道,在协助脂类物质消化吸收后,在肠道细菌酰胺酶催化下,水解脱去甘氨酸或牛磺酸,释放出游离型初级胆汁酸,再经7α-脱羟反应,胆酸转变为脱氧胆酸,鹅脱氧胆酸转变成石胆酸。石胆酸溶解度小,一般不与甘氨酸或牛磺酸结合;而脱氧胆酸与二者结合生成结合型次级胆汁酸,即甘氨脱氧胆酸和牛磺脱氧胆酸。

胆汁酸的合成与降解见图 15-3。

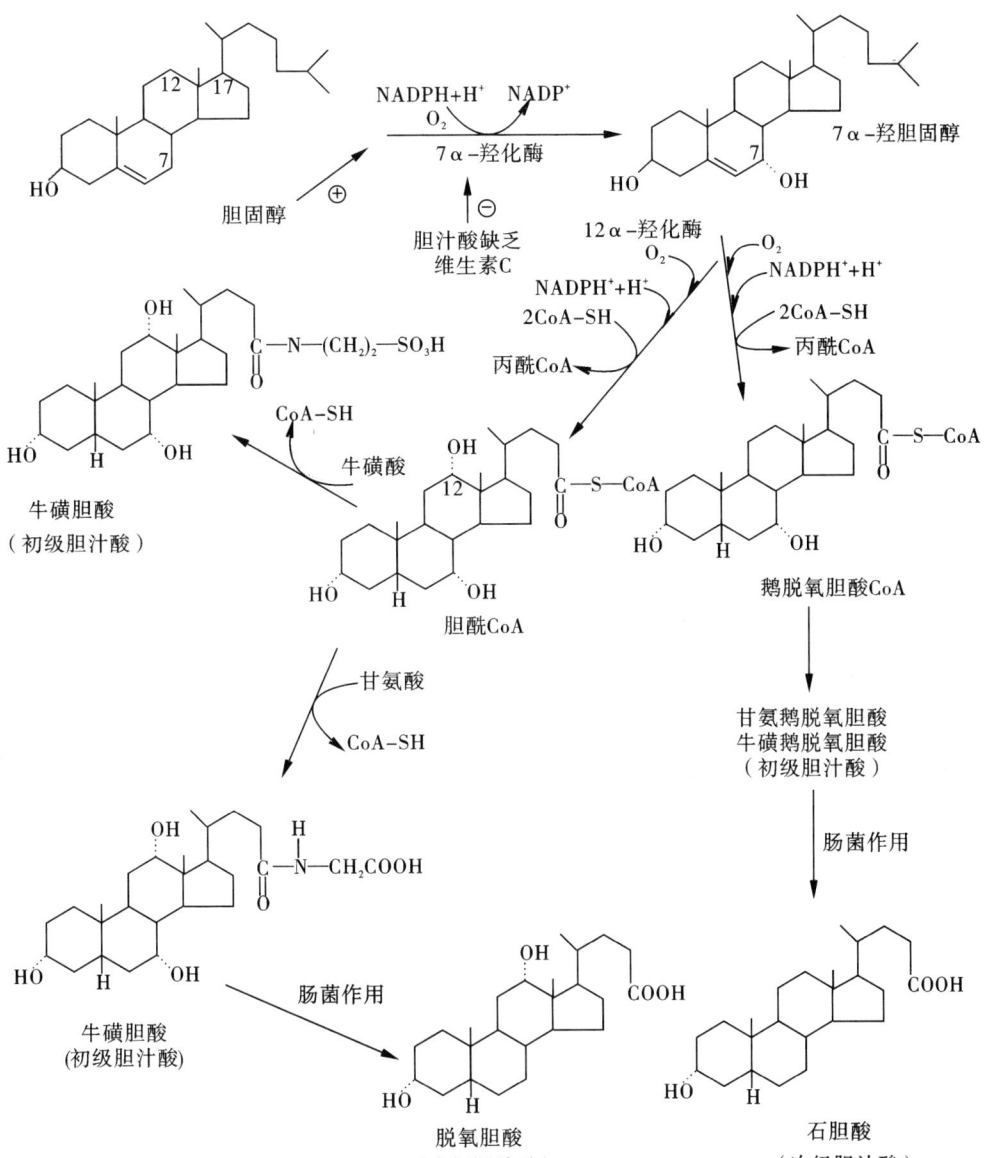

图 15-3 胆汁酸的合成与降解

(三) 胆汁酸的肠肝循环

排入肠道的胆汁酸 95% 被肠壁重新吸收。肠道中的石胆酸(约 5%)由于溶解度小,不被重吸收,直接随粪便排出,每日有 0.4~0.6 g 胆汁酸随粪便排出。

由肠道重吸收的胆汁酸,经门静脉进入肝,肝细胞迅速摄取,将游离胆汁酸重新转变为结合胆汁酸,并同新合成的结合型胆汁酸一起,再随胆汁排入肠腔,此过程称为胆汁酸的肠肝循环(图 15-4)。胆汁酸的肠肝循环具有重要的生理意义:肝内胆汁酸代谢池为 3~5 g,而每日需 16~32 g 胆汁酸乳化脂类,远不能满足肠道对脂类消化吸收的需要,因此,人体每天可进行 6~12 次的肠肝循环,使有限的胆汁酸反复发挥作用,以保证脂类的消化吸收。此外,胆汁酸的重吸收,有利于维持胆汁中胆汁酸盐与胆固醇的比例,减少胆固醇结石的形成。

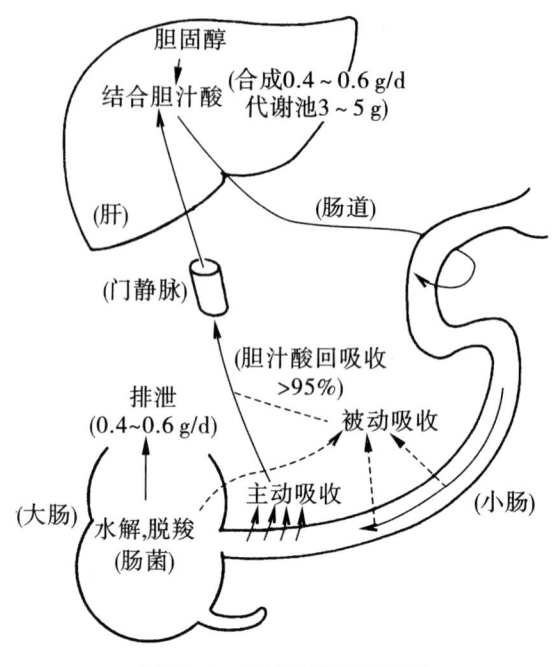

图 15-4　胆汁酸的肠肝循环

第四节　胆色素代谢与黄疸

胆色素是体内含铁卟啉化合物的主要分解代谢产物,包括胆绿素、胆红素、胆素原和胆素等。其中最主要的是胆红素,可随胆汁经肠道排出。胆红素的毒性作用可引起大脑不可逆性损害,但近年来的研究表明,胆红素具有抗氧化作用。肝是胆红素代谢的主要器官,所以,重新认识胆红素对临床上肝病及高胆红素血症的防治具有重要的指导意义。

一、胆红素的生成与运输

1.胆红素的生成　体内 70%~80% 的胆红素是由衰老的红细胞破坏、降解而来,其余来自肌红蛋白、过氧化氢酶、过氧化物酶等含铁卟啉的化合物。人类红细胞的平均寿命是 120 d,衰老的红细胞在肝、脾、骨髓的单核-吞噬细胞系统内破坏,释放出血红蛋白,血红蛋白分解为珠蛋白和血红素。血红素在微粒体中受血红素加氧酶的催化,使血红素原卟啉环上的 α 次甲基桥氧化断裂,从而产生 CO、Fe^{2+} 和水溶性的胆绿素。CO 除一部分从呼吸道排出外,在体内还具有重要的生理功能。胆绿素在活性极高的胆绿素还原酶的催化下,接受 NADPH 提供的氢,迅速还原为胆红素。此时的胆红素呈现亲脂的疏水性,并具有毒性(图 15-5)。

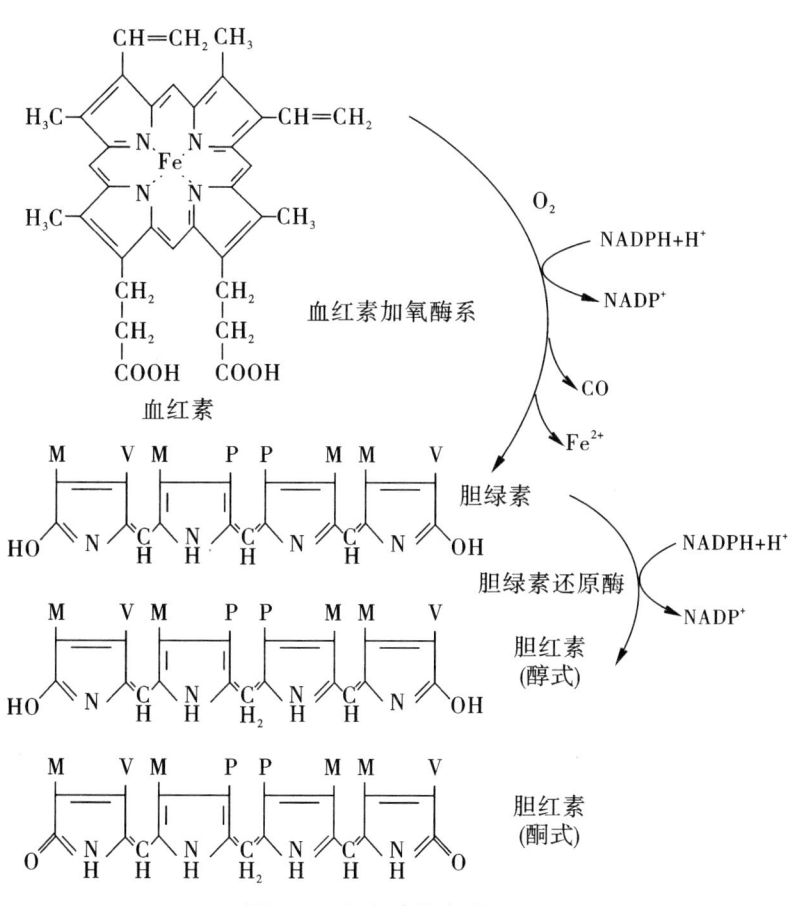

图 15-5 胆红素的生成

2. 胆红素的运输　胆红素是难溶于水的脂溶性物质,不能单独在血液中运输。①运输形式:在单核吞噬细胞系统中生成的胆红素,进入血液后主要与血浆清蛋白结合,生成胆红素-清蛋白复合物而运输。②结合意义:胆红素与清蛋白的结合既增加了胆红素在血浆中的溶解度便于运输,又限制了胆红素进入细胞(特别是脑细胞)产生毒性作用。此种胆红素因未经肝细胞的结合转化,故称为未结合胆红素。正常人每 100 mL 血浆中的清蛋白能结合 20~25 mg 胆红素,而血浆胆红素浓度只有 1.7~17.1 μmol/L(0.1~1.0 mg/dL),结合全部的胆红素,防止胆红素进入组织细胞产生毒性。胆红素与清蛋白结合,分子量大,不能经肾滤过随尿排出,故尿中不会出现未结合胆红素(肾病除外)。③影响因素:某些有机阴离子如磺胺类、脂肪酸、胆汁酸、水杨酸、抗生素、利尿剂和造影剂等,可与胆红素竞争地和清蛋白结合,使胆红素从复合物中游离出来而产生毒性。临床上给高胆红素血症的新生儿静脉滴注富含清蛋白的血浆,并慎用上述有机阴离子药物,以防过多的胆红素游离而与神经核结合,干扰脑的代谢引起"核黄疸"。

二、胆红素在肝中的代谢

胆红素在肝中的代谢包括肝细胞对胆红素的摄取、转化和排泄三个过程。

1. 肝细胞对胆红素的摄取 未结合胆红素经血液循环运至肝细胞,首先在肝血窦中胆红素与清蛋白分离,血窦面肝细胞上有特异的受体蛋白,能从血浆中主动地摄取胆红素,血液通过肝脏一次,即有40%的胆红素被肝细胞摄取。而肝细胞液中存在两种载体蛋白,即Y蛋白和Z蛋白。胆红素与两者结合(优先与Y蛋白结合),以胆红素-Y蛋白或胆红素-Z蛋白的形式被运往内质网进一步结合转化。甲状腺素、四溴酚酞磺酸钠等皆可竞争与Y蛋白结合,影响胆红素的转运。新生儿肝脏发育不完善,Y蛋白合成较少,7周后才接近成人水平。苯巴比妥可诱导Y蛋白合成,增强胆红素转运到肝细胞内,故临床上用苯巴比妥治疗新生儿黄疸。

2. 肝细胞对胆红素的转化 胆红素-Y蛋白复合物被转运到滑面内质网,大部分胆红素在葡萄糖醛酸转移酶的催化下,由尿苷二磷酸葡萄糖醛酸(UDPGA)提供葡萄糖醛酸基(GA),生成葡萄糖醛酸胆红素,又称为结合胆红素。由于胆红素分子中含有2个丙酸基的羧基,每分子胆红素可结合2分子葡萄糖醛酸,故主要是双葡萄糖醛酸胆红素(图15-6),占70%~80%,单葡萄糖醛酸胆红素较少。结合胆红素极性较强,溶于水,主要随胆汁排泄,亦可从肾小球滤过。正常人血中结合胆红素含量甚微,故尿中无结合胆红素。当胆道阻塞,毛细胆管压力增高破裂时,结合胆红素随胆汁反流入血,在血液和尿中均可出现。两种胆红素的比较见表15-3。

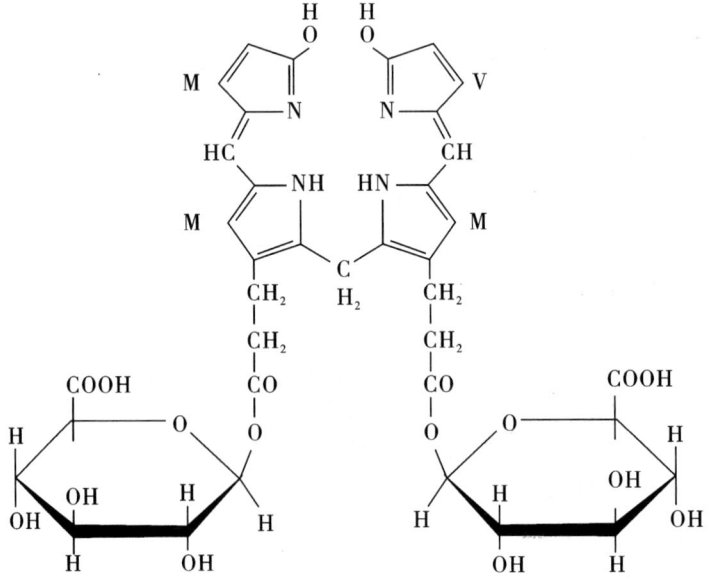

图15-6 双葡萄糖醛酸胆红素的结构

表 15-3　两种胆红素的区别

项目	游离胆红素	结合胆红素
常见其他名称	间接胆红素、未结合胆红素、血胆红素	直接胆红素、肝胆红素
与葡萄糖醛酸结合	未结合	结合
与重氮试剂反应	间接反应	直接反应
水中溶解度	小	大
脑细胞毒性	大	无
经肾随尿排出	不能	能

综上所述,当肝细胞病变、载体蛋白缺乏、UDPGA 来源不足、葡萄糖醛酸转移酶活性降低或受抑制,均可影响胆红素摄取及结合转化,引起血中胆红素浓度升高。

3. 肝细胞对胆红素的排泄　结合胆红素被肝细胞分泌,经胆道系统随胆汁排入小肠,此过程被认为是胆红素代谢的限速步骤。毛细胆管内结合胆红素的浓度远高于肝细胞内,故肝细胞排出胆红素是一个逆浓度梯度的耗能过程。如果胆红素排泄发生障碍,结合胆红素则可逆流入血,致使血或尿中结合胆红素含量明显升高。

血浆中的胆红素通过肝细胞膜的自由扩散、胞质内配体蛋白的转运、内质网的葡糖醛酸转移酶的催化及肝细胞的分泌等联合作用,不断地被肝细胞摄取、结合、转化及排泄,从而保证其不断地经肝被清除。

三、胆红素在肠中的转变

结合胆红素随胆汁排入肠道后,在肠道细菌的作用下,脱去葡萄糖醛酸基,游离出胆红素。肠道细菌对胆红素逐步还原生成无色的尿(粪)胆素原。80%~90% 的胆素原在肠道下段被空气氧化成棕黄色的胆素(称粪胆素),随粪便排出。正常成人每天排出的粪胆素为 40~280 mg,是粪便的颜色来源。当胆道完全阻塞时,结合胆红素入肠受阻,不能生成胆素原和胆素,故粪便呈灰白色。新生儿肠道细菌稀少,粪便中未被细菌作用的胆红素使粪便呈现橘黄色。

肠道中 10%~20% 的胆素原可被肠黏膜细胞重新吸收,经门静脉入肝。其中大部分被肝细胞摄取以原形再次随胆汁排入肠道,形成"胆素原的肠肝循环"。小部分胆素原进入体循环,通过肾小球滤过随尿排出,称为尿胆素原,每天排出 0.5~4.0 mg,与空气接触后,尿胆素原被氧化为黄色的尿胆素,是尿液的主要色素。现将胆红素正常代谢过程概括如图 15-7。

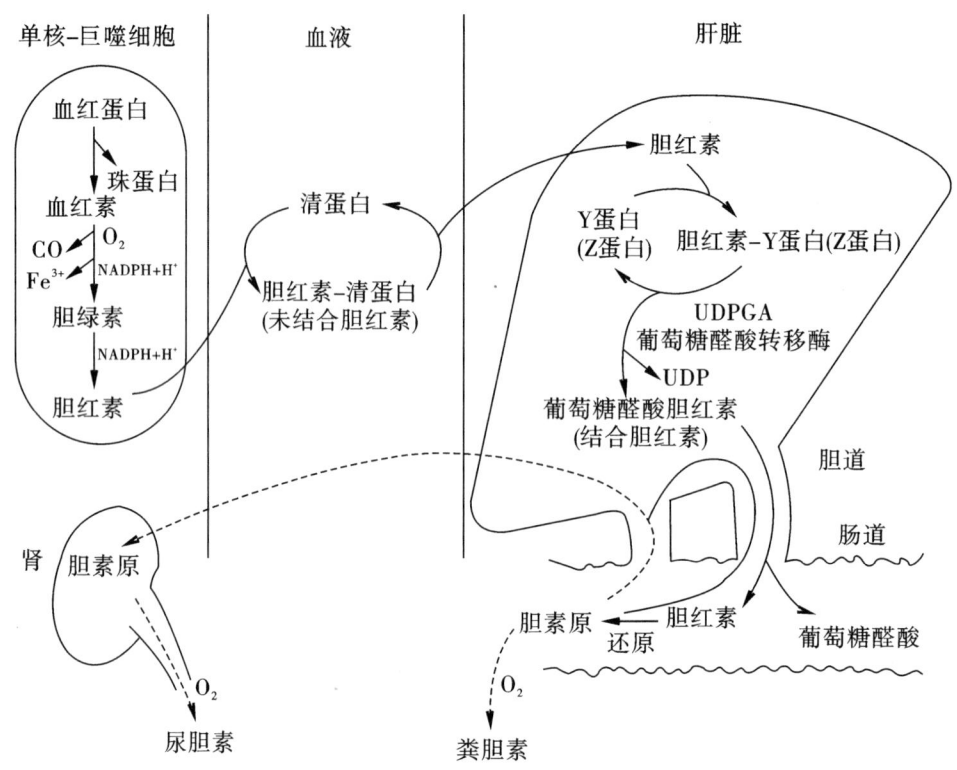

图15-7 胆红素正常代谢示意

四、血清胆红素与黄疸

(一)血清胆红素与黄疸

正常人血清胆红素总量小于17.1 μmol/L(1 mg/dL),其中未结合胆红素占4/5,1/5为结合胆红素。未结合胆红素不能通过肾小球滤膜,结合胆红素可以经肾小球滤过,但因血中微量,故正常人尿液中无胆红素。各种原因导致胆色素代谢障碍,血清总胆红素含量升高,称高胆红素血症。胆红素是橙黄色的色素,可扩散进入组织,引起皮肤、黏膜、巩膜的黄染现象称为黄疸。黄疸的程度取决于胆红素的浓度,若血清胆红素浓度增高,但未超过34.2 μmol/L(2 mg/dL)时,肉眼不易察觉皮肤、黏膜的黄染现象,称为隐性黄疸;若超过34.2 μmol/L时,肉眼可见黄染十分明显,称为显性黄疸。

(二)黄疸的类型及特征

根据黄疸产生的原因,将其分为三种类型。

1. 溶血性黄疸 各种原因导致红细胞大量破坏(如恶性疟疾、输血不当、药物等),单核-吞噬细胞系统生成的胆红素过多,超过肝的摄取、结合与排泄能力引起的黄疸。其特征:①血中未结合胆红素显著升高,结合胆红素浓度变化不大;②未结合胆红素不能由肾小球滤过而排泄,故尿中无胆红素;③肝最大限度地处理和排泄胆红素,因此粪便和尿液中胆素原族化合物增多,颜色加深。

2. 阻塞性黄疸 各种原因导致的胆红素排泄受阻,如胆道炎症、肿瘤、结石等引起

新生儿黄疸

的胆道阻塞,毛细胆管内压力增高而破裂,以致胆汁中的结合胆红素反流入血引起的黄疸。其特征:①血中总胆红素升高,结合胆红素明显增高(占总胆红素的50%以上),未结合胆红素变化不大;②结合胆红素可通过肾小球滤过,因而尿中胆红素阳性;③结合胆红素不易或不能排入肠道,使肠中胆素原生成减少或缺乏,粪便颜色变浅或呈灰白色,尿色变浅。

3. 肝细胞性黄疸　因肝细胞受损(如肝炎、肝硬化等病变),其摄取、处理与排泄胆红素的能力降低所致。其特征:①血中两种胆红素均增高,一方面肝不能将正常来源的未结合胆红素摄取、转化为结合胆红素,使血中未结合胆红素升高;另一方面因肝细胞肿胀,使毛细胆管堵塞或破裂后与肝血窦直接相通,结合胆红素反流入血,故结合胆红素亦升高(占总胆红素的35%以上),呈双相反应。②尿胆红素阳性。③肝对结合胆红素的生成和排泄减少,粪便颜色变浅。由于肝细胞受损程度不一,故尿中胆素原含量变化则不定。一则是从肠道吸收的胆素原不能有效地随胆汁再排泄,引起血和尿中胆素原增加;另则,肝有实质性损害,结合胆红素生成少且不能顺利排入肠腔,故尿中胆素原可能减少。三种类型黄疸的血、尿、粪的改变见表15-4。

表15-4　三种类型黄疸的血、尿、粪的改变

指标	正常	溶血性黄疸	肝细胞性黄疸	阻塞性黄疸
血清胆红素总量	<17.1 μmol/L	>17.1 μmol/L	>17.1 μmol/L	>17.1 μmol/L
结合胆红素	0~3 μmol/L	不变/微增	↑	↑↑
未结合胆红素	13~14 μmol/L	↑↑	↑	不变/微增
尿三胆				
尿胆红素	–	–	++	++
尿胆素原	少量	↑	不一定	↓
尿胆素	少量	↑	不一定	↓
粪便颜色	棕黄色	加深	变浅	变浅/陶土色

同步练习

(一)选择题

1. 严重肝病出现男性乳房发育、蜘蛛痣是由于　　　　　　　　　　　　　　　(　)
   A. 雌激素分泌过多　　　　　　B. 雌激素分泌过少
   C. 雌激素灭活障碍　　　　　　D. 雄激素分泌过少
   E. 雄激素分泌过多

2. 有关生物转化的描述,错误的是　　　　　　　　　　　　　　　　　　　　(　)
   A. 肝是进行生物转化最重要的器官
   B. 有些物质经过氧化、还原和水解反应即可以排出体外
   C. 可使脂溶性物质的水溶性增加
   D. 有些必须和极性更强的物质结合才能排出体外

E. 毒物经过生物转化，其毒性均会降低

3. 生物转化中最重要的结合反应是 （ ）
   A. 与硫酸结合反应　　　　B. 与谷胱甘肽结合反应
   C. 与甲基结合反应　　　　D. 与葡萄糖醛酸结合反应
   E. 与乙酰基结合

4. 下列哪种物质是次级胆汁酸 （ ）
   A. 鹅脱氧胆酸　　　　　　B. 甘氨胆酸
   C. 脱氧胆酸　　　　　　　D. 胆酸
   E. 胆汁酸

5. 胆固醇转化为胆汁酸合成的限速酶是 （ ）
   A. 胆汁酸合成酶　　　　　B. 7α-羟化酶
   C. α-羟胆固醇氧化酶　　　D. 胆酰 CoA 合成酶
   E. 羟甲基合成酶

6. 胆红素的主要来源是 （ ）
   A. 肌红蛋白　　　　　　　B. 血红蛋白
   C. 细胞色素　　　　　　　D. 过氧化物酶
   E. 过氧化氢酶

7. 胆红素在血液中主要与哪一种物质结合而运输 （ ）
   A. 清蛋白　　　　　　　　B. Y 蛋白
   C. Z 蛋白　　　　　　　　D. GA
   E. 血红蛋白

8. 关于结合胆红素的叙述，下列哪项是错误的 （ ）
   A. 水中溶解度大　　　　　B. 正常人主要经胆道排入肠道
   C. 易透过肾小球滤过膜　　D. 主要与葡萄糖醛酸结合
   E. 正常人主要经肾排泄

9. 关于未结合胆红素的叙述，下列哪项是错误的 （ ）
   A. 又称游离胆红素　　　　B. 正常人主要被肝摄取
   C. 血中升高,尿中可出现　 D. 主要与清蛋白结合
   E. 不能经肾随尿排泄

10. 血中哪种胆红素增加,尿中会出现胆红素 （ ）
    A. 结合胆红素　　　　　　B. 未结合胆红素
    C. 间接胆红素　　　　　　D. 血胆红素
    E. 胆红素-Y 蛋白

11. 阻塞性黄疸的主要特点是 （ ）
    A. 血中未结合胆红素含量升高　B. 尿胆素原增加
    C. 尿胆素升高　　　　　　D. 粪便颜色正常
    E. 粪便呈灰白色

12. 胆汁中与消化有关的最重要的物质是 （ ）
    A. 消化酶　　　　　　　　B. 胆盐
    C. 卵磷脂　　　　　　　　D. 胆色素
    E. 脂肪酸

13. 关于肝细胞性黄疸的错误叙述是 （ ）
    A. 肝内结合胆红素的生成减少　B. 尿中出现胆红素
    C. 血中结合胆红素升高　　D. 未结合胆红素无改变

E. 血中结合胆红素和未结合胆红素均升高
14. 胆汁中出现沉淀结石往往是由于 （　）
　　A. 胆汁酸盐过多　　　　　　B. 胆固醇过多
　　C. 卵磷脂过多　　　　　　　D. 胆红素较少
　　E. 次级胆汁酸盐过多
15. 下列化合物哪个不属于胆色素 （　）
　　A. 胆绿素　　　　　　　　　B. 胆红素
　　C. 血红素　　　　　　　　　D. 胆素原
　　E. 胆素

(二) 思考题

1. 肝在人体的物质代谢中起着哪些重要作用？
2. 简述胆汁酸主要生理功能。
3. 肝在胆红素的代谢中有何作用？

(南阳医学高等专科学校　黄川锋)

第十六章 水和电解质代谢

> **学习目标**
> - ◆ 掌握 体液的含量及分布特点，水和电解质的功能。
> - ◆ 熟悉 钠、氯和钾的含量分布及排泄特点，钙磷的生理功能。
> - ◆ 了解 血磷和血钙的关系及钙磷代谢的调节，微量元素的概念及生理功能。

人体各种细胞的内外都充满着水溶液，水与溶解在水中的无机盐、有机物一起构成机体的体液。正常成人的体液总量约占体重的60%，广泛分布于机体细胞内外，体内大多数反应都在细胞内液中进行，而细胞外液则是机体各细胞生存的内环境。体液中的无机盐、某些小分子有机物和蛋白质等常以离子状态存在，故称为电解质。保持体液容量、分布和组成的动态平衡，是维持机体正常生命活动的必要条件。疾病和内外环境的剧烈变化都可能破坏这种动态平衡，当超过机体调节控制的范围时，便可造成体内水、无机盐、酸碱失衡，引起多种疾病，严重时甚至危及生命。因此，掌握水和无机盐代谢的基本理论，对于防治疾病有很重要的意义。

第一节 正常人体的体液

一、体液的分布与含量

体液广泛分布于机体细胞内外。以细胞膜为界，体液可分为细胞内液与细胞外液。分布在细胞内的体液称为细胞内液，它的容量、化学组成和理化性质直接影响着细胞代谢和生理功能；分布在细胞外的体液称为细胞外液，包括血浆和组织间液（又称细胞间液、组织液）两部分。淋巴液、消化液、脑脊液、胸腔液和腹腔液等可视为细胞外液的特殊部分。细胞外液是组织细胞之间和机体与外环境之间进行物质交换的媒介，是机体各细胞生存的内环境。

正常成人体液总量约占体重的60%，其中细胞内液约占体重的40%，细胞外液约占体重的20%，在细胞外液中，血浆约占体重的5%，细胞间液约占体重的15%。人体体液的分布和含量随年龄、性别和胖瘦的不同而有较大差异（表16-1）。

表 16-1　各年龄的体液含量与分布(占体重百分比,%)

年龄	体液总量	细胞内液	细胞外液		
			总量	组织间液	血浆
新生儿	80	35	45	40	5
婴儿	70	40	30	25	5
儿童(2~14岁)	65	40	25	20	5
成年人	60	40	20	15	5
老年人	55	30	25	18	7

随着年龄增长,人体体液含量逐渐减少,如新生儿体液量可达体重的80%,成人体液量占体重60%,而老年人体液量只占体重的55%;由于脂肪疏水,女性和肥胖者由于脂肪组织较多,体液含量占体重的百分比较小,对失水性疾病的耐受力较差;肌肉发达而脂肪较少的男性,体液含量占体重的百分比较大,对失水性疾病的耐受力较好。

二、体液中电解质分布与含量

体液中的溶质分为电解质和非电解质两大类,其中无机盐、蛋白质和有机酸等溶质常以离子的形式存在,属于电解质,而葡萄糖、尿素等不能解离,属于非电解质。

(一)体液中电解质的含量与分布

体液电解质常按含量分为主要电解质和微量元素两类,它们在细胞内、外的分布各具特点。前者主要包括 K^+、Na^+、Ca^{2+}、Mg^{2+}、Cl^-、HCO_3^-、HPO_4^{2-}、有机酸根和蛋白质负离子等,后者主要有铁、铜、锌、硒、碘、钴、锰、钼、氟、硅等。各种电解质在细胞内、外液中的含量及分布见表 16-2。

表 16-2　体液中电解质的含量与分布(mmol/L)

电解质		血浆		组织间液		细胞内液	
		(离子)	(电荷)	(离子)	(电荷)	(离子)	(电荷)
阳离子	Na^+	142	142	147	147	15	15
	K^+	5	5	4	4	150	150
	Mg^{2+}	1.5	3	1	2	13.5	27
	Ca^{2+}	2.5	5	1.25	2.5	1	2
	合计	151	155	153.25	155.5	179.5	194

续表 16-2

电解质		血浆		组织间液		细胞内液	
		（离子）	（电荷）	（离子）	（电荷）	（离子）	（电荷）
阴离子	Cl^-	103	103	114	114	1	1
	HCO_3^-	27	27	30	30	10	10
	HPO_4^{2-}	1	1	1	2	50	100
	SO_4^{2-}	0.5	2	0.5	1	10	20
	蛋白质	2	16	0.125	1	7.88	63
	有机酸	6	6	7.5	7.5	-	-
	合计	139.5	155	153.125	155.5	78.88	194

（二）体液中电解质的分布特点

从表 16-2 中可以看出，各部分体液中电解质的含量与分布有下列特点。

1. 体液中电解质浓度若以摩尔电荷浓度表示，则无论细胞内液、组织间液或血浆，其阴阳离子所带电荷总量相等，呈现电中性。

2. 细胞内液与细胞外液电解质的分布差异很大，细胞外液主要的阳离子为 Na^+，主要的阴离子为 Cl^- 和 HCO_3^-；而细胞内液主要的阳离子为 K^+，主要的阴离子为 HPO_4^{2-} 和蛋白质负离子。细胞内外 K^+ 与 Na^+ 分布的这种显著差异，是由于细胞膜上的 Na^+-K^+ 泵能主动地把 Na^+ 排出细胞外，同时将 K^+ 转送进细胞内的缘故。

3. 细胞内液中电解质的总量大于组织间液和血浆，但由于细胞内液含蛋白质和两价离子较多，而这些电解质产生的渗透压较小，因此，细胞内外液的渗透压仍然基本相等。

4. 同属于细胞外液的血浆和组织间液在电解质组成和含量上十分接近，唯一重要的差别是蛋白质的含量不同，血浆蛋白质含量为 2.25 mmol/L，而细胞间液蛋白质含量仅为 0.25 mmol/L，这种差别对于维持血容量及血浆与组织间液之间水的交换具有重要意义。

三、体液交换

体内各部分体液之间在不断地进行着交换，随着体液交换将营养物质运至细胞内，代谢废物运出细胞，并通过肾、肠及肺排出体外，以确保生命活动的正常进行。此过程是依靠体液在血浆、细胞内液及细胞间液三者之间的交换来完成并维持动态平衡的。

（一）血浆与组织间液之间的交换

血浆与组织间液之间的物质交换主要是在毛细血管进行。二者之间只隔一层极薄的毛细血管壁，管壁只有一层内皮细胞，具有半透膜的特性。水、电解质和小分子有机物（如葡萄糖、氨基酸、尿素及无机盐等）可以自由透过，而大分子的蛋白质则不能自由透过，所以除蛋白质以外的物质几乎都可以交换。引起毛细血管内外水移动的因素主要取决于血浆与组织间液之间的有效滤过压,它取决于毛细血管血压、血浆胶体渗透压、组织间液的胶体渗透压、组织间液静水压四个因素。有效滤过压=(毛细血管血压+组织间液的胶体渗透压)-(血浆胶体渗透压+组织间液静水压)

毛细血管动脉血压 30 mmHg,静脉端血压 12 mmHg,血浆胶体渗透压 25 mmHg,组织间液胶体渗透压为 15 mmHg,组织间液静水压为 10 mmHg,根据上面公式计算毛细血管动脉端的有效滤过压为 10 mmHg,表明晶体液由血浆流入组织间液,各种营养物质也随之流向细胞间液;而在毛细血管静脉端,有效滤过压为-8 mmHg,因此,晶体液由组织间液回流毛细血管,代谢终产物也随之流向毛细血管(图 16-1)。

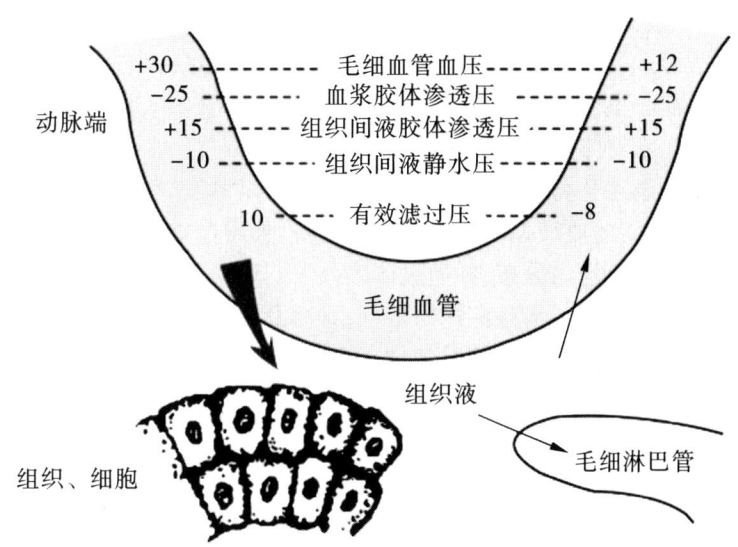

图 16-1　血浆与组织间液中晶体液的交换(图中数值单位为 mmHg)
"+"表示促进液体滤出毛细血管的力　"-"表示阻止液体滤出毛细血管的力

一般情况下,体液从毛细血管壁的滤出量与回流量基本相等,每分约有 75% 的血浆容量与细胞间液进行交换,24 h 总交换量达到 100 000 L 左右,相当于机体总体液量的 2 000 多倍。这就使机体内的营养物质和代谢产物能够顺利交换,同时保证了血浆与细胞间液容量和渗透压的恒定。此外,还有一小部分组织间液向淋巴管回流形成淋巴液,最后由淋巴导管注入血液。在动脉压增高(如高血压)、静脉压增高(如右心衰竭)、血浆蛋白减少(如肝硬化)或淋巴管阻塞(如丝虫病)等情况下,均可导致细胞间液回流障碍而发生水肿。

(二)组织间液与细胞内液之间的交换

组织间液与细胞内液之间的交换是通过细胞膜进行的。细胞膜是结构和功能十分复杂的半透膜,除大分子蛋白质不能自由通过外,对 K^+、Na^+、Ca^{2+}、Mg^{2+} 等离子也有特殊的通透规律。除由高浓度向低浓度处扩散(被动转运)的趋势外,K^+、Na^+ 等离子还有逆浓度差方向的主动运转,这是一种需要由 ATP 提供能量、由细胞膜上的 Na^+-K^+-ATP 酶来完成的运转,结果使细胞内液中 K^+ 的浓度远比细胞外液高,Na^+ 的浓度则相反。细胞间液中的水分也随着各种营养成分和代谢产物不断进出细胞的同时进行着流动相交换。影响细胞间液与细胞内液交换的因素主要是细胞内外液的晶体渗透压。当细胞外液渗透压过高时,水即可自细胞内大量转移至细胞外,引起细胞皱缩;反之,水从细胞外大量进入细胞内,引起细胞肿胀,造成水中毒。

第二节　水和无机盐的功能

(一)水的生理功能

水是人体内含量最多的组成成分,也是人体所必需的营养素。人若无水供应只能存活几天,但若不进食而喝水可以存活几十天,可见水对生命的重要性。体内的水大部分以结合水的形式存在,一部分以自由水的形式存在。水在维持体内正常代谢活动和生理活动方面起着重要作用。

1. 调节体温　水对体温的调节与其理化性质密切相关。水的比热大,因而能吸收较多的热而本身的温度升高不多。水的蒸发热大,所以蒸发少量的汗就能散发大量的热。水的流动性大,能随血液循环迅速分布于全身,再通过体液交换,使物质代谢过程中产生的热在体内迅速均匀分布,并通过体表散发到环境中去。

2. 促进参与物质代谢　水是良好的溶剂,很多化合物都能溶解或分散于水中,这是体内化学反应得以顺利进行的重要条件。水还直接参与体内的水解、水化、加水脱氢等反应。

水的生理功能

3. 运输作用　水不仅是良好的溶剂,而且黏度小,易流动,因而有利于体内营养物质和代谢产物的运输。即使是某些难溶或不溶于水的物质(如脂类),也能与亲水性的蛋白质分子结合而分散于水相中通过血液运输。

4. 润滑作用　唾液有利于吞咽及咽部湿润,泪液可防止眼角膜干燥及有利于眼球的转动,关节腔的滑液有利于减少关节活动的摩擦作用,利于关节运动,胸腔液、腹腔浆液、呼吸道与胃肠黏液都有良好的润滑作用。

5. 结合水的作用　结合水具有与流动性水完全不同的性质,它参与构成细胞原生质的特殊形态,以保证一些组织具有独特的生理功能。如心肌含水约79%,血液含水约83%,两者含水量相差不大,但心肌主要含结合水,可使心脏具有坚实的心态,保证心脏有力地推动血液循环。

(二)无机盐的生理功能

1. 维持体液的渗透压与水平衡　体液中由无机盐、小分子有机物等晶体物质所形成的。渗透压称为晶体渗透压,它对细胞内外水分的转移及物质交换起着十分重要的作用。Na^+、Cl^-是维持细胞外液晶体渗透压的主要离子;K^+、HPO_4^{2-}是维持细胞内液晶体渗透压的主要离子。当这些电解质的浓度发生改变时,细胞内外液的渗透压亦发生改变,从而影响体内水的分布。

2. 维持体液的酸碱平衡　人体各组织细胞只有在适宜的 pH 值条件下才能维持各种酶促反应的正常进行。正常人的组织间液及血浆的 pH 值为 7.35~7.45,在血液缓冲系统、肺和肾的调节下维持相对稳定。体液中的 Na^+、K^+、HCO_3^-、HPO_4^{2-} 及蛋白质离子参与体液缓冲体系的构成,可以缓冲酸性物质和碱性物质对体液 pH 值的影响,从而维持体液的酸碱平衡。

3. 持神经肌肉的应激性 神经肌肉的应激性与多种无机离子的浓度有关,其关系如下:

$$\text{神经、肌肉兴奋性} \propto \frac{[Na^+]+[K^+]}{[Ca^{2+}]+[Mg^{2+}]+[H^+]}$$

从上述关系式可以看出,Na^+、K^+能增强神经肌肉的应激性,当血浆 Na^+、K^+浓度增高时,神经肌肉的应激性增高,当血浆 K^+、Na^+浓度降低时,神经肌肉的应激性降低,可出现肌肉软弱无力,甚至麻痹;而 Ca^{2+}、Mg^{2+}、H^+能降低神经肌肉的应激性,当血浆 Ca^{2+}、Mg^{2+}、H^+浓度增高时,神经肌肉的应激性降低,当血浆 Ca^{2+}浓度过低时,神经肌肉的应激性升高,可出现手足搐搦甚至惊厥。

对于心肌,Ca^{2+}与 K^+的作用恰好与上面的公式相反:

$$\text{心肌兴奋性} \propto \frac{[Na^+]+[Ca^{2+}]}{[K^+]+[Mg^{2+}]+[H^+]}$$

K^+对心肌有抑制作用,当血钾浓度升高时,心肌的应激性降低,可出现心动过缓、心率减慢、传导阻滞和收缩力减弱,严重时甚至可使心跳停止于舒张期。因此临床上给患者补钾应尽量选择口服,若通过静脉补钾,则应缓慢滴注,以防血钾过高,发生危险。当血钾浓度过低时,心肌的应激性增强,可出现心率加快、心律失常,严重时可使心跳停止于收缩期。由于 Na^+和 Ca^{2+}可拮抗 K^+对心肌的作用,因此,临床上可通过静脉注射含 Ca^{2+}的溶液来纠正血浆 K^+浓度过高对心肌的不利影响。

4. 维持细胞正常的新陈代谢

(1)作为酶的辅助因子或激活剂影响酶的活性。如各种 ATP 酶需要一定浓度的 Na^+、K^+、Mg^{2+}、Ca^{2+}的存在才表现出活性,Cl^-是淀粉酶的激活剂等。

(2)参与或影响物质代谢,如糖原、蛋白质的合成需要 K^+参与,Na^+参与小肠对葡萄糖的吸收,Mg^{2+}、Ca^{2+}是激素作用的第二信使等。这一切都说明无机盐在机体物质代谢及其调控中起着重要的作用。

第三节 水、钠、钾、氯的代谢

(一)水的代谢

1. 水的来源 正常成人在一般情况下,每天摄入的水总量约 2 500 mL。其来源有三个方面:①饮水,成人每天饮水量约 1 200 mL;②食物水,成人每天从食物摄取的水约 1 000 mL;③代谢水,为糖、脂肪和蛋白质等营养物质在体内氧化时所产生的水,成人每天体内生成的代谢水量约为 300 mL。

2. 水的去路 正常成人每天排出的水总量约 2 500 mL。体内水的去路:肺排水、皮肤排水、消化道排水、肾排水。

(1)肺排水 肺呼吸时可以水蒸气形式排出水,成人每天由此蒸发的水约 350 mL;肺排水量的变化取决于呼吸的深度和频率,如高热时呼吸加深、加快,排水量增多。

(2)皮肤排水 皮肤排水有两种方式:①非显性出汗,即体表水分的蒸发,成人每天由此蒸发水约 500 mL,因其中电解质含量甚微,故可将其视为纯水;②显性出汗,为皮肤汗腺活动分泌的汗液,出汗量与环境温度、湿度及活动强度有关。汗液是低渗溶液,其中[Na^+]为40~80 mmol/L,[Cl^-]为35~70 mmol/L,[K^+]为3~5 mmol/L,故高温作业或强体力劳动大量出汗后,除失水外也有Na^+、K^+、Cl^-等电解质的丢失,此时在补充水分的基础上还应注意电解质的补充。

(3)消化道排水　各种消化腺分泌进入胃肠道的消化液,平均每天约8 000 mL,其中含有大量水分和电解质。正常情况下,这些消化液绝大部分被肠道重吸收,只有150 mL左右随粪便排出。但在呕吐、腹泻、胃肠减压、肠瘘等情况下,消化液大量丢失,导致不同性质的失水、失电解质,故临床补液时应根据丢失消化液的性质决定其应补充的电解质种类。

(4)肾排水　正常成人每天尿量约为1 500 mL,但尿量受饮水量和其他途径排水量的影响较大。成人每天由尿排出至少35 g左右的固体代谢废物,每1 g固体溶质至少需要15 mL水才能使之溶解,故成人每天至少须排尿500 mL才能将代谢废物排尽,因此500 mL称为最低尿量。尿量少于500 mL时称为少尿,此时代谢废物将潴留在体内,造成尿毒症。

正常成人每天水的进出量大致相等,约为2 500 mL(表16-3)。为满足正常需要成人每天应供给2 500 mL水(含代谢水300 mL)以维持水的进出平衡,故2 500 mL称为正常需水量。但在缺水情况下,人体每天仍须经肺、皮肤、消化道和肾(按每天最低尿量500 mL计)排出水约1 500 mL,除300 mL代谢水外,成人每天至少应补充1 200 mL水,才能维持最低限度的水平衡,因此1 200 mL称为最低需水量。此外,儿童、孕妇和恢复期患者,需保留部分水作为组织生长、修复的需要,故他们的摄水量略大于排水量。婴幼儿新陈代谢旺盛,每天水的需要量按体重计算比成人高2~4倍,但因其神经、内分泌系统发育尚不健全,调节水、电解质平衡的能力较差,所以比成人更容易发生水、电解质平衡失调。

表16-3　正常成人每日水的出入量

来源	水的入量(mL)	去路	水的出量(mL)
饮水	1 200	肺排水	350
食物水	1 000	皮肤排水	500
代谢水	300	粪便排水	150
		肾排出	1 500
合计	2 500	合计	2 500

(二)钠的代谢

1.钠的含量与分布　正常成人体内钠含量为45~50 mmol/kg体重(约1 g/kg体重),体重60 kg的人体内钠总量约60 g,其中约45%分布于细胞外液,10%分布于细胞内液,45%存在于骨骼中。血浆钠含量为135~145 mmol/L。

2.钠的吸收与排泄　人体每日摄入的钠主要来自饮食中的钠,正常成人每日钠的需要量为4.5~9 g。摄入的钠在胃肠道几乎全部被吸收,一般很少因膳食而缺钠,仅在严重腹泻、呕吐或长期大量出汗时才导致钠的丢失。

钠主要由肾排出,少量由粪便及汗排出。正常情况下,每天钠的排出量与摄入量相等。肾对钠的排出有很强的调节能力,正常人每天由肾小球滤过的钠达20~40 mol,而每日尿钠排出量仅为0.01~0.2 mol,重吸收率达99.4%。当血Na^+浓度高时,肾小管对Na^+的重吸收降低,过量的钠可以很快通过肾排出体外。当血Na^+浓度低时,肾小管对钠的重吸收作用增强,在机体完全停止钠的摄取时,肾排钠量可以降至极低,甚至趋近于零。所以肾排钠的特点是"多吃多排,少吃少排,不吃不排"。

(三) 钾的代谢

1. 含量与分布　人体内钾的含量为31~57 mmol(1.2~2.2 g)/kg体重,总量约为120 g。其中约98%分布于细胞内,仅约2%存在于细胞外液。血清钾浓度为3.5~5.5 mmol/L,而细胞内液钾浓度则高达150 mmol/L左右。

K^+、Na^+在细胞内、外分布极不均匀,主要是由于细胞膜上钠钾泵的作用,但这两种离子却均可顺浓度梯度缓慢地通过细胞膜进行被动扩散。除钠钾泵外,钾在细胞内、外的分布还受物质代谢和体液酸碱平衡等方面的影响。

(1) 糖代谢的影响　每合成1 g糖原需要0.15 mmol K^+进入细胞内;而分解1 g糖原又可释放等量的K^+到细胞外。因此,当大量补充葡萄糖时,细胞内糖原合成作用增强,钾从细胞外进入细胞内,可引起血浆钾浓度降低,故应注意适当补钾,否则可导致低血钾。对于高血钾患者,可采用注射葡萄糖溶液和胰岛素的方法,加速糖原合成,促使K^+由细胞外液进入细胞内,以降低血钾浓度。

(2) 蛋白质代谢的影响　每合成1 g蛋白质,约需0.45 mmol K^+进入细胞内;而分解1 g蛋白质,又可释放等量的K^+到细胞外。因此,在组织生长或创伤恢复期等情况下,蛋白质合成代谢增强,钾进入细胞内,可使血钾浓度降低,此时应注意钾的补充;而在严重创伤、感染、缺氧及溶血等情况下,蛋白质分解代谢增强,细胞内钾释放到细胞外,如超过肾排钾能力时,则可导致高血钾。

(3) 细胞外液H^+浓度的影响　酸中毒时细胞外液H^+浓度增高,部分H^+与体细胞和肾小管上皮细胞内的K^+进行交换,可引起高血钾;碱中毒则可引起低血钾。

2. 吸收与排泄　成人每天钾的需要量为2~3 g。体内钾主要来自食物,蔬菜和肉类均含有丰富的钾,故一般食物即可满足钾的需要。来自食物的钾90%被消化道吸收,其余未被吸收的部分则随粪便排出体外。

80%~90%的钾经肾由尿排出,肾对钾的排泄能力很强,特点是"多吃多排,少吃少排,不吃也排"。即使禁钾1~2周,肾每天排钾仍可达5~10 mmol,故禁食或大量输液者常出现缺钾现象,此时应注意适当补钾。约10%的钾由粪便排出,严重腹泻时粪便中钾的丢失量可达正常时的10~20倍之多,故应注意钾的补充。此外,汗液也可排出少量钾。

3. 低血钾与高血钾

(1) 低血钾　血钾浓度低于3.5 mmol/L时,称为低血钾。其原因:①摄入过少,见于摄食障碍、禁食等;②丢失过多,见于严重腹泻、呕吐和钾利尿剂过多应用等;③细胞内、外分布异常,见于治疗糖尿病酸中毒时,应用大量葡萄糖和胰岛素,促进血浆K^+随葡萄糖进入细胞内,又未及时补钾。此外,碱中毒也能使钾转入细胞内导致低血钾。

(2) 高血钾　血钾浓度高于5.5 mmol/L时,称为高血钾。其主要原因:①输入钾过多,若输钾过多过快(错误地静脉推注钾)或输入大量库存血液;②排泄障碍,常见于肾衰竭或肾上腺皮质功能低下；③细胞内钾外移，当大面积烧伤或呼吸障碍引起缺氧及酸中毒时均可导致高血钾。

（四）氯的代谢

1. 氯的含量与分布　正常成人体内氯含量约为 33 mmol/kg 体重，婴儿含量多至 52 mmol/kg 体重。其中 70% 的氯存在于血浆与组织间液中，只有少量分布在细胞内液并主要存在于分泌 Cl^- 的细胞内。血清氯含量为 98~106 mmol/L。

2. 氯的吸收与排泄　食物中的 Cl^- 大都与 Na^+ 一起被小肠吸收。氯主要经肾随尿排泄，小部分由汗排出。肾小管上皮细胞可将肾小球滤出的 Cl^- 随 Na^+ 一起重吸收，过量的 Cl^- 可随 Na^+ 通过肾小管排出体外。

第四节　钙磷代谢

钙磷在体内具有广泛的生理功能，对维持机体正常的生命活动有着重要的作用。机体内钙磷代谢紊乱可以导致多种疾病的发生。

（一）钙磷的分布与功能

1. 钙磷的分布　人体内钙占体重的 1.5%~2.2%，总量为 700~1 400 g，磷占体重的 0.8%~12%，总量为 400~800 g。其中 99% 以上的钙和 85% 以上的磷以羟磷灰石 $[3Ca_3(PO_4)_2 \cdot Ca(OH)_2]$ 的形式构成骨盐，存在于骨、牙齿中；其余则以溶解状态分布于体液和软组织中。血液中的钙、磷含量虽少，但意义却很重要，它既可反映骨质代谢状况，又能反映肠道、肾对钙、磷的吸收和排泄状况。

2. 钙磷的功能　体内钙和磷是构成骨骼组织最主要的无机盐成分，即骨盐。骨盐的化学成分主要为羟磷灰石，其结晶牢固地结合在胶原纤维上，形成有机-无机复合材料，赋以骨骼硬度，使骨骼能作为身体的支架，负荷体重；同时又可作为钙的储存库。

（1）钙的功能　①增强心肌收缩力：与促进心肌舒张的 K^+ 相拮抗，维持心肌的正常收缩与舒张。②降低毛细血管及细胞膜的通透性：临床上常用钙制剂治疗荨麻疹等过敏性疾病，以减轻组织的渗透性病变。③降低神经肌肉的应激性：当血浆 Ca^{2+} 浓度降低时，引起神经肌肉应激性增高，发生抽搐。④作为激素的第二信使，在细胞信息传递中起重要作用。⑤是体内某些酶的激活剂或抑制剂，对物质代谢起调节作用。⑥作为凝血因子之一，参与血液凝固过程。

（2）磷的功能　①磷是体内许多重要化合物的组成成分，如核苷酸、核酸、磷蛋白、磷脂等。②在物质代谢中以其有机化合物的形式参与反应，如磷酸葡萄糖、磷酸甘油和氨基甲酰磷酸等是葡萄糖、脂类和氨基酸代谢的重要中间产物。③参与体内能量生成、储存及利用，如 ATP、ADP 和磷酸肌酸等，都是含高能磷酸键的化合物。④参与物质代谢的调节，蛋白质磷酸化和脱磷酸化是酶共价修饰调节最重要、最普遍的调节方式，以此改变酶的活性对物质代谢进行调节。⑤参与酸碱平衡的调节，血浆中的 HPO_4^{2-} 与 $H_2PO_4^-$ 构成缓冲对，调节体液酸碱平衡。

(二)钙磷的吸收与排泄

1. 钙的吸收与排泄

(1) 钙的吸收 由于机体的生长发育阶段不同,对钙的需要量和吸收量随年龄和生理状态的不同有较大差异,且易导致缺乏症。不同年龄及生理状态的人群每天对钙的需要量见表16-4。

表16-4 不同年龄及生理状态的人群每天对钙的需要

人群	婴儿	儿童	青春期	成人	孕妇或哺乳期妇女
钙需要量(mg/d)	360~540	800	1 200	800	1 500

钙主要在小肠上段主动吸收,其中十二指肠和空肠上段为最有效的吸收部位。钙的吸收率一般为25%~40%,当体内缺钙或钙需要量增加时,吸收率可随之增加。钙的吸收受多种因素影响。①维生素D_3是影响钙吸收的最重要因素:维生素D_3能促进小肠对钙磷的吸收,如果维生素D_3缺乏,可导致机体对钙和磷的吸收降低。②降低肠道pH值能促进钙的吸收:在酸性环境下钙盐易于溶解,而溶解状态的钙盐才能被吸收,故乳酸、氨基酸等凡能使肠道pH值下降的物质均可促进钙的吸收;临床补钙常用乳酸钙、葡萄糖酸钙等。③食物中的某些成分可影响钙的吸收:过多的草酸、植酸、脂肪酸、碱性磷酸盐等可与钙形成难溶性钙盐,阻碍钙的吸收;镁盐过多也可抑制钙的吸收,因钙、镁在吸收时有相互竞争作用。④钙的吸收率与年龄成反比,年龄越大,吸收率越低:婴儿可吸收食物中50%以上的钙,儿童可吸收40%,成人只能吸收20%左右;40岁以后钙的吸收率下降,平均每增龄10岁,吸收率减少5%~10%,这是老年人易于缺钙而发生骨质疏松的原因之一。

(2) 钙的排泄 人体每天摄入的钙,约有80%从粪便排出、20%从肾排出。肠道排出的钙主要为食物中未被吸收和消化液中未被重吸收的钙。肾排钙比较恒定,不受食物钙含量的影响,但随血钙水平升降而增减,这是由于钙在肾的重吸收取决于血钙的浓度。当血钙降至1.9 mmol/L(7.5 mg/dL)时,钙的重吸收几乎达100%,使尿钙排泄量接近于零。成人每天进出体内的钙量大致相等,多吃多排,少吃少排,保持动态平衡。

2. 磷的吸收与排泄 磷在食物中分布很广,可随钙一同吸收,且能在体内保存,不易缺乏。其每天需要量为800~900 mg。磷主要来自食物中的磷脂、磷蛋白和某些磷酸酯,它们需经消化液中磷酸酶水解成为无机磷酸盐才能被吸收。磷的吸收部位及其影响因素与钙大致相同,食物中的Ca^{2+}、Fe^{2+}和Mg^{2+}过多时,易与磷酸根结合成不溶性的盐而影响其吸收。

体内的磷60%~80%由尿排出(尿磷排泄量常随食物含磷量而变化);其余由粪便排出。故肾功能不全时可引起血浆无机磷升高,使磷与血浆钙结合而在组织中沉积,从而导致某些软组织发生异位钙化。

(三)血钙与血磷

1. 血钙 血液中的钙几乎全部存在于血浆中,称为血钙。血钙浓度为2.25~2.75 mmol/L(9~11 mg/dL)。血浆钙有三种存在形式。

(1)蛋白结合钙占血钙总量的46%,是指与血浆蛋白(主要指清蛋白)结合的钙,不能通过半透膜或细胞膜,称为非扩散性钙。

(2)扩散结合钙是指与柠檬酸、乳酸、HCO_3^-、HPO_4^{2-}、SO_4^{2-}和Cl^-等结合在一起,形成可溶性钙盐的钙。这种钙含量较少,易于解离,可通过半透膜。

(3)游离钙即钙离子(Ca^{2+}),占血浆总钙的47.5%,易通过半透膜,它与上述两种钙处于动态平衡,其含量与血液pH值有关。血浆[Ca^{2+}]与血液pH值的关系可用下式表示。

$$[Ca^{2+}] = \frac{[H^+]}{K[HCO_3^-][HPO_4^{2-}]} \quad K为常数$$

可见不仅[H^+]下降时可出现[Ca^{2+}]下降,而且当血浆[HCO_3^-]或[HPO_4^{2-}]增高时,[Ca^{2+}]同样会下降。血浆钙中只有Ca^{2+}具有生理作用,当[Ca^{2+}]降至0.9 mmol/L(3.5 mg/dL)时,神经肌肉兴奋性增强,可引起手足搐搦;如[Ca^{2+}]过高,则可引起精神神经症状或肌无力。血浆中各种钙的存在形式可以互相转变,存在着动态平衡关系。这种平衡也受血浆pH值的影响,[H^+]升高(酸中毒),则离子钙增多;[HCO_3^-]升高(碱中毒),则离子钙减少。因此当临床上出现碱中毒时,常伴有抽搐现象,即与碱中毒时血浆中离子钙减少有关。血钙总量可受血浆蛋白浓度的影响。如多发性骨髓瘤患者血浆蛋白增多,则蛋白结合钙增多,血钙总量也增高;营养不良性水肿、肾病综合征和黑热病等患者血浆蛋白减少,蛋白结合钙减少,血钙总量也随之下降。血钙总量变化时,只要血液pH值不发生改变,血浆[Ca^{2+}]仍可保持正常。

2.血磷 磷在体内以无机磷酸盐和有机磷酸酯形式存在,无机磷酸盐主要存在于血浆中,有机磷酸酯主要存在于红细胞中。血磷系指血浆中无机磷酸盐的含量,其中80%~85%是以HPO_4^{2-}的形式存在,15%~20%以$H_2PO_4^-$的形式存在,PO_4^{3-}的含量极微。血磷含量与年龄有关,随年龄的增长而下降。新生儿血磷浓度约1.78 mmol/L(5.5 mg/dL),年龄增大后渐降,15岁左右达成人血磷水平,为1.0~1.6 mmol/L(3~5 mg/dL)。

3.血浆中钙和磷含量的平衡 血浆中钙、磷之间的关系密切,二者的浓度保持一定的数量关系。如用[Ca]和[P]分别代表正常成人100 mL血浆中钙和磷的毫克数([Ca]和[P]分别是以mg/dL表示时钙和磷的浓度),其乘积称为钙磷乘积,二者之间有如下关系式:

$$[Ca] \times [P] = 35 \sim 40$$

即钙磷乘积为35~40。由此关系式可看出,为保持钙磷乘积的恒定,若其中一种成分的含量增高,必使另一种成分含量降低。当钙磷乘积大于40时,钙、磷以骨盐形式沉积于骨组织;而钙磷乘积小于35时,骨组织钙化障碍,甚至骨盐溶解脱钙,影响正常的成骨作用,在儿童和成人分别引起佝偻病和软骨病。该乘积数值可作为佝偻病、软骨病临床诊断和疗效判断的参考指标。

(四)钙磷与骨代谢的关系

骨是人体钙、磷的最大储存库,因此骨骼的钙、磷代谢是机体钙、磷代谢的重要部分。人体通过成骨与溶骨作用,不断与细胞外液进行钙、磷交换,从而使血钙和血磷浓度维持动态平衡,促进骨的更新。

1.骨的组成与骨盐 骨由骨盐(骨中的无机盐)、骨基质和骨细胞三部分组成。

骨盐能增加骨的硬度,骨基质决定骨的形状及韧性,骨细胞在代谢中起主导作用。

骨盐占骨干重的65%~70%,其主要成分为磷酸钙,占骨盐总重的84%。骨盐中的Ca^{2+}可与体液中的H^+交换,当体液中$[H^+]$增多(酸中毒)时,由于$Ca^{2+}-H^+$交换,可致骨盐溶解。

骨基质包括胶原、少量细胞外液及蛋白多糖等非胶原化合物。其中胶原约占90%以上,骨盐就沉积在胶原纤维之间的间隙之中。非胶原蛋白中含量较多的是骨钙素和骨连接素。骨连接素是附着于胶原的一种糖蛋白,易与羟磷灰石结合,是骨盐沉积的核心。

2. 成骨作用与钙化　骨的生长、修复或重建过程称为成骨作用。成骨过程中,成骨细胞先合成并分泌胶原和蛋白多糖等基质成分,形成骨样质;骨盐沉积于骨样质中,形成坚硬的骨质,此过程称为钙化。

成骨细胞表面有突起的骨原小泡,富含丝氨酸磷脂和碱性磷酸酶,前者与Ca^{2+}有较强的亲和力,能有效集中周围基质中的钙,碱性磷酸酶能水解多种磷酸酯,使HPO_4^{2-}的浓度增加,作为钙化的原料。基质中的骨连接素可促使羟磷灰石结晶形成;骨钙素则可直接结合羟磷灰石,使之有规律地沉积于胶原上。

3. 溶骨作用与脱钙　骨处在不断更新之中,原有旧骨的溶解和消失称为骨的吸收或溶骨作用。溶骨作用包括基质的水解和骨盐的溶解,后者又称为脱钙。溶骨作用通过骨组织细胞的代谢活动,可分为细胞外和细胞内两相完成。

破骨细胞通过接触骨面的刷状缘,释放出溶酶体中多种水解酶类,可使胶原纤维和氨基多糖水解;同时通过糖原分解产生大量酸性物质扩散到溶骨区,促使羟磷灰石从解聚的胶原中释出,骨盐溶解。柠檬酸与Ca^{2+}结合成柠檬酸钙,降低局部Ca^{2+}浓度,从而促进磷酸钙溶解以进一步脱钙。多肽、羟磷灰石等经胞饮作用进入破骨细胞,并与溶酶体融合形成次级溶酶体。在此,多肽水解为氨基酸,羟磷灰石转变为可溶性钙盐。溶骨作用增强时,血、尿中羟脯氨酸增高,故可将血、尿中羟脯氨酸含量作为溶骨程度的参考指标。成骨与溶骨两种作用不停地交替进行,处于动态平衡,既保证了骨骼的正常生长,也维持了血钙和血磷浓度的相对恒定。骨骼发育生长时期,成骨作用大于溶骨作用;而老年人则溶骨作用显著增强,易发生骨质疏松症。

(五) 钙磷代谢的调节

1. $1,25-(OH)_2-D_3$ 的调节

(1) $1,25-(OH)_2-D_3$ 与小肠黏膜内的特异胞质受体结合,进入细胞核内,促进 DNA 转录生成 mRNA,从而使钙结合蛋白和 $Ca^{2+}-ATP$ 酶合成增加,促进 Ca^{2+} 的吸收和转运;还可改变小肠黏膜细胞膜磷脂的组成,增强对 Ca^{2+} 的通透性,有利于 Ca^{2+} 的吸收。$1,25-(OH)_2-D_3$ 在促进 Ca^{2+} 吸收的同时伴随磷吸收的增强。

(2) 增强破骨细胞的活性,加速时细胞形成新的破骨细胞,从而促进骨的吸收,动员骨质中的钙和磷释放入血。由于 $1,25-(OH)_2-D_3$ 能促进肠道钙和磷的吸收,使血中钙和磷的浓度升高,骨组织中骨吸收区的吸收增强,而骨钙化区的钙化也增强。所以,活性维生素 D_3 总的结果是促进骨的代谢,有利于骨骼的生长和钙化。

(3) 能直接促进肾近曲小管对钙、磷的重吸收,从而降低尿钙、尿磷。由于维生素 D_3 的活化是在肝肾中进行的,故严重肝病或肾病时,均可导致活性维生素 D_3 减少,出

现低血钙,造成佝偻病或软骨病。此时用普通维生素 D_3 治疗无效,故又称抗维生素 D 佝偻病,须用 $1,25-(OH)_2-D_3$ 治疗方能有效。

2. 甲状旁腺素的调节 甲状旁腺素(parathyroid hormone,PTH)是由甲状旁腺主细胞合成分泌,由 84 个氨基酸组成的单链多肽,分子量为 8 771.26。其分泌受血液钙离子浓度的调节,当血钙浓度降低时,PTH 分泌增加,反之,分泌就降低。血钙浓度与 PTH 分泌呈负相关。

(1)PTH 能使间叶细胞转化为破骨细胞,使骨组织中破骨细胞数量增多,活性增强,产生三方面的效应:①糖酵解加强抑制细胞内异柠檬酸脱氢酶活性,细胞内异柠檬酸和乳酸的浓度升高,并向细胞外扩散,促进骨盐溶解和吸收;②促进溶酶体释放各种水解酶,分解骨基质中的胶原、黏多糖等,有利于骨基质的分解和吸收;③抑制破骨细胞转化为骨细胞。

(2)PTH 可促进肾远曲小管对钙的重吸收,但由于 PTH 促进骨吸收和升高血钙的作用,使肾小球滤过的钙量增多,超过了肾小管重吸收的限度,故尿钙排出量仍比正常水平高。PTH 能抑制近曲小管对 HPO_4^{2-} 的重吸收,使尿磷排出增加,血磷降低。在肾功能正常的情况下,测定磷的清除率可判断甲状旁腺的功能。PTH 还可激活肾中的 1-α-羟化酶促进维生素 D_3 的转化。综上所述,PTH 具有升高血钙、降低血磷的作用,促进溶骨和脱钙。

3. 降钙素的调节 降钙素(calcitonin,CT)是由甲状腺滤泡旁细胞(C 细胞)分泌的一种单链多肽激素,由 32 个氨基酸残基组成,分子量约为 3 500,其作用是使血钙和血磷浓度降低,它的分泌与血钙浓度呈正相关。

(1)促进骨组织中骨盐的沉积,抑制骨盐溶解,减少钙、磷的释出。其作用主要是通过抑制破骨细胞生成,使破骨细胞减少,从而抑制骨盐溶解;使成骨细胞增多,促进骨盐沉积,从而降低血钙浓度。

(2)抑制肾近曲小管对钙、磷的重吸收,使尿中钙、磷排出增加。

(3)抑制肾 α-羟化酶的活性,使 $25-(OH)-D_3$ 不能转变为 $1,25-(OH)_2-D_3$,从而间接抑制肠道对钙、磷的吸收。

第五节 镁与微量元素的代谢

一、镁的代谢

1. 含量与分布 镁约占体重的 0.029%,成人体内镁含量为 20~28 g,在体内的金属元素中仅次于钙、钾、钠,居第四位。血清镁含量相当恒定,在 0.7~1.0 mmol/L。约 55% 以 Mg^{2+} 形式存在,少部分以不解离的复合物形式存在。

体内的镁 1/2 沉积在骨骼,附着在羟磷灰石表面,是体内的镁库;其余分布在肌肉、肝、脑、肾等组织中。

2. 吸收与排泄 人体镁的需要量为 0.2~0.4 g/d,体内的镁主要来源于绿色植物和谷物。镁主要由小肠吸收,吸收率约 30%,正常膳食可满足镁的需要量。体内的镁 60%~70% 随粪便排出,其余自尿液中排出。

3. 镁的生理作用

（1）镁是多种酶的辅助因子　镁能激活细胞内许多酶系统，参与核酸、蛋白质、糖、脂肪等的重要代谢过程。

（2）Mg^{2+}对中枢神经系统具有抑制作用　Mg^{2+}和Ca^{2+}都能使神经肌肉兴奋性降低，但对于心肌的兴奋性，Mg^{2+}有抑制作用，而Ca^{2+}则有兴奋作用。

（3）镁可使周围血管扩张，因而有降血压的作用。

（4）镁是骨细胞结构和功能所必需的元素，与骨骼的生长和更新有密切关系。

（5）镇静作用　镁能使运动神经肌肉接头的乙酰胆碱释放减少，阻滞冲动传导，故镁有镇静作用。

（6）在肠道镁吸收缓慢，使水分潴留，故镁盐可用作导泻剂。

二、微量元素的代谢

组成人体的元素，依含量不同，可分为宏量元素和微量元素。凡含量占人体总重量万分之一以上者，称为宏量元素，主要有碳、氢、氧、氮、磷、硫、钙、镁、钠、钾、氯等元素，占人体总重量的99.95%以上；凡含量占人体总重量的万分之一以下，每天需要量在100 mg以下者均称为微量元素，目前公认的人体必需微量元素主要有铁、锌、铜、硒、钴、锰、铬、碘、氟、镍、钒、钼、硅、锡等元素，仅占人体总重量的0.05%左右。微量元素主要来自食物，其作用主要是参与构成酶的活性中心或辅酶；参与体内物质的运输；参与激素和维生素的合成等。

（一）铁的代谢

1. 含量与分布　人体含铁总量为40 mmol（3~5 g），或50 mg/kg体重，女性略低于男性。铁在体内分布很广，其中血红蛋白铁占65%，肌红蛋白铁占10%，各种酶类含铁约占1%，其余25%左右以铁蛋白、含铁血黄素和未知铁化物等形式储存于肝、脾、骨髓、肌肉和肠黏膜等器官中，在血浆中运输的铁仅占0.1%左右。

2. 吸收与排泄　人体内铁的来源：一是食物中的铁；二是体内血红蛋白（Hb）分解释放出的铁。后者的80%用于重新合成Hb，20%以铁蛋白等形式储存备用。人体对铁的需要量和吸收量因年龄、性别和生理情况不同而异：成年男性和绝经期妇女需铁约1 mg/d，青春期妇女约2 mg/d，妊娠妇女约2.5 mg/d，儿童约1 mg/d。胃肠道铁的吸收率在10%以下，因此一般每天膳食中含铁量10~15 mg，已能满足生理需要。血红蛋白铁较易吸收，通常有20%~40%被吸收。铁主要在十二指肠和空肠上段吸收，并受多种因素的影响。在肠腔pH值条件下，Fe^{2+}比Fe^{3+}溶解度大，易被吸收，而食物中铁多以Fe^{3+}形式存在，故胃酸、维生素C、半胱氨酸和谷胱甘肽等还原物质能将Fe^{3+}还原为Fe^{2+}，从而促进铁的吸收；某些氨基酸、柠檬酸、苹果酸和胆汁酸等可与铁结合成可溶性螯合物，有利于铁的吸收；植酸、草酸和鞣酸等可与铁形成不溶性铁盐而阻碍铁的吸收；此外，小肠黏膜细胞中存在与铁结合的特异受体，能根据需要控制铁的摄取，当体内储存铁增多时则吸收减少，反之，储存铁不足时则增加铁的吸收。

正常情况下，铁的吸收与排泄保持动态平衡。成年男性排铁量为0.5~1.0 mg/d，主要是胃肠道黏膜脱落细胞随粪便排出，少部分从泌尿生殖道和皮肤脱落的上皮中排出，生育期女性铁的排出较多，平均排出量约为2 mg/d。

3. 运输、储存和利用 从肠道吸收入血的 Fe^{2+} 在血浆铜蓝蛋白催化下被氧化生成 Fe^{3+},然后再与血浆运铁蛋白结合而运输。运铁蛋白是一种结合三价铁的糖蛋白,由两条多肽链构成,每条多肽链有一个铁的结合位点。运铁蛋白将 90% 以上的铁运到骨髓,用于合成血红蛋白;将另外不到 10% 的一部分铁运到各组织细胞合成肌红蛋白、含铁酶类等;还有一部分用于合成铁蛋白和含铁血黄素储存于网状内皮细胞系统和肝细胞中。铁蛋白是铁储存的主要形式,大部分存在于肝、脾、骨髓和骨骼肌,其次在肠黏膜上皮细胞;铁在铁蛋白中以 Fe^{3+} 形式存在,在出血或其他需要铁的情况下,储存铁可以释放,参与造血及其他含铁化合物的合成。含铁血黄素内的铁也可利用,但不如铁蛋白内的铁易于动员,且含铁总量低于铁蛋白。

4. 功能与缺乏症

(1)铁主要是作为血红蛋白、肌红蛋白、细胞色素的组成成分,参与体内氧和二氧化碳的运输,组成呼吸链参与氧化磷酸化作用。此外,铁还是过氧化氢酶等的辅助因子。

(2)成人缺铁可导致贫血,未成年人缺铁可导致生长发育迟缓、免疫功能降低,从而出现、易感染易疲劳等症状。

(3)误服过量铁制剂等可引起体内铁过多,出现急性胃肠刺激症状及呕吐、黑色粪便等。慢性铁过多可出现肤色变深,甚至肝硬化等。

(二)锌的代谢

1. 含量与分布 正常人体含锌总量约 40 mmol,遍布于所有组织,其中皮肤、毛发的含锌量约占全身总含锌量的 20%,故测定头发含锌量既可反映体内含锌总量,又可反映膳食锌的供给情况。血清锌的含量为 0.1~0.15 mmol/L。许多天然食物中均含锌,肉类、贝类、肝和扁豆等尤为丰富。锌的需要量随性别、年龄等情况而异。成人每天需锌量约为 15 mg(0.2 mmol),妊娠期及哺乳期妇女需要量增加,青春前期儿童需锌 6~10 mg/d。

2. 吸收与排泄 锌主要在小肠吸收,食物锌的吸收率为 20%~30%。食物中的钙、镉、铜及植酸可影响其吸收;肠腔内有与锌特异结合的因子,能促进锌的吸收。锌吸收入血后与金属蛋白载体结合而运至门静脉,然后再输送到全身各组织利用,主要是参与各种含锌酶的合成。锌主要随胰液分泌入肠,由粪便排出;部分锌可从尿及汗液排出。

3. 功能与缺乏症

(1)锌的许多重要功能是通过酶的功能来体现的。目前已知的含锌酶有 200 多种,如脱氢酶、碳酸酐酶、醛缩酶、肽酶、磷酸酶、DNA 聚合酶和 RNA 聚合酶等酶类中均含有锌,锌广泛参与糖、脂类、蛋白质和核酸代谢。

(2)锌极易与胰岛素结合,使胰岛素围绕 Zn^{2+} 形成六聚体而活性增强,结合型胰岛素能与精蛋白结合,延长胰岛素的作用时间。

(3)脑中微量元素以锌含量最高,为 10 μg/g 脑组织,人脑海马区的锌含量尤高,锌主要结合于脑细胞膜上。Zn^{2+} 能活化磷酸吡哆醛合成酶和抑制 γ-氨基丁酸(GABA)合成酶的活性,在维持调节神经元的 GABA 浓度中发挥关键作用。

(4)锌与维持 DNA 和 RNA 的立体结构有关,故推测锌在基因调控中有重要作用;正常血浆维生素 A 水平的维持及其在肝的代谢均需锌参与;锌与膜蛋白巯基、羧基结合后,对细胞膜结构的稳定和功能的完整均具有重要意义。

(5)缺锌可导致多方面功能障碍。如伤口愈合不良、性功能不全;尤其儿童缺锌可引起生长发育停滞、生殖器官发育受损等;妊娠妇女缺锌显著者,可致胎儿畸形,所生子女智力低下;此外,缺锌时味觉丧失,食欲减退。

(三) 铜的代谢

1. 含量与分布　铜是人体的必需微量元素,成人体内含铜量为 100~150 mg,占体重的 0.000 1%,主要分布在肝、心、脑、肾等组织中。正常成人血清铜含量为 0.02 mmol/L。

2. 吸收与排泄　正常成人每日铜需要量为 1.5~2.0 mg。食物中的铜大都是以复合物的形式主要在十二指肠被吸收。体内的铜 80% 以上随胆汁排出,约 5% 由肾排出,10% 由肠道排出。胆道阻塞时,肾和肠道排铜增多。

3. 生理功能

(1)参与能量代谢　铜是细胞色素氧化酶的组成成分,参与生物氧化过程,其作用与铁相似,即起电子传递体的作用。

(2)参与铁的代谢　铜是血浆铜蓝蛋白的组成成分,参与铁的吸收、转移和利用,加速血红蛋白的合成及红细胞的成熟和释放。因此,对于缺铁性贫血患者,在补铁治疗效果不佳时,辅以微量铜可以提高疗效。

(3)参与自由基的清除　铜是超氧化物歧化酶的组成成分,该酶具有清除自由基、抗氧化、抗衰老作用。

(4)维持单胺氧化酶和抗坏血酸氧化酶的活性　铜可促进弹性蛋白纤维交联结构的形成,维持血管壁、结缔组织和骨基质的韧性与弹性。

(5)参与毛发和皮肤色素的代谢　铜是酪氨酸酶的组成成分,该酶可催化黑色素的合成。缺乏铜时常引起毛发脱色。

(四) 碘的代谢

1. 含量与分布　人体含碘量为 15~20 mg,广泛分布于各组织。其中大部分集中于甲状腺组织,骨骼肌组织次之,主要都为有机碘。食物碘主要来源于海盐和海产品。食物中的碘在肠道经还原为碘离子后迅速吸收,进入血液后与球蛋白结合,运至甲状腺、肺、肌肉、唾液腺、肾、乳腺等组织利用。碘主要经由肾随尿排出,少部分经胆汁排入肠腔随粪便排出。

2. 功能与缺乏症

(1)碘的主要作用是参与甲状腺素的组成,适量的甲状腺素可促进蛋白质的生物合成,加速机体的生长发育,调节能量的转换利用,稳定中枢神经系统的结构和功能,故具有极其重要的作用。

(2)碘缺乏在我国发病率较高,地区性缺碘或食物中干扰碘代谢的成分(如硫氰酸盐和硫脲及磺胺类药物等)是发生碘缺乏的主要原因。较常见的是成人缺碘而导致的地方性甲状腺肿,其发病率女性高于男性。婴儿缺碘可导致发育停滞、智力低下、生育能力丧失,甚至痴呆、聋哑而形成克汀病(又称呆小症)。近海地区的居民因食用含碘量超过普通食盐约 1 500 倍的海带盐而发生碘过多的现象。主要表现为尿碘排出量增多,少数可出现甲状腺肿大并有颈部压迫感。

(五)硒的代谢

1. 含量与分布　成人体内含硒总量为 14~21 mg,肝、肾内含量较高。正常人每天从食物中摄入硒量平均为 200~300 μg,最低摄入量不应低于 40 μg/d。硒主要由十二指肠吸收,低分子有机硒如硒代蛋氨酸、硒代胱氨酸较易吸收,食物中含砷化物、硫化物、汞、镉、铜和锌过多时可阻碍硒的吸收,维生素 E 可促进硒的吸收。硒在血浆内主要与球蛋白结合,小部分与血浆极低密度脂蛋白或低密度脂蛋白结合,转运至各组织利用。硒大部分由粪便排出,小部分由肾、皮肤和肺排出体外。

2. 功能与缺乏症

(1)硒以硒代半胱氨酸的形式参与构成谷胱甘肽过氧化物酶(GSH-Px)的活性中心。GSH-Px 能使还原型谷胱甘肽转变为氧化型谷胱甘肽,消除有毒性的过氧化氢或有机过氧化物,从而保护细胞膜,进而保护细胞中重要的活性物质不受强氧化剂的破坏。维生素 E 也有抗氧化作用,但二者发挥作用的阶段不同,一般认为,维生素 E 仅可减少过氧化氢和类脂有机过氧化物的生成,而 GSH-Px 能将其消除,故二者在抗氧化中具有协同作用。

(2)对 27 个国家的流行病学调查发现,癌症特别是肠癌、前列腺癌、乳腺癌、卵巢癌、肺癌和白血病等的死亡率与膳食硒的摄入量呈负相关。动物实验也证明,硒可降低化学物质的致癌率,硒还有提高机体免疫功能的作用。

(3)硒参加辅酶 A 与辅酶 Q 的合成,促进 α-酮酸脱氢酶系的活性;硒能拮抗和降低汞、镉、铊和砷等元素的毒性作用;硒还能调节维生素 A、维生素 C、维生素 E、维生素 K 的代谢。

(4)硒缺乏可出现生长缓慢、肌肉萎缩、四肢关节变粗、毛发稀疏、精子生成异常和白内障等。此外,还发现克山病区人群的血硒、发硒和血液 GSH-Px 水平均低于非病区人群。

(5)人体摄入过多的硒可引起硒中毒,损害肝、肾等器官,出现胃肠功能紊乱、眩晕、疲倦、皮肤苍白和神经过敏等症状。

(六)锰的代谢

1. 含量、分布与排泄　成人锰含量为 10~20 mg,广泛分布于各组织。锰来自食物,如干果仁、各类种子及蔬菜,茶叶中含锰丰富,而肉类、面食及乳制品中的含量较低。正常成人锰需要量为 2.5~7.0 mg/d。食物中的锰主要在小肠吸收,体内的锰可经胆汁或尿排出。

2. 功能与缺乏症

(1)锰是多种酶类[如丙酮酸羧化酶、精氨酸酶、RNA 聚合酶合酶和超氧化物歧化酶(Mn-SOD)等]的组成成分。锰离子还能激活羧化酶、磷酸化酶、异柠檬酸脱氢酶、DNA 聚合酶及胆碱酯酶等。锰不仅参与糖、脂类、蛋白质和核酸代谢,还是维持性功能的必需微量元素。

(2)锰的缺乏较少见。若吸收过多可出现中毒症状,多见于生产及生活中的防护不善,锰以粉尘的形式进入人体所致。中毒症状表现为锥体外系的功能障碍,并可引起眼球集合能力减弱、眼球震颤和睑裂扩大等。

(七)氟的代谢

1. 含量与分布 成人体内含氟量约2.6 g,主要分布于骨骼、牙齿、指甲、毛发和神经肌肉组织。食物中含氟丰富的有红枣、莲子、海带、紫菜、苋菜等。天然的氟化合物水溶性较高,故膳食氟的主要来源是水。饮水中的可溶性氟几乎全部被胃肠道吸收,食物中氟大部分可被吸收,以离子形式随血液运至各组织利用。体内氟大部分由肾随尿排出,少部分可由粪便或汗腺排出,酸性尿可减少肾小管对氟的重吸收,从而使氟的排出增加。

2. 功能与缺乏症 氟的主要功能是增强骨骼和牙齿结构的稳定性,促进骨骼与牙齿的健康。氟不仅可使骨质坚固,而且还能促进钙磷沉积,有利于骨的生长发育。氟不仅有利于牙齿的坚硬,而且还能防止龋齿发生,因为氟是烯醇化酶的抑制剂,故可抑制口腔细菌的糖酵解而减少乳酸的生成。氟缺乏可见于低氟地区居民,主要表现为骨骼、牙齿发育不良,龋齿发病率增高。氟中毒常见于高氟地区居民,主要表现为氟斑牙和氟骨症。

(八)钴的代谢

钴是体内微量元素中含量最少的元素,仅占人体总重0.000 002%,体内含钴量为1.1~1.5 mg。从食物中摄入的钴必须在肠道细菌作用下,合成维生素B_{12}后才能被吸收利用。成人每日需摄入维生素B_{12} 2 μg,孕妇需 3 μg。体内的钴主要以维生素B_{12}的形式,参与一碳单位的代谢和核苷酸的合成,进而促进核酸和蛋白质的生物合成;钴促进铁的吸收和储存铁的动员,增强造血;钴还促进锌的吸收,提高锌的生理效应。钴过多可导致甲状腺肥大和心脏损害。

同步练习

(一)选择题

1. 正常人体的体液占体重的百分比为　　　　　　　　　　　　　　　　　(　)
   A. 5%　　　　　　　　　　　B. 60%
   C. 10%　　　　　　　　　　　D. 15%
   E. 20%

2. 细胞内液的阳离子主要为　　　　　　　　　　　　　　　　　　　　　(　)
   A. K^+　　　　　　　　　　　B. Na^+
   C. Mg^{2+}　　　　　　　　　D. Ca^{2+}
   E. H^+

3. 引起毛细血管内外水移动的因素主要取决于血浆和组织间液之间的　　　(　)
   A. 胶体渗透压　　　　　　　　B. 静水压
   C. 有效过滤压　　　　　　　　D. 氧分压
   E. 晶体渗透压

4. 正常成年人每天(24 h)最低需水量为　　　　　　　　　　　　　　　　(　)
   A. 2 500 mL　　　　　　　　　B. 500 mL
   C. 1 500 mL　　　　　　　　　D. 1 000 mL
   E. 1 200 mL

5. 下列哪组离子浓度增高时抑制心肌的兴奋性　　　　　　　　　　　　　(　)

A. [Na$^+$]+[Ca^{2+}]+[H$^+$]   B. [Na$^+$]+[H$^+$]
C. [Na$^+$]+[Mg^{2+}]+[H$^+$]   D. [K$^+$]+[Mg^{2+}]+[H$^+$]
E. 以上都不是

6. 关于钾的吸收与排泄的叙述,下列错误的是 (　　)
   A. 主要排泄途径为肾   B. 成人每天钾的需要量为 2~3 g
   C. 进食普通膳食不会引起钾的缺乏 D. 90% 的钾在消化道被吸收
   E. 以上都不是

7. 下列对 Ca^{2+} 的生理功能的叙述,哪个是正确的 (　　)
   A. 主要维持细胞内晶体渗透压
   B. 增加神经肌肉的兴奋性,增加心肌兴奋性
   C. 增加神经肌肉的兴奋性,降低心肌兴奋性
   D. 降低神经肌肉的兴奋性,增加心肌兴奋性
   E. 降低神经肌肉的兴奋性,降低心肌兴奋性

8. 维生素 D 的 1 位和 25 位羟化分别主要在哪个器官中进行 (　　)
   A. 肝、肾   B. 肝、肝
   C. 肾、肝   D. 皮肤、肝
   E. 皮肤、肾

9. 甲状旁腺激素对钙磷代谢的影响为 (　　)
   A. 升血钙,升血磷   B. 升血钙,降血磷
   C. 降血钙,升血磷   D. 降血钙,降血磷
   E. 升尿钙,升尿磷

10. 体内的铁主要存在于 (　　)
    A. 血红蛋白   B. 金属酶
    C. 含铁酶类   D. 血浆
    E. 未知铁化物

(二) 思考题

1. 水和无机盐分别有哪些生理功能?
2. 钾钠的排泄特点有什么不同?在临床静脉补钾时应注意什么?
3. 钙、磷的生理功能有哪些?

(漯河医学高等专科学校　朱宝安)

第十七章 酸碱平衡

> **学习目标**
>
> ◆ 掌握　酸碱平衡的概念，血液的缓冲作用及肺、肾对酸碱平衡的调节作用。
> ◆ 熟悉　体内酸性、碱性物质的来源，肺对酸碱平衡的调节作用。
> ◆ 了解　酸碱平衡失调的基本类型、主要生化指标及其临床意义。

机体在生命活动过程中不断地产生酸性物质和碱性物质，同时又不断地从食物中摄取酸碱物质。体液的酸碱度（常以 pH 值表示）是机体内环境的重要因素，人的正常生理活动除需要适当的温度和渗透压等因素外，还必须保持体液的适当酸碱度。机体通过一系列的调节作用，最后将多余的酸性或碱性物质排出体外，使体液 pH 值维持在相对恒定的范围内，这一过程称为酸碱平衡。体液 pH 值总是不断地发生变动，但这种变动只发生在一个极狭窄的范围内，如正常人血浆的 pH 值总是维持在 7.35～7.45。体液 pH 值之所以能够维持相对恒定，主要取决于三方面的调节作用，即体液自身的缓冲作用、肺通过 CO_2 呼出及肾对 H^+ 或 NH_4^+ 排出的调节。这三方面的作用相互协调、制约，共同维持体液 pH 值的相对恒定。如果体内的酸碱物质超过机体的调节范围，或三种调节作用中的某一方出现障碍，就有可能导致体液酸碱平衡紊乱，从而出现酸中毒或碱中毒。

第一节　体内酸碱物质的来源

在化学反应中，凡能释放出 H^+ 的化学物质称为酸，如 HCl、H_2SO_4、H_2CO_3、NH_4^+ 等；反之，凡能接受 H^+ 的化学物质称为碱，如 OH^-、NH_3、HCO_3^- 等。

一个化学物质作为酸释放出 H^+ 时，必然同时有一个碱性物质形成；同样，当一个化学物质作为碱而接受 H^+ 时，必然也有一个酸性物质形成。因此，一个酸总是与相应的碱组成一个共轭体系，例如：

$$\text{酸} \qquad \text{碱}$$
$$H_2CO_3 \rightleftharpoons HCO_3^- + H^+$$
$$NH_4^+ \rightleftharpoons NH_3 + H^+$$

（一）酸性物质的来源

体内的酸性物质主要来自糖、脂类及蛋白质等的分解代谢，另外少量来源于某些食物及药物。酸性物质可分为挥发酸和非挥发酸两大类。

1. 挥发酸（H_2CO_3）　挥发酸即碳酸。正常成人安静状态下每日由糖、脂类和蛋白质分解代谢产生约 350 L（15 mol）的 CO_2，代谢率增加及运动时 CO_2 生成量将显著增加。所生成的 CO_2 主要在红细胞内碳酸酐酶（carbonic anhydrase，CA）的催化下与 H_2O 结合生成 H_2CO_3。H_2CO_3 随血液循环运至肺部后重新分解成 CO_2 并呼出体外，故称 H_2CO_3 为挥发酸，是体内酸的主要来源。

2. 非挥发酸（固定酸）　体内的糖、脂类、蛋白质及核酸在分解代谢过程中还产生一些有机酸及无机酸，如糖分解代谢产生的丙酮酸和乳酸；脂肪酸在肝内氧化产生的 β-羟丁酸及乙酰乙酸；含硫氨基酸氧化产生的硫酸；核酸、磷脂和磷蛋白分解产生的磷酸等。这些酸性物质不能由肺呼出，必须经肾随尿排出体外，所以称之为非挥发酸或固定酸。正常人每日产生的固定酸仅为 50~100 mmol，与每日产生的挥发酸相比要少得多。正常情况下，一些固定酸可被继续氧化，如乳酸、丙酮酸、β-羟丁酸及乙酰乙酸等。固定酸还可来自某些食物，如醋酸、柠檬酸等。此外，某些药物也呈酸性，如阿司匹林、水杨酸及氯化铵等。

（二）碱性物质的来源

体内碱性物质主要来源于食物中的瓜果、蔬菜，但瓜果和蔬菜中含有较多的有机酸盐，如柠檬酸盐、苹果酸盐及草酸盐等，有机酸根在体内氧化生成 CO_2 和 H_2O，剩下的 Na^+、K^+ 则与 HCO_3^- 结合生成碳酸氢盐。所以瓜果和蔬菜被称为碱性食物。此外，某些药物本身就是碱，如抑制胃酸的药物碳酸氢钠。机体在物质代谢过程中也可产生少量的碱性物质，如氨基酸脱氨基生成的 NH_3。一般情况下，体内产生的酸性物质多于碱性物质，故机体对酸碱平衡的调节作用以对酸的调节为主。

酸性物质的来源

第二节　酸碱平衡的调节

机体在正常生命活动过程中不断摄取或生成酸碱物质，但血液 pH 值却维持在恒定的范围内，不发生显著变化，这是由于机体对酸碱物质有较强的缓冲和调节能力。

一、血液的缓冲作用

无论是体内代谢产生的还是由体外进入的酸性或碱性物质，都要进入血液并被血液缓冲体系缓冲；另外，血液的缓冲作用和肺、肾对酸碱平衡的调节直接相关，因此在体液的多种缓冲体系中，以血液缓冲体系最为重要。

（一）血液的缓冲体系

血浆的缓冲体系有：

$$\frac{NaHCO_3}{H_2CO_3} \quad \frac{Na_2HPO_4}{NaH_2PO_4} \quad \frac{Na-Pr}{H-Pr} \quad （Pr：血浆蛋白）$$

红细胞的缓冲体系有：

$$\frac{KHCO_3}{H_2CO_3} \quad \frac{K_2HPO_4}{KH_2PO_4} \quad \frac{K\text{-}Hb}{H\text{-}Hb} \quad \frac{K\text{-}HbO_2}{H\text{-}HbO_2} \quad \frac{\text{有机磷酸钾盐}}{\text{有机磷酸}}$$

血液中各缓冲体系的缓冲能力见表17-1。

表17-1 血液中各缓冲体系的缓冲能力

缓冲体系	占全血缓冲能力的百分数(%)
HbO_2 和 Hb	35
有机磷酸盐	3
无机磷酸盐	2
血浆蛋白	7
血浆碳酸氢盐	35
红细胞碳酸氢盐	18

在血浆缓冲体系中以碳酸氢盐缓冲体系最重要,在红细胞缓冲体系中以血红蛋白及氧合血红蛋白缓冲体系最为重要。血浆 $NaHCO_3/H_2CO_3$ 缓冲体系不仅缓冲能力强,而且该系统可进行开放式调节:其 H_2CO_3 浓度可通过体液中物理溶解的 CO_2 取得平衡而受肺的呼吸调节;而 $NaHCO_3$ 浓度则可通过肾的调节作用维持相对恒定。

(二)血液的缓冲机制

血浆 pH 值主要取决于血浆中 $[NaHCO_3]$ 与 $[H_2CO_3]$ 的比值。在正常情况下,血浆 $[NaHCO_3]$ 约为 24 mmol/L,$[H_2CO_3]$ 约为 1.2 mmol/L,两者比值为 24/12=20/1。血浆 pH 值可通过亨德森,哈塞巴(Henderson-Hassalbach)方程式求得:

$$pH = pKa + \lg\frac{[NaHCO_3]}{[H_2CO_3]}$$

其中 pKa 是 H_2CO_3 解离常数的负对数,温度在 37℃时为 6.1,将数值带入上式:

$$pH \text{值} = 6.1 + \lg(20/1) = 6.1 + 1.3 = 7.4 (\lg 20 = 1.301)$$

上式充分说明了血浆 pH 值与血浆 $[NaHCO_3]/[H_2CO_3]$ 之间的关系:只有当该比值维持在 20/1 时,血浆 pH 值才能维持在 7.4 不变;如该比值变化,则血浆 pH 值也随之改变。而其中任何一方的浓度发生变化时,机体只要对另一方进行相应的调节,使两者的浓度之比仍维持为 20/1,则血浆 pH 值仍为 7.4。由此可见,酸碱平衡调节的实质就是调节 $[NaHCO_3]/[H_2CO_3]$ 的比值以维持血浆 pH 值的相对恒定。$[NaHCO_3]$ 可反映体内的代谢情况,受肾的调节,称为代谢性因素;$[H_2CO_3]$ 可反映肺的通气情况,受呼吸作用的调节,称为呼吸性因素。

进入血液的固定酸或碱性物质,主要由血浆碳酸氢盐缓冲体系缓冲;挥发酸主要由红细胞血红蛋白缓冲体系缓冲。

1. **对固定酸的缓冲作用** 代谢过程中产生的磷酸、硫酸、乳酸、乙酰乙酸等固定酸(H-A)进入血浆时,主要由 $NaHCO_3$ 中和,使酸性较强的固定酸转变为酸性较弱的 H_2CO_3。H_2CO_3 则进一步分解成 H_2O 及 CO_2,CO_2 可经肺呼出体外,使血浆 pH 值不会有较大波动。对固定酸的缓冲作用可表示为:

$$H-A + NaHCO_3 \longrightarrow Na-A + H_2CO_3$$
$$\longrightarrow H_2O + CO_2$$

此外，血浆中其他缓冲体系也有一定的缓冲作用：

$$H-A + Xa-Pr \longrightarrow Na-A + H-Pr$$
$$H-A + Na_2HPO_4 \longrightarrow Na-A + NaH_2PO_4$$

2. 对碱性物质的缓冲作用　碱性物质进入血液后，可被血浆中的 H_2CO_3、NaH_2PO_4 及 H-Pr 缓冲，使其碱性变弱。

$$Na_2CO_3 + H_2CO_3 \longrightarrow 2NaHCO_3$$
$$Na_2CO_3 + H-Pr \longrightarrow NaHCO_3 + NaPr$$
$$Na_2CO_3 + NaH_2PO_4 \longrightarrow NaHCO_3 + Na_2HPO_4$$

通过上述反应将碱性较强的 Na_2CO_3 转变为碱性较弱的 $NaHCO_3$，H_2CO_3 是对固定碱进行缓冲的主要成分，反应中所消耗的 H_2CO_3 可由体内代谢不断产生的 CO_2 得以补充。缓冲后生成的过多 $NaHCO_3$ 可经肾随尿液排出体外，从而维持了血液 pH 值的恒定。

3. 对挥发性酸的缓冲作用　体内各组织细胞在代谢过程中不断产生的 CO_2 主要由红细胞中的血红蛋白缓冲体系缓冲，此缓冲作用伴随血红蛋白的运氧过程。

由于组织细胞与血液之间存在二氧化碳分压（PCO_2）差，当动脉血流经组织时，组织细胞中的 CO_2 经毛细血管壁迅速扩散入血浆，其中大部分 CO_2 继续扩散进入红细胞，并在红细胞中碳酸酐酶的作用下生成 H_2CO_3，后者解离成 HCO_3^- 和 H^+。HbO_2 释放出 O_2 后转变成 Hb^- 和 H^+ 结合生成 HHb 而被缓冲（$HbO_2 \rightarrow Hb^- + O_2$，$H^+ + Hb^- \rightarrow HHb$），红细胞内 HCO_3^- 因浓度增高而向血浆扩散。此时红细胞内阳离子（主要是 K^+）较难通过红细胞，不能随 HCO_3^- 逸出，因此血浆中等量的 Cl^- 进入红细胞以维持电荷平衡，这种通过红细胞膜进行 HCO_3^- 与 Cl^- 交换的过程称为氯离子转移。

在肺部，由于肺泡中氧分压（PO_2）高，二氧化碳分压（PCO_2）低，当血液流经肺部时，HHb 解离成 H^+ 和 Hb^-，Hb^- 和大量扩散入血的 O_2 结合成 HbO_2，H^+ 与 HCO_3^- 结合生成 H_2CO_3，并立即经碳酸酐酶催化分解成 CO_2 和 H_2O，CO_2 从红细胞扩散入血浆后，再扩散入肺泡而呼出体外。此时，红细胞中的 HCO_3^- 很快减少，继而血浆中的 HCO_3^- 进入红细胞，与红细胞内的 Cl^- 进行又一次等量交换（图 17-1）。

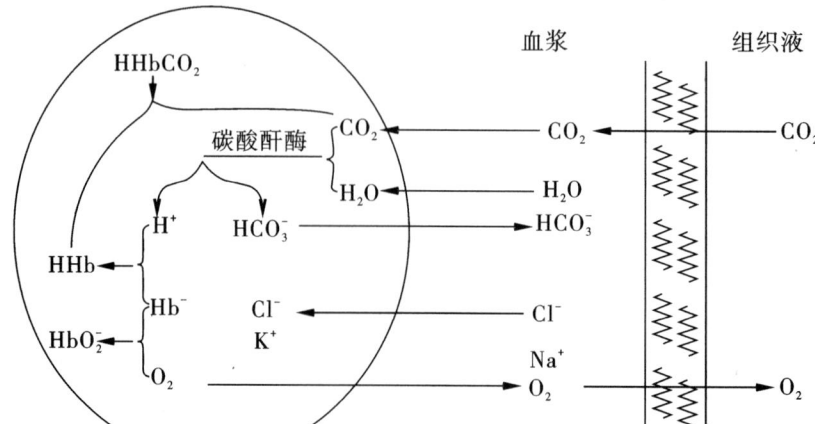

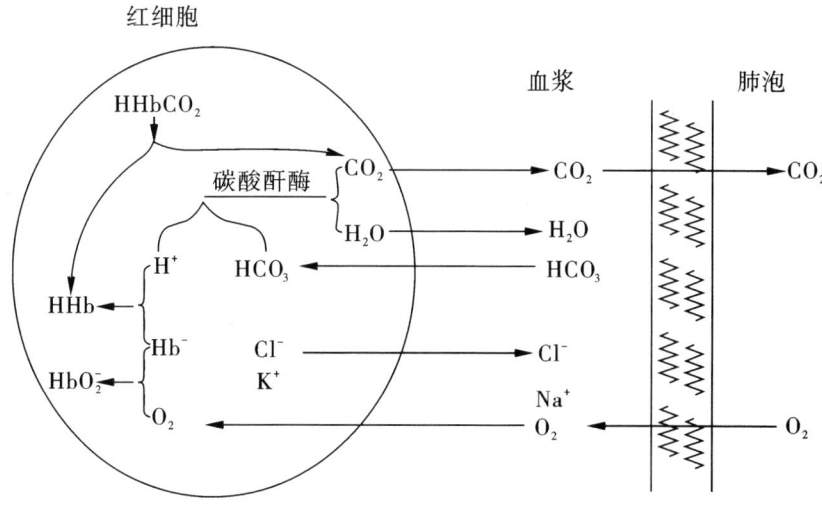

图 17-1 血红蛋白对挥发酸的缓冲作用

在严重呕吐丢失大量胃液时,损失较多的 H^+ 和 Cl^-,血浆 Cl^- 浓度降低,HCO_3^- 从红细胞进入血浆,血浆 HCO_3^- 浓度代偿性增加,从而导致低氯性碱中毒。

二、肺对酸碱平衡的调节作用

肺主要以呼出 CO_2 来调节血浆中 H_2CO_3 的浓度。肺呼出 CO_2 的作用受呼吸中枢的调节,而呼吸中枢的兴奋性又受血液中 PCO_2 及 pH 值的影响。当体内产酸增多时,$NaHCO_3$ 减少而 H_2CO_3 增多,使血浆中 $[NaHCO_3]/[H_2CO_3]$ 比值变小。血中的 H_2CO_3 经碳酸酐酶催化分解为 CO_2 及 H_2O,使血浆 PCO_2 增高,刺激延髓的呼吸中枢,呼吸加深加快,呼出更多的 CO_2,从而降低了血中的 H_2CO_3 浓度,使 $[NaHCO_3]/[H_2CO_3]$ 比值及 pH 值恢复正常。

延髓呼吸中枢对血液 PCO_2 的变化十分敏感,PCO_2 的少量变化即可引起肺通气深度和速率的变化。正常动脉血 PCO_2 为 5.33 kPa,当增至 5.87 kPa 时,即刺激呼吸中枢,使肺通气量成倍增加。当动脉血 PCO_2 增至 8.4 kPa 时,肺通气量可增加数倍;如 PCO_2 进一步增加,呼吸中枢反而受到抑制,产生二氧化碳麻醉;反之,当 PCO_2 下降时,呼吸中枢受抑制,肺通气量下降。另外,当血浆 pH 值下降及 PO_2 降低时,可刺激主动脉弓和颈动脉窦内的化学感受器,使呼吸加深加快,以增加 CO_2 的排出。

总之,当动脉血 PCO_2 增高或 pH 值及 PO_2 降低时 CO,呼吸中枢兴奋,呼吸加深加快,CO_2 呼出增多;反之,当动脉血 PCO_2 降低或 pH 值升高时则呼吸中枢受抑制,呼吸变浅变慢,CO_2 呼出减少。肺通过呼出 CO_2 来调节血中 H_2CO_3 的浓度,以维持 $[NaHCO_3]/[H_2CO_3]$ 的正常比值。所以,在临床上密切观察患者的呼吸频率和呼吸深度具有重要意义。

三、肾对酸碱平衡的调节作用

肾对酸碱平衡的调节作用,主要是通过排出机体在代谢过程中产生的过多的酸或碱,调节血浆中 $NaHCO_3$ 浓度,以维持血浆 pH 值的恒定。当血浆中 $NaHCO_3$ 浓度降低时,肾则加强对酸的排泄及对 $NaHCO_3$ 的重吸收作用,以恢复血浆中 $NaHCO_3$ 的正常浓度;当血浆中 $NaHCO_3$ 浓度升高时,肾则减少对 $NaHCO_3$ 的重吸收并排出过多的碱性物质,使血浆中 $NaHCO_3$ 浓度仍维持在正常范围。可见肾对酸碱平衡的调节作用,实质上就是调节 $NaHCO_3$ 的浓度。肾的这种作用主要是通过肾小管细胞的泌氢、泌氨及泌钾作用,排出多余的酸性物质来实现的。

(一)肾小管泌 H^+ 及重吸收 Na^+(H^+-Na^+ 交换)

肾小管细胞主动分泌 H^+ 的作用与 Na^+ 的重吸收同时进行。

1. **$NaHCO_3$ 的重吸收** 肾小管上皮细胞内含有碳酸酐酶(CA),在该酶催化下 CO_2 与 H_2O 化合生成 H_2CO_3,H_2CO_3 又解离为 H^+ 和 HCO_3^-。

$$CO_2 + H_2O \xrightleftharpoons{CA} H_2CO_3 \longrightarrow H^+ + HCO_3^-$$

解离出的 H^+ 从肾小管上皮细胞主动分泌到肾小管液中,而 HCO_3^- 则保留在细胞内,分泌到小管液中的 H^+ 与其中的 Na^+ 进行交换,称为 H^+-Na^+ 交换。进入肾小管上皮细胞中的 Na^+ 可通过钠泵主动转运回血浆,肾小管细胞中 HCO_3^- 则被动吸收入血,二者重新结合生成 $NaHCO_3$,以补充缓冲固定酸所消耗的 $NaHCO_3$。人体每天由肾小球滤过的 90% HCO_3^- 在近曲小管重吸收,其余的在髓袢及远曲小管重吸收。小管液中的 H^+ 一部分与 HCO_3^- 结合生成 H_2CO_3,H_2CO_3 又分解为 CO_2 和 H_2O。CO_2 可扩散入肾小管细胞,也可进入血液运到肺部呼出。此过程没有 H^+ 的真正排出,只是管腔中的 $NaHCO_3$ 全部重吸收回到血液,故称为 $NaHCO_3$ 的重吸收。

血液中的 $NaHCO_3$ 的正常值为 22~28 mmol/L。当血浆中 $NaHCO_3$ 浓度低于 28 mmol/L 时,原尿中的 $NaHCO_3$ 可完全被肾小管重吸收。当血浆中 $NaHCO_3$ 的浓度超过此值时,则不能完全吸收,多余的部分随尿排出体外。故代谢性碱中毒时,有较多的 $NaHCO_3$ 随尿排出(图 17-2)。

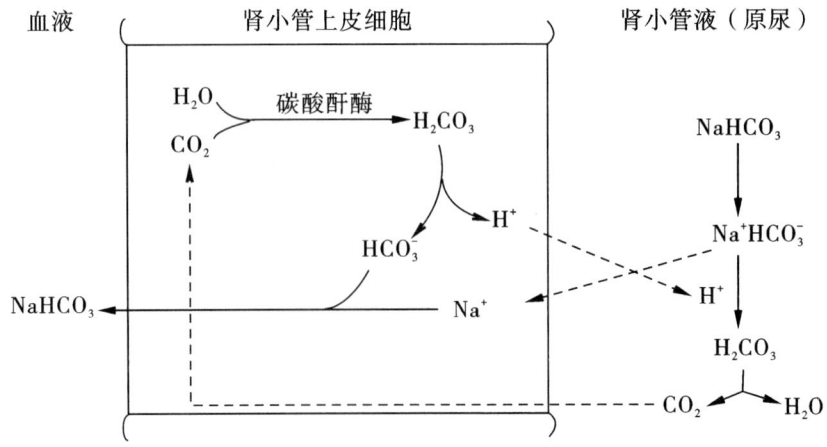

图 17-2 H^+-Na^+ 交换与 $NaHCO_3$ 的重吸收

2. **尿液的酸化** 在正常血液 pH 值条件下,Na_2HPO_4/NaH_2PO_4 缓冲对的比值为

4∶1。在近曲小管管腔中,这一缓冲对仍保持原来的比值,但终尿中这一比值变小,尿中排出的 Na_2HPO_4 增加,尿液 pH 值降低,这一过程称为尿液的酸化。

当原尿流经肾远曲小管时,其中的 Na_2HPO_4 解离成 Na^+ 和 HPO_4^{2-},Na^+ 与肾小管上皮细胞分泌的 H^+,Na^+ 进入肾小管上皮细胞并与 HCO_3^- 重吸收进入血液结合形成 $NaHCO_3$,而管腔中的 H^+ 和 Na^+ 与 HPO_4^{2-} 结合形成 NaH_2PO_4 随尿排出,使尿液的 pH 值降低(图 17-3)。

尿液 pH 值的高低因食物成分的不同有较大差异。正常人尿液 pH 值在 4.6~8.0。在摄入混合食物时,终尿的 pH 值在 6.0 左右。当小管液的 pH 值由原尿中的 7.4 下降到 4.8 时,Na_2HPO_4/NaH_2PO_4 比值下降,Na_2HPO_4 几乎全部转化成 NaH_2PO_4。

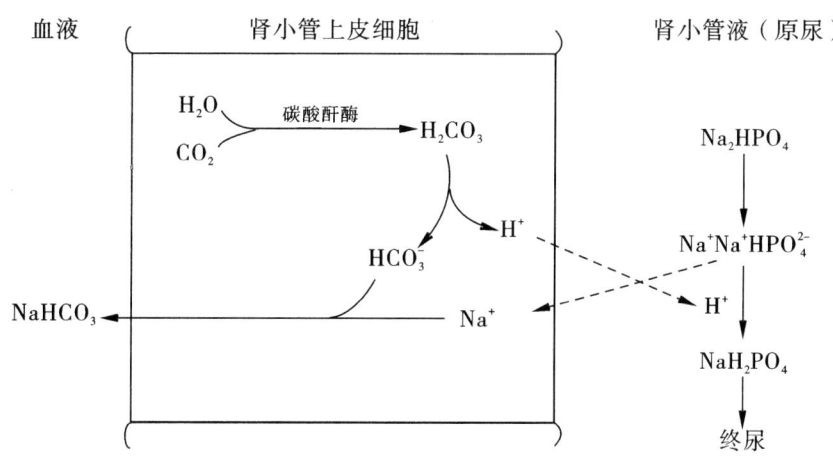

图 17-3 H^+-Na^+ 交换与尿液的酸化

(二)肾小管泌 NH_3 及 Na^+ 的重吸收(NH_4^+-Na^+ 交换)

肾近曲小管上皮细胞有泌 NH_3 作用,此外,远曲小管和集合管也有一定的泌 NH_3 作用。NH_3 主要来源于血液转运的谷氨酰胺(约占 60%),在谷氨酰胺酶的催化下可分解为谷氨酸和 NH_3;另一部分 NH_3 则来源于肾小管细胞内氨基酸的脱氨基作用(约占 40%)。NH_3 是脂溶性分子,可通过细胞膜自由进入肾小管管腔,并与小管液中的 H^+ 结合生成 NH_4^+ 随尿排出。同时,小管液中强酸盐解离出的 Na^+ 重吸收细胞,并与 HCO_3^- 进入血液结合生成 $NaHCO_3$ 而维持血浆中 $NaHCO_3$ 的正常浓度(图 17-4)。

(三)肾小管泌 K^+ 及 Na^+ 的重吸收(K^+-Na^+ 交换)

肾远曲小管上皮细胞还有主动排、泌钾而换回钠的作用,从而使血液中 K^+ 与肾小管液中部分 Na^+ 进行交换,Na^+ 吸收入血,K^+ 随终尿排出体外。K^+-Na^+ 交换虽不能直接生成 $NaHCO_3$,但与 H^+-Na^+ 交换有竞争性抑制作用,故间接影响 $NaHCO_3$ 的生成。血钾浓度增高时,肾小管泌 K^+ 作用增强,即 K^+-Na^+ 交换增强,而 H^+-Na^+ 交换受抑制,结果使细胞外液中 H^+ 浓度升高,高血钾时常伴有酸中毒;血钾浓度降低时,H^+-Na^+ 交换增强,而 K^+-Na^+ 交换减弱,结果尿液中排 K^+ 减少,排 H^+ 增多,细胞外液中 H^+ 浓度降低,低血钾时常伴有碱中毒(图 17-5)。

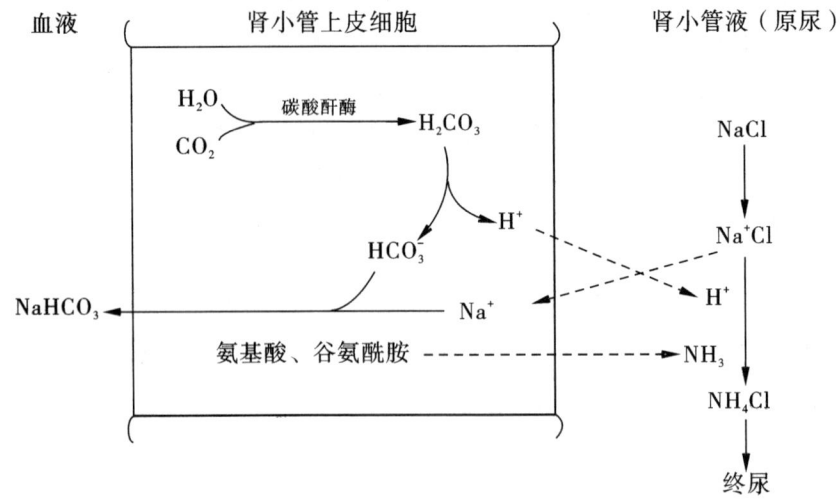

图17-4 H^+-Na^+交换和铵盐的排泄

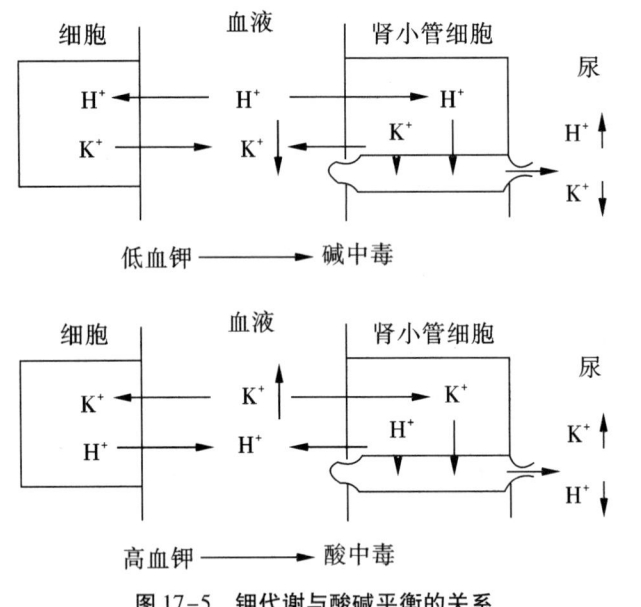

图17-5 钾代谢与酸碱平衡的关系

四、其他组织细胞对酸碱平衡的调节

体液酸碱平衡的正常维持,除了体液自身的缓冲、肺和肾对酸碱平衡的调节作用之外,还与肌肉、骨骼等组织细胞对酸碱平衡的调节作用有关。这些组织细胞的调节作用主要是通过离子交换实现的。

(一)细胞内外的离子交换

Na^+、K^+和H^+的交换,除在肾小管上皮细胞内外进行外,也见于肌肉、骨骼等细胞。通过细胞内外离子的交换起到调节酸碱平衡的作用。如当细胞外液H^+浓度增加时,一部分 H^+ 在细胞外液被缓冲,另一部分 H^+ 则进入细胞内液与 K^+ 或 Na^+ 相互交换,通常每 3 个 H^+ 进入细胞内时伴有 1 个 K^+ 和 2 个 Na^+ 转移到细胞外,因此使细胞外 K^+ 浓度增加,这是酸中毒时引起高血钾的原因之一。相反,当细胞外液 H^+ 浓度降低时,H^+ 由细胞内外移,而 K^+ 则进入细胞内,使血 K^+ 降低,这是碱中毒引起低血钾的原因之一(图 17-6)。

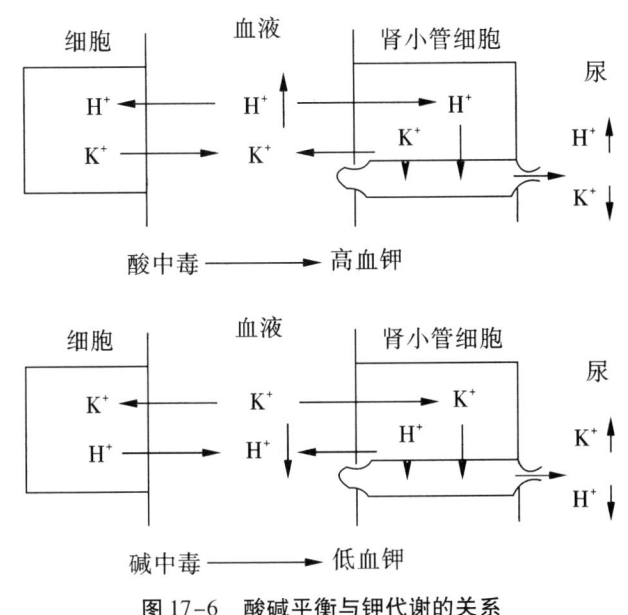

图 17-6 酸碱平衡与钾代谢的关系

(二)骨骼组织对酸碱平衡的调节作用

骨细胞中的无机盐随体液中 pH 值的变化而变化,起到调节骨代谢和酸碱平衡的双重作用。当长期代谢性酸中毒时,由于体液中 H^+ 浓度增加,使骨细胞中钙盐溶解增加,$Ca_3(PO_4)_2$ 从骨组织进入血浆,并与 H_2CO_3 发生下列反应:

$$2PO_4^{3-} + 2H_2CO_3 \longrightarrow 2HPO_4^{2-} + 2HCO_3^-$$

所生成的 2 分子 HCO_3^- 可中和 2 个 H^+,生成 2 分子 H_2CO_3,2 分子 HPO_4^{2-} 又可以结合 2 个 H^+ 生成 2 分子 $H_2PO_4^-$。其反应式如下:

$$2HCO_3^- + 2H^+ \longrightarrow 2H_2CO_3$$
$$2HPO_4^{2-} + 2H^+ \longrightarrow 2H_2PO_4^-$$

总反应是:

$$2PO_4^{3-} + 4H^+ \longrightarrow 2H_2PO_4^-$$

所以,骨细胞释放出 1 分子 $Ca_3(PO_4)_2$ 可缓冲 4 个 H^+,这是骨骼系统参与酸碱平衡的有效缓冲手段。但是由于大量的骨盐溶解,最终可能引起骨骼的严重软化。

第三节 酸碱平衡失调

当体内酸或碱的产生过多或不足,肾和肺的调节功能不健全,以致消耗过多的缓冲体系并得不到及时的补充和维持时，就会发生酸碱平衡失调。表现为血浆 $NaHCO_3$ 与 H_2CO_3 的浓度异常。若因 CO_2 呼出过少以致血浆 H_2CO_3 浓度原发性升高，使正常血浆 $[NaHCO_3]/[H_2CO_3]$ 的比值变小，pH 值降低，则称为呼吸性酸中毒；反之，若血浆 H_2CO_3 浓度原发性降低，使正常血浆 $[NaHCO_3]/[H_2CO_3]$ 的比值增大，pH 值升高，则称为呼吸性碱中毒。若血浆 $NaHCO_3$ 浓度原发性降低，使正常血浆 $[NaHCO_3]/[H_2CO_3]$ 的比值变小，pH 值降低，则称为代谢性酸中毒；反之，如果血浆 $NaHCO_3$ 浓度原发性升高，使正常血浆 $[NaHCO_3]/[H_2CO_3]$ 的比值增大，pH 值升高，则称为代谢性碱中毒。

如果血浆 $NaHCO_3$ 和 H_2CO_3 二者之一的浓度发生原发性改变，而另一部分的浓度也发生相应的继发性改变，则正常血浆 $NaHCO_3$ 和 H_2CO_3 的绝对浓度虽有改变，但二者的比值可以不变，pH 值仍可维持在正常范围内，此种现象称为代偿作用。因此，无论呼吸性或代谢性酸碱中毒，又都可以分为代偿性或失代偿性两种类型。

（一）酸碱平衡失调的基本类型

1. 呼吸性酸中毒 呼吸性酸中毒是由于 CO_2 呼出不畅，使血浆 H_2CO_3 浓度原发性升高。

当血浆 PCO_2 及 H_2CO_3 浓度升高时，肾小管细胞泌 H^+、泌 NH_3 作用增强，$NaHCO_3$ 重吸收增多，结果导致血浆 $NaHCO_3$ 浓度继发性升高，如果 $[NaHCO_3]/[H_2CO_3]$ 的比值仍维持在 20:1，pH 值仍在正常范围之内，则称为代偿性呼吸性酸中毒。当血浆 H_2CO_3 浓度过高，超出机体的代偿能力时，则 $[NaHCO_3]/[H_2CO_3]$ 的比值变小，血浆 pH 值随之降低至 7.35 以下，称为失代偿性呼吸性酸中毒。

呼吸性酸中毒的特点是：血浆 PCO_2、H_2CO_3 浓度升高，血浆 $NaHCO_3$ 浓度也相应升高。

2. 呼吸性碱中毒 呼吸性碱中毒是由于肺的呼吸过度（换气过度），CO_2 呼出过多，使血浆 H_2CO_3 浓度原发性降低。

若血浆 PCO_2 及 H_2CO_3 浓度降低时，肾小管细胞泌 H^+、泌 NH_3 作用减弱，$NaHCO_3$ 重吸收减少，血浆中 $NaHCO_3$ 浓度继发性降低，使 $[NaHCO_3]/[H_2CO_3]$ 的比值仍然在 20:1，pH 值仍维持在正常范围之内，称为代偿性呼吸性碱中毒。

呼吸性碱中毒的特点：血浆 PCO_2、H_2CO_3 浓度降低，血浆 $NaHCO_3$ 浓度也相应降低。

3. 代谢性酸中毒 代谢性酸中毒是由于固定酸来源过多，如糖尿病或服用过多的酸性药物；固定酸排出障碍，如肾功能不全；肾排酸和重吸收 $NaHCO_3$ 障碍；碱性消化液丢失过多等原因造成血浆 $NaHCO_3$ 浓度原发性降低。

固定酸产生过多引起代谢性酸中毒时，通过血液、肺、肾的代偿过程，虽然使血浆 $NaHCO_3$ 和 H_2CO_3 的绝对浓度都有所减少，但二者的比值仍在 20:1，血浆 pH 值仍维持在正常范围之内，则称为代偿性代谢性酸中毒。

超出机体的代偿能力时，血浆 $[NaHCO_3]/[H_2CO_3]$ 的比值则变小，pH 值随之降低至 7.35 以下，称为失代偿性代谢性酸中毒。

代谢性酸中毒的特点：血浆 $NaHCO_3$ 浓度降低，血浆 H_2CO_3 浓度也相应降低。

4. 代谢性碱中毒 代谢性碱中毒是由于各种原因导致血浆 $NaHCO_3$ 原发性增多。如严重呕吐时酸性物质丢失过多，碱性药物摄入过多或低血钾等。

当血浆 $NaHCO_3$ 浓度升高时,血浆 pH 值升高,抑制呼吸中枢,使呼吸变浅变慢,保留较多的 CO_2。

使血浆 H_2CO_3 浓度升高;使肾小管细胞泌 H^+ 和泌 NH_3 作用减弱,减少 $NaHCO_3$ 的重吸收。结果仍能使[$NaHCO_3$]/[H_2CO_3]的比值维持在 20:1,血浆 pH 值仍能维持在正常范围内,称为代偿性代谢性碱中毒。

当超出代偿能力时,血浆[$NaHCO_3$]/[H_2CO_3]的比值增大,pH 值随之升高至 7.45 以上,称为失代偿性代谢性碱中毒。

代谢性碱中毒的特点:血浆 $NaHCO_3$ 浓度升高,血浆 H_2CO_3 也相应升高。

(二)酸碱平衡的主要生化诊断指标

1. 血浆 pH 值 血浆 pH 值是表示血浆中 H^+ 浓度的指标。正常人动脉血 pH 值变动范围为 7.35~7.45,平均为 7.40。pH 值>7.45 为失代偿性碱中毒;pH 值<7.35 为失代偿性酸中毒;但动脉血 pH 值的测定并不能区分酸碱中毒是代谢性的还是呼吸性的。pH 值在正常范围内说明属于正常酸碱平衡,或有酸碱平衡失调而代偿良好,或存在程度相近的酸中毒及碱中毒。

2. 动脉血二氧化碳分压 动脉血二氧化碳分压(arterial partial pressure of carbon dioxide,$PaCO_2$)是指物理溶解于动脉血浆中的 CO_2 所产生的张力,正常范围为 4.5~6.0 kPa,平均为 5.3 kPa。因 CO_2 可通过呼吸膜迅速弥散,所以 $PaCO_2$ 基本上反映肺泡气 CO_2 分压,两者数值大致相等。$PaCO_2$<4.5 kPa,表示肺通气过度,CO_2 排出过多,见于呼吸性碱中毒或代偿后的代谢性酸中毒;$PaCO_2$>6.0 kPa,表示肺通气不足,有 CO_2 潴留,见于呼吸性酸中毒或代偿后的代谢性碱中毒。

3. 标准碳酸氢盐(SB)和实际碳酸氢盐(AB) 标准碳酸氢盐(standard bicarbonate,SB)是全血在标准条件下,即温度 37 ℃,$PaCO_2$ 为 5.3 kPa,Hb 的氧饱和度为 100% 时测得的血浆中 HCO_3^- 的含量,不受呼吸性成分的影响,因此是判断代谢性因素的指标。实际碳酸氢盐(actual bicarbonate,AB)是指在隔绝空气的条件下,在实际体温、$PaCO_2$ 和氧饱和度情况下测得的血浆中 HCO_3^- 的真实含量,因而受呼吸和代谢两方面的影响。AB 的正常变动范围为 22~27 mmol/L,平均为 24 mmol/L。

AB 与 SB 的差值反映了呼吸因素对酸碱平衡的影响,在血浆 PCO_2 为 5.3 kPa 时,AB=SB。SB 正常时,如果 AB>SB,则表明 CO_2 潴留,可见于呼吸性酸中毒;反之,如果 AB<SB,则表明 CO_2 排出过多,见于呼吸性碱中毒。

4. 缓冲碱(BB) 缓冲碱(buffer base,BB)是指血液中所有具有缓冲作用的负离子碱的总和,包括 HCO_3^-、Hb^-、HbO_2^-、Pr^-、HPO_4^{2-} 等。常以氧饱和的全血在标准状态下测定,正常值为 45~52 mmol/L。BB 是反映代谢性酸碱紊乱的指标,代谢性酸中毒时 BB 减少,代谢性碱中毒时 BB 升高。

5. 碱剩余(BE)或碱缺失(BD) 血浆碱剩余(base excess,BE)或碱缺失(base deficient,BD)是指在标准条件下(温度为 37 ℃、PCO_2 为 5.3 kPa)、血红蛋白的氧饱和度为 100% 处理的全血,分离血浆后酸或碱滴定至 pH 值为 7.4 时,所消耗的酸或碱的量。若用酸滴定,结果用"+"表示;若用碱滴定,结果则用"-"表示。血浆 BE 的正常参考范围为 -3.0~$+3.0$ mmol/L 时,表示体内碱剩余,为代谢性碱中毒;BE<-3.0 mmol/L 时,表示体内碱缺失,为代谢性酸中毒。

6. 阴离子间隙（AG） 正常机体血浆中的阳离子与阴离子总量相等，均为 151 mmol/L，以维持电荷平衡。血浆中主要的阳离子是 Na^+ 和 K^+，称为可测定离子，其余为未测定阳离子（undetermined cation，UC）。主要的阴离子是 Cl^- 和 HCO_3^-，称为可测定阴离子，其余为未测定阴离子（undetermined anion，UA）。阴离子间隙（anion gap，AG）是指未测定阴离子与未测定阳离子的差值。临床上常用可测定阳离子和可测定阴离子的差值表示：$AG=([Na^+]+[K^+])-([Cl^-]+[HCO_3^-])$。正常参考值为 8~16 mmol/L，平均为 12 mmol/L。AG 值增高可见于代谢性酸中毒，如乳酸、乙酰乙酸、β-羟基丁酸等增多或肾衰竭所致酸中毒；AG 值降低在诊断酸碱平衡紊乱方面的意义不大，仅见于未测定阴离子减少或未测定阳离子增多，如低蛋白血症。

同步练习

(一) 选择题

1. 非挥发酸（固定酸）不包括　　　　　　　　　　　　　　　　　　　　　　　　　　（　　）
   A. 乳酸　　　　　　　　　　B. β-羟基丁酸
   C. H_2CO_3　　　　　　　　D. 醋酸
   E. H_2SO_4

2. 挥发性酸是指　　　　　　　　　　　　　　　　　　　　　　　　　　　　　　　　（　　）
   A. HCl　　　　　　　　　　B. H_2CO_3
   C. H_2SO_4　　　　　　　　D. H_3PO_4
   E. 丙酮酸

3. 肾对酸碱平衡的调节　　　　　　　　　　　　　　　　　　　　　　　　　　　　　（　　）
   A. 直接排出固定酸　　　　　B. 直接排出碱
   C. 排出铵盐的钠盐　　　　　D. 排出过多的酸碱以维持 HCO_3^-
   E. 直接排出 $NaHCO_3$

4. 正常血浆中 $NaHCO_3/H_2CO_3$ 为　　　　　　　　　　　　　　　　　　　　　　（　　）
   A. 5/1　　　　　　　　　　B. 10/1
   C. 15/1　　　　　　　　　　D. 20/1
   E. 99/1

5. 血浆中对固定酸起主要缓冲作用的是　　　　　　　　　　　　　　　　　　　　　　（　　）
   A. Na-Pr　　　　　　　　　B. Na_2HPO_4
   C. $NaHCO_3$　　　　　　　D. NaH_2PO_4
   E. Na_2CO_3

6. 表示血浆中 H^+ 浓度的指标为　　　　　　　　　　　　　　　　　　　　　　　　（　　）
   A. 实际碳酸氢盐　　　　　　B. 血浆 pH 值
   C. 缓冲碱　　　　　　　　　D. 碱缺失
   E. 阴离子间隙

(二) 思考题

1. 体内酸、碱性物质的来源有哪些？
2. 血液中有哪些缓冲体系？哪个最重要？
3. 说明酸碱平衡与血钾的关系。

（漯河医学高等专科学校　梁树才）

参考文献

[1] 查锡良. 生物化学与分子生物学[M]. 3版. 北京:人民卫生出版社,2013.
[2] 殷蓉蓉. 生物化学[M]. 西安:第四军医大学出版社,2012.
[3] 李东亮,王天云,董献红. 基础医学概要(二)[M]. 北京:人民卫生出版社,2012.
[4] 朱圣庚,徐长发. 生物化学[M]. 4版. 北京:高等教育出版社,2016.
[5] 何旭辉,吕士杰. 生物化学[M]. 7版. 北京:人民卫生出版社,2014.
[6] 查锡良,药立波. 生物化学与分子生物学[M]. 8版. 北京:人民卫生出版社,2013.
[7] 查锡良. 生物化学与分子生物学[M]. 8版. 北京:人民卫生出版社,2013.
[8] 何旭辉,吕士杰. 生物化学[M]. 7版. 北京:人民卫生出版社,2014.
[9] 姚文兵. 生物化学[M]. 8版. 北京:人民卫生出版社,2016.
[10] 郭劲霞. 生物化学[M]. 北京:人民卫生出版社,2016.

小事拾遗：

学习感想：

　　学习的过程是知识积累的过程，也是提升能力、稳步成长的阶梯，大家的注释、理解汇集成无限的缘分、友情和牵挂，请简单手记这一过程中的某些"小事"，再回首时定会有所发现、有所感悟！

学习的记忆

姓名：_____

本人于20____年____月至20____年____月参加了本课程的学习

此处粘贴照片

任课老师：_____　_____　　班主任：_____

班长或学生干部：_____　_____　_____

我的教室（请手写同学的名字，标记我的座位以及前后左右相邻同学的座位）